国家科学技术学术著作出版基金资助
“十三五”国家重点出版物出版规划项目
岩石力学与工程研究著作丛书

深部岩体开挖瞬态卸荷机制与效应

卢文波　杨建华　严　鹏
陈　明　范　勇　著

科学出版社
北　京

内 容 简 介

本书主要介绍深埋洞室岩体开挖瞬态卸荷机制、效应和控制技术，包括深部岩体开挖瞬态卸荷力学过程和计算模型、钻爆开挖过程围岩应力和应变能的瞬态调整机制、深部岩体开挖瞬态卸荷激发的围岩振动、深部岩体爆破开挖引起的围岩开裂机制和岩爆效应、深部岩体爆破开挖过程中的围岩损伤演化机制、开挖瞬态卸荷引起的围岩松动与变形机制、深部岩体开挖瞬态卸荷动力效应控制技术等内容。

本书可供水利、水电、采矿、铁道、交通和核废料处置等行业从事深部岩体工程科研、设计和施工的工程技术人员使用，也可作为高等院校相关专业的教学参考书。

图书在版编目(CIP)数据

深部岩体开挖瞬态卸荷机制与效应/卢文波等著. —北京：科学出版社，2018. 3

(岩石力学与工程研究著作丛书)

“十三五”国家重点出版物出版规划项目

ISBN 978-7-03-056868-7

Ⅰ. ①深…　Ⅱ. ①卢…　Ⅲ. ①岩土工程-岩体力学-研究　Ⅳ. ①TU452

中国版本图书馆 CIP 数据核字(2018)第 048897 号

责任编辑：刘宝莉 / 责任校对：郭瑞芝
责任印制：徐晓晨 / 封面设计：王　浩

科 学 出 版 社 出版
北京东黄城根北街 16 号
邮政编码：100717
http://www.sciencep.com

北京虎彩文化传播有限公司 印刷
科学出版社发行　各地新华书店经销

*

2018 年 3 月第　一　版　开本：720×1000　1/16
2021 年 4 月第三次印刷　印张：21
字数：423 000

定价：128.00 元

(如有印装质量问题，我社负责调换)

《岩石力学与工程研究著作丛书》编委会

《岩石力学与工程研究著作丛书》序

随着西部大开发等相关战略的实施，国家重大基础设施建设正以前所未有的速度在全国展开：在建、拟建水电工程达30多项，大多以地下硐室(群)为其主要水工建筑物，如龙滩、小湾、三板溪、水布垭、虎跳峡、向家坝等，其中白鹤滩水电站的地下厂房高达90m、宽达35m、长400多米；锦屏二级水电站4条引水隧道，单洞长16.67km，最大埋深2525m，是世界上埋深与规模均为最大的水工引水隧洞；规划中的南水北调西线工程的隧洞埋深大多在400～900m，最大埋深1150m。矿产资源与石油开采向深部延伸，许多矿山采深已达1200m以上。高应力的作用使得地下工程冲击地压显现剧烈，岩爆危险性增加，巷(隧)道变形速度加快、持续时间长。城镇建设与地下空间开发、高速公路与高速铁路建设日新月异。海洋工程(如深海石油与矿产资源的开发等)也出现方兴未艾的发展势头。能源地下储存、高放核废物的深地质处置、天然气水合物的勘探与安全开采、CO_2地下隔离等已引起政府的高度重视，有的已列入国家发展规划。这些工程建设提出了许多前所未有的岩石力学前沿课题和亟待解决的工程技术难题。例如，深部高应力下地下工程安全性评价与设计优化问题，高山峡谷地区高陡边坡的稳定性问题，地下油气储库、高放核废物深地质处置库以及地下CO_2隔离层的安全性问题，深部岩体的分区碎裂化的演化机制与规律，等等，这些难题的解决迫切需要岩石力学理论的发展与相关技术的突破。

近几年来，国家863计划、国家973计划、“十一五”国家科技支撑计划、国家自然科学基金重大研究计划以及人才和面上项目、中国科学院知识创新工程项目、教育部重点(重大)与人才项目等，对攻克上述科学与工程技术难题陆续给予了有力资助，并针对重大工程在设计和施工过程中遇到的技术难题组织了一些专项科研，吸收国内外的优势力量进行攻关。在各方面的支持下，这些课题已经取得了很多很好的研究成果，并在国家重点工程建设中发挥了重要的作用。目前组织国内同行将上述领域所研究的成果进行了系统的总结，并出版《岩石力学与工程研究著作丛书》，值得钦佩、支持与鼓励。

该研究丛书涉及近几年来我国围绕岩石力学学科的国际前沿、国家重大工程建设中所遇到的工程技术难题的攻克等方面所取得的主要创新性研究成果，包括深部及其复杂条件下的岩体力学的室内、原位实验方法和技术，考虑复杂条件与过程(如高应力、高渗透压、高应变速率、温度-水流-应力-化学耦合)的岩体力学特性、变形破裂过程规律及其数学模型、分析方法与理论，地质超前预报方法与技术，工程地质灾害预测预报与防治措施，断续节理岩体的加固止裂机理与设计方法，灾害环境下重大工程的安全性，岩石工程实时监测技术与应用，岩石工程施工过程仿真、动态反馈分析与设计优化，典型与特殊岩石工程（海底隧道、深埋长隧洞、高陡边坡、膨胀岩工程等）超规范的设计与实践实例，等等。

岩石力学是一门应用性很强的学科。岩石力学课题来自于工程建设，岩石力学理论以解决复杂的岩石工程技术难题为生命力，在工程实践中检验、完善和发展。该研究丛书较好地体现了这一岩石力学学科的属性与特色。

我深信《岩石力学与工程研究著作丛书》的出版，必将推动我国岩石力学与工程研究工作的深入开展，在人才培养、岩石工程建设难题的攻克以及推动技术进步方面将会发挥显著的作用。

钱七虎

2007年12月8日

《岩石力学与工程研究著作丛书》编者的话

近二十年来，随着我国许多举世瞩目的岩石工程不断兴建，岩石力学与工程学科各领域的理论研究和工程实践得到较广泛的发展，科研水平与工程技术能力得到大幅度提高。在岩石力学与工程基本特性、理论与建模、智能分析与计算、设计与虚拟仿真、施工控制与信息化、测试与监测、灾害性防治、工程建设与环境协调等诸多学科方向与领域都取得了辉煌成绩。特别是解决岩石工程建设中的关键性复杂技术疑难问题的方法，973、863、国家自然科学基金等重大、重点课题研究成果，为我国岩石力学与工程学科的发展发挥了重大的推动作用。

应科学出版社诚邀，由国际岩石力学学会副主席、岩石力学与工程国家重点实验室主任冯夏庭教授和黄理兴研究员策划，先后在武汉与葫芦岛市召开《岩石力学与工程研究著作丛书》编写研讨会，组织我国岩石力学工程界的精英们参与本丛书的撰写，以反映我国近期在岩石力学与工程领域研究取得的最新成果。本丛书内容涵盖岩石力学与工程的理论研究、试验方法、实验技术、计算仿真、工程实践等各个方面。

本丛书编委会编委由58位来自全国水利水电、煤炭石油、能源矿山、铁道交通、资源环境、市镇建设、国防科研、大专院校、工矿企业等单位与部门的岩石力学与工程界精英组成。编委会负责选题的审查，科学出版社负责稿件的审定与出版。

在本套丛书的策划、组织与出版过程中，得到了各专著作者与编委的积极响应；得到了各界领导的关怀与支持，中国岩石力学与工程学会理事长钱七虎院士特为丛书作序；中国科学院武汉岩土力学研究所冯夏庭、黄理兴研究员与科学出版社刘宝莉、沈建等编辑做了许多繁琐而有成效的工作，在此一并表示感谢。

“21世纪岩土力学与工程研究中心在中国”，这一理念已得到世人的共识。我们生长在这个年代里，感到无限的幸福与骄傲，同时我们也感觉到肩上的责任重大。我们组织编写这套丛书，希望能真实反映我国岩石力学与工程的现状与成果，希望对读者有所帮助，希望能为我国岩石力学学科发展与工程建设贡献一份力量。

《岩石力学与工程研究著作丛书》
编辑委员会
2007年11月28日

前　言

西南峡谷地区的大型水利水电工程建设，需要进行引水隧洞、地下厂房等深部岩体的大规模、高强度开挖。深部岩体的开挖效应与浅部岩体相比具有很大差异，可能出现岩爆、诱发微地震、突发大变形和分区破裂化等动力变形破坏现象。这些现象均是岩体开挖应力重分布导致岩体动力破坏的表现形式，都涉及开挖卸荷作用力学过程。以传统准静态卸荷假设为前提的力学模型和分析方法，已经无法圆满解释和分析上述动力学过程。理论分析和现场实测数据表明，岩体钻爆开挖导致的岩体卸荷持续时间为$10^0 \sim 10^1$ms量级，引起的应变率可达$10^{-1} \sim 10^1 s^{-1}$，为典型的动力作用过程。因此，在深部岩体开挖效应研究中，极有必要开展开挖荷载瞬态释放力学过程及动力效应等基础性科学问题的研究，以进一步探明深部岩体变形破坏的孕育、演化及发生机制，为深部岩体开挖过程的变形分析和稳定、安全控制提供必要的基础理论支持。

作者第一次观察到深部岩体开挖瞬态卸荷激发振动的现象可追溯到2004年，当时作者所在的团队正在承担大渡河瀑布沟水电站地下厂房洞群开挖过程爆破振动跟踪监测工作。瀑布沟水电站地下厂房区域地应力场是一个以构造应力为主的中等偏高地应力场，其中第一、第三主应力方向基本接近水平，第二主应力方向接近垂直，第一主应力大小为20～30MPa。在该电站尾水洞和地下厂房岩体爆破开挖引起的围岩振动频谱分析中发现，毫秒爆破中任意一段引起的围岩振动响应包含高频和低频两个频带，而且低频振动幅值与围岩地应力水平密切相关。这一力学现象引起作者的关注和重视，并决定开展深部岩体钻爆开挖瞬态卸荷机制和动力效应方面的探索性研究。随后在国家自然科学基金面上项目“岩体开挖瞬态卸荷诱发震动机理与分析方法研究”(50779050)、“深部岩体开挖损伤区孕育的时效机制”(51009013)、“高储能岩体爆破开挖能量瞬态释放过程及控制”(51179138)和“深埋洞室开挖过程应力瞬态调整诱发的围岩开裂机制”(51279135)，国家杰出青年科学基金项目“岩体开挖瞬态卸荷的作用机制与动力效应”(51125037)，973课题“深部围岩分区破裂机理及其时间效应”(2010CB732003)，以及“高地应力区河谷边坡岩体开挖扰动机制”(2011CB013501)等项目的资助和支持下，结合瀑布沟和锦屏二级水电站等深埋洞室岩体开挖振动实测资料分析，针对深部岩体钻爆开挖瞬态卸荷动力效应与控制问题开展了系统研究。

本书主要介绍作者及其团队十多年来在深埋洞室岩体钻爆开挖过程的瞬态卸荷力学模型、围岩应力瞬态调整机制与演化规律、开挖瞬态卸荷激发围岩振动、开裂与松动机制及其分析模型、深部岩体钻爆开挖围岩损伤演化规律和瞬态卸荷效应控制技术等方面的研究成果和工程应用。期望本书能起到抛砖引玉的作用，对从事水利水电、深部采矿和核废料处置等深部岩体工程的科研、设计、施工和教学人员有一定帮助。

需要指出，课题组已毕业的多位博士为本书内容作出了重要贡献，他们是易长平、祝启虎、金李和罗忆等。感谢课题组的舒大强教授和朱传云副教授的大力支持和帮助，特别感谢周创兵教授长期以来给予的指导、鼓励、帮助和有益建议！

由于作者水平有限，书中内容难免存在不妥之处，恳请各位专家、学者和广大读者批评指正。

目录

第1章 绪　　论

1.1 研究背景与意义

随着我国“西部大开发”“西电东送”和“南水北调”等战略的实施，锦屏一级水电站、锦屏二级水电站、小湾水电站、溪洛渡水电站、白鹤滩水电站、松塔水电站和南水北调西线调水工程等一大批大型或特大型水利水电工程已经、正在或即将在我国西部高山峡谷地区兴建，这些工程均需进行深埋地下厂房或超长隧洞的大规模、高强度岩体开挖。例如，已竣工的溪洛渡水电站，地下厂房采用左、右岸对称布置，埋深340～480m，主厂房、主变室、尾水调压室三大洞室平行布置，尾水调压室顶拱中心线与厂房机组中心线间距为149m，主变室顶拱中心线与厂房机组中心线间距为76m，如图1.1所示。三大洞室的设计开挖尺寸(长×高×宽)分别为：主厂房439.74m×75.60m×31.90m，主变室349.29m×33.32m×19.80m，尾水调压室317.0m×95.5m×26.5m，其规模为世界之最[1]。锦屏二级水电站4条引水隧洞平均长度约16.7km，一般埋深1500～2000m，最大埋深达2525m[2]；规划中的南水北调西线一期工程线路总长度255.9km，其中隧洞总长达252.7km，单洞最大长度73km，一般埋深300～500m，最大埋深达1100m[3]。

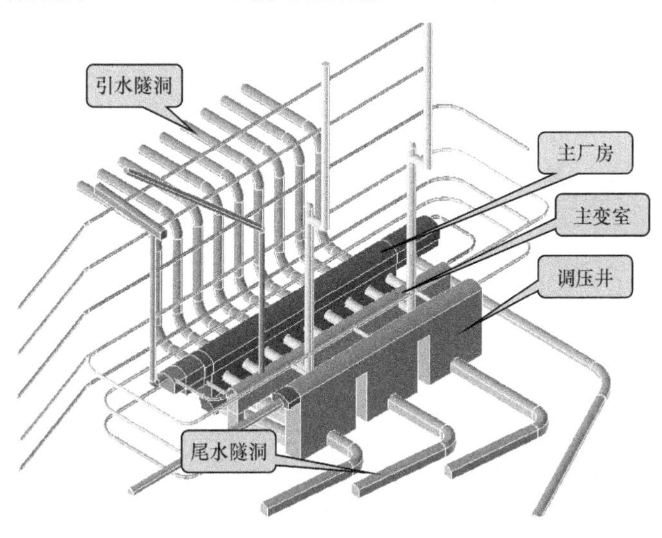

图1.1　溪洛渡水电站地下厂房洞群布置[1]

除水利水电工程外，目前我国许多大型矿山也转入 1000～2000m 的深部开采，铁路及公路隧道工程、核废料深层地质处置、国家深部战略防护工程和大埋深基础物理地下实验室的建设等方面均涉及深埋隧洞的开挖[4~7]。

深埋隧洞由于埋深大，岩体自重本身引起的地应力就很大，再加上深部岩体受构造应力场或残余构造应力场的作用，两者叠加累积形成高地应力。例如，锦屏二级水电站引水隧洞中实测岩体最大主应力达到 60～70MPa[8]；小湾水电站、二滩水电站、锦屏一级水电站、拉西瓦水电站、官地水电站和瀑布沟水电站等地下洞室的最大主应力也达到 25～40MPa。雅鲁藏布江大拐弯处的墨脱水电站，引水隧洞最大埋深可达 4000m，岩体地应力超过 100MPa；而规划中的南水北调西线工程隧洞部分洞段将穿越 50MPa 左右的高水平地应力区。在深部采矿、交通建设等领域同样存在高地应力的作业环境，金川镍矿深部开采地应力达到 50MPa[9]，秦岭隧道最大水平向地应力也达到 27.3MPa[6]。

高地应力使得深埋地下洞室的建设面临着严峻的洞室围岩开挖响应及变形控制难题[10,11]。地下洞室开挖改变了原始岩体的几何形状，引起开挖边界上的岩体应力强烈释放，导致围岩应力场急剧调整，围岩处于动态一向卸载两向加载的特殊状态。加上地温、地下水的耦合作用，进一步导致开挖区附近岩体赋存环境及物理力学特性的劣化，最终在围岩中形成开挖扰动区（excavation-induced disturbed zone，EDZ），如图 1.2 所示[12]，给地下洞室围岩的稳定与变形控制和施工安全带来了严峻的挑战[13]。

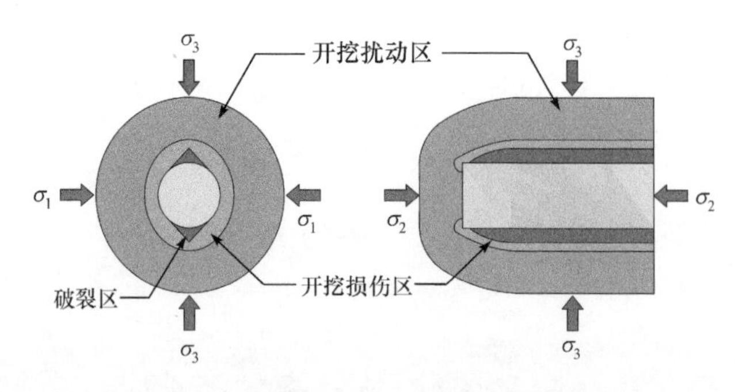

图 1.2 深埋隧洞三维开挖扰动区示意图[12]

在锦屏二级水电站、瀑布沟水电站、拉西瓦水电站、二滩水电站等高地应力区地下厂房洞群的岩体开挖过程中，由于开挖强卸荷和围岩应力场剧烈调整的作用，大量出现以应力控制为主导的片帮、板裂与围岩开裂等高应力破坏现象，甚至发生强烈岩爆和围岩持续松动大变形等工程灾害[2,14~17]，如图 1.3～图 1.5 所示。因此，深部岩体开挖效应控制是深埋洞室安全施工亟待解决的关键技术难题，近年来已成为国内外岩体力学领域研究的焦点[4,5,18~20]。

图1.3 锦屏二级水电站辅助洞内的岩爆[2]

图 1.4 锦屏二级水电站排水洞内的岩爆[2]

图 1.5 锦屏二级水电站引水隧洞开挖损伤区及强烈片帮现象[14]

20 世纪 70 年代末至 80 年代初,基于对放射性核废料地下处置库建设安全性的严格要求,发达国家开始对深部岩体开挖卸荷效应进行深入系统的研究,开展了大量的理论分析及现场试验研究。其中较为著名的研究机构与现场综合试验场所包括加拿大的白壳(Whiteshell)地下实验室(Underground Research Laboratory,URL)、瑞典的阿斯波(Äspö)硬岩实验室(Hard Rock Laboratory,HRL)、美国的尤卡山(Yucca Mountain)地下实验室、瑞士的泰利山岩石实验室(Mont Terri Rock Laboratory)、日本的釜石(Kamaishi)地下实验室以及韩国原子能研究院(Korea Atomic Energy Research Institute,KAERI)等[21~24]。经过三十余年的研究,国外已在深部岩体开挖卸荷效应及开挖扰动区的形成机理[25~29]、扰动区内岩体力学特性[30~33]、开挖扰动区现场检测与评价[34~39]等方面积累了丰富的研究成果。国外的研究成果表明[12,21~39],岩体初始地应力场开挖卸荷导致的围岩应力重分布是开挖扰动区形成的主要原因;扰动区的范围及损伤程度与岩体地应力状态、开挖方式、地质条件、岩体力学特性、孔隙水压力、地下洞室几何形状及空间布置等诸多因素密切相关。但上述研究缺少对施工过程的重视，尤其是缺少对不同施工方法与高地应力下的动态重分布耦合过程的研究[40]。

钻孔爆破目前仍然是国内外水电、矿山、交通等工程地下洞室岩体开挖的主要手段。从表象上看，地下洞室的爆破开挖是通过在岩体中钻孔、装药和起爆，达到破碎岩石、抛掷碎块、形成新开挖轮廓的过程。事实上，伴随着岩体破碎及新开挖面的形成，开挖面上的岩体地应力（开挖荷载）在岩体爆破破碎瞬间也随之释放[41]，从能量的角度也可以理解为扰动区岩体应变能瞬态释放[42]。

通过对岩体爆破开裂过程的理论分析和钻孔爆破高速摄影资料推断发现，岩体爆破开挖过程中新开挖面的形成时间为数毫秒至数十毫秒，因此伴随爆破开挖而发生的岩体应力卸荷是一个瞬态过程，必然会在围岩中产生动应力，导致岩体的动力损伤或开裂，并最终影响围岩的稳定[19]。显然，将岩体开挖卸荷视为准静态力学过程的传统处理方法具有局限性[40]。

因此，开展深部岩体开挖瞬态卸荷力学机制及动力效应研究，对揭示深埋洞室开挖围岩破坏机理、加深开挖扰动区形成与演化规律的认识、完善卸荷岩体力学理论体系等具有重要的理论意义，而且在水电、深部采矿和核废料处置等深部岩体工程的优化设计与施工安全控制方面具有重要的工程实用价值和应用前景。

1.2 深部岩体开挖效应研究现状

国内外针对围岩开挖扰动区形成机制、围岩破坏方式和破坏准则、开挖扰动区的演化与空间分布特征等关键问题开展了深入研究。

在深部岩体开挖扰动区形成机制方面，Read[23]、Martin[25]、Blümling 等[26]、Kwon 等[27]和 Yong 等[28]通过对岩体开挖扰动区现场试验研究和数值模拟发现，开挖卸荷引起围岩应力场大小和方向的改变导致岩体产生破坏，即开挖扰动区的形成主要由围岩应力重分布所致。Bäckblom 和 Martin[12]认为，开挖扰动区的形成主要是围岩应力重分布导致邻近开挖面岩体整体或局部屈服及其往外发展引起的。许东俊和耿乃光[43]的研究表明，岩体卸荷破坏与应力路径有关，三个主应力的变化均能引起岩体变形和破坏；陈景涛和冯夏庭[44]发现卸荷条件下岩体表现为强烈的沿卸荷方向的扩容现象，岩体破坏以张性破裂为主，并伴有张剪性和剪性破裂，卸荷状态下岩体变形破裂比加载试验时更加发育，破坏程度也更加严重；李宏等[45]认为围岩内的最大切向应力是引起深埋地下洞室围岩损伤破坏的主要因素；张传庆等[46]认为低围压高集中应力下，围岩破坏的主导机制是拉伸破裂，随着围压的提高，逐渐转变为以剪切破坏机制为主。任建喜和葛修润[47]在国内外率先开展了岩体卸荷损伤演化过程中从裂纹发育到断裂破坏全过程的实时CT试验，认为岩体卸荷损伤破坏具有突发性的特点，卸荷破坏导致的岩体扩容比加载破坏时更大。对于深部岩体开挖引起的围岩开裂损伤破坏，目前普遍接受的观点是由于深埋隧洞的径向开挖卸荷，引起围岩环向应力集中，使垂直于最小主应力或平行开挖面方向发生压剪型裂纹扩展或翼型裂纹的拉伸型扩展，并最终导致深部岩体开裂[48]。

深部硬岩的主要破坏形式为应力驱动的岩体脆性断裂破坏或片裂[18,49]，特定高地应力条件下，可能会出现分区破裂化现象[50~53]和岩爆[19,54~56]等破坏形式。钱七虎[19]指出，高地应力和开挖卸荷导致深部岩体工程围岩产生"劈裂"效应，李晓静等[49]进一步的研究表明，我国西南地区大型地下厂房高边墙洞室开挖过程中出现的围岩"劈裂"破坏是处于较高地应力条件下的脆性裂隙岩体因开挖卸荷由三向受力状态转变为双向、单向受力状态，存储于岩体内的应变能释放导致裂隙孕育、扩展和贯通而产生的一种特殊工程现象。钱七虎[19]认为，围岩深部高地应力和开挖面应力释放形成的应力梯度所产生的能量流将在岩体中产生分区破裂现象。蒋斌松等[50]针对深部圆形巷道围岩破裂的弹塑性分析表明，围岩破裂区的出现使围岩应力峰值向围岩深部转移，深部围岩产生膨胀带和压缩带，出现破裂区和未破裂区交替呈现的分区破裂现象。潘一山等[51]、宋义敏等[52]采用现场观测、实验室模拟和理论分析的综合研究方法对分区破裂现象开展了系统的研究，结果表明，对于脆性岩体，开挖卸荷导致洞室周围岩体发生局部的V形坑破坏，V形断裂区尖端应力集中引起裂纹扩展，若裂纹发生环向扩展，则形成围岩分区破裂化结构。周小平等[53]从理论上研究了岩体损伤程度与分区破裂化效应之间的关系，认为随着岩体损伤程度的加重，破裂区范围变大、数量增多，相邻破裂区的间距变大、破裂区宽度变窄。

岩爆是高地应力区地下洞室开挖卸荷过程中发生的一种突发性破坏力学效应，针对深部岩体开挖卸荷状态下岩爆的形成机理，国内学者开展了大量的研究。王贤能和黄润秋[54]通过岩体卸荷试验研究发现，开挖卸荷在岩体中引起强烈的应力分异现象，当围压较低时，岩体主要发生张性或张剪复合型卸荷破坏，当围压较高时，岩体主要发生剪切破坏；高地应力区地下洞室开挖卸荷在围岩中形成平行于洞壁的张裂缝，将围岩分割成薄板状，这些板状破裂进一步发育将导致岩爆的发生。钱七虎[19]、张黎明等[55]、贺永年等[56]采用能量释放的观点对岩爆进行了解释：处于三轴压缩状态的深部岩体储存的弹性势能远高于岩体破坏所需要的能量，开挖卸荷降低了能量流动的阈值，势能从三轴向双轴或单轴状态流动引起能量释放，释放的能量一方面消耗于围岩的破裂，另一方面转化为破裂岩块的动能进而引起岩爆。

深部岩体的强度理论或破坏准则是岩体开挖扰动区界定的重要依据。目前常用的岩体强度准则主要有Hoek-Brown准则、统一强度理论和Drucker-Prager准则等，这些判别准则针对浅部岩体而提出，忽视了深部岩体的围压效应[57]。Yu等[58]研究发现，岩体开裂破坏特性与受力状态有关，在低应力状态下主要表现为脆性破坏，而在高应力状态下既可能是脆性破坏也可能是延性破坏。为此，Martin等[59]提出了基于 Hoek-Brown 准则的开挖破坏区范围半经验、半理论估算方法；Cai 等[60]根据隧洞开挖后围岩应力重分布的主应力大小提出了深部岩体裂纹起裂和损伤的最大剪应力宏观判据；李宁等[61]根据芬纳公式和修正的芬纳公式提出了能够综合反映地下洞室围岩变形模量、强度参数以及洞室埋深的松动区范围计算方法；周小平等[57]提出了一种可考虑深部岩体拉伸、剪胀和剪缩等不同破坏类型，与 RMR 岩体地质力学分类指标相关的深部岩体强度准则。凌建明和孙钧[62]分析岩体渐进破坏过程中的耗散能和损伤应变特征，提出了损伤应变空间中的岩体破坏准则；谢和平等[63]建立了基于能量耗散的强度丧失准则和基于可释放应变能的整体破坏准则；李夕兵等[64]提出了岩石在动静组合荷载作用下使用应变能密度定义的破坏准则。

基于连续、不连续和两者耦合的各类数值模拟方法是深部岩体开挖扰动区形成、演化及其空间分布特征研究的有效手段。Dhawan 等[65]采用 Drucker-Prager 弹塑性本构模型，开展了地下洞室开挖扰动区的二维和三维有限元模拟；Hajiabdolmajid 等[66]利用黏结弱化摩擦强化(cohesion weakening and friction strengthening，CWFS)模型，模拟了加拿大白壳地下实验室圆形洞室开挖损伤区的范围和深度；Hou[67]应用流变模型对盐岩的开挖破坏区进行了数值模拟；Mitaim 和 Detournay[68]应用滑动裂纹模型研究了脆性岩体的开挖破坏区；Cai 等[69]采用 FLAC/PFC 耦合方法研究了大型地下洞室开挖过程中岩体开裂及声发射过程；以 Dyskin[70]为核心的研究团队，从断裂力学角度研究了深部岩体的开裂机理和开裂过程，结果表明在深部岩体高地应力赋存环境和岩体开挖卸荷引起的围岩应力重分布条件下，岩体应力的波动甚至是微小波动即可引起围岩脆性断裂；Pellet 等[71]、Mortazavi 和 Molladavoodi[72]采用损伤模型模拟了开挖扰动区的形成与演化规律；Prochazka[73]和 Jiang 等[74]采用离散元方法(discrete element method，DEM)模拟了岩爆过程。冷先伦等[75]将加卸载准则引入 FLAC3D 程序，分析了隧道掘进机(tunnel boring machine，TBM)不同掘进速率下的隧洞围岩开挖扰动响应；苏国韶等[76]采用 CWFS 模型，对高应力条件下脆性岩体所呈现的 V 形破坏进行了模拟。Wang 等[77]、Gaede 等[78]、François 等[79]和 Lisjak 等[80]研究了岩体的非均匀性和各向异性对开挖扰动区孕育与演化的影响。上述数值模拟工作较好地展示或再现了不同岩性和不同地应力条件下开挖扰动区的形成和演化过程，加深了深部岩体开挖扰动区形成机制与演化规律方面的认识。

工程实践中，国内外仍主要依赖围岩变形监测、声发射和微地震监测、声波检测、钻孔电视、钻孔 CT 以及地质雷达等手段确定扰动区范围[13,16,34~39,81]。

1.3 岩体开挖卸荷的动力特性

地下厂房洞群和各类隧洞开挖爆破过程，裂纹首先在炮孔连线方向优先扩展，当两炮孔间裂缝面完全贯通、岩体碎块抛离新形成的开挖面后，岩体开挖荷载的卸荷过程完成。

研究表明，岩石爆破过程裂纹动态扩展的理论极限速度可达介质的 Rayleigh 波速[82]，米克利亚耶夫[83]则认为裂纹动态扩展速度为介质纵波速度 c_P 的 0.38 倍，实测的爆炸荷载作用下裂纹扩展平均速度大都在 $0.2c_P \sim 0.3c_P$ [84~87]。

针对典型深孔台阶爆破参数，即钻孔直径 70～150mm，孔间距 2～5m，台阶高度 8～16m，可以估算相邻两炮孔间裂缝面的贯穿时间为 1～10ms 量级。中等台阶高度的岩石爆破现场高速摄影资料表明[88,89]，爆破过程中，被爆破碎岩块从母岩上脱离并发生抛掷运动的时间为几十毫秒。由此可以推断，在岩体爆破开挖过程中，新开挖面的形成时间为 10～100ms。对于隧洞全断面开挖，一般采用钻孔直径为 42mm、孔间距为 1～1.5m、孔深为 3～5m 的浅孔爆破，炮孔布置比深孔爆破更密，其新开挖面形成时间要比深孔台阶爆破更短。二滩水电站地下厂房开挖底板贯通爆破时出现了两次大范围围岩变形突变及剧烈岩爆现象[15]，瀑布沟水电站和锦屏二级水电站地下厂房母线洞施工期间也在爆破过程及爆破后数小时出现了岩爆或强烈的片帮现象。这些工程实例都说明了深部岩体开挖卸荷需考虑卸荷的时间因素，爆破过程中深部岩体瞬态或快速卸荷能产生强烈的动力效应。

伴随深部岩体开挖过程出现的岩爆、微震、分区破裂化和激发振动等现象是深部岩体开挖动力效应的重要表现形式。

早在 20 世纪 60 年代，Cook 等[90]就研究发现岩体爆破开挖时原岩应力突然释放可导致岩体的超松弛并在岩体中产生拉应力；Abuov 等[91]的研究表明，爆破开挖在掌子面附近产生的岩体应力快速释放可导致开挖面内保留岩体的破坏；Carter 和 Booker[92]针对长隧洞瞬间开挖时的围岩响应计算表明，岩体应力瞬态卸荷可以在围岩中诱发动拉应力，其拉应力幅值与卸荷速率有关；Mandal 和 Singh[93]在对深埋洞室爆破超挖统计时发现，地应力条件对岩体超挖影响显著，最大主应力方向上岩体爆破超挖程度大；Cai[94]认为深埋隧洞爆破开挖在掌子面附近产生了不平衡力，部分应变能快速释放转化为动能以消除这种不平衡，地应力动态卸荷过程对开挖扰动区的形成和发展有重要影响。1989 年俄罗斯阿帕基特矿山地下 252m 处 230t 当量炸药爆破时，炸药爆炸能为 $10^8 \sim 10^9$ J，然而诱发地震的能量高达 10^{12} J，岩体运动的能量明显大于炸药爆炸能[95]；在俄罗斯基泽尔(Kizel)矿井中，当工作面煤层切割速度为 0.27m/min 时，矿井平静，而当切割速度提高一倍时矿井就发生剧烈的岩爆现象[19]。

钱七虎[19]在从能量的观点解释岩爆机制时曾指出，若地应力足够高且巷道卸荷面形成足够快，则脆性岩体可能出现岩爆现象。He 等[96]的试验研究发现，处于三轴加载状态下的岩体，快速卸载水平向的应力可导致岩爆的发生，岩爆是储能岩体沿临空面突然释放能量的非线性动力学现象，其规模与初始应力及应力卸荷速率有关，高应力和高卸荷速率条件下将导致瞬时岩爆。隋斌等[97]的研究结果表明，当三向受力的岩体因开挖卸荷突然变为单向或双向受力时，岩体强度迅速降低，导致岩体在较低应力水平下发生破坏，储存在岩体中的弹性应变能超过岩体所能承受的极限储存能从而导致岩体中的弹性应变能迅速释放，转化为破裂岩块的动能进而引起岩爆。王贤能和黄润秋[98]、陈卫忠等[99]的研究也表明，卸荷速率对岩爆的发生及规模有重要影响。

针对深部岩体的动态破坏和分区破裂化机制，王明洋等[100,101]提出了深部岩体卸荷条件下与卸荷时间相关的岩体变形破坏全过程动态本构模型，表明深部岩体开挖卸荷破坏模式由卸荷速率、岩体缺陷和初始地应力三个因素共同决定，高地应力条件下快速卸载将导致岩体的拉伸破坏。黄润秋和黄达[102]的研究结果表明，岩体脆性及张性断裂的特征随初始围压和卸荷速率的增大而更加明显，快速双向卸荷可在次卸荷方向产生张拉裂缝。罗先启和舒茂修[103]、李杰等[104]研究发现，若岩体的初始地应力足够大，处于压缩状态的岩体在瞬时开挖强卸荷时，卸载波从开挖边界迅速传播至岩体深部，位于卸载波前缘的不稳定剪切微裂纹将动力扩展并导致岩体破坏，储存在岩体中的弹性势能转化为断裂表面能和断裂碎片动能，岩体在自由边界发生自持续断裂。顾金才等[105]、周小平等[106]、李树忱等[107]发现，岩体地应力突然释放产生的卸载波会导致围岩受拉破坏，开挖速度即卸荷时间长短直接决定了分区破裂化的形态。李夕兵等[108,109]系统研究了高应力储能岩体在动力扰动下的破裂特征，在室内试验和深井采矿实践基础上，提出了高地应力硬岩矿山诱导致裂非爆连续开采的设想。

岩体 Kaiser 效应和深部采矿过程监测到的诱发微地震现象等是脆性岩体破裂导致能量释放的直接表现[110~116]。Lavrov[110]在总结评述岩石 Kaiser 效应研究成果基础上，提出了基于岩石 Kaiser 效应的岩体应力估计原理与技术；Tang 和 Kaiser[111,112]建立了一套基于损伤累积效应的脆性岩体破裂过程能量释放的模拟方法；McGarr[113]提出了采矿诱发地震的能量平衡计算方法，Hazzard 和 Young[114]开展了采矿诱发地震的数值模拟；Arora 等[115]研究了岩爆诱发地震的近场衰减规律；Zembaty[116]比较了岩爆诱发地震的频谱特性并与天然地震进行了对比分析。

研究表明，伴随深部岩体爆破破碎发生的开挖瞬态卸荷同样会在岩体中激发卸载波的传播，并引起围岩振动[19,40,117]。岩体中初始地应力越高，开挖荷载的幅值越大，其激发的围岩振动越强，在一定的地应力水平下地应力动态卸载激发的振动有可能超过爆炸荷载激发的振动而成为围岩总体振动的主要部分[117,118]。杨建华[119]根据爆炸荷载与地应力瞬态卸荷激发振动的频谱差异，提出了从实测围岩振动信号中识别和分离地应力瞬态卸荷激发振动的解耦计算方法；范勇[120]研究了圆形洞室开挖引起的围岩应变能调整过程，建立了体现围岩初始应力和传播距离影响的地应力瞬态释放激发微地震预报公式。祝启虎[121]研究了地应力瞬态卸荷及准静态卸荷围岩损伤机制，考虑地应力瞬态卸荷耦合作用所形成的损伤范围明显大于准静态卸荷条件。杨建华[119]研究了深部岩体爆破开挖过程中应力重分布的二次应力、爆炸荷载和地应力瞬态卸荷附加动应力联合作用下的岩体动静力耦合损伤机制及围岩损伤分布特征，开展了反复开挖动力扰动作用下深部围岩的渐进损伤机制与演化规律和分布特征数值模拟研究。张文举[122]研究了高地应力条件围岩在爆炸荷载和地应力瞬态卸荷耦合作用下的开裂机制，研究表明，准静态条件围岩以压剪断裂破坏为主；瞬态卸荷引起围岩的开裂机制包括围岩瞬态卸荷拉应力效应引起的张开型断裂和初始压应力条件下围岩应力迅速调整产生的拉剪型或压剪型断裂。金李[123]针对深部岩体开挖瞬态卸荷引起的围岩大变形尤其是突发的大变形，建立了爆炸荷载和开挖荷载瞬态卸荷耦合作用下的节理岩体动态松动计算模型，揭示了钻爆开挖过程节理岩体的爆破松动和瞬态卸荷松动两种不同机制。罗忆[124]开展了爆破和开挖卸荷动载耦合作用下深埋大跨度洞室高边墙位移突变过程数值模拟，并设计了一套高地应力条件下节理岩体开挖卸荷松动的室内试验模拟系统。

综上所述，虽然近年来国内外对深部岩体开挖瞬态卸荷的动态特征及动力效应已有所认识，但尚未对开挖瞬态卸荷的力学过程、计算理论与方法及产生的动力效应等问题开展深入和系统的研究。因此，极有必要研究开挖瞬态卸荷机制与动力效应，以探明深部岩体开挖变形破坏的孕育、演化机制，为深部岩体的变形分析和稳定控制提供理论支撑。

1.4 本书的主要内容

本书主要介绍深部岩体钻爆开挖瞬态卸荷力学过程及其力学模型，围岩应力瞬态调整机制与演化规律，开挖瞬态卸荷激发围岩振动和加剧围岩开裂与松动机制及其分析模型，深部岩体钻爆开挖围岩损伤演化规律，瞬态卸荷效应控制技术等方面的研究成果和工程应用情况。主要内容如下：

(1) 针对深埋圆形隧洞爆破开挖的典型炮孔布置和毫秒延迟起爆顺序，介绍基于爆源机制的爆炸荷载计算方法及其作用过程，确定与毫秒延迟爆破起爆顺序对应的岩体开挖瞬态卸荷边界条件和初始条件、卸荷开始时刻、卸荷持续时间及卸荷路径，建立岩体开挖瞬态卸荷力学过程的数学描述方法，构建爆炸荷载与岩体开挖瞬态卸荷耦合作用力学模型及计算方法。

(2) 介绍深部岩体钻爆开挖过程中爆炸荷载、岩体开挖瞬态卸荷及两者耦合作用下围岩应力场的动态时空变化规律，讨论岩体开挖过程中围岩应变能的聚集和传输过程，阐述钻爆开挖过程中围岩应力和应变能的瞬态调整机制。

(3) 介绍岩体开挖瞬态卸荷激发的围岩振动，讨论其质点峰值振动速度传播衰减规律和频谱特性，并与爆炸荷载激发的围岩振动进行比较；通过量纲分析建立瞬态卸荷激发振动的预测公式。利用高地应力区地下岩体爆破实测围岩振动信号分析，证实岩体开挖瞬态卸荷作用及其动力效应的存在，并提出从实测围岩振动信号中识别和分离开挖瞬态卸荷激发振动的解耦计算方法。

(4) 通过建立卸荷状态下的裂纹扩展模型及相应的应力强度因子分析计算，阐述岩体开挖瞬态卸荷引起的围岩开裂机制，讨论地应力、瞬态卸荷持续时间、裂纹角度、摩擦因子等因素对围岩开裂过程及分布特征的影响。介绍岩体开挖瞬态卸荷和准静态卸荷诱发围岩开裂过程中的能量耗散，分析不同开挖方式下应变型岩爆的特征。

(5) 介绍深部岩体爆破开挖过程中的围岩损伤演化机制，针对深埋洞室毫秒延迟爆破，建立动静载耦合作用下的岩体损伤模型，分析反复动力扰动(包括爆炸荷载和地应力瞬态卸荷)作用下的围岩损伤演化过程，讨论地应力对爆破损伤的影响，以及不同地应力水平、洞室开挖尺寸和卸荷速率下开挖卸荷产生的围岩损伤分布特征；阐述围岩应力重分布、爆炸荷载和地应力瞬态卸荷耦合作用下深部岩体爆破开挖围岩损伤演化规律和分布特征。

(6) 结合节理岩体开挖瞬态卸荷的模拟试验，阐述瞬态卸载应力波与节理岩体结构面的相互作用机理，开挖瞬态卸荷引起节理岩体的松动效应及影响因素。通过含结构面地下厂房高边墙开挖位移突变的实例分析和数值模拟，阐述高地应力条件下地下厂房变形分布与演化规律。

(7) 最后结合大型水电工程地下厂房开挖工程实例，讨论地下洞室爆破开挖过程中岩体开挖瞬态卸荷效应对施工过程的影响，提出基于岩体开挖瞬态卸荷动力效应控制的地下洞室开挖程序、起爆网络优化方法和施工期岩爆主动防治的方法与工程措施建议。

参考文献

[1] 樊启祥，王义锋．溪洛渡水电站地下厂房岩体工程实践．岩石力学与工程学报，2011，30(s1)：2986－2993.

[2] 吴世勇，王鸽．锦屏二级水电站深埋长隧洞群的建设和工程中的挑战性问题．岩石力学与工程学报，2010，29(11)：2152－2171.

[3] 王学潮,杨维九,刘丰收．南水北调西线一期工程的工程地质和岩石力学问题．岩石力学与工程学报,2005,24(10):3603－3613.

[4] 钱七虎．深部地下空间开发中的关键科学问题//钱七虎院士论文选集.北京:科学出版社,2007:20.

[5] 何满潮,谢和平,彭苏萍,等．深部开采岩体力学研究．岩石力学与工程学报,2005,24(16):2803－2813.

[6] 王梦恕．21世纪山岭隧道修建的趋势．铁道标准设计,2004,(9):38－40.

[7] 李夕兵,姚金蕊,宫凤强．硬岩金属矿山深部开采中的动力学问题．中国有色金属学报,2011,21(10):2551－2563.

[8] 葛修润,侯明勋．钻孔局部壁面应力解除法(BWSRM)的原理及其在锦屏二级水电站工程中的初步应用．中国科学:技术科学,2012,42(4):359－368.

[9] 杨志强,高谦,王永前,等．金川高应力矿床充填采矿技术研究进展与亟待解决的技术难题.中国工程科学,2015,17(1):42－50.

[10] 冯夏庭,江权,向天兵,等．大型洞室群智能动态设计方法及其实践.岩石力学与工程学报,2011,30(3):434－448.

[11] 王明洋,周泽平,钱七虎．深部岩体的构造和变形与破坏问题．岩石力学与工程学报,2006,25(3):448－455.

[12] Bäckblom G, Martin C D. Recent experiments in hard rocks to study the excavation response: Implications for the performance of a nuclear waste geological repository. Tunnelling and Underground Space Technology,1999,14(3):377－394.

[13] 严鹏,卢文波,陈明,等．深部岩体开挖方式对损伤区影响的试验研究．岩石力学与工程学报,2011,30(6):1097－1106.

[14] 张勇,肖平西,丁秀丽,等．高地应力条件下地下厂房洞室群围岩的变形破坏特征及对策研究．岩石力学与工程学报,2012,31(2):228－245.

[15] 蔡德文．二滩地下厂房围岩的变形特征．水电站设计,2000,16(4):54－61.

[16] 魏进兵,邓建辉,王俤剀,等．锦屏一级水电站地下厂房围岩变形与破坏特征分析．岩石力学与工程学报,2010,29(6):1198－1205.

[17] Jiang Q, Feng X T, Xiang T B, et al. Rockburst characteristics and numerical simulation based on a new energy index: A case study of a tunnel at 2500m depth. Bulletin of Engineering Geology and the Environment,2010,69(3):381－388.

[18] 哈秋舲．岩石边坡工程与卸载非线性岩石(体)力学．岩石力学与工程学报,1997,16(4):386－391.

[19] 钱七虎．非线性岩石力学的新进展——深部岩体力学的若干关键问题//第八次全国岩石力学与工程学术会议论文集.北京:科学出版社,2004:10－17.

[20] Lu W B, Yang J H, Yan P, et al. Dynamic response of rock mass induced by the transient release of in-situ stress. International Journal of Rock Mechanics and Mining Sciences,2012,53(9):129－141.

[21] Read R S, Martin C D, Dzik E J. Asymmetric borehole breakouts at the URL//The 35th

US Symposium on Rock Mechanics, Rotterdam, 1995: 879—884.
[22] Martino J B, Chandler N A. Excavation-induced damage studies at the underground research laboratory. International Journal of Rock Mechanics and Mining Sciences, 2004, 41(8): 1413—1426.
[23] Read R S. 20 years of excavation response studies at AECL's underground research laboratory. International Journal of Rock Mechanics and Mining Sciences, 2004, 41(8): 1251—1275.
[24] Nguyen T S, Borgesson L, Chijimatsu M, et al. Hydro-mechanical response of a fractured granitic rock mass to excavation of a test pit-the Kamaishi Mine experiment in Japan. International Journal of Rock Mechanics and Mining Sciences, 2001, 38(1): 79—84.
[25] Martin C D. Seventeenth Canadian geotechnical colloquium: the effect of cohesion loss and stress path on brittle rock strength. Canadian Geotechnical Journal, 1997, 34(5): 698—725.
[26] Blümling P, Bernier F, Lebon P, et al. The excavation damaged zone in clay formations time-dependent behaviour and influence on performance assessment. Physics and Chemistry of the Earth, 2007, 32(8): 588—599.
[27] Kwon S, Lee C S, Cho S J, et al. An investigation of the excavation damaged zone at the KAERIunderground research tunnel. Tunnelling and Underground Space Technology, 2009, 24(1): 1—13.
[28] Yong S, Kaiser P K, Loew S. Rock mass response ahead of an advancing face in faulted shale. International Journal of Rock Mechanics and Mining Sciences, 2013, 60(8): 301—311.
[29] Aubertin M, Li L, Simon R. A multiaxial stress criterion for short-and long-term strength of isotropic rock media. International Journal of Rock Mechanics and Mining Sciences, 2000, 37(8): 1169—1193.
[30] Kesall P C, Case J B, Chabannes C R. Evaluation of excavation-induced changes in rock permeability. International Journal of Rock Mechanics and Mining Sciences, 1984, 21(3): 123—135.
[31] Enqelder T, Plumb R. Changes in in-situ ultrasonic properties of rock on strain relaxation. International Journal of Rock Mechanics and Mining Sciences, 1984, 21(2): 75—82.
[32] Bossart P, Meier P M, Moeri A, et al. Geological and hydraulic characterisation of the excavation disturbed zone in the Opalinus Clay of the Mont Terri Rock Laboratory. Engineering Geology, 2002, 66(1-2): 19—38.
[33] Mitaim S, Detournay E. Damage around a cylindrical opening in a brittle rock mass. International Journal of Rock Mechanics and Mining Sciences, 2004, 41(8): 1447—1457.
[34] Maxwell S C, Young R P. Seismic imaging of rock mass responses to excavation. International Journal of Rock Mechanics and Mining Sciences, 1996, 33(7): 713—724.
[35] Cai M, Kaiser P K, Martin C D. Quantification of rock mass damage in underground excavations from microseismic event monitoring. International Journal of Rock Mechanics and

Mining Sciences,2001,38(8):1135－1145.

[36] Wassermann J,Sabroux J C,Pontreau S,et al. Characterization and monitoring of the excavation damaged zone in fractured gneisses of the Roselend tunnel,French Alps. Tectonophysics,2011,503(1):155－164.

[37] Gonidec Y L,Schubnel A,Wassermann J,et al. Field-scale acoustic investigation of a damaged anisotropic shale during a gallery excavation. International Journal of Rock Mechanics and Mining Sciences,2012,51(4):136－148.

[38] Sanada H,Nakamura T,Sugita Y. Mine-by experiment in a deep shaft in Neogene sedimentary rocks at Horonobe,Japan. International Journal of Rock Mechanics and Mining Sciences,2012,56(15):127－135.

[39] Kim H M,Rutqvist J,Jeong J H,et al. Characterizing excavation damaged zone and stability of pressurized lined rock caverns for underground compressed air energy storage. Rock Mechanics and Rock Engineering,2013,46(5):1113－1124.

[40] 卢文波,周创兵,陈明,等. 开挖卸荷的瞬态特性研究. 岩石力学与工程学报,2008,27(11):2184－2192.

[41] 杨树新,李宏,白明洲,等. 高地应力环境下硐室开挖围岩应力释放规律. 煤炭学报,2010,35(1):26－30.

[42] 范勇,卢文波,严鹏,等. 地下洞室开挖过程围岩应变能调整力学机制. 岩土力学,2013,34(12):3580－3586.

[43] 许东俊,耿乃光. 岩体变形和破坏的各种应力途径. 岩土力学,1986,7(2):17－25.

[44] 陈景涛,冯夏庭. 高地应力下岩石的真三轴试验研究. 岩石力学与工程学报,2006,25(8):1537－1543.

[45] 李宏,安其美,马元春. 深埋洞室地应力状态与岩爆相关性研究. 岩石力学与工程学报,2005,24(1):4822－4826.

[46] 张传庆,冯夏庭,周辉,等. 深部试验隧洞围岩脆性破坏及数值模拟. 岩石力学与工程学报,2010,29(10):2063－2068.

[47] 任建喜,葛修润. 岩石卸荷损伤演化机理CT实时分析初探. 岩石力学与工程学报,2000,19(6):697－701.

[48] Martin C D,Christiansson R. Estimating the potential for spalling around a deep nuclear waste repository in crystalline rock. International Journal of Rock Mechanics and Mining Sciences,2009,46(2):219－228.

[49] 李晓静,朱维申,李术才,等. 考虑开挖卸荷劈裂效应的脆性裂隙围岩位移预测新方法. 岩石力学与工程学报,2011,30(7):124－125.

[50] 蒋斌松,张强,贺永年,等. 深部圆形巷道破裂围岩的弹塑性分析. 岩石力学与工程学报,2007,26(5):982－986.

[51] 潘一山,李英杰,唐鑫,等. 岩石分区碎裂化现象研究. 岩石力学与工程学报,2007,26(增1):3335－3341.

[52] 宋义敏,潘一山,章梦涛,等. 洞室围岩三种破坏形式的试验研究. 岩石力学与工程学报,

2010,29(增1):2741−2745.

[53] 周小平,周敏,钱七虎.深部岩体损伤对分区破裂化效应的影响.固体力学学报,2012,33(3):242−250.

[54] 王贤能,黄润秋.岩石卸荷破坏特征与岩爆效应.山地研究,1998,16(4):281−285.

[55] 张黎明,王在泉,贺俊征,等.卸荷条件下岩爆机理的试验研究.岩石力学与工程学报,2005,24(增1):4769−4773.

[56] 贺永年,蒋斌松,韩立军,等.深部巷道围岩间隔性区域断裂研究.中国矿业大学学报,2008,37(3):300−304.

[57] 周小平,钱七虎,杨海清.深部岩体强度准则.岩石力学与工程学报,2008,27(1):117−123.

[58] Yu M H,Zan Y W,Zhao J,et al. A unified strength criterion for rock material. International Journal of Rock Mechanics and Mining Sciences,2002,39(8):975−989.

[59] Martin C D,Kaiser P K,McCreath D R. Hoek-Brown parameters for predicting the depth of brittle failure around tunnels. Canadian Geotechnical Journal,1999,36(1):136−151.

[60] Cai M,Kaiser P K,Tasaka Y,et al. Generalized crack initiation and crack damage stress thresholds of brittle rock masses near underground excavations. International Journal of Rock Mechanics and Mining Sciences,2004,41(5):833−847.

[61] 李宁,陈蕴生,陈方方,等.地下洞室围岩稳定性评判方法新探讨.岩石力学与工程学报,2006,25(9):1941−1944.

[62] 凌建明,孙钧.建立在损伤应变空间的岩体破坏准则.同济大学学报:自然科学版,1995,23(5):483−487.

[63] 谢和平,鞠杨,黎立云.基于能量耗散与释放原理的岩石强度与整体破坏准则.岩石力学与工程学报,2005,24(17):3003−3010.

[64] 李夕兵,周子龙,叶州元,等.岩石动静组合加载力学特性研究.岩石力学与工程学报,2008,27(7):1387−1395.

[65] Dhawan K R,Singh D N,Gupta I D. 2D and 3D finite element analysis of underground openings in an inhomogeneous rock mass. International Journal of Rock Mechanics and Mining Sciences,2002,39(2):217−227.

[66] Hajiabdolmajid V,Kaiser P K,Martin C D. Modelling brittle failure of rock. International Journal of Rock Mechanics and Mining Sciences,2002,39(6):731−741.

[67] Hou Z. Mechanical and hydraulic behavior of rock salt in the excavation disturbed zone around underground facilities. International Journal of Rock Mechanics and Mining Sciences,2003,40(5):725−738.

[68] Mitaim S,Detournay E. Damage around a cylindrical opening in a brittle rock mass. International Journal of Rock Mechanics and Mining Sciences,2004,41(8):1447−1457.

[69] Cai M,Kaiser P K,Morioka H,et al. FLAC/PFC coupled numerical simulation of AE in large-scale underground excavations. International Journal of Rock Mechanics and Mining Sciences,2007,44(4):550−564.

[70] Dyskin A V. On the role of stress fluctuations in brittle fracture. International Journal of

Fracture,1999,100(1):29—53.
[71] Pellet F,Roosefid M,Deleruyelle F. On the 3D numerical modelling of the time-dependent development of the damage zone around underground galleries during and after excavation. Tunnelling and Underground Space Technology,2009,24(6):665—674.
[72] Mortazavi A,Molladavoodi H. A numerical investigation of brittle rock damage model in deep underground openings. Engineering Fracture Mechanics,2012,90:101—120.
[73] Prochazka P P. Application of discrete element methods to fracture mechanics of rock bursts. Engineering Fracture Mechanics,2004,71(4):601—618.
[74] Jiang Y,Li B,Yamashita Y. Simulation of cracking near a large underground cavern in a discontinuous rock mass using the expanded distinct element method. International Journal of Rock Mechanics and Mining Sciences,2009,46(1):97—106.
[75] 冷先伦,盛谦,朱泽奇,等.不同TBM掘进速率下洞室围岩开挖扰动区研究.岩石力学与工程学报,2009,28(2):3692—3698.
[76] 苏国韶,冯夏庭,江权,等.高地应力下地下工程稳定性分析与优化的局部能量释放率新指标研究.岩石力学与工程学报,2006,25(12):2453—2460.
[77] Wang S H,Lee C I,Ranjith P G,et al. Modeling the effects of heterogeneity and anisotropy on the excavation damaged/disturbed zone (EDZ). Rock Mechanics and Rock Engineering,2009,42(2):229—258.
[78] Gaede O,Karrech A,Regenauer-Lieb K. Anisotropic damage mechanics as a novel approach to improve pre-and post-failure borehole stability analysis. Geophysical Journal International,2013,193(3):1095—1109.
[79] François B,Labiouse V,Dizier A,et al. Hollow cylinder tests on boom clay:Modelling of strain localization in the anisotropic excavation damaged zone. Rock Mechanics and Rock Engineering,2014,47(1):71—86.
[80] Lisjak A,Tatone B S A,Grasselli G,et al. Numerical modelling of the anisotropic mechanical behaviour of opalinus clay at the laboratory-scale using FEM/DEM. Rock Mechanics and Rock Engineering,2014,47(1):187—206.
[81] 陈炳瑞,冯夏庭,肖亚勋,等.深埋隧洞TBM施工过程围岩损伤演化声发射试验.岩石力学与工程学报,2010,29(8):1562—1569.
[82] Broberg K B. Constant velocity crack propagation-dependence on remote load. International Journal of Solids and Structures,2002,39(26):6403—6410.
[83] 米克利亚耶夫.断裂动力学.陈石卿等译.北京:国防工业出版社,1984.
[84] 李清,杨仁树,李均雷,等.爆炸荷载作用下动态裂纹扩展试验研究.岩石力学与工程学报,2005,24(16):2912—2916.
[85] 陈静曦.裂纹扩展速度监测分析.岩石力学与工程学报,1998,17(4):425—428.
[86] 张志呈,肖正学,郭学彬,等.断裂控制爆破裂纹扩展的高速摄影试验研究.西南工学院学报,2001,16(2):53—57.
[87] 黄理兴.动荷载作用下岩石裂纹的扩展与控制.水利学报,1988,(1):55—60.

[88] Felice J J, Beattie T A, Spathis A T. Face velocity measurements using a microwave radar technique//Proceedings of the Conference on Explosives and Blasting Technique, Las Vegas, 1991: 71−77.

[89] Preece D S, Evans R, Richards A B. Coupled explosive gas flow and rock motion modeling with comparison to bench blast field data//Proceedings of the 4th International Symposium Rock Fragmentation by Blasting, Vienna, 1993: 239−246.

[90] Cook M A, Cook U D, Clay R B. Behavior of rock during blasting. Transaction Social Mining Engineering, 1966, (1): 17−25.

[91] Abuov M G, Aitaliev S M, Ermekov T M, et al. Studies of the effect of dynamic processes during explosive break-out upon the roof of mining excavations. Journal of Mining Science, 1988, 24(6): 581−590.

[92] Carter J P, Booker J R. Sudden excavation of a long circular tunnel in elastic ground. International Journal of Rock Mechanics and Mining Sciences & Geomechanics Abstracts, 1990, 27(2): 129−132.

[93] Mandal S K, Singh M M. Evaluating extent and causes of overbreak in tunnels. Tunnelling and Underground Space Technology, 2009, 24(1): 22−36.

[94] Cai M. Influence of stress path on tunnel excavation response-numerical tool selection and modeling strategy. Tunnelling and Underground Space Technology, 2008, 23(6): 618−628.

[95] 王德荣，李杰，钱七虎．深部地下空间周围岩体性能研究浅探．地下空间与工程学报，2006，2(4)：542−546.

[96] He M C, Miao J L, Feng J L. Rock burst process of limestone and its acoustic emission characteristics under true-triaxial unloading conditions. International Journal of Rock Mechanics and Mining Sciences, 2010, 47(2): 286−298.

[97] 隋斌，朱维申，李树忱．深部岩柱在动态扰动下力学响应的数值模拟．岩土力学，2009，30(8)：2501−2505.

[98] 王贤能，黄润秋．动力扰动对岩爆的影响分析．山地研究，1998，16(3)：188−192.

[99] 陈卫忠，吕森鹏，郭小红，等．脆性岩石卸围压试验与岩爆机理研究．岩土工程学报，2010，32(6)：963−969.

[100] 王明洋，范鹏贤，李文培．岩石的劈裂和卸载破坏机制．岩石力学与工程学报，2010，29(2)：234−241.

[101] 王明洋，解东升，李杰，等．深部岩体变形破坏动态本构模型．岩石力学与工程学报，2013，32(6)：1112−1120.

[102] 黄润秋，黄达．高地应力条件下卸荷速率对锦屏大理岩力学特性影响规律试验研究．岩石力学与工程学报，2010，29(1)：21−33.

[103] 罗先启，舒茂修．岩爆的动力断裂判据——D判据．中国地质灾害与防治学报，1996，7(2)：1−5.

[104] 李杰，王明洋，范鹏贤，等．岩体的加、卸载状态与能量的分配关系．岩土力学，2012，

33(增 2):125－132.

[105] 顾金才,顾雷雨,陈安敏,等. 深部开挖洞室围岩分层断裂破坏机制模型试验研究. 岩石力学与工程学报,2008,27(3):433－438.

[106] 周小平,钱七虎,张伯虎,等. 深埋球形洞室围岩分区破裂化机理. 工程力学,2010,27(1):69－75.

[107] 李树忱,冯现大,李术才,等. 深部岩体分区破裂化现象数值模拟. 岩石力学与工程学报,2011,30(7):1337－1344.

[108] 李夕兵. 岩石动力学基础与应用. 北京:科学出版社,2014.

[109] 李夕兵,姚金蕊,杜坤. 高地应力硬岩矿山诱导致裂非爆连续开采初探——以开阳磷矿为例. 岩石力学与工程学报,2013,32(6):1101－1111.

[110] Lavrov A. The Kaiser effect in rocks:Principles and stress estimation techniques. International Journal of Rock Mechanics and Mining Sciences,2003,40(2):151－171.

[111] Tang C A,Kaiser P K. Numerical simulation of cumulative damage and seismic energy release during brittle rock failure—Part Ⅰ:Fundamentals. International Journal of Rock Mechanics and Mining Sciences,1998,35(2):113－121.

[112] Kaiser P K,Tang C A. Numerical simulation of damage accumulation and seismic energy release during brittle rock failure—Part Ⅱ:Rib pillar collapse. International Journal of Rock Mechanics and Mining Sciences,1998,35(2):123－134.

[113] McGarr A. Energy budgets of mining-induced earthquakes and their interactions with nearby stopes. International Journal of Rock Mechanics and Mining Sciences,2000,37(4):437－443.

[114] Hazzard J F,Young R P. Dynamic modeling of induced seismicity. International Journal of Rock Mechanics and Mining Sciences,2004,41(12):1365－1376.

[115] Arora S K,Willy Y A,Srinivasan C,et al. Local seismicity due to rockbursts and near-field attenuation of ground motion in the Kolar gold mining region,India. International Journal of Rock Mechanics and Mining Sciences,2001,38(5):711－719.

[116] Zembaty Z. Rockburst induced ground motion—A comparative study. Soil Dynamics and Earthquake Engineering,2004,24(1):11－23.

[117] Yang J H,Lu W B,Chen M,et al. Microseism induced by transient release of in situ stress during deep rock mass excavation by blasting. Rock Mechanics and Rock Engineering,2013,46(4):859－875.

[118] 严鹏. 岩体开挖动态卸载诱发振动机理研究[博士学位论文]. 武汉:武汉大学,2008.

[119] 杨建华. 深部岩体开挖爆破与瞬态卸荷耦合作用效应[博士学位论文]. 武汉:武汉大学,2014.

[120] 范勇. 深部岩体开挖过程围岩能量调整机制与力学效应[博士学位论文]. 武汉:武汉大学,2015.

[121] 祝启虎. 地应力瞬态卸荷对围岩损伤特征的影响[博士学位论文]. 武汉:武汉大学,2010.

[122] 张文举．深埋洞室开挖瞬态卸荷引起的围岩开裂机制[博士学位论文]．武汉:武汉大学，2014.
[123] 金李．节理岩体开挖动态卸荷松动机理研究[博士学位论文]．武汉:武汉大学，2009.
[124] 罗忆．深部岩体开挖引起的围岩位移突变机理[博士学位论文]．武汉:武汉大学，2012.

第 2 章　深部岩体开挖瞬态卸荷力学过程和计算模型

深部岩体爆破开挖是利用钻孔中炸药爆炸产生的能量，达到破碎岩体、开挖成洞的过程。开挖改变了深部岩体的原始几何形状，使开挖面上的岩体应力全部或部分卸除，引起岩体边界条件和荷载条件的变化。岩体赋存环境改变又会导致岩体变形、破裂及物理力学参数的劣化，从而可能带来严重的岩体稳定或变形控制难题。因此，近年来岩体的开挖卸荷及力学效应一直是国内外岩石力学研究与工程应用领域的热点问题。

本章首先简要分析岩体开挖卸荷的力学过程，提出岩体开挖瞬态卸荷的基本概念，然后重点介绍岩体开挖瞬态卸荷过程的数学描述。

2.1　岩体开挖的准静态和瞬态卸荷过程

2.1.1　钻孔爆破开挖法与隧道掘进机开挖法

常用的地下洞室岩体开挖主要有两种方法：钻孔爆破法(drill and blast method)和隧道掘进机(TBM)开挖法。钻孔爆破法简称钻爆法，即在岩体中钻孔、装药和起爆炸药，利用炸药爆炸产生的能量与岩体相互作用达到破碎岩体、抛掷岩块、形成新开挖轮廓面的过程，对地质条件适应性强、开挖成本低，目前仍然是国内外深部岩体开挖的主要手段。TBM 开挖法利用机械切割、挤压破碎岩体达到开挖隧道(洞)的目的。TBM 开挖法得到的洞壁比较平整，断面均匀，超欠挖量少，对围岩扰动小；但与钻爆法相比，TBM 开挖法设备复杂昂贵，安装费工费时，且对地质条件的适应性较差。图 2.1 给出了钻爆法和 TBM 开挖法开挖隧洞的情况。

岩体通常赋存于一定的地应力环境条件下，如图 2.2 所示。开挖前岩体处于一种相对稳定的平衡状态，无论 TBM 开挖法还是钻爆法，开挖改变了初始岩体的几何形状，在岩体中形成了新的临空面，岩体应力向临空面方向释放，从而打破了初始岩体这种相对平衡的应力状态，致使岩体应力场重新调整和分布。

TBM 开挖法的破岩过程可分为刀盘侵入岩体和相邻两刀之间岩体碎片形成两个阶段。首先盘刀在推力作用下贯入岩体，在刀尖下和刀具侧面形成高应力压碎区和放射状裂纹，如图 2.3(a)所示；盘刀在推力和扭矩作用下连续滚压掌子面时，盘刀扩大它的压碎区并使产生的裂纹继续扩展，当其中一条或多条裂纹扩展到自由表面或邻近盘刀造成的裂纹时形成岩体碎片，岩面上的地应力也随之释放，如

图 2.1 钻爆法和 TBM 开挖法开挖隧洞情况对比

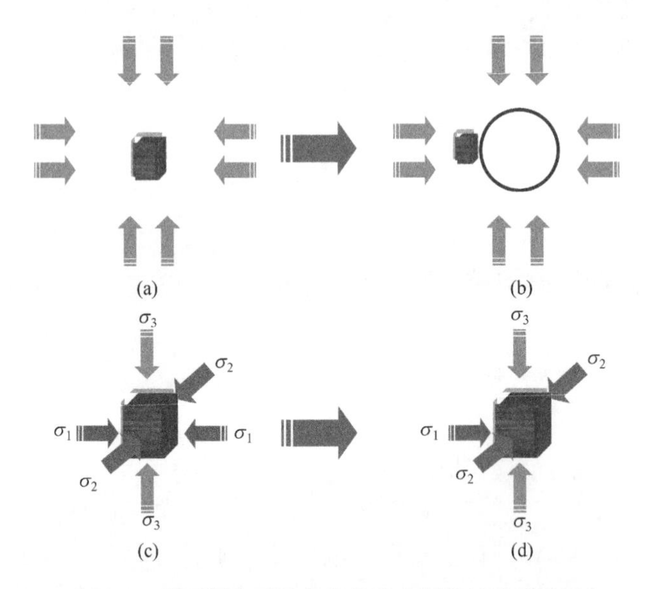

图 2.2 地下洞室开挖导致的应力调整过程示意图

图 2.3(b)所示[1,2]。可见,TBM 开挖过程中,开挖边界上的地应力释放过程和释放时间与掘进机刀盘的切岩速度密切相关。表 2.1 列出了不同岩性条件下开挖时所需的推力、切岩速度和比能参数[3]。表中数据表明,岩性和平均推力将决定掘进机刀盘的切岩速度。在理想条件下,若取刀盘切岩的速度为 1.0～2.5m/h,则可估算掘进机在岩体中掘进 1mm 需要 1440～3600ms。因此可以认为,当采用 TBM 开挖法开挖时,盘形滚刀的破岩过程对洞壁围岩的扰动较小,掌子面附近岩体中储存的变形能逐步释放,持续时间也较长,围岩应力-应变曲线的连续性和过渡性较好。图 2.3(c)中清晰可见的刀痕也表明岩体在盘刀的作用下是分块逐层剥落的。因此,可以认为 TBM 开挖引起的开挖边界上岩体地应力释放是一个相对缓慢且

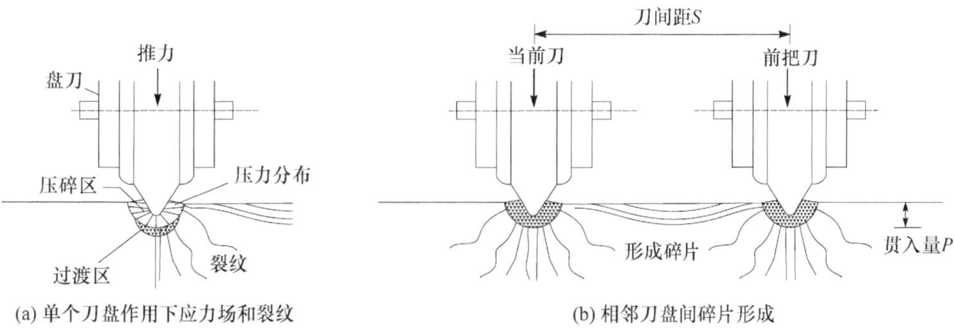

(a) 单个刀盘作用下应力场和裂纹

(b) 相邻刀盘间碎片形成

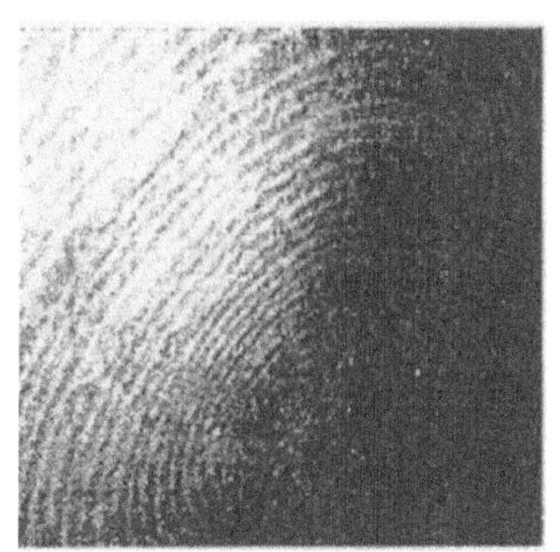

(c) 硬岩中TBM开挖掌子面

图 2.3 TBM 开挖盘刀破岩过程[1,2]

表 2.1 隧洞掘进机的平均推力、平均切岩速度和平均比能[3]

力学参数	泥质和砂岩混合岩层	全断面砂岩	石灰岩、页岩状石灰岩及泥岩互层	全断面泥岩,仰拱处少量页状石灰岩	泥岩和断层带 1	泥岩和断层带 2
平均推力/MN	1.62	2.33	2.85	2.28	1.82	1.55
平均切岩速度/(m/h)	2.30	1.30	1.47	2.46	2.35	2.36
平均比能/(MJ/m^3)	25.30	37.50	53.00	32.00	24.80	19.40

平稳的过程。

对于钻爆法开挖,当炮孔中的装药起爆后,在爆炸冲击波和爆生气体的联合作用下,炮孔周围岩体开裂,并且裂纹优先在炮孔连线方向上扩展,如图 2.4 所示。当炮孔间的裂缝面完全贯通、岩体碎块脱离母岩形成新的开挖面后,该边界上原有的初始法向应力也随之移除。因此,钻爆法开挖引起的开挖边界上地应力释放是一个与爆破破岩同步的力学过程,若忽略破碎岩体抛离开挖面的持续时间,则开挖边界上地应力释放持续时间约等于炮孔间裂纹的扩展时间。

假定相邻的炮孔同时起爆,根据岩体爆破破碎应力波相互作用的经典理论,爆

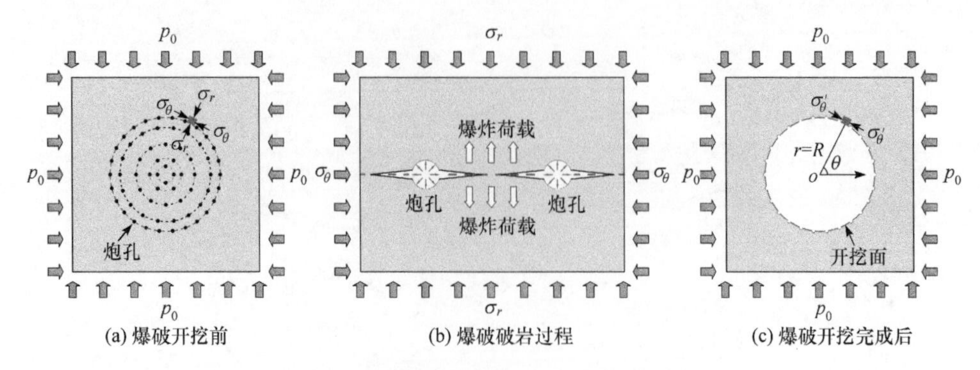

图 2.4　钻爆法开挖边界地应力释放示意图

炸应力波驱动的岩体开裂优先在相邻炮孔的连线方向上传播。高压爆生气体后续的准静态作用促使爆生裂纹在相邻炮孔连线方向上进一步扩展传播，直至完全贯通。受爆轰波传播过程的影响，爆炸应力波在炮孔周围岩体中以锥形的马赫波形式向外传播，沿炮孔轴向，炮孔周围岩体并非同时开裂，如图 2.5 所示。因此，钻爆法开挖时相邻炮孔间的裂纹贯通所需的时间估算公式为

$$t_c=\frac{\sqrt{\left(\frac{1}{2}S\right)^2+L^2}}{c_f} \tag{2.1}$$

式中，t_c 为相邻炮孔间的裂纹贯通所需时间；S 为相邻炮孔的间距；L 为炮孔长度；c_f 为裂纹扩展速度。

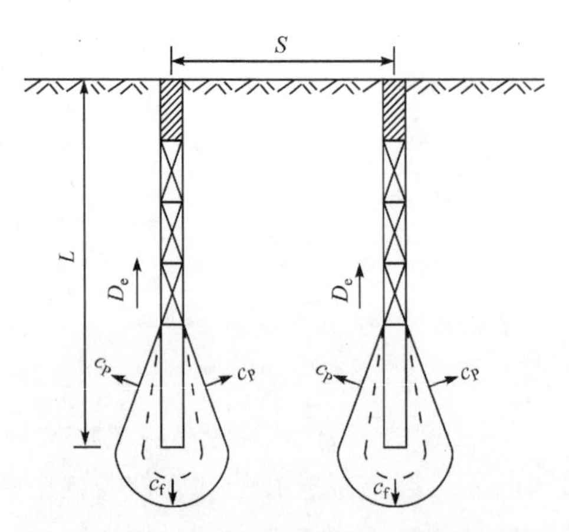

图 2.5　相邻炮孔间爆炸应力波及爆生裂纹传播过程示意图

D_e. 炸药爆轰速度；c_P. 岩体纵波速度；c_f. 爆生裂纹传播速度

工程中岩体的弹性模量 E 为 10～100GPa，纵波速度 c_P 为 2000～5500m/s。断裂动力学领域的研究表明，对于理想脆性材料，裂纹动态扩展的理论极限速度可

达介质的 Rayleigh 波速，约为介质纵波速度 c_P 的 0.38 倍；一般认为，爆炸荷载作用下裂纹扩展的平均速度大都为 $0.2c_P \sim 0.3c_P$。对于地下隧洞全段面爆破开挖，国内一般采用孔间距 0.8～1.5m、孔深 1.5～5.0m 的浅孔爆破。由此可以估算，炮孔内的炸药起爆后，相邻炮孔间的爆生裂纹将在数毫秒间贯通，形成新的开挖面。可见，相比 TBM 开挖法，钻爆法开挖引起的开挖面上地应力释放是一个瞬间完成的、更加快速的过程。

2.1.2　准静态卸荷与瞬态卸荷的判定

按照传统的开挖卸荷观点，地下洞室开挖完成后，二次应力场的调整将经历较长的时间，围岩需要较长的时间来进行变形调整，这种准静态卸荷的观点被工程界广泛接受。由 2.1.1 节的分析可知，在开挖边界上，无论 TBM 开挖法开挖还是钻爆法开挖，随着裂缝面完全贯通形成新的开挖面后，开挖边界上的法向地应力也随之释放。在开挖边界上岩体开挖卸荷过程是按照准静态过程处理还是需考虑其动态效应呢？下面进行具体的分析。

判断一个力学作用是准静态过程还是动态过程，国内外一般根据加载或卸载时岩体应变率的大小对荷载作用过程进行区分，如表 2.2 所示[4]。以应变率 $10^{-1}\mathrm{s}^{-1}$ 为界，当加载或卸载引起的岩体应变率在 $10^{-5} \sim 10^{-1}\mathrm{s}^{-1}$ 时，可以忽略惯性力的影响，视为准静态过程处理，属于岩体静力学研究的范畴；若加载或卸载引起的岩体应变率大于 $10^{-1}\mathrm{s}^{-1}$，则惯性力的作用不可忽略，属于动态力学过程，是岩体动力学研究的范畴。

表 2.2　根据应变率大小划分的荷载状态[4]

应变率/s^{-1}	荷载状态	动静态区别
$<10^{-5}$	蠕变	惯性力可忽略
$10^{-5} \sim 10^{-1}$	静态	惯性力可忽略
$10^{-1} \sim 10^{1}$	准动态	惯性力不可忽略
$10^{1} \sim 10^{4}$	动态	惯性力不可忽略
$>10^{4}$	超动态	惯性力不可忽略

如果把围岩当成理想的弹性体，在一维条件下，开挖边界上岩体开挖卸荷引起的应变率估算公式为

$$\dot{\varepsilon} = \frac{\sigma_0}{E t_u} \tag{2.2}$$

式中，σ_0 为开挖边界上的初始地应力；$\dot{\varepsilon}$ 为应变率；E 为岩体弹性模量；t_u 为开挖边界上地应力卸荷持续时间。

水电工程深孔台阶爆破普遍采用孔间距 2～5m、孔深 8～16m 的爆破参数，按

式(2.1)则可以估算相邻炮孔间裂缝面的贯穿时间为 $10^1 \sim 10^2$ms 量级。若开挖面上的地应力为 1～10MPa，由式(2.2)可以估算深孔台阶爆破时开挖面上地应力卸荷引起的应变率为 $10^{-4} \sim 10^{-1} s^{-1}$。可见，对于地表岩石基础和边坡等地应力水平不高的岩体爆破开挖，将开挖边界上的地应力卸荷视为准静态过程处理是允许的。

对于深埋地下隧洞全断面开挖，若开挖面上地应力水平较高，如达到 20～50MPa 量级，对弹性模量为 10～100GPa 的中硬岩而言，采用 TBM 开挖法开挖时，开挖边界上卸荷引起的围岩应变率为 $10^{-4} \sim 10^{-2} s^{-1}$；采用钻爆法开挖时，开挖边界上地应力卸荷引起的围岩应变率将达到 $10^{-1} \sim 10^1 s^{-1}$。可见，深部岩体 TBM 开挖时开挖边界上的地应力释放可认为是准静态过程；而深部岩体钻爆开挖导致的开挖边界卸荷是一个实实在在的动态力学过程，不能忽略其惯性力，需考虑卸荷的瞬态特性及其引起的岩体动力效应[5]。

如果把围岩当成理想的弹性体，深部岩体爆破开挖过程中地应力瞬态卸荷过程及其动力响应可采用压缩弹簧的释放运动过程加以说明，如图 2.6 所示[6]。一根质量为 m、刚度为 K 的弹簧，一端固定、另一端自由(见图 2.6(a))，在压应力 F 的作用下被压缩(见图 2.6(b))，产生位移，这时，外力做功转化为弹簧的弹性势能，这就相当于爆破开挖前地应力作用下岩体的初始状态。如果将压应力 F 缓慢释放，即准静态卸荷，则弹簧只能在卸荷过程中缓慢回弹到平衡位置，之后便不再运动。若作用在弹簧上的压应力 F 突然释放，则存储在弹簧中的弹性势能转化为动能，导致弹簧迅速回弹至平衡位置(见图 2.6(c)中虚线)，此时势能完全转化为动能，弹簧运动速度最大，因而继续向下运动，直至速度为零(见图 2.6(d))。此时，弹簧的动能又完全转化为势能，弹簧开始回复运动。此后运动过程中弹簧的势能和动能相互转化，致使弹簧以平衡位置为中心上下振动，这就是应力瞬态释放的动力响应。显然，应力突然释放条件下运动到图(d)位置的弹簧内，出现了大小为 F 的拉应力的作用。

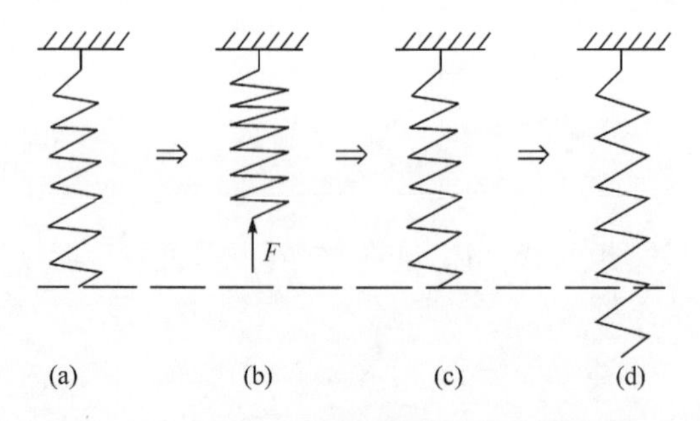

图 2.6　地应力瞬态卸荷动力效应示意图[6]

可见，对于动态力学过程，相对于准静态力学过程，显然体系的惯性力不容忽视，另外，动力荷载作用下岩体本身的力学性质与应变率相关，当成准静态过程处理会带

来较大的误差。动荷载作用下，岩体动态抗压强度与应变率的关系可表示为[7]

$$\frac{\sigma_{cd}}{\sigma_{cs}} \propto \left(\frac{\dot{\varepsilon}_d}{\dot{\varepsilon}_s}\right)^n \tag{2.3}$$

式中，σ_c、$\dot{\varepsilon}$ 分别为岩体抗压强度和应变率；下标 d、s 分别表示动态和准静态；n 为指数，受岩性和应变率等因素的影响，依试验而定。石灰岩的试验结果给出：当$\dot{\varepsilon}<10^3\,\mathrm{s}^{-1}$时，$n=0.007$；当 $\dot{\varepsilon}>10^3\,\mathrm{s}^{-1}$时，$n=0.31$。Olsson[8] 对凝灰岩单轴抗压强度与应变率的关系进行了类似的试验研究，结果表明，当 $\dot{\varepsilon}<76\mathrm{s}^{-1}$时，$n=0.007$；当 $\dot{\varepsilon}>76\mathrm{s}^{-1}$时，$n=0.35$。可以看出，当应变率小于某一临界值时，岩体强度随应变率的提高变化不大，而当应变率大于某一临界值后，岩体强度迅速增大。

李夕兵和古德生[4]认为岩体动态抗压强度与应变率的关系可近似统一表示为

$$\sigma_{cd} = \sigma_{cs}\dot{\varepsilon}^{1/3} \tag{2.4}$$

式中，σ_{cd}、σ_{cs}分别为岩体动态单轴抗压强度和静态单轴抗压强度。

动荷载作用下岩体的动态抗拉强度同样与应变率密切相关[9,10]，即

$$\sigma_{td} = \sigma_{ts}\dot{\varepsilon}^{1/3} \tag{2.5}$$

式中，σ_{td}、σ_{ts}分别为岩体动态单轴抗拉强度和静态单轴抗拉强度。

2.1.3　岩体开挖瞬态卸荷力学过程

对于实际深埋洞室爆破开挖，开挖瞬态卸荷引起的围岩能量转换和动力响应与图 2.6 中的力学过程类似。深埋洞室岩体处于高地应力条件之下，岩体中储存有大量的弹性应变能，开挖边界上地应力瞬间释放引起围岩应变能向动能转化，围岩向临空面方向往返振动导致围岩中出现动拉应力。事实上，Cook 等[11] 早在 1966 年就发现，突然释放作用在介质上的荷载会在介质中产生拉应力，导致介质的超松弛。

从力学过程上来看，在爆破开挖前，被开挖岩体对周围岩体的应力约束可以看成是在开挖面上作用一个反向荷载 σ_0，该荷载的大小等于开挖面上的初始地应力，如图 2.7 所示。爆破开挖导致该荷载从初始值快速卸载到零。考虑线弹性的简单状态，将开挖边界上地应力瞬态卸荷过程分解为初始地应力状态和开挖荷载卸荷作用状态[12]。这样，开挖边界上地应力瞬态卸荷过程，如图 2.8 中所示的曲线①所示，可分解为开挖边界上的初始应力状态②和瞬态卸荷拉荷载③[13]。

以上分析的是没有考虑爆炸荷载作用过程及爆生裂纹传播过程的岩体开挖瞬态卸荷简化模型。事实上，随着爆破过程中裂缝在相邻炮孔连线方向上起裂、扩展，高温高压气体不断贯入裂缝，如图 2.9 所示[14]。裂缝面受到爆炸气体压力，该压应力在初始阶段远大于开挖荷载。因此，在爆生气体贯入的区域，虽然裂缝面形成、拟开挖岩体脱离了母岩，但应力约束依然存在，地应力卸荷没有完全发生。但爆生气体贯入的流动速度小于裂纹扩展速度，因此在裂缝的前端，因爆生气体尚未

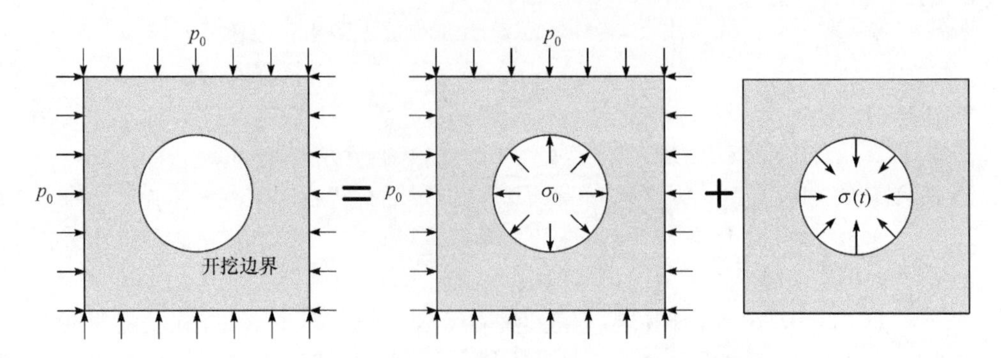

图 2.7 开挖面上地应力瞬态卸荷过程分析简化模型

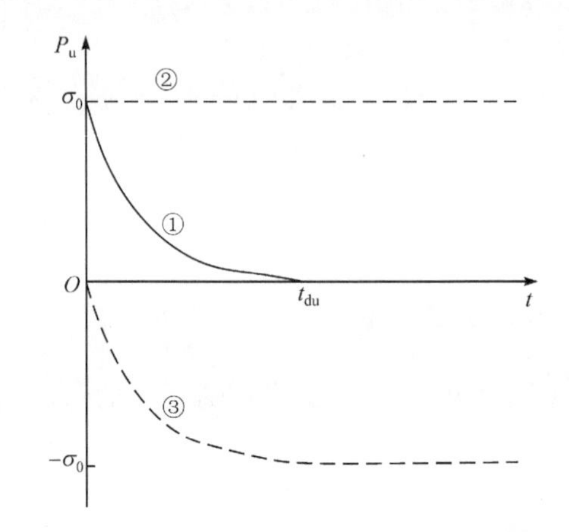

图 2.8 开挖边界上地应力释放过程示意图[13]

到达，裂缝上的地应力随着裂缝扩展而部分释放。在裂缝尖端表现为应力集中。可见，在相邻炮孔间的裂缝贯穿前，仅在开挖面局部区域发生应力释放，宏观上的开挖卸荷并没有发生[14,15]。

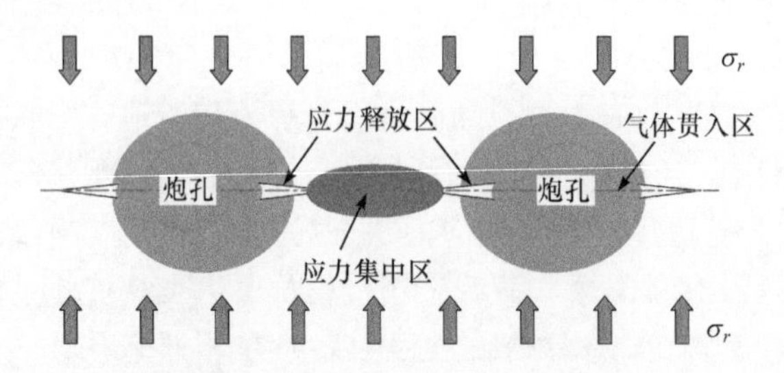

图 2.9 爆炸荷载耦合作用下地应力瞬态卸荷力学过程示意图[14]

根据炮孔及周边岩体裂缝面上的应力状态，只有在裂缝完全贯通、爆生气体逸出、炮孔内爆炸荷载衰减至与开挖面上的地应力大小相等时，才开始从宏观上体现出卸荷效应。随着爆炸荷载进一步衰减，当炮孔内压力衰减至大气压时，完成地应力的同步卸荷。由于在开挖面上要满足应力连续条件，爆炸荷载的衰减量等于开挖面上地应力的卸除量，因此，地应力瞬态卸荷历程与宏观卸荷开始后的爆炸荷载历程曲线重合，如图2.10所示。

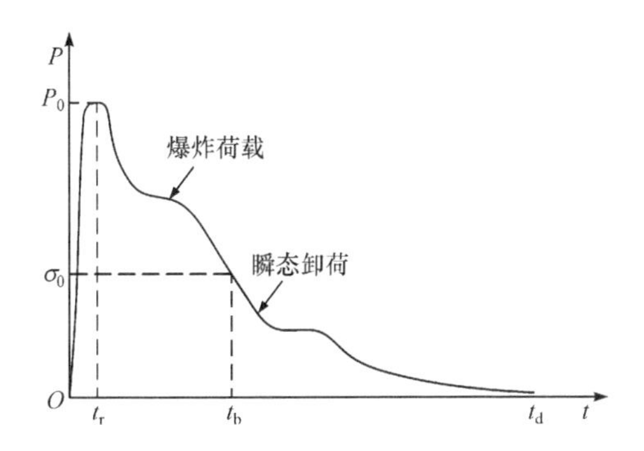

图2.10　考虑爆炸荷载作用过程的瞬态卸荷历程曲线

P_0.爆炸荷载峰值；σ_0.开挖面上的地应力；t_r.爆炸荷载上升时间；t_d.爆炸荷载作用持续时间；t_b.地应力瞬态卸荷开始时刻，即爆炸荷载与开挖面上地应力相等的时刻

2.2　岩体开挖瞬态卸荷力学过程的数学描述

从图2.10可以看出，描述全断面爆破开挖对应的岩体开挖瞬态卸荷过程，需要确定分步开挖荷载、卸荷起始时刻、卸荷持续时间和卸荷方式四个参数。爆炸荷载耦合作用下的地应力瞬态卸荷起始时刻、持续时间和卸荷方式由爆炸荷载变化历程确定。因此，确定一个全面反映爆源作用机制的爆炸荷载变化历程是分析地应力瞬态卸荷的关键和前提。本节针对深埋圆形隧洞爆破开挖的典型炮孔布置和毫秒延迟起爆顺序，首先分析围岩二次应力场及毫秒延迟爆破对应的分步开挖荷载(开挖面上的地应力)；而后基于爆炸力学、断裂力学、流体力学等基本理论，从理论上推求柱状装药炮孔内爆炸荷载的变化历程，在此基础上确定地应力瞬态卸荷起始时刻、持续时间和卸荷方式。

2.2.1　炮孔布置与毫秒延迟起爆顺序

针对深部岩体中的圆形隧洞开挖，假定隧洞半径$R=5\text{m}$，采用全断面毫秒延迟爆破技术，如图2.11所示。在开挖掌子面上由里向外依次布置了1圈掏槽孔、3圈崩落孔、1圈缓冲孔和1圈光面爆破孔，分别采用段别为MS1、MS3、MS5、MS7、MS9和MS11的毫秒延迟雷管按Ⅰ～Ⅵ的顺序依次起爆。不计雷管延迟时间误差，各段延迟时间如表2.3所示。炮孔直径$d_b=42\text{mm}$，孔深$L=3\text{m}$，乳化炸药密

度 $\rho_e=1000\text{kg/m}^3$、爆轰波速 $D_e=3600\text{m/s}$，采用孔底起爆的方式，具体钻孔布置及装药参数如表 2.3 所示。爆区竖直向地应力为 σ_v，水平向地应力为 σ_h。为简化分析，将岩体视为理想的弹性材料，岩体密度 $\rho=2700\text{kg/m}^3$、弹性模量 $E=50\text{GPa}$、泊松比 $\mu=0.23$。

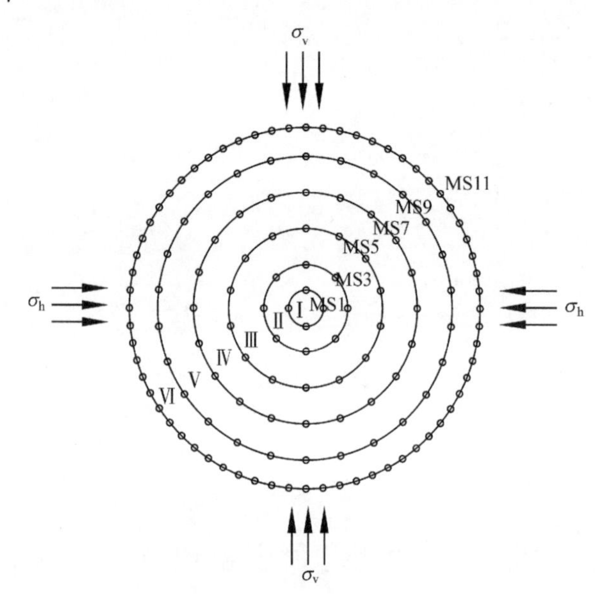

图 2.11　圆形隧洞全断面毫秒爆破开挖示意图

表 2.3　爆破设计参数

爆破顺序	炮孔类型	孔数	孔径/mm	装药直径/mm	炮孔间距/m	至隧洞中心距离/m	雷管段别	延迟时间/ms
Ⅰ	掏槽孔	4	42	42	0.7	0.5	MS1	0
Ⅱ	崩落孔	8	42	32	0.8	1.2	MS3	50
Ⅲ	崩落孔	14	42	32	1.0	2.2	MS5	110
Ⅳ	崩落孔	20	42	32	1.0	3.2	MS7	200
Ⅴ	缓冲孔	26	42	28.5	1.0	4.2	MS9	310
Ⅵ	光爆孔	64	42	20	0.5	5.0	MS11	460

注：掏槽孔采用 Φ42mm 药卷耦合装药，崩落孔采用 Φ32mm 药卷不耦合装药，缓冲孔采用 Φ32mm 和 Φ25mm 的药卷各一半，光爆孔采用 Φ25mm 的药卷间隔装药，表中所列药卷直径为等效直径。

显然，深埋隧洞的爆破开挖是一个复杂的三维动力学过程，包含了不同空间位置炮孔内炸药的不同时起爆、被爆岩体的结构面分布与各向异性特征等，但是为了说明深部岩体爆破开挖过程中的瞬态卸荷过程，需要对这一复杂的问题进行简化，进一步假设：①爆区岩体为各向同性的均质岩体，无明显结构面发育；②炮孔直径远小于炮孔深度，且钻孔区域距离已存在的自由面足够远；③同一毫秒延迟段内的炮孔中的炸药同时起爆，炮孔轴向的不均匀效应可以忽略。这样，可以采用平面应变模型来研究此复杂的三维动力学过程而不失一般性。

2.2.2　围岩二次应力场与分步开挖荷载

1. 围岩二次应力场

岩体在自重和地质构造运动等作用下产生的内力效应，即为岩体初始应力、绝对应力或原岩应力，它是地下工程特别是深部岩体工程重要的设计参数，也是影响地下工程稳定性最重要的因素之一。原位地应力测量仍是目前精确获得地应力状态的重要方法。地应力测量方法按其测量原理可归纳为三类：第一类是以测试岩体中的应变、变形为依据的力学法，如应力解除法、应力恢复法和水压致裂法等；第二类是以测试岩体中声发射、电阻率、声波传播规律等的地球物理方法；第三类是根据地质构造和岩体破坏状况提供的信息确定地应力方向。其中，以水压致裂法和应力解除法应用最为广泛，其他方法可作为辅助方法。

深埋隧洞开挖改变了岩体初始的应力状态，使岩体中的应力重新调整分布并达到新的平衡应力状态（二次应力）。显然，对于掌子面连续推进的深埋隧洞开挖，要想确定某一次爆破过程中开挖边界上的地应力，首先要获得开挖掌子面附近的围岩二次应力状态。

江权[16]针对高地应力条件下地下隧洞开挖，采用数值计算方法研究了掌子面推进过程中围岩二次应力演化过程：如图2.12(a)所示，将隧洞中部 $y=30$m 的断面设置为计算监测断面，计算掌子面推进过程中该断面上拱顶、拱肩、边墙、墙脚和底板的应力变化过程。以拱顶处的计算结果为例，如图2.12(b)所示，可以看出，在洞室连续开挖过程中，随着掌子面靠近监测断面，监测断面上的最大、最小主应

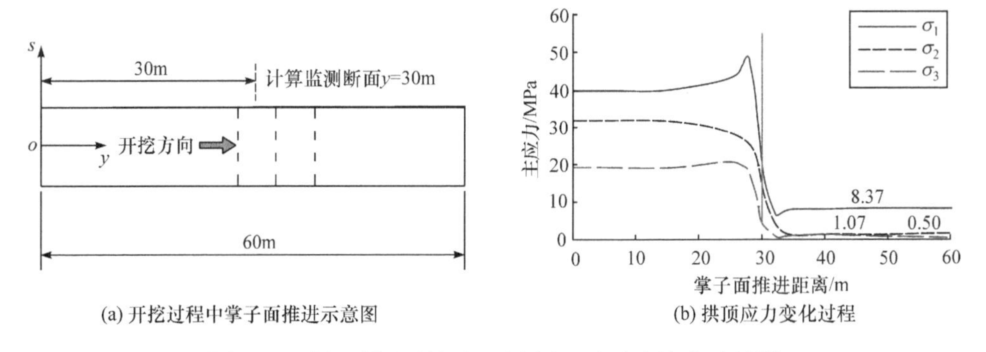

(a) 开挖过程中掌子面推进示意图　(b) 拱顶应力变化过程

图2.12　深埋隧洞开挖过程中围岩二次应力演化过程[16]

力均变大，中间主应力略有降低；开挖掌子面通过计算监测断面后，三个主应力都大幅降低。这说明某一开挖步前，掌子面附近岩体出现了应力集中，岩体中积聚了大量的弹性应变能，这些能量在该步开挖过程得以释放。

由于开挖掌子面附近岩体地应力实地测量比较困难，本节在已知原岩应力的条件下，采用深埋圆形隧洞弹性分布的应力状态计算开挖面上的地应力。对于复杂开挖边界，则通过三维有限元计算，确定开挖面上的地应力。

2. 分步开挖荷载

由于深埋隧洞全断面爆破开挖采用了毫秒延迟爆破技术，各类炮孔按照Ⅰ～Ⅵ的顺序由里向外依次爆破(见图 2.11)。因此，为分析爆炸荷载耦合作用下的瞬态卸荷力学过程，需要确定每一段爆破对应的开挖面(卸载面)及开挖面上的地应力，即分步开挖荷载。

掏槽孔采用耦合装药结构，爆炸冲击荷载大，且是在只有掌子面一个自由面的条件下爆破，岩体夹制作用较强，爆破产生的破坏范围较大。掏槽孔爆破为后一段炮孔爆破创造了新的临空面，崩落孔、缓冲孔和光爆孔均在两个自由面条件下爆破，具有较好的临空面条件，且采用了不耦合装药结构，爆破产生的破坏范围较小。因此，根据不同的炮孔类型，需要分两种情况确定开挖面。如果忽略炮孔间的相互影响，每一个掏槽孔爆破均类似于柱状炸药在半无限介质中起爆，炸药爆炸产生的能量与岩体相互作用，在炮孔周围形成粉碎区、破碎区和弹性振动区。所有掏槽孔同时起爆形成的叠加效应将破碎该区域内的岩体，因此可以认为各掏槽孔爆破所形成的破碎区的包络线就是掏槽爆破开挖面[15]，如图 2.13(a)所示。各圈崩落孔、缓冲孔和光爆孔都是在已有临空面条件下，通过爆破产生的裂缝优先在本圈相邻炮孔连线方向上传播、贯通来破碎抛掷岩体。由于炸药爆炸的能量在临空面方向上迅速释放并从自由面反射回稀疏波，从而导致穿过保留岩体的能量相对较少；且采用了不耦合装药结构，爆炸荷载峰值相对较小，对炮孔周围保留岩体破坏较小。因此，对于崩落孔、缓冲孔和光爆孔爆破，可以近似认为本圈炮孔中心连线即为爆破开挖面，如图 2.13(b)所示。

若定义每一段炮孔爆破所形成的圆柱形开挖面的半径为 a_i($i=$ Ⅰ～Ⅵ)，则对于掏槽孔爆破，有

$$a_i=r_i+r_{\mathrm{f}},\quad i=\text{Ⅰ} \tag{2.6}$$

对于崩落孔、缓冲孔和光爆孔爆破，有

$$a_i=r_i,\quad i=\text{Ⅱ}\sim\text{Ⅵ} \tag{2.7}$$

式中，r_i为第 i 段炮孔距隧洞中心的距离；r_{f}为单个炮孔爆破所形成的破碎区半径，与炸药类型、岩体性质和爆破参数有关。工程经验和实测数据表明，破碎区半径为炮孔半径的 10～100 倍[17～19]。

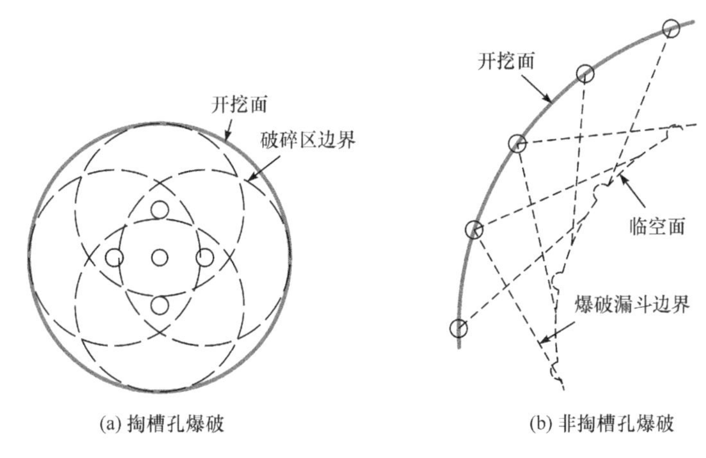

图 2.13　开挖面的确定

由此可见，与全断面毫秒延迟爆破对应的开挖面与炮孔的布置和起爆顺序有关，同时还与炸药、岩体性质和爆破参数有关。取破碎区半径为 10 倍炮孔半径，即 $r_f=10r_b$，按照上述方法计算得到的各段炮孔爆破对应的开挖面半径如表 2.4 所示。

表 2.4　圆形隧洞各段炮孔爆破对应的开挖面半径

爆破顺序	炮孔类型	开挖面半径/m
Ⅰ	掏槽孔	0.7
Ⅱ	崩落孔	1.2
Ⅲ	崩落孔	2.2
Ⅳ	崩落孔	3.2
Ⅴ	缓冲孔	4.2
Ⅵ	光爆孔	5.0

开挖掌子面上的各类炮孔按延迟时间由里向外依次爆破，每一段炮孔爆破均会形成一个临时的开挖自由面，即为该段炮孔爆破所对应的开挖面。爆炸荷载的持续时间不超过 10ms，相邻炮孔间裂纹贯通、形成新开挖面的持续时间为数毫秒。开挖面上地应力瞬态释放在周围岩体中激发卸载应力波，根据岩体力学参数可得到岩体中的纵波速度 $c_P=4598\text{m/s}$、横波速度 $c_S=2755\text{m/s}$，相邻两段炮孔的排距为 0.5～1.0m，因此，卸载应力波波阵面通过相邻两段之间的岩体所需的时间不超过 0.5ms。而在图 2.11 所示的爆破设计中，相邻两段炮孔爆破的延迟时间至少为 50ms。以上分析表明，某一段炮孔起爆前，前面一段炮孔爆破所导致的开挖面上地应力瞬态释放已完成，产生的应力卸载波已经完全通过该段炮孔所对应的开挖

面，该开挖面上的地应力为前面一段炮孔爆破后所形成的二次应力。

作为理想条件下的深埋圆形隧洞爆破开挖模型，若不考虑掌子面附近的应力集中现象，则各段爆破对应的开挖面上的地应力可近似采用图 2.14 所示的平面应变模型估算毫秒延迟爆破分步开挖荷载。

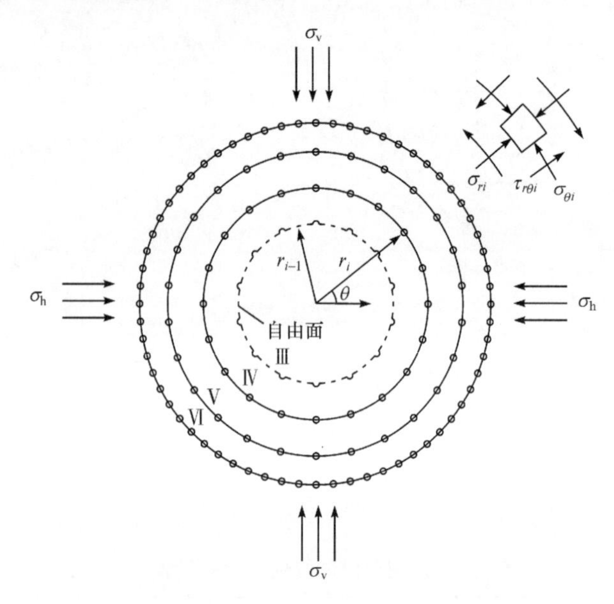

图 2.14 毫秒延迟爆破分步开挖荷载计算示意图

$$
\begin{cases}
\sigma_{ri}=\dfrac{\sigma_v}{2}\left[(1+\lambda)\left(1-\dfrac{a_{i-1}^2}{a_i^2}\right)-(1-\lambda)\left(1-4\dfrac{a_{i-1}^2}{a_i^2}+3\dfrac{a_{i-1}^4}{a_i^4}\right)\cos(2\theta)\right]\\
\sigma_{\theta i}=\dfrac{\sigma_v}{2}\left[(1+\lambda)\left(1+\dfrac{a_{i-1}^2}{a_i^2}\right)+(1-\lambda)\left(1+3\dfrac{a_{i-1}^4}{a_i^4}\right)\cos(2\theta)\right]\\
\tau_{r\theta i}=\dfrac{\sigma_v}{2}(1-\lambda)\left(1+2\dfrac{a_{i-1}^2}{a_i^2}-3\dfrac{a_{i-1}^4}{a_i^4}\right)\sin(2\theta)
\end{cases}
\tag{2.8}
$$

式中，σ_{ri}、$\sigma_{\theta i}$、$\tau_{r\theta i}$分别为第 i 段炮孔爆破开挖面上的径向正应力、环向正应力和剪应力，$i=$ Ⅰ ～ Ⅵ；λ 为侧压力系数，$\lambda=\sigma_h/\sigma_v$；下标 r、θ 分别表示径向和环向；θ 为极角。

实际工程中，为了更准确地确定分步开挖荷载，可在获得原岩应力参数后，建立三维有限元数值模型模拟开挖过程，进而确定开挖面上的二次应力状态。

2.2.3 爆炸荷载及其作用历程

爆炸荷载是炸药爆炸后作用在孔壁岩体上的爆炸气体压力，其荷载峰值及作用过程受炸药种类、装药结构和岩体力学特性等因素的影响。炸药爆炸本身的瞬时性、复杂性以及岩体介质的多变性使得爆炸荷载目前还很难准确量化。在工程计算中，为了简化分析，通常将爆炸荷载假定为某种形式的压应力脉冲，采用荷载峰值及变化历程（荷载上升时间、持续时间和作用形式）来描述。

1. 爆炸荷载峰值

目前，爆炸荷载峰值多采用Chapman[20]提出的C-J爆轰模型进行计算。C-J爆轰模型很好地反映了爆轰现象的一些基本特性，而且形式简单，大量应用于研究爆轰波、爆轰产物运动以及爆轰作用效应等问题。根据凝聚炸药爆轰波的C-J理论和守恒关系，炸药起爆后爆轰波阵面上的气体压力为

$$P_H=\frac{1}{\gamma+1}\rho_e D_e^{\,2} \tag{2.9}$$

式中，P_H为波阵面上气体压力；ρ_e为炸药密度；D_e为炸药爆轰速度；γ为等熵指数，对于爆轰产物，近似取$\gamma=3.0$。

对于耦合装药条件，作用在爆孔壁上的平均气体压力等于爆轰波阵面上压力的一半，即

$$P_0=\frac{\rho_e D_e^{\,2}}{2(\gamma+1)} \tag{2.10}$$

式中，P_0为作用在炮孔壁上的爆炸荷载。

对于不耦合装药条件，根据多方气体状态方程，计算的在孔壁上的爆炸荷载为

$$P_0=\frac{\rho_e D_e^{\,2}}{2(\gamma+1)}\left(\frac{V_c}{V_b}\right)^{\gamma} \tag{2.11}$$

式中，V_c为炸药体积；V_b为炮孔体积。

若为柱状径向不耦合装药，当不耦合系数较小时，爆生气体的膨胀只经过$P>P_K$这一个状态，P_K为炸药临界压力，则作用在炮孔壁上的爆炸荷载P_0为

$$P_0=\frac{\rho_e D_e^{\,2}}{2(\gamma+1)}\left(\frac{d_c}{d_b}\right)^{2\gamma} \tag{2.12}$$

式中，d_c为装药直径；d_b为炮孔直径。若装药的不耦合系数较大，此时爆生气体的膨胀经历$P>P_K$及$P\leqslant P_K$两个阶段。计算中将γ视为分段常数处理，当$P>P_K$时，取$\gamma=3.0$；当$P\leqslant P_K$时，取$\gamma=\nu=4/3$。则可得

$$P_0=\left[\frac{\rho_0 D_e^{\,2}}{2(\gamma+1)}\right]^{\frac{\nu}{\gamma}} P_K^{\frac{\gamma-\nu}{\gamma}}\left(\frac{d_c}{d_b}\right)^{2\gamma} \tag{2.13}$$

2. 爆炸荷载变化历程

目前国内外对炮孔中爆炸荷载变化历程的研究方法主要有三类：第一类是采用测试元件与仪器直接和间接测量炮孔空腔内的压力变化历程[21,22]；第二类是通

过简化模型分析爆破过程及爆生气体运动过程，如爆腔体积膨胀、炮孔堵塞物运动以及炮孔周边裂纹扩展，并借助室内外试验手段来确定炮孔压力变化历程[23~25]；第三类是采用数值计算方法模拟炸药爆轰过程，从而得到炮孔压力变化历程曲线，运用最多的是 LS-DYNA 有限元程序[26~29]。

测量炮孔空腔内的压力是确定爆炸荷载变化历程最直接、最可靠的方法，但由于测试元件与仪器在高温高压条件下性能方面的限制，加上爆破破岩过程的复杂性及经济性方面的考虑，此类方法目前大都停留在科学研究阶段。实际运用中多采用半经验半理论的爆炸荷载变化历程，其中以三角形函数和双指数函数爆炸荷载变化历程曲线应用最为广泛。

计算机技术和数值计算方法的发展，特别是 Jones-Wilkins-Lee(JWL)状态方程的提出，由于其能模拟炸药爆轰过程中气体压力与体积的关系，为获取炮孔壁上的爆炸荷载提供了有力的手段。但 JWL 状态方程有多个控制参数，计算结果对参数的选择十分敏感，具体运用中应以试验为基础，存在参数选取的困难；特别是在多孔起爆时，由于炮孔尺寸远小于工程岩体尺寸，给模型网格划分、炸药和被爆结构间连接问题的处理带来了很大的困难，计算工作量巨大。

本节针对柱状装药孔底起爆方式，通过分析炸药起爆后爆轰波传播、炮孔空腔动力膨胀、炮孔周围岩体裂纹扩展、炮孔堵塞物运动以及炮孔内爆生气体逸出等过程，从理论上推求炮孔爆炸荷载变化历程。

1）爆轰波传播

炸药从炮孔底部起爆后，爆轰波沿炮孔轴向迅速向孔口传播，对整个炮孔内的平均压力而言，当爆轰波传播完成后，炮孔内平均爆炸荷载上升至最大值，荷载上升时间等于爆轰波传播时间，即

$$t_{\mathrm{r}}=\frac{L_{\mathrm{c}}}{D_{\mathrm{e}}} \tag{2.14}$$

式中，L_{c}为装药长度。

2）炮孔空腔动力膨胀

受爆炸气体压力作用，炮孔空腔径向膨胀，假定炮孔周围岩体介质中传播的是柱面波，按弹性波理论近似求解空腔的动力膨胀过程。假定整个爆腔均匀膨胀，则在 t 时刻，炮孔空腔因径向动力膨胀而产生的体积增量 $\Delta V_{\mathrm{b}}(t)$为

$$\Delta V_{\mathrm{b}}(t)=\int_{t_{\mathrm{r}}}^{t} 2\pi L r_{\mathrm{b}}(t) v(t) \mathrm{d}t \tag{2.15}$$

式中，L 为炮孔长度；$r_{\mathrm{b}}(t)$为 t 时刻爆腔的半径；$v(t)$为炮孔壁沿径向的运动速度。

3）炮孔周围岩体裂纹扩展

炸药起爆后在炮孔周围激发径向压应力波，压应力波引起炮孔周围岩体介质径向压缩并引起环向产生拉应力，由于岩体的抗拉强度较低，环向拉应力很容易超

过岩体抗拉强度而在炮孔周围产生径向裂纹。假定毫秒延迟爆破每一段内相邻的炮孔同时起爆且产生相同的应力波。相邻炮孔间爆炸应力波的相互作用导致炮孔周围岩体开裂优先在相邻炮孔的连线方向上传播，在相邻炮孔间形成破碎区。该破碎区成为高压爆生气体的主要逸出通道，高压爆生气体作用促使爆生裂纹在相邻炮孔连线方向上进一步扩展传播，直至完全贯通。因此，多孔起爆条件下相邻炮孔连线方向上的裂纹为主裂纹，其他方向的裂纹发展较为微小。因此，可采用如图2.15所示的楔形主裂纹模型分析炮孔周围岩体裂纹扩展。

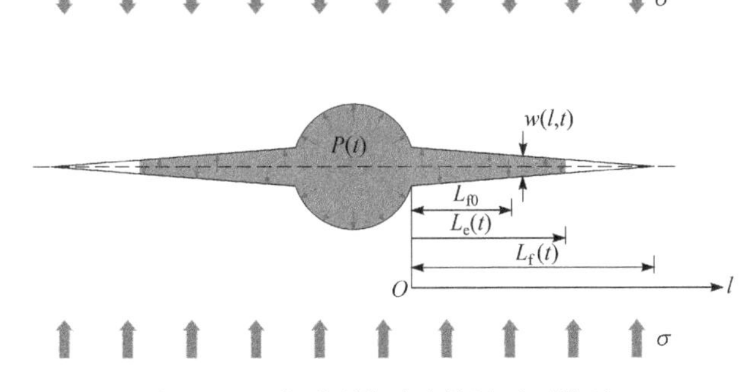

图2.15　楔形裂纹动态扩展平面模型

假定裂纹尖端的非弹性区与整条裂纹的尺寸相比可忽略不计，按线弹性断裂力学理论可得裂纹上任一点的位移张开度为

$$w(l,t)=\frac{4(1-\mu)}{\pi G}\int_{l}^{L_{\mathrm{f}}(t)}\int_{0}^{\xi}\frac{P(\zeta,t)-\sigma}{\sqrt{\xi^{2}-\zeta^{2}}}\frac{\xi}{\sqrt{\xi^{2}-l^{2}}}\mathrm{d}\zeta\mathrm{d}\xi \tag{2.16}$$

如果假设爆生气体压力沿裂纹长度方向均匀分布，且等于炮孔压力 $P(t)$，则对式(2.16)积分，可得

$$w(l,t)=\frac{2(1-\mu)}{G}(P(t)-\sigma)\sqrt{L_{\mathrm{e}}^{2}(t)-l^{2}} \tag{2.17}$$

爆生气体贯入裂纹而导致的气体体积增量 $\Delta V_{\mathrm{e}}(t)$ 为

$$\Delta V_{\mathrm{e}}(\mathrm{t})=2L\int_{0}^{L_{\mathrm{e}}(t)}w(l,t)\mathrm{d}l \tag{2.18}$$

上述式中，$w(l,t)$ 为裂纹上任一点的张开位移，其中 l 为任一点到炮孔壁的距离；$L_{\mathrm{f}}(t)$ 为裂纹总长度；$L_{\mathrm{e}}(t)$ 为爆生气体在裂纹中贯入的长度；ξ 为裂纹扩展的瞬间长度；ζ 为该瞬间长度的微段长度；σ 为炮孔周围岩体的远场地应力；μ 为岩体泊松比；G 为岩体剪切模量。

4）炮孔堵塞物运动

炮孔内炸药爆轰完成后，受爆炸荷载作用，堵塞物被压缩并可能被整体抛出。建立如图 2.16 所示的堵塞物轴向一维运动模型，分析堵塞物运动导致的爆生气体膨胀过程。

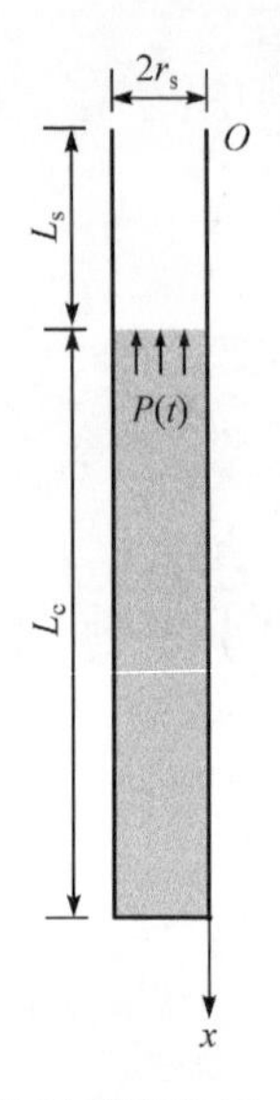

图 2.16　炮孔堵塞物运动计算模型

在爆炸荷载、堵塞物重力和堵塞物与孔壁之间的摩擦力作用下，t 时刻炮孔堵塞物的位移为 $x_s(t)$，该位移包括堵塞物的压缩位移和整体冲出位移。炮孔空腔因堵塞物位移而产生的体积增量 $\Delta V_s(t)$ 为

$$\Delta V_s(t) = \pi r_s^2 x_s(t) \tag{2.19}$$

式中，r_s 为炮孔堵塞物半径。

上述爆腔膨胀、炮孔周围岩体裂纹扩展和堵塞物运动导致的爆生气体体积增大过程可以认为是爆生气体的初步膨胀过程，该过程中有关各物理量的详细求解可参见文献[24]和[29]。根据多方气体状态方程，该过程中炮孔壁上的爆炸荷载为

$$P(t) = P_0\left(\frac{V_0}{V_0 + \Delta V_b(t) + \Delta V_e(t) + \Delta V_s(t)}\right)^\gamma, \quad t_r < t < t_c \tag{2.20}$$

5）爆生气体逸出

当堵塞物完全从炮孔内抛出后，炮孔成了敞口孔，高压爆生气体在孔口处迅速向外喷出，产生一束向孔底传播的稀疏波，导致炮孔内气体压力逐渐降低；根据波动理论，稀疏波传播至孔底固壁端时发生反射，并向孔口传播，导致炮孔压力进一步衰减。假定堵塞物完全冲出后，爆生气体的初步膨胀过程结束，气体只从孔口逸

出。这样之后的爆生气体运动可以简化为以下一维非定常流模型[14,30]：炮孔底部($x=L$)为一固壁端，炮孔孔口($x=0$)为一薄膜，在炮孔固壁端与薄膜之间充满高压气体，初始状态压力为 $P=P_1=P(t_c)$、气体声速为 $c=c_1=c(t_c)$，其中 t_c 为堵塞物完全冲出炮孔的时刻。在堵塞物完全冲出炮孔的一瞬间拆除薄膜，孔口的气体被瞬时加速到某一速度向上运动，如图 2.17 所示。

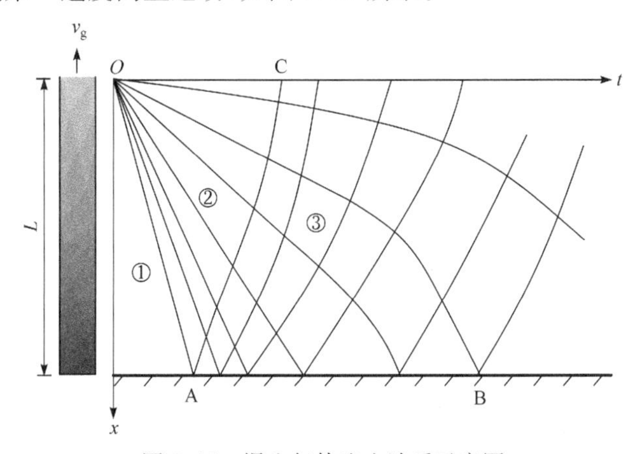

图 2.17　爆生气体逸出波系示意图

① 未扰动区；② 简单波区；③ 复合波区

假定无黏气体在绝热状态下初步膨胀，气体中的声波传播速度可由等熵关系得到：

$$c(t_c)=\frac{\gamma D_e}{\gamma+1}\left(\frac{P(t_c)}{P_H}\right)^{\frac{\gamma-1}{2\gamma}} \tag{2.21}$$

爆生气体从孔口逸出产生一束向下传播的不完全稀疏波，该稀疏波传至固壁端时将发生反射，反射波仍为稀疏波，入射波与反射波相互作用，形成如图 2.17 所示的波动区：未扰动区、简单波区、复合波区。根据气体一维非定常均熵流动的波动方程进行分区的气体状态参数求解。

① 未扰动区：

$$c=c_1 \tag{2.22}$$

② 简单波区：

$$c=\frac{\gamma-1}{\gamma+1}\left(\frac{x}{t-t_c}+\frac{2}{\gamma-1}c_1\right) \tag{2.23}$$

③ 复合波区：

$$\begin{cases} x=v_g(t-t_c)-\dfrac{L}{(n-2)!}\dfrac{\partial^{n-2}}{\partial\theta^{n-2}}\left\{\dfrac{[(\sqrt{\theta}-v_g)^2-\theta_1]^{n-2}}{\sqrt{\theta}}(\sqrt{\theta}-v_g)\right\} \\ t=\dfrac{L}{2(n-1)!}\dfrac{4}{\gamma-1}\dfrac{\partial^{n-1}}{\partial\theta^{n-1}}\left\{\dfrac{[(\sqrt{\theta}-v_g)^2-\theta_1]^{n-1}}{\sqrt{\theta}}\right\} \end{cases} \tag{2.24}$$

式中，$n=\dfrac{\gamma+1}{2(\gamma-1)}$；$\theta=\left(\dfrac{2c}{\gamma-1}\right)^2$，其中 c 为稀疏波速度；θ_1 为 $c=c_1$时的 θ 值；v_g为气体运动速度，$v_g=\dfrac{2}{\gamma-1}(c-c_1)$；$x$ 为炮孔任意截面距孔口的距离。

由式(2.22)～式(2.24)，可计算炮孔内任意截面的爆生气体在任意时刻的状态参数 c，继而由均熵方程计算爆生气体逸出过程中炮孔内某一截面处的爆炸荷载

$$P(x,t)=P(t_c)\left(\frac{c(x,t)}{c_1}\right)^{\frac{2\gamma}{\gamma-1}},\quad t>t_c \tag{2.25}$$

3. 算例

对上述爆轰波传播、炮孔空腔动力膨胀、炮孔周围岩体裂纹扩展、堵塞物运动、爆生气体逸出等过程进行联立求解，即可得到整个炮孔压力变化历程曲线。

取炮孔直径 $d_b=42$mm、炮孔孔深 $L=3$m，采用 2# 岩石乳化炸药连续装药，炸药密度 $\rho_e=1000$kg/m^3、爆轰波速 $D_e=3600$m/s、炸药临界压力 $P_K=200$MPa，药卷直径 $d_c=35$mm、装药长度 $L_c=2.5$m。炮孔堵塞物采用砂土，堵塞长度 $L_s=0.5$m，堵塞物内摩擦角 $\theta_s=28°$、动摩擦系数 $f_c=0.055$、纵波波速 $c_P=550$m/s。岩体参数：密度 $\rho=2700$kg/m^3，弹性模量 $E=50$GPa，泊松比 $\mu=0.23$，炮孔远场岩体应力 $\sigma=20$MPa。

沿炮孔轴线，每隔 0.75m 选择一个计算断面，通过联立求解后，计算得到不同深度断面的爆炸荷载变化历程曲线，如图 2.18 所示。以炮孔中间断面 $x=1.5$m 为例，在 $t=0.4$ms 时爆轰波阵面通过该断面，断面上的爆炸荷载达到最大值。由于爆炸荷载作用下炮孔空腔膨胀、炮孔周围岩体裂纹扩展及堵塞物被冲出，爆炸荷载在到达峰值后迅速降低。在 $t=1.5$ms 时堵塞物被完全冲出，爆生气体初步膨胀停止，气体迅速从孔口喷出，产生一束向孔底传播的稀疏波。在 $t=2.9$ms 左右时稀疏波波头到达该断面，爆炸荷载再次衰减，但爆炸荷载衰减速率逐渐变缓。在 $t=4.4$ms 左右时稀疏波到达固壁端发生反射，直至反射的稀疏波所形成的复合波在 $t=5.8$ms 左右到达该断面时，断面上的爆炸荷载衰减速率再次加快，但这个阶段的荷载衰减速率已远小于此前的衰减速率，致使这种爆生气体低压作用时间较长。在 $t=12$ms 左右时，气体压力基本衰减至接近大气压，爆炸荷载作用过程结束。

由于上述计算中假定爆生气体初步膨胀沿炮孔轴线同步进行，因此在堵塞物完全冲出前，各个断面的爆炸荷载变化历程是一致的。堵塞物完全冲出后、稀疏波到达计算断面前，该断面上的爆生气体处于未扰动状态，爆炸荷载保持不变。从式(2.22)～式(2.24)可以看出，在稀疏波到达后，某一断面处的爆炸荷载 $P(x,t)$是稀疏波传播速度 $c(x,t)$的函数，而 $c(x,t)$又是断面位置 x 的函数，因此在稀疏波

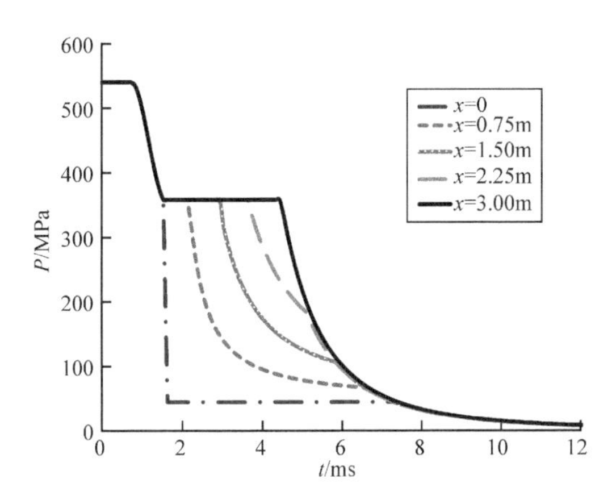

图 2.18　炮孔不同截面爆炸荷载变化历程曲线

到达后，各个断面的压力出现差异，孔口的爆炸荷载随时间衰减最快，孔底的爆炸荷载衰减最为缓慢。但稀疏波在固壁端发生反射后，各个断面的气体压力逐渐趋于一致。

爆生气体从孔口喷出后，在不同时刻爆炸荷载沿炮孔轴向变化曲线如图 2.19 所示。从图中可以看出，在 $t=4\text{ms}$ 之前，稀疏波未发生反射，炮孔内只存在简单波，从孔口至孔底，压力逐渐增大，直至未扰动区压力保持不变；且在稀疏波传播经过的区域，爆炸荷载沿炮孔轴向的变化梯度较大。在 $t=5\sim7\text{ms}$ 时，炮孔下半段是向孔底传播的稀疏波与反射稀疏波形成的复合波区，反射波传播经过的区域，爆炸荷载沿炮孔轴向保持不变；炮孔上半段仍然是简单波区，其爆炸荷载沿炮孔轴向的变化梯度较小。在 $t=7\text{ms}$ 之后，整个炮孔均处于复合波作用区，爆炸荷载沿轴向呈现均一性。以上分析表明，在爆炸荷载衰减过程中，炮孔压力沿炮孔轴向分布是不均匀的，从孔口至孔底压力逐渐增大，但随着时间的推移，不均匀程度逐渐降低，

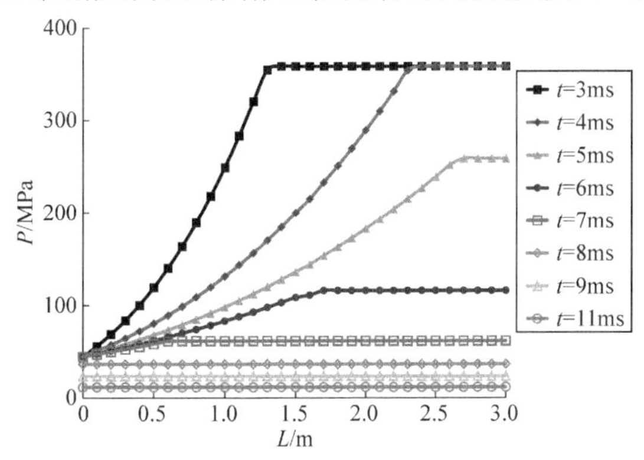

图 2.19　不同时刻爆炸荷载沿炮孔轴向变化曲线

最终整个炮孔压力趋于一致。

炮孔内平均爆炸荷载变化历程曲线如图 2.20 所示。荷载衰减过程分为明显的三个阶段：第一阶段是爆生气体初步膨胀阶段，荷载衰减迅速且持续时间较短；第二和第三阶段是爆生气体从孔口喷出阶段，荷载衰减速率较为缓慢，持续时间较长。相比于传统的三角形和双指数函数等半经验半理论爆炸荷载曲线，该理论计算荷载曲线因考虑了爆生气体的逸出过程，可以更好地反映爆生气体准静态作用时间。从计算结果可以看出，对于深埋洞室全断面开挖浅孔爆破，爆炸荷载持续时间约为 10ms 量级。

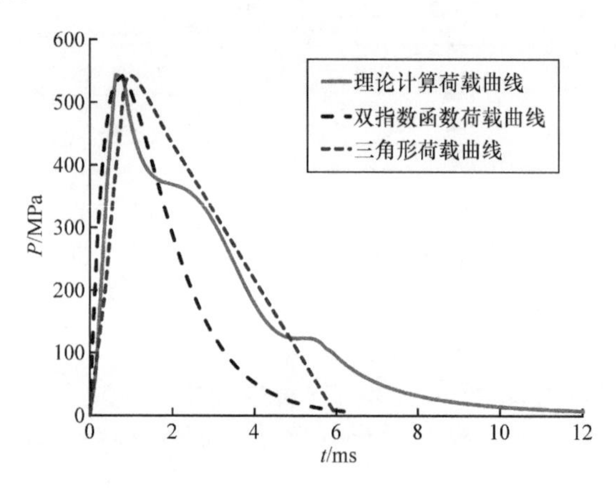

图 2.20 炮孔平均爆炸荷载变化历程曲线

2.2.4 岩体开挖瞬态卸荷起始时刻与持续时间估算

由于在开挖面上要满足应力连续条件，爆炸荷载的衰减量等于开挖面上地应力的卸除量，因此，地应力瞬态卸荷历程与宏观卸荷开始后的爆炸荷载历程曲线重合，如图 2.10 所示。对于深埋隧洞开挖全断面毫秒延迟爆破，开挖面上的地应力 σ_0 为与起爆顺序对应的分步开挖荷载 σ_i，则图 2.10 应修正为图 2.21。由上所述，开挖面上地应力瞬态卸荷路径可以表示为

$$P_{\mathrm{u}}(t)=\begin{cases}\sigma_i, & 0\leqslant t\leqslant t_{\mathrm{b}}\\ P(t), & t_{\mathrm{b}}<t\leqslant t_{\mathrm{d}}\end{cases} \tag{2.26}$$

式中，$P(t)$ 为爆炸荷载变化历程。

上面已经对爆炸荷载变化历程进行了详细的介绍，在获得爆炸荷载变化历程和分步开挖荷载（开挖面上的地应力）后，由图 2.21 即可得到地应力瞬态卸荷持续时间为

$$t_{\mathrm{du}}=t_{\mathrm{d}}-t_{\mathrm{b}} \tag{2.27}$$

式中，t_{du} 为岩体开挖瞬态卸荷持续时间；t_{d} 为爆炸荷载作用持续时间；t_{b} 为地应力瞬

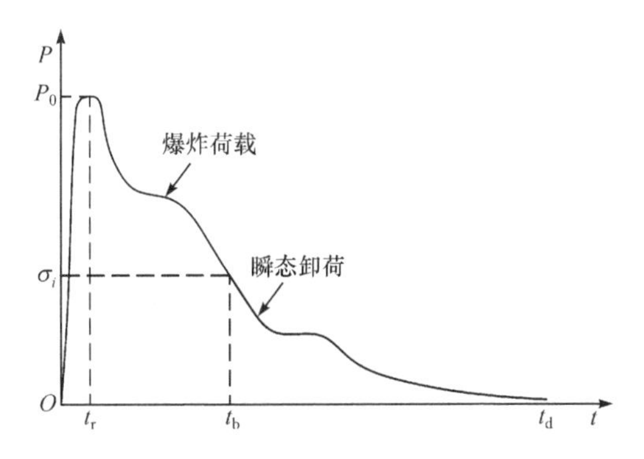

图 2.21　爆炸荷载和地应力瞬态卸荷历程曲线

态卸荷开始时刻，即爆炸荷载与开挖面上地应力相等的时刻。

爆炸荷载耦合作用下的地应力瞬态卸荷过程又可以分为以下三个阶段进行持续时间估算，如图 2.22 所示[14]。

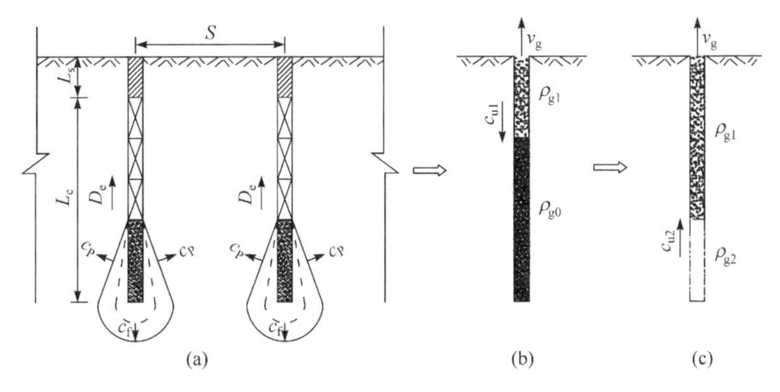

图 2.22　地应力瞬态卸荷持续时间估算力学模型[14]

L_c. 炮孔装药长度；L_s. 堵塞物长度；S. 相邻炮孔之间的距离

首先，炸药从孔底起爆后，爆轰波以速度 D_e 在炸药中传播，待爆轰波传播完成后，炮孔内爆炸荷载上升至最大值。同时在炮孔周围岩体中激起传播速度等于 c_P 的应力波，造成岩体的开裂，裂缝尖端以速度 c_f 在炮孔连线方向上传播，直至裂缝贯通(见图 2.22(a))。由于高温高压气体不断流入裂缝，受爆炸气体压力作用，裂缝贯通过程中开挖面上的地应力只在裂缝局部区域释放，如图 2.9 所示。爆炸荷载的上升时间 t_r 为

$$t_r = \frac{L_c}{D_e} \tag{2.28}$$

炮孔间裂缝贯通时间 t_f 为

$$t_{\mathrm{f}}=\frac{\sqrt{\left(\frac{1}{2}S\right)^{2}+L_{\mathrm{c}}^{2}}}{c_{\mathrm{f}}} \tag{2.29}$$

待炮孔间裂缝完全贯通、炮孔堵塞物冲出后，由于大气压力非常微小，孔口成为高压爆生气体的主要逸出通道，爆生气体在孔口以速度 v_{g} 向外逸出，产生一束向孔底传播的稀疏波，导致爆炸气体压力迅速衰减，如图 2.22(b)所示，图中 c_{u1} 为向下传播的稀疏波平均波速，ρ_{g0} 和 ρ_{g1} 分别为稀疏波到达前和稀疏波到达后爆生气体的密度。下传稀疏波传播至孔底的持续时间 t_{u1} 为

$$t_{\mathrm{u1}}=\frac{L_{\mathrm{c}}+L_{\mathrm{s}}}{c_{\mathrm{u1}}} \tag{2.30}$$

下传的稀疏波到达孔底固壁端时发生发射，反射波仍为稀疏波，以平均速度 c_{u2} 向孔口传播，导致爆炸气体压力进一步衰减，如图 2.22(c)所示，图中 ρ_{g2} 为反射稀疏波到达后爆生气体的密度。多数情况下爆炸荷载在这个阶段衰减至数十兆帕，与开挖面上的地应力水平相当。因此，在反射稀疏波向上传播的某个时刻，爆炸荷载等于开挖面上的地应力时，整个开挖面上开始全面卸荷，直至爆炸荷载衰减至大气压水平、爆炸荷载作用过程结束时，开挖面上的地应力完成同步卸荷。一般当反射的稀疏波到达孔口时，气体平均压力已衰减至大气压水平。反射稀疏波传播至孔口的持续时间 t_{u2} 为

$$t_{\mathrm{u2}}=\frac{L_{\mathrm{c}}+L_{\mathrm{s}}}{c_{\mathrm{u2}}} \tag{2.31}$$

因此，开挖面上地应力瞬态卸荷开始时刻 t_{b} 在以下时间范围内

$$t_{\mathrm{r}}+t_{\mathrm{f}}+t_{\mathrm{u1}}\leqslant t_{\mathrm{b}}\leqslant t_{\mathrm{r}}+t_{\mathrm{f}}+t_{\mathrm{u1}}+t_{\mathrm{u2}} \tag{2.32}$$

地应力瞬态卸荷持续时间为

$$t_{\mathrm{du}}=t_{\mathrm{d}}-t_{\mathrm{b}}=t_{\mathrm{r}}+t_{\mathrm{f}}+t_{\mathrm{u1}}+t_{\mathrm{u2}}-t_{\mathrm{b}} \tag{2.33}$$

对于深埋隧洞全段面爆破开挖，国内一般采用钻孔直径 $d_{\mathrm{b}}=42\mathrm{mm}$、孔间距 $S=0.8\sim1.5\mathrm{m}$、孔深 $L=1.5\sim5\mathrm{m}$、装药长度 $L_{\mathrm{c}}=0.5\sim4\mathrm{m}$ 的浅孔爆破；对于常用的 2# 岩石乳化炸药，其密度 $\rho_{\mathrm{e}}=950\sim1300\mathrm{kg/m^3}$，爆轰波速 $D_{\mathrm{e}}=3500\sim4500\mathrm{m/s}$，高压爆生气体从孔口逸出的速度取 $v_{\mathrm{g}}=500\sim750\mathrm{m/s}$；若岩体纵波速度 $c_{\mathrm{P}}=3000\sim6000\mathrm{m/s}$，爆生气体驱动下裂纹扩展平均速度取 $c_{\mathrm{f}}=0.25c_{\mathrm{P}}$。由式(2.27)～式(2.33)可以估算开挖面上地应力瞬态卸荷持续时间 $t_{\mathrm{du}}=2\sim5\mathrm{ms}$。

2.2.5 岩体开挖瞬态卸荷方式

深部岩体爆破开挖，开挖面上地应力瞬态卸荷伴随着爆破破岩裂纹扩展、爆生气体逸出以及新自由面形成等过程而发生，地应力瞬态卸荷与爆炸荷载作用在时间和空间上是耦合的。由于爆炸本身以及岩体介质的复杂性，关于爆破破岩机理

及其力学过程目前尚未彻底认识清楚，因此要完全了解开挖面上地应力瞬态卸荷方式、开始部位及其空间演化规律还具有相当的难度。目前的研究大多是在获得了开挖面上的地应力和卸荷持续时间后，假定地应力以简谐型、直线型或指数型等方式卸荷，如图 2.23 所示。

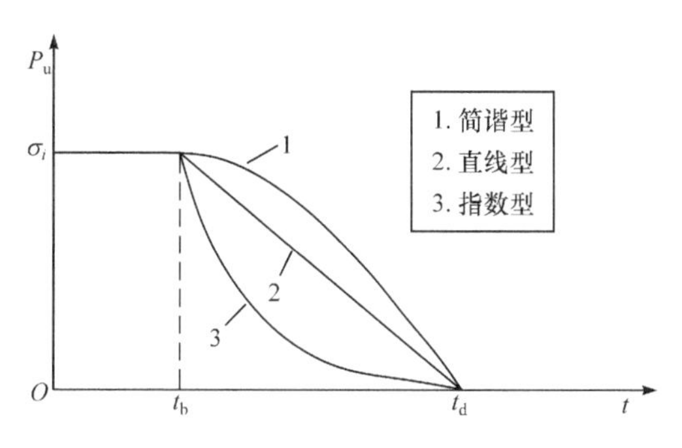

图 2.23　开挖面上地应力瞬态卸荷方式

地应力瞬态卸荷过程为时间 t 的函数，即 $P_u(t)$，爆破前开挖面上的地应力为 σ_i，在 $t=t_b$ 前，开挖面上宏观卸荷并没有发生，$P_u(t)=\sigma_i$；在爆炸荷载作用过程的终止时刻 $t=t_d$，开挖面上的地应力完成同步卸荷，地应力卸载为零，即 $P_u(t)=0$。因此，简谐型的卸荷方式表示为

$$P_u(t)=\begin{cases}\sigma_i, & 0<t<t_b \\ \sigma_i\cos\dfrac{\pi t}{2(t_d-t_b)}, & t_b\leqslant t\leqslant t_d \\ 0, & t>t_d\end{cases} \tag{2.34}$$

直线型的卸荷方式表示为

$$P_u(t)=\begin{cases}\sigma_i, & 0<t<t_b \\ \left(1-\dfrac{t}{t_d-t_b}\right)\sigma_i, & t_b\leqslant t\leqslant t_d \\ 0, & t>t_d\end{cases} \tag{2.35}$$

指数型的卸荷方式表示为

$$P_u(t)=\begin{cases}\sigma_i, & 0<t<t_b \\ \sigma_i\exp\left(-\dfrac{\alpha t}{t_d-t_b}\right), & t_b\leqslant t\leqslant t_d \\ 0, & t>t_d\end{cases} \tag{2.36}$$

严鹏[6]在岩体开挖瞬态卸荷激发振动的研究中，对相同卸荷持续时间条件下不同卸荷方式对围岩振动的影响进行了研究。结果表明，由于指数型卸荷方式在卸荷过程前半段卸荷速率较快，简谐型卸荷方式在后半段卸荷速率较快，两者产生的振动均大于直线型卸荷方式所激发的振动；总的来说，在开挖面近区，不同卸荷

方式产生的动力效应有所差异，指数型卸荷方式产生的动力效应最大，简谐型次之，直线型最小，而在开挖面远区，三种卸荷方式所产生的动力效应趋向一致。卢文波等[31]通过比较不同卸荷方式下数值模拟的振动与实测振动数据，认为直线型的地应力瞬态卸荷方式即可满足一般工程计算的精度。

开挖面上地应力整体卸荷开始后，卸荷历程曲线与爆炸荷载变化历程曲线重合，由图 2.20 所示的炮孔内平均爆炸荷载变化历程可以看出，在最后的 2～5ms，荷载基本呈线性衰减，因此，假定近似直线型的地应力瞬态卸荷方式是合理的。

2.3 爆炸荷载与开挖瞬态卸荷的耦合作用计算模型

深部岩体爆破开挖是一个非常复杂的三维动力问题，要从理论上求解爆炸荷载与岩体开挖瞬态卸荷耦合作用的力学效应是非常困难的，需借助于数值计算方法。本节介绍爆炸荷载与岩体开挖瞬态卸荷耦合作用的计算模型。

2.3.1 爆炸荷载的施加

爆破破岩过程中，炮孔周围岩体在爆炸荷载作用下发生破碎开裂，逐渐过渡到仅发生弹性变形，炮孔近区岩体由连续介质变为不连续介质，应力状态由里到外表现为流塑性、弹塑性和弹性。现有的有限元、离散元等数值方法很难准确模拟从炸药爆轰到岩体破碎直至地震波激发的整个过程。根据不同需要，目前在有关爆破动力问题的数值计算中，爆炸荷载的施加方法主要有四种：一是采用动力有限元程序 LS-DYNA 提供的炸药材料模型直接模拟炸药爆轰过程，利用 JWL 状态方程获得炸药爆轰过程中压力和比容的关系[26～28]；二是将爆炸荷载变化历程曲线直接施加到炮孔壁上，如三角形荷载曲线和双指数函数荷载曲线[32,33]；三是将炮孔壁上的爆炸荷载进行折减后，等效施加在炮孔周围粉碎区的外边界上[28]、破碎区的外边界上[15,34]、塑性区的外边界上[35]或开挖面上[36,37]；四是将实际爆破过程中监测到的振动速度、加速度等时程曲线输入计算程序，还原成爆炸荷载作用在围岩上的压力[38]。

第一种荷载施加方法能够模拟整个爆轰波的传播过程及爆炸产物与周围岩体的相互作用过程，该方法可以较好地模拟炮孔附近岩体开裂、损伤等近区响应问题。第二种荷载施加方法计算简单，也能模拟炮孔近区的岩体动力响应，但对于柱状装药结构，由于爆轰波的传播以及堵塞物冲出后爆生气体的非定常流动等问题，不宜在整个炮孔壁上作用相同的爆炸荷载曲线。此外，目前学术界和工程界对爆炸荷载变化历程的认识还存在差异，尚无统一的理论和试验上的依据，爆炸荷载变化历程选取的人为影响因素较大，直接影响到计算结果的可靠性和准确性。前两种方法均需要在模型中建立实际尺寸的炮孔，若要模拟实际工程爆破中的岩体动力响应问题，炮孔的尺寸为数十毫米，模型的尺寸为数十米甚至上千米，且一次爆破钻孔数量多达上百个，这给模型的网格划分、炸药与周围岩体的接触处理带来了较大的困难，存在模型过于复杂、计算时间长、效率低等问题，特别是在多个炮孔同时起爆时，由于网格数量的急剧增加，可能导致计算无法进行。

炸药在岩体介质中爆炸时在炮孔周围形成粉碎区和破碎区。破碎区之外，爆炸应力波衰减为地震波，不能再引起岩体的直接破坏，只能引起弹性振动。弹性模型适用于计算爆破地震波的传播，但炮孔近区粉碎区和破碎区的岩体不能视为弹性体；且炮孔近区为非连续介质，而弹性地震波作用区的岩体可以视为连续介质。为此，在模拟实际工程爆破中的爆破地震波问题时，学者提出了各种等效的爆炸荷载施加方法。归纳起来主要有两种：一种是将炮孔周围的非弹性区（粉碎区和破碎区）视为爆破地震波源的一部分，将炮孔壁上的爆炸荷载进行折减后等效施加在炮孔周围破碎区的外边界上，即弹性边界上，如图 2.24(a)所示[34,35]；另一种是在此基础上进行进一步的简化处理，建模时忽略炮孔布置，将荷载等效施加在开挖面上，如图 2.24(b)所示[36,37]。等效的爆炸荷载施加方法不需要建立实际尺寸的炮孔，建模工作相对简单，克服了前两种方法模拟范围不能太大的局限性，且计算效率高，能够模拟实际工程爆破中群孔起爆条件下炮孔中远区的岩体动力响应问题，但不能模拟岩体爆破破碎、炮孔周围岩体爆破损伤等复杂的炮孔近区响应问题。

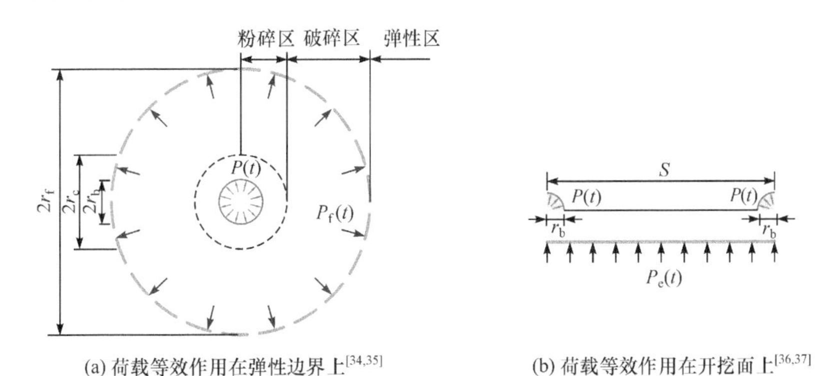

(a) 荷载等效作用在弹性边界上[34,35]　　(b) 荷载等效作用在开挖面上[36,37]

图 2.24　爆炸荷载等效施加方法示意图

第四种是间接的爆炸荷载施加方法，虽然获得了实测的岩体振动速度、加速度等动力响应，但数值模型中不能完全反映实际的岩体结构、地质构造，因此并不能很好地还原出爆炸荷载作用在围岩上的压力，应用相对较少。

综上所述，以上四种爆炸荷载施加方法各有缺陷，尚缺乏一种能够模拟多孔起爆条件下从炸药爆轰开始到岩体开裂破碎直至远区地震波激发的、适用于实际工程的爆炸荷载施加方法。第一种和第二种荷载施加方法适用于模拟单孔或少数几个炮孔起爆条件下炮孔近区岩体动力响应问题，第三种和第四种荷载施加方法适用于模拟多孔同时起爆条件下炮孔中远区岩体动力响应问题。

实际爆破开挖作业过程涉及多个炮孔同时起爆，如图 2.11 所示，136 个炮孔分 6 段起爆，若关注的重点是各圈炮孔爆破时洞壁以外的围岩响应，则在模拟爆破时，可采用等效的爆炸荷载施加方法，将爆炸荷载等效施加在每一段炮孔爆破对应的开挖面上。

对于掏槽孔爆破，在确定了开挖面后，将炮孔壁上的爆炸荷载按照应力波的衰减规律进行折减后，将爆炸荷载历程曲线等效施加在图 2.13(a)所示的开挖面上。爆炸应力波随距离按幂函数规律衰减，即

$$P_e(x,t)=P(x,t)\left(\frac{a_1}{r_b}\right)^{-\alpha} \tag{2.37}$$

式中，$P(x,t)$、$P_e(x,t)$分别为炮孔壁上和开挖面上的爆炸荷载变化历程；r_b为炮孔半径；a_1为掏槽孔爆破对应的开挖面半径；α 为爆炸应力波的衰减指数。

在粉碎区内，岩体中传播的是冲击波，对于冲击波 $\alpha\approx3.0$ 或 $\alpha=2+\mu/(1-\mu)$，μ 为岩体泊松比。在粉碎区外是破碎区，岩体传播的是应力波，应力波的衰减规律与冲击波相同，但衰减指数较小，$\alpha=2-\mu/(1-\mu)$[17]。则开挖面上的爆炸荷载可进一步表示为[15]

$$P_e(x,t)=P(x,t)\left(\frac{r_c}{r_b}\right)^{-2-\frac{\mu}{1-\mu}}\left(\frac{r_f}{r_c}\right)^{-2+\frac{\mu}{1-\mu}} \tag{2.38}$$

式中，r_c为粉碎区范围半径；r_b为破碎区范围半径。

关于粉碎区和破碎区的范围，国内外学者基于理论分析和室内外试验提出了许多经验公式。例如，Ханукаев[17]给出的单个炮孔在半无限岩体中爆破形成的粉碎区和破碎区范围分别为

$$r_c=\left(\frac{\rho c_P^2}{5\sigma_c}\right)^{\frac{1}{2}}\left(\frac{P_0}{\sigma_*}\right)^{\frac{1}{4}}r_b \tag{2.39}$$

$$r_f=\left[\frac{\mu P_0}{(1-\mu)\sigma_t}\right]^{\frac{1}{\alpha}}r_b \tag{2.40}$$

式中，P_0为炮孔壁上的爆炸荷载峰值；ρ 为岩体密度；c_P为岩体纵波速度；σ_c和 σ_* 分别为岩体单轴和三轴抗压强度；σ_t为岩体单轴抗拉强度；α 为破碎区内应力波衰减指数。

Mosinets 和 Gorbacheva[18]提出了基于岩体波速和炸药当量的计算公式：

$$r_c=\sqrt{\frac{c_S}{c_P}}\sqrt[3]{Q} \tag{2.41}$$

$$r_{\mathrm{f}}=\sqrt{\frac{c_{\mathrm{P}}}{c_{\mathrm{S}}}}\sqrt[3]{Q} \tag{2.42}$$

式中，c_{S}为岩体横波速度；Q 为炸药当量。

Esen 等[19]根据 92 次混凝土钻孔爆破试验数据，采用回归分析的方法提出了粉碎区范围计算的经验公式：

$$r_{\mathrm{c}}=0.812r_{\mathrm{b}}C_{\mathrm{I}}^{0.219} \tag{2.43}$$

式中，C_{I} 定义为粉碎区指数，这是一个无量纲的指数，表征装药炮孔的破碎潜力，其计算公式为

$$C_{\mathrm{I}}=\frac{P_0^3}{K\sigma_{\mathrm{c}}^2} \tag{2.44}$$

式中，K 为岩体刚度。

以上计算公式表明，粉碎区和破碎区的范围取决于炸药类型、岩体性质和爆破参数。由于岩体在爆炸荷载作用下的动态破碎过程极为复杂，不同的研究者对爆破粉碎区和破碎区范围的计算结果存在较大差异。综合现有的研究来看，粉碎区半径为炮孔半径的 2～10 倍，破碎区半径为炮孔半径的 10～100 倍。值得注意的是，目前有关粉碎区和破碎区范围的研究大多针对半无限岩体中的炮孔爆破。因此，上述破坏区范围适用于掏槽孔爆破的情况。崩落孔、缓冲孔和光爆孔均在两个临空面条件下爆破，炸药爆炸的能量在临空面方向上迅速释放并从临空面反射回稀疏波，从而导致穿过保留岩体的能量较少，炮孔周围破坏区的范围相对掏槽孔爆破将大大减少。

对于崩落孔、缓冲孔和光爆孔，将同段所有炮孔壁上的爆炸荷载平均到整个炮孔中心连线与炮孔轴线所确定的开挖面上。开挖面上的等效荷载表达式为

$$P_{\mathrm{e}}(x,t)=\frac{2r_{\mathrm{b}}}{S}P(x,t) \tag{2.45}$$

式中，S 为相邻两炮孔之间的距离。

根据圣维南原理，这种等效处理方法与爆炸荷载直接施加在炮孔壁上相比，只对炮孔附近的应力存在影响，而在炮孔中远区，两者计算的结果基本是一致的。许红涛等[37]、Yang 等[39]的计算也证明了这种等效处理方法的可行性。

荷载作用形式采用前面理论计算推求得到的爆炸荷载变化历程曲线（见图 2.20）。对于柱状装药炮孔，由于爆轰波以有限的速度在炸药中传播，沿炮孔轴向，爆炸荷载并非同步地、均匀地施加在炮孔壁上[40]。为反映爆轰波在柱状炸药中的传播过程，将开挖面沿炮孔轴向分成多个单元，根据单元长度和爆轰波的传播速度计算各个单元加载的延迟时间，然后根据相应的延迟时间将爆炸荷载施加在开挖面上，如图 2.25 所示[41]。将长度为 L 的开挖段沿炮孔轴向划分为 n 个单元，相邻两个单元的加载延迟时间为 $L/(nD_{\mathrm{e}})$（D_{e} 为炸药爆轰波速），对于每一个单元，爆

炸荷载的上升时间也是 $L_c/(nD_e)$。如果采用孔底起爆方式，紧靠孔底的单元加载起始时刻为0，上面各个单元加载的起始时刻依次为 $L/(nD_e)$、$2L/(nD_e)$、…、$(n-1)L/(nD_e)$，n 值越大，越能较好地反映炸药爆轰波的传播过程。

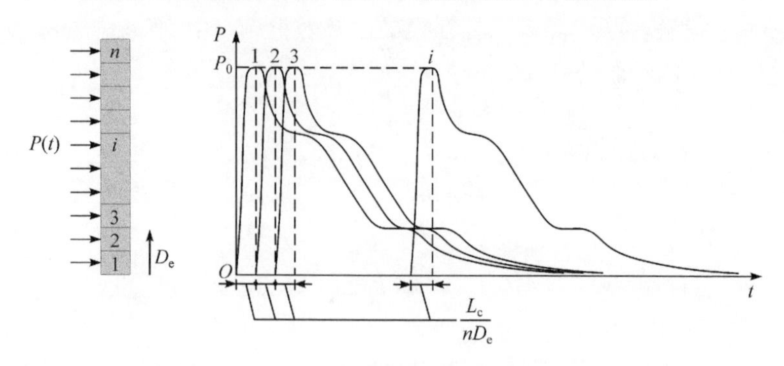

图 2.25　考虑爆轰波传播的爆炸荷载施加方法[41]

2.3.2　开挖瞬态卸荷过程的模拟

深埋隧洞全断面毫秒延迟爆破开挖时，各段炮孔爆破对应的开挖面在爆破前都处于受压的应力状态，开挖致使开挖面上的应力卸除，从而引起围岩的应力场再次重新分布。在静力和动力有限元计算中，对这种应力卸除的处理并不相同。

在静力有限元计算中，往往采用单元“杀死”的方法来模拟开挖卸荷。单元“杀死”并不是将单元从模型中删除，而是将被开挖的岩体单元的刚度矩阵乘以一个很小的因子，死单元的质量、阻尼和荷载等参数将变为0，从而对整个模型的贡献几乎为零。静力计算中所采用的求解方程为

$$\boldsymbol{Kd}=\boldsymbol{F} \tag{2.46}$$

式中，$\boldsymbol{K}$ 为系统的刚度矩阵；$\boldsymbol{d}$ 为位移矢量；$\boldsymbol{F}$ 为节点荷载矢量。

在动力有限元计算中，为模拟爆破过程中的岩体开挖瞬态卸荷效应，先将拟开挖的岩体单元从计算模型中删除，同时将与开挖面上地应力相等的荷载反向施加在开挖边界上，以代替拟开挖的岩体单元在被开挖前对整个模型的作用。然后通过控制该荷载的卸荷速率和卸荷方式来模拟开挖卸荷过程。动力计算中所采用的求解方程为

$$\boldsymbol{Ma}+\boldsymbol{Cv}+\boldsymbol{Kd}=\boldsymbol{F} \tag{2.47}$$

式中，$\boldsymbol{M}$ 为质量矩阵；$\boldsymbol{C}$ 为阻尼矩阵；$\boldsymbol{a}$ 为加速度矢量；$\boldsymbol{v}$ 为速度矢量。

两种方法在模拟开挖卸荷时考虑了开挖前被开挖岩体对保留岩体的作用，且开挖后去除被开挖岩体单元对整个模型刚度的影响。从理论上看，这两种模拟方法的实质是一致的。但从式(2.46)和式(2.47)的比较来看，静力计算中所采用的求解方程不含质量矩阵，不能反映开挖卸荷过程中惯性力的影响，模拟的是开挖卸

荷完成后岩体的二次应力状态。因此,需采用动力有限元模拟深部岩体爆破过程中开挖面上地应力瞬态卸荷动力效应。

为模拟开挖面上地应力瞬态卸荷过程,首先需要确定开挖面的位置、开挖面上的地应力、瞬态卸荷开始时刻、持续时间及卸荷方式,2.2 节已经进行了详细的论述。对于静水压力条件下的圆形隧洞,各段爆破时只存在径向应力 σ_r 卸荷,因此可以简单地将与爆破前开挖面上的径向应力 σ_r 相等的压应力作用在开挖面上,然后在开挖过程中按照某种卸荷历程卸除该压应力。但对于非静水压力条件下的圆形隧洞或非圆形隧洞,开挖面上除径向应力 σ_r 外,还有剪应力 $\tau_{r\theta}$ 卸荷。由于在动力有限元程序 LS-DYNA 中无法直接在单元上施加剪应力,为实现径向应力 σ_r 和剪应力 $\tau_{r\theta}$ 同时卸荷,采用"等效释放节点力"的方法[7]。在进行岩体离散化的情况下,假定开挖边界上相邻节点间的初始地应力呈线性变化,如图 2.26 所示,在 $(j-1)\sim j$ 及 $j\sim(j+1)$ 节点间均为线性分布,则对于开挖边界上任一点 j,开挖引起的等效释放节点力为

$$\begin{cases} f_x^j=\dfrac{1}{6}\left[2\sigma_x^j(b_1+b_2)+\sigma_x^{j+1}b_2+\sigma_x^{j-1}b_1+2\tau_{xy}^j(a_1+a_2)+\tau_{xy}^{j+1}a_2+\tau_{xy}^{j-1}a_1\right] \\ f_y^j=\dfrac{1}{6}\left[2\sigma_y^j(a_1+a_2)+\sigma_y^{j+1}a_2+\sigma_y^{j-1}a_1+2\tau_{xy}^j(b_1+b_2)+\tau_{xy}^{j+1}b_2+\tau_{xy}^{j-1}b_1\right] \end{cases} \tag{2.48}$$

式中,

$$\begin{cases} \sigma_x^j=\sigma_r^j\cos^2\theta+\sigma_\theta^j\sin^2\theta-2\tau_{r\theta}^j\sin\theta\cos\theta \\ \sigma_y^j=\sigma_r^j\sin^2\theta+\sigma_\theta^j\cos^2\theta+2\tau_{r\theta}^j\sin\theta\cos\theta \\ \tau_{xy}^j=(\sigma_r^j-\sigma_\theta^j)\sin\theta\cos\theta+\tau_{r\theta}^j(\cos^2\theta-\sin^2\theta) \end{cases} \tag{2.49}$$

式中,$a_1=x_{j-1}-x_j$,$a_2=x_j-x_{j+1}$,$b_1=y_j-y_{j-1}$,$b_2=y_{j+1}-y_j$;f_x^j、f_y^j 为 j 节点等效释放节点力。

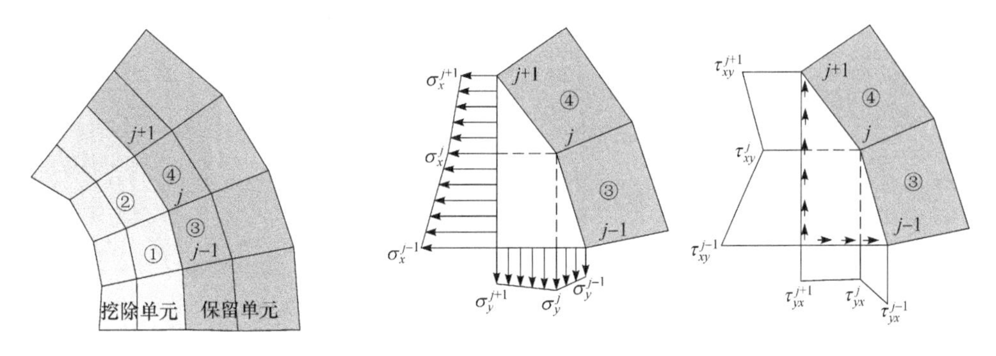

图 2.26　开挖边界上等效节点力计算图

在获得开挖面上各节点的径向应力 σ_r 和剪应力 $\tau_{r\theta}$ 后,按照式(2.48)和式

(2.49)转化为节点力,然后按照某种卸荷历程同时卸除开挖面上的径向应力和剪应力。

2.3.3 耦合作用计算模型及其实现

由于岩体自重和地质构造运动,深部岩体处于高地应力条件之下。因此,首先需要根据原岩应力场和开挖爆破顺序求解围岩的二次应力状态,即岩体应力初始化,进而求得开挖面上的地应力,然后模拟爆破开挖过程中爆炸荷载和地应力瞬态卸荷耦合作用。这是一个静、动力多荷载共同作用的岩体响应问题。LS-DYNA显式方法在处理短时间内的瞬态动力学问题时是理想的,但是在处理静态问题时就没有 ANSYS 隐式求解方法那么高效。因此,在模拟此类静态加载后的瞬态事件时,充分利用这两种方法的优点,按照隐式—显式的顺序求解。

首先在模型边界上施加原岩应力场,采用 ANSYS 隐式分析方法求解静荷载问题,获得开挖面上的地应力,同时将岩体的变形写入 ASCII 的 drelax 文件中。将该文件读入 LS-DYNA 显式分析程序,对显式求解的几何模型进行位移和应力初始化,同时将隐式单元改为相应的显式单元,更新单元的关键选项、实常数、材料属性等,去除拟开挖岩体单元及多余的约束。然后在 LS-DYNA 显式分析程序中实现爆炸加载和地应力瞬态卸载,求解动荷载作用下的岩体动力响应。

深部岩体爆破开挖时,当炮孔壁上的爆炸荷载衰减到与开挖面上的径向地应力相等时,地应力开始卸荷;当爆炸荷载进一步衰减至大气压水平时,同步完成了爆炸荷载作用和地应力瞬态卸荷过程。实际计算过程中,根据 2.3.1 节和 2.3.2 节的荷载施加方法,将图 2.21 中两个动荷载施加在模型上,模拟开挖过程中爆炸荷载和地应力瞬态卸荷的耦合作用,整个求解流程如图 2.27 所示。

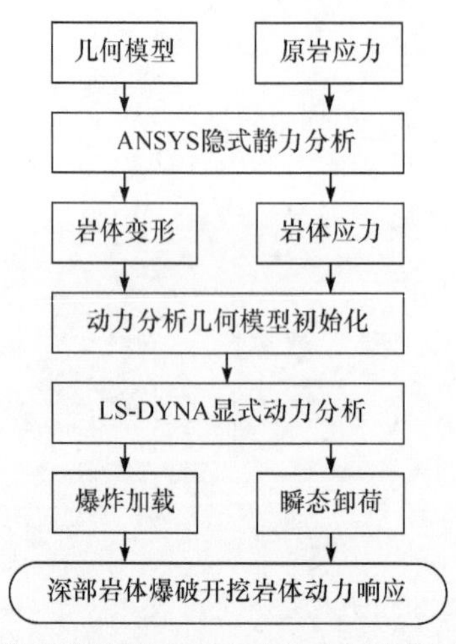

图 2.27 深部岩体爆破开挖动静力耦合作用求解流程

2.4 小 结

本章通过隧洞钻爆法开挖和 TBM 开挖法开挖过程中开挖边界上的地应力释放过程分析，提出了深部岩体开挖瞬态卸荷的概念，以及区分开挖瞬态卸荷与准静态卸荷的应变率方法；着重论述了深部岩体爆破过程中岩体开挖瞬态卸荷力学过程及其数学描述方法，建立了爆炸荷载与岩体开挖瞬态卸荷耦合作用计算模型。

通过本章的计算分析，可以得到以下结论和认识：

(1) 岩体开挖瞬态卸荷是指岩体的初始地应力在开挖过程中快速释放引起岩体介质的应变率达到一定的临界值，致使开挖过程中岩体介质的惯性力不能忽视而产生动力效应的卸载过程。

(2) 对于深埋隧洞全断面爆破开挖，开挖边界上地应力释放的持续时间为 $10^0\sim10^1$ms 量级，高地应力条件下，引起的围岩应变率可达 $10^{-1}\sim10^1\,s^{-1}$，该过程为动态力学过程。深埋隧洞钻爆开挖需考虑开挖边界上地应力卸荷的瞬态特性及其动力效应。

(3) 开挖面上地应力瞬态卸荷伴随着爆破破岩裂纹扩展、爆生气体逸出以及新自由面形成等过程而发生，岩体开挖瞬态卸荷与爆炸荷载作用过程在时间和空间上是耦合的。伴随深埋隧洞全断面爆破发生的开挖瞬态卸荷力学过程可分为分步开挖荷载、卸荷起始时刻、卸荷持续时间和卸荷方式四个参数进行描述。

(4) 深埋隧洞全断面毫秒延迟爆破对应的分步开挖荷载是前面各段炮孔爆破后形成的二次应力。爆炸荷载耦合作用下的地应力瞬态卸荷起始时刻、持续时间和卸荷方式由爆炸荷载的衰减历程确定。当炮孔内爆炸荷载衰减至与开挖面上的地应力大小相等时，开挖面上宏观卸荷效应开始发生，随着爆炸荷载进一步衰减至大气压时，开挖面上地应力卸荷同步完成。高地应力条件下，开挖面上地应力瞬态卸荷持续时间为 2～5ms，近似呈直线型方式卸荷。

(5) 建立了以开挖面为边界条件的爆炸荷载与岩体开挖瞬态卸荷耦合作用的计算模型，采用 ANSYS/LS-DYNA 隐式—显式顺序求解可实现爆炸荷载与岩体开挖瞬态卸荷耦合作用动力效应的计算。

参考文献

[1] 刘志杰，滕弘飞，史彦军，等．TBM 刀盘设计若干关键技术．中国机械工程，2008，19(16)：1980－1985.

[2] 严鹏，卢文波，陈明，等．TBM 和钻爆开挖条件下隧洞围岩损伤特性研究．土木工程学报，2009，(11)：121－128.

[3] 杨大文．隧洞开挖方法：采用隧洞掘进机的岩石条件．现代隧道译丛，1994，(5)：9－30.

[4] 李夕兵,古德生．岩石冲击动力学．长沙:中南工业大学出版社,1994.

[5] 卢文波,周创兵,陈明,等．开挖卸荷的瞬态特性研究．岩石力学与工程学报,2008,27(11):2184－2192.

[6] 严鹏．岩体开挖动态卸载诱发振动机理研究[博士学位论文]. 武汉:武汉大学,2008.

[7] 周维垣．高等岩石力学．北京:水利电力出版社,1990.

[8] Olsson W A. The compressive strength of tuff as a function of strain rate from 10^{-6} to 10^{3}/sec. International Journal of Rock Mechanics and Mining Sciences & Geomechanics Abstracts,1991,28(1):115－118.

[9] Dai F,Huang S,Xia K W,et al. Some fundamental issues in dynamic compression and tension tests of rocks using split hopkinson pressure bar. Rock Mechanics and Rock Engineering,2010,43(6):657－666.

[10] Kubota S,Ogata Y,Wada Y,et al. Estimation of dynamic tensile strength of sandstone. International Journal of Rock Mechanics and Mining Sciences,2008,45(3):397－406.

[11] Cook M A,Cook U D,Clay R B. Behavior of rock during blasting. Transaction Social Mining Engineering,1966,(1):17－25.

[12] Miklowitz J. Plane-stress unloading waves emanating from a suddenly punched hole in a stretched elastic plate. Journal of Applied Mechanics,1960,27(1):165－171.

[13] 严鹏,卢文波,陈明,等．隧洞开挖过程初始地应力动态卸载效应研究．岩土工程学报,2009,31(12):1888－1894.

[14] Lu W B,Yang J H,Yan P,et al. Dynamic response of rock mass induced by the transient release of in-situ stress. International Journal of Rock Mechanics and Mining Sciences,2012,53(9):129－141.

[15] 卢文波,杨建华,陈明,等．深埋隧洞岩体开挖瞬态卸荷机制及等效数值模拟．岩石力学与工程学报,2011,30(6):1090－1096.

[16] 江权．高地应力下硬岩弹脆塑性劣化本构模型与大型地下洞室群围岩稳定性分析[博士学位论文]. 武汉:中国科学院武汉岩土力学研究所,2007.

[17] Ханукаев A H. 矿岩爆破物理过程．刘殿中译．北京:冶金工业出版社,1980:33－34.

[18] Mosinets V N,Gorbacheva N P. A seismological method of determining the parameters of the zones of deformation of rock by blasting. Journal of Mining Science,1972,8(6):640－647.

[19] Esen S,Onederra I,Bilgin H A. Modelling the size of the crushed zone around a blasthole. International Journal of Rock Mechanics and Mining Sciences,2003,40(4):485－495.

[20] Chapman D L. On the rate of explosion in gases. Philosophical Magazine, 1899, 47: 90－104.

[21] Jacob N,Yuen S C K,Nurick G N,et al. Scaling aspects of quadrangular plates subjected to localised blast loads—experiments and predictions. International Journal of Impact Engineering,2004,30(8):1179－1208.

[22] Talhi K,Bensaker B. Design of a model blasting system to measure peak P-wave stress.

Soil Dynamics and Earthquake Engineering,2003,23(6):513－519.

[23] 卢文波,陶振宇. 预裂爆破中炮孔压力变化历程的理论分析. 爆炸与冲击,1994,14(2):140－147.

[24] 李宁,Swoboda G. 爆炸荷载的数值模拟与应用. 岩石力学与工程学报,1994,13(4):357－364.

[25] Saharan M R,Mitri H S. Numerical procedure for dynamic simulation of discrete fractures due to blasting. Rock Mechanics and Rock Engineering,2008,41(5):641－670.

[26] Chen S G,Zhao J,Zhou Y X. UDEC modeling of a field explosion test. Fragblast,2000,4(2):149－163.

[27] Park D,Jeon B,Jeon S. A numerical study on the screening of blast-induced waves for reducing ground vibration. Rock Mechanics and Rock Engineering,2009,42(3):449－473.

[28] Li H B,Xia X,Li J C,et al. Rock damage control in bedrock blasting excavation for a nuclear power plant. International Journal of Rock Mechanics and Mining Sciences,2011,48(2):210－218.

[29] 杨建华. 深部岩体开挖爆破与瞬态卸荷耦合作用效应[博士学位论文]. 武汉:武汉大学,2014.

[30] 李维新. 一维不定常流与冲击波. 北京:国防工业出版社,2003.

[31] 卢文波,陈明,严鹏,等. 高地应力条件下隧洞开挖诱发围岩振动特征研究. 岩石力学与工程学报,2007,26(增1):3329－3334.

[32] Ma G W,An X M. Numerical simulation of blasting-induced rock fractures. International Journal of Rock Mechanics and Mining Sciences,2008,45(6):966－975.

[33] Yilmaz O,Unlu T. Three dimensional numerical rock damage analysis under blasting load. Tunnelling and Underground Space Technology,2013,38(9):266－278.

[34] 杨建华,卢文波,陈明,等. 岩石爆破开挖激发 振动的等效模拟方法. 爆炸与冲击,2012,32(2):157－163.

[35] Shin J H,Moon H G,Chae S E. Effect of blast-induced vibration on existing tunnels in soft rocks. Tunnelling and Underground Space Technology,2011,26(1):51－61.

[36] Torano J,Rodríguez R,Diego I,et al. FEM models including randomness and its application to the blasting vibrations prediction. Computers and Geotechnics,2006,33(1):15－28.

[37] 许红涛,卢文波,周小恒. 爆破震动场动力有限元模拟中爆破荷载的等效施加方法. 武汉大学学报:工学版,2008,41(1):67－71.

[38] 张国华,陈礼彪,夏祥,等. 大断面隧道爆破开挖围岩损伤范围试验研究及数值计算. 岩石力学与工程学报,2009,28(8):1610－1619.

[39] Yang J H,Lu W B,Chen M,et al. An equivalent simulation method for whole time-history blasting vibration//Rock Fragmentation by Blasting,New Delhi,2012:473－481.

[40] Blair D. Seismic radiation from an explosive column. Geophysics,2010,75(1):55－65.

[41] Yang J H,Lu W B,Hu Y G,et al. Numerical simulation of rock mass damage evolution during deep-buried tunnel excavation by drill and blast. Rock Mechanics and Rock Engineering,2015,48(5):2045－2059.

第3章 钻爆开挖过程围岩应力和应变能的瞬态调整机制

深部岩体爆破开挖过程出现的岩爆、诱发微地震、突发大变形和分区破裂化等变形破坏现象均是岩体开挖应力重分布导致岩体动力破坏的表现形式，都涉及开挖边界上地应力瞬态卸荷及邻近围岩应力动态调整。同时，伴随岩体开挖必然导致围岩能量的集聚、储存、耗散与释放，上述围岩变形与失稳现象本质上也是能量驱动下的岩体动态破坏。因此，研究深部岩体钻爆开挖过程中围岩应力与应变能的瞬态调整过程，有助于探明深部岩体变形破坏的孕育、演化及发生机制，为深部岩体的变形分析和稳定控制提供必要的基础理论支持。

本章介绍深部岩体钻爆开挖过程中爆炸荷载、岩体开挖瞬态卸荷及两者耦合作用下围岩应力场的动态时空变化规律，分析岩体开挖过程中围岩应变能的聚集与释放过程及其空间分布规律，讨论围岩应力及应变能瞬态调整过程中的岩体变形破坏机理。

3.1 开挖瞬态卸荷引起的围岩瞬态应力场

3.1.1 围岩瞬态应力场计算的解析方法

在弹性力学框架内，开挖边界上地应力瞬态卸荷过程可以分解为岩体初始地应力状态和开挖荷载卸荷作用状态，如图 2.7 所示。对于静水地应力场中的圆形隧洞开挖瞬态卸荷，该问题存在解析解。为简化分析过程，仅以圆形隧洞开挖过程的掏槽爆破(图 2.11 中 MS1 段)为例进行分析。对于其他各段爆破时地应力瞬态卸荷引起的围岩动应力场，可通过改变开挖面上的地应力及开挖面半径大小进行推求。

假设原岩静水地应力为 σ_0，掏槽孔爆破对应的开挖面半径为 a_0。取平面应变模型，围岩中只存在径向应力和环向应力，剪应力为 0。相应地，开挖面上也只存在径向应力卸荷。洞壁围岩在开挖前处于稳定状态，开挖过程中开挖边界(或掏槽边界)上的径向应力从 σ_0 卸载到 0，这个过程用 $P_u(t)$ 表示，假定开挖面上的地应力以直线型方式等速率卸荷，卸荷持续时间为 t_0，如图 3.1 所示。将岩体开挖卸荷过程(图 3.1 中线段①)分解为初始地应力 σ_0(线段②)和动态拉荷载 $-\sigma_u(t)$(线段③)的叠加。经过上述处理后，图 3.1 所示的开挖卸荷问题可归结为柱腔激发的平面应变问题：处于初始无应力状态的无限弹性介质中的柱形空腔，在 $t=0$ 时刻，有

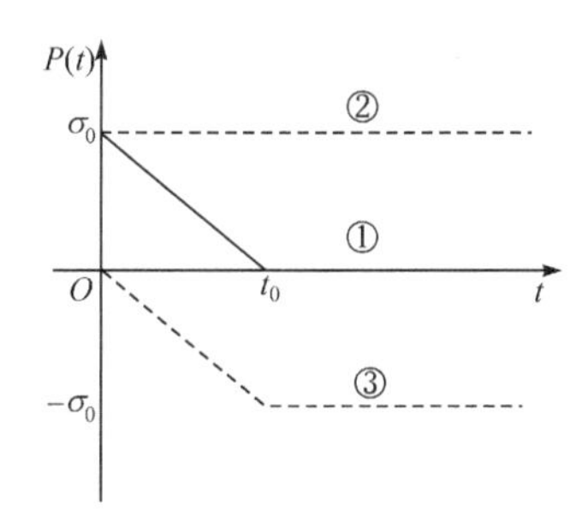

图 3.1　厚壁圆筒内压应力卸载过程

一随时间变化的拉力作用在腔壁上。

规定压应力为正，拉应力为负，在柱坐标系下，该问题中弹性波的控制方程和初、边值条件为[1]

$$\begin{cases}\dfrac{\partial^2 u}{\partial r^2}+\dfrac{1}{r}\dfrac{\partial u}{\partial r}-\dfrac{u}{r^2}=\dfrac{1}{c_{\mathrm{P}}^2}\dfrac{\partial^2 u}{\partial t^2}\\ \sigma_r'(r,t)=(\lambda+2G)\dfrac{\partial u}{\partial r}+\lambda\dfrac{u}{r}\\ \sigma_\theta'(r,t)=\lambda\dfrac{\partial u}{\partial r}+(\lambda+2G)\dfrac{u}{r}\end{cases} \tag{3.1}$$

$$u(r,0)=\frac{\partial u(r,0)}{\partial t}=0,\quad r\geqslant a_0 \tag{3.2}$$

$$\sigma_r'(a_0,t)=\begin{cases}0, & t<0\\ -\dfrac{\sigma_0 t}{t_0}, & 0\leqslant t\leqslant t_0\\ -\sigma_0, & t>t_0\end{cases} \tag{3.3a}$$

$$\lim_{r\to\infty}u(r,t)=0,\quad t\geqslant 0 \tag{3.3b}$$

式中，$u(r,t)$为质点径向位移；r 为质点距圆柱空腔中心的距离；a_0 为圆柱空腔的半径；σ_r'、σ_θ'分别为动态拉荷载在介质中引起的径向应力和环向应力；λ、G 为拉梅常数；c_{P}为介质的弹性纵波波速，$c_{\mathrm{P}}=\sqrt{(\lambda+2\mu)/\rho}$，$\rho$ 为介质密度。

式(3.3a)是动态卸载过程中开挖边界上的应力减去初始地应力后的值，即图 3.1 中所示的应力过程③。将使用该条件得出的解叠加上初始地应力 σ_0 就得到卸荷过程中围岩应力场的解。

将式(3.1)中的控制方程对时间 t 进行 Laplace 变换，得到

$$r^2\frac{\partial^2\bar{u}}{\partial r^2}+r\frac{\partial\bar{u}}{\partial r}-\left[1+\left(\frac{sr}{c_{\mathrm{P}}}\right)^2\right]\bar{u}=0 \tag{3.4}$$

式中，s 为 Laplace 变换参数；$\bar{u}$ 表示 u 的 Laplace 变换。

令 $x=sr/c_{\mathrm{P}}$，代入方程(3.4)，简化可得

$$x^2\frac{\partial^2\bar{u}}{\partial x^2}+x\frac{\partial\bar{u}}{\partial x}-(x^2+1)\bar{u}=0 \tag{3.5}$$

方程(3.5)是变型的整数阶($\nu=1$)Bessel 方程，其通解为

$$\bar{u}=A_1I_1(x)+A_2K_1(x) \tag{3.6}$$

式中，$I_1(x)$、$K_1(x)$分别为一类、二类一阶 Bessel 函数，详见文献[2]。

该问题的初始条件 $u(r,0)=0(r\geqslant a_0)$的 Laplace 变换为：$\lim\limits_{r\to\infty}\bar{u}(x,s)=0$，而当 $x\to\infty$时 $I_\nu(x)$、$K_\nu(x)$有如下渐进公式：

$$\begin{cases}I_\nu(x)\sim\dfrac{\mathrm{e}^x}{\sqrt{2\pi x}}\\[2ex]K_\nu(x)\sim\mathrm{e}^{-x}\sqrt{\dfrac{\pi}{2x}}\end{cases} \tag{3.7}$$

要满足这个发射条件，在式(3.6)中必须有 $A_1=0$，否则解不收敛。所以有

$$\bar{u}=A_2K_1(x) \tag{3.8}$$

利用初始条件式(3.2)、边界条件式(3.3)和 Bessel 函数之间的递推关系可以得到

$$\begin{cases}\bar{\sigma}_r'(r,s)=-\dfrac{\sigma_0}{t_0}\dfrac{1-\mathrm{e}^{-t_0s}}{s^2}\dfrac{\dfrac{2}{M^2r}K_1(k_\mathrm{d}r)+k_\mathrm{d}K_0(k_\mathrm{d}r)}{\dfrac{2}{M^2a_0}K_1(k_\mathrm{d}a_0)+k_\mathrm{d}K_0(k_\mathrm{d}a_0)}\\[4ex]\bar{\sigma}_\theta'(r,s)=-\dfrac{\sigma_0}{t_0}\dfrac{1-\mathrm{e}^{-t_0s}}{s^2}\dfrac{-\dfrac{2}{M^2r}K_1(k_\mathrm{d}r)+\left(1-\dfrac{2}{M^2}\right)k_\mathrm{d}K_0(k_\mathrm{d}r)}{\dfrac{2}{M^2a_0}K_1(k_\mathrm{d}a_0)+k_\mathrm{d}K_0(k_\mathrm{d}a_0)}\end{cases} \tag{3.9}$$

式中，$k_\mathrm{d}=s/c_{\mathrm{P}}$，$M^2=(\lambda+2G)/G$。

式(3.9)就是动态拉荷载在柱形空腔围岩激发的径向应力和环向应力的 Laplace 空间解。问题的关键在于求 Laplace 空间解的逆变换。许多研究者在这方面做过有益的工作，Selberg[3]将内爆炸荷载作用下的柱形空腔简化为平面应变模型，利用围道积分反演方法得到了阶跃脉冲荷载作用下该问题的解，但该解法所用的围道积分反演方法需要寻找 Laplace 空间函数的零点，然后利用留数定理在该极点处进行数值计算。如果反演函数十分复杂，该方法势必难以实现。Dubner 和 Abate[4]于 1968 年提出了 Fourier 级数逼近方法，该方法的原理与围道积分相同，但是该方法在反演时需要计算 Laplace 空间函数的复函数形式，因而其应用范围也十分有限。Stehfest[5]于 1970 年提出了一种代数反演方法，Wooden 等[6]利用该方法编制了 AWG 程序，由于该问题的反演函数中包含了具有振荡特性的 Bessel 函数，而 Stehfest 方法放大了其振荡特性，当求解时间稍长或者柱腔的半径较

大时，该方法十分不稳定。Miklowitz[7]改进了 Selberg[3]的方法，沿着 Bromwich 围道积分可以避免寻找反演函数的零点，同时也可以满足瞬态问题的精度要求。本节利用 Miklowitz 的反演方法进行求解。

根据 Laplace 变换的 Mellin 反演公式，对径向和环向应力有

$$\begin{cases} \sigma'_r(r,t) = -\dfrac{\sigma_0}{t_0}\dfrac{1}{2\pi i}\displaystyle\int_{Br}\dfrac{1-e^{-t_0 s}}{s^2}\dfrac{\dfrac{2}{M^2 r}K_1(k_d r)+k_d K_0(k_d r)}{\dfrac{2}{M^2 a_0}K_1(k_d a_0)+k_d K_0(k_d a_0)}e^{st}ds \\ \sigma'_\theta(r,t) = -\dfrac{\sigma_0}{t_0}\dfrac{1}{2\pi i}\displaystyle\int_{Br}\dfrac{1-e^{-t_0 s}}{s^2}\dfrac{-\dfrac{2}{M^2 r}K_1(k_d r)+\left(1-\dfrac{2}{M^2}\right)k_d K_0(k_d r)}{\dfrac{2}{M^2 a_0}K_1(k_d a_0)+k_d K_0(k_d a_0)}e^{st}ds \end{cases} \tag{3.10}$$

由于式(3.10)中的反演函数是多值函数，为了实现围道积分，必须选择一个特定的分支，使其具有单调性。这里选择$-\pi<\alpha<\pi$，其中α是$s=\eta e^{i\alpha}$的辐角，分支切口沿着负实轴方向(见图3.2)，在该分支内被积函数的解析域是$-\pi/2<\alpha<\pi/2$。按照 Miklowitz 的理论，选择如图3.2所示的围道。

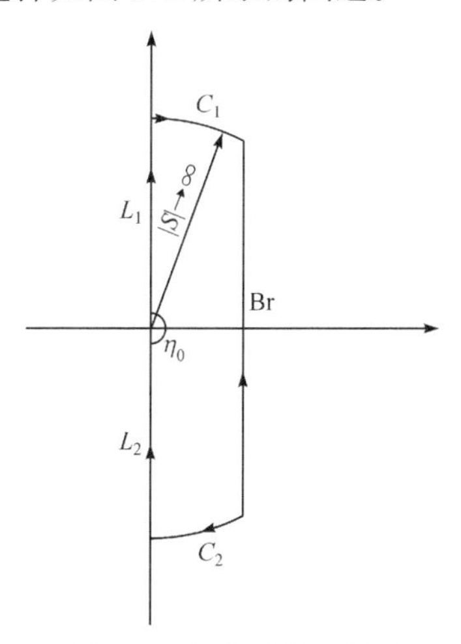

图3.2　积分围道示意图

为了获得式(3.10)收敛的反演解，必须利用卷积定理重写式(3.10)。按照卷积定理，有

$$\frac{1}{2\pi i}\int_{Br}\phi_1(p)\phi_2(p)e^{pt}dp=\int_0^t f_1(t-\tau)f_2(\tau)d\tau \tag{3.11}$$

式中，ϕ_1、f_1 和 ϕ_2、f_2 分别为相应的 Laplace 变换对。

在该问题中，取 $\phi_1=1/s^2$，ϕ_2 为式(3.10)中被积函数剩下的部分，这样 $f_1(t-$

τ)就是单位函数，故式(3.10)可以变为

$$\frac{\sigma'_r(r,t)}{\sigma_0}=\begin{cases}0, & t<\dfrac{r-a_0}{c_P}\\ -\dfrac{1}{t_0}\displaystyle\int_{\frac{r-a_0}{c_P}}^{t}f_{2r}(r,\tau)\mathrm{d}\tau, & \dfrac{r-a_0}{c_P}\leqslant t\leqslant\dfrac{r-a_0}{c_P}+t_0\\ -\dfrac{1}{t_0}\displaystyle\int_{t-t_0}^{t}f_{2r}(r,\tau)\mathrm{d}\tau, & t>\dfrac{r-a_0}{c_P}+t_0\end{cases} \tag{3.12a}$$

$$\frac{\sigma'_\theta(r,t)}{\sigma_0}=\begin{cases}0, & t<\dfrac{r-a_0}{c_P}\\ -\dfrac{1}{t_0}\displaystyle\int_{\frac{r-a_0}{c_P}}^{t}f_{2\theta}(r,\tau)\mathrm{d}\tau, & \dfrac{r-a_0}{c_P}\leqslant t\leqslant\dfrac{r-a_0}{c_P}+t_0\\ -\dfrac{1}{t_0}\displaystyle\int_{t-t_0}^{t}f_{2\theta}(r,\tau)\mathrm{d}\tau, & t>\dfrac{r-a_0}{c_P}+t_0\end{cases} \tag{3.12b}$$

式中，

$$f_{2r}(r,\tau)=\frac{1}{2\pi\mathrm{i}}\int_{\mathrm{Br}}\frac{1}{s}\frac{\dfrac{2}{M^2r}K_1(k_\mathrm{d}r)+k_\mathrm{d}K_0(k_\mathrm{d}r)}{\dfrac{2}{M^2a_0}K_1(k_\mathrm{d}a_0)+k_\mathrm{d}K_0(k_\mathrm{d}a_0)}\mathrm{e}^{s\tau}\mathrm{d}s$$

$$f_{2\theta}(r,\tau)=\frac{1}{2\pi\mathrm{i}}\int_{\mathrm{Br}}\frac{1}{s}\frac{-\dfrac{2}{M^2r}K_1(k_\mathrm{d}r)+\left(1-\dfrac{2}{M^2}\right)k_\mathrm{d}K_0(k_\mathrm{d}r)}{\dfrac{2}{M^2a_0}K_1(k_\mathrm{d}a_0)+k_\mathrm{d}K_0(k_\mathrm{d}a_0)}\mathrm{e}^{s\tau}\mathrm{d}s$$

在图 3.2 所示的围道上，被积函数是解析的。由 Cauchy-Goursat 定理，有

$$\int_{\mathrm{Br}}=\int_{C_1}+\int_{L_1}+\int_{\eta_0}+\int_{L_2}+\int_{C_2} \tag{3.13}$$

显然，在 C_1、C_2 上的积分为零，而对于实数 v 有 $K_v(\bar{z})=\overline{K}_v(z)$($\bar{z}$ 表示 z 的共轭)，即 $K_v(z)$满足反射原理。

在 L_1 上 $s=-\mathrm{i}\eta$，在 L_2 上 $s=\mathrm{i}\eta$，根据反射原理有

$$\begin{cases}f_{2r}(r,\tau)|_{L_1+L_2}=\dfrac{1}{\pi}\displaystyle\int_0^\infty\mathrm{Re}\left\{\frac{1}{\mathrm{i}}\frac{\dfrac{2}{M^2r}K_1(\mathrm{i}x)+\mathrm{i}\dfrac{\eta}{c_P}K_0(\mathrm{i}x)}{\dfrac{2}{M^2a_0}K_1(\mathrm{i}x_0)+\mathrm{i}\dfrac{\eta}{c_P}K_0(\mathrm{i}x_0)}\mathrm{e}^{\mathrm{i}\eta\tau}\right\}\frac{\mathrm{d}\eta}{\eta}\\ f_{2\theta}(r,\tau)|_{L_1+L_2}=\dfrac{1}{\pi}\displaystyle\int_0^\infty\mathrm{Re}\left\{\frac{1}{\mathrm{i}}\frac{-\dfrac{2}{M^2r}K_1(\mathrm{i}x)+\mathrm{i}\left(1-\dfrac{2}{M^2}\right)\dfrac{\eta}{c_P}K_0(\mathrm{i}x)}{\dfrac{2}{M^2a_0}K_1(\mathrm{i}x_0)+\mathrm{i}\dfrac{\eta}{c_P}K_0(\mathrm{i}x_0)}\mathrm{e}^{\mathrm{i}\eta\tau}\right\}\frac{\mathrm{d}\eta}{\eta}\end{cases} \tag{3.14}$$

式中，$x=\frac{\eta}{c_{\mathrm{P}}}r$，$x_0=\frac{\eta}{c_{\mathrm{P}}}a_0$。

$$K_n(z)\approx\frac{1}{2}\pi \mathrm{e}^{\mathrm{i}n\pi/2}H_n^{(1)}(\mathrm{i}z) \tag{3.15}$$

利用Bessel函数和Hankle函数之间的关系，可以将式(3.14)中Bessel函数的复变量化为实变量，简化计算。简化结果为

$$\begin{cases} f_{2r}(r,\tau)|_{L_1+L_2}=\dfrac{1}{\pi}\displaystyle\int_0^{\infty}\dfrac{(A_r+B_r)\sin(t\eta)+(C_r-D_r)\cos(t\eta)}{E+F}\dfrac{\mathrm{d}\eta}{\eta} \\ f_{2\theta}(r,\tau)|_{L_1+L_2}=\dfrac{1}{\pi}\displaystyle\int_0^{\infty}\dfrac{(A_\theta+B_\theta)\sin(t\eta)+(C_\theta-D_\theta)\cos(t\eta)}{E+F}\dfrac{\mathrm{d}\eta}{\eta} \end{cases} \tag{3.16}$$

式中，

$$A_r=\alpha_1\alpha_2,\quad B_r=\alpha_3\alpha_4,\quad C_r=\alpha_1\alpha_4,\quad D_r=\alpha_2\alpha_3,\quad E=\alpha_2^2,\quad F=\alpha_4^2$$

$$\alpha_1=\frac{2}{M^2r}J_1(x)-\frac{\eta}{c_{\mathrm{P}}}J_0(x)$$

$$\alpha_2=\frac{2}{M^2a_0}J_1(x_0)-\frac{\eta}{c_{\mathrm{P}}}J_0(x_0)$$

$$\alpha_3=\frac{2}{M^2r}Y_1(x)-\frac{\eta}{c_{\mathrm{P}}}Y_0(x)$$

$$\alpha_4=\frac{2}{M^2a_0}Y_1(x_0)-\frac{\eta}{c_{\mathrm{P}}}Y_0(x_0)$$

$$A_\theta=\alpha_5\alpha_2,\quad B_\theta=\alpha_6\alpha_4,\quad C_\theta=\alpha_5\alpha_4,\quad D_\theta=\alpha_2\alpha_6$$

$$\alpha_5=-\frac{2}{M^2r}J_1(x)-\left(1-\frac{2}{M^2}\right)\frac{\eta}{c_{\mathrm{P}}}J_0(x)$$

$$\alpha_6=-\frac{2}{M^2r}Y_1(x)-\left(1-\frac{2}{M^2}\right)\frac{\eta}{c_{\mathrm{P}}}Y_0(x)$$

式中，$J_0(x)$、$J_1(x)$、$Y_0(x)$、$Y_1(x)$分别为第一类和第二类零阶、一阶Bessel函数。考虑路径η_0上的积分，在η_0上，$\eta=\eta\mathrm{e}^{\mathrm{i}\alpha}$，$-\pi/2\leqslant\alpha\leqslant\pi/2$，又因对于很小的$z$，有

$$K_0(z)\approx-\ln z,\quad K_1(z)\approx-\frac{1}{z} \tag{3.17}$$

故

$$f_{2r}(r,\tau)|_{\eta_0}=f_{2\theta}(r,\tau)|_{\eta_0}=\frac{a_0^2}{2r^2} \tag{3.18}$$

将式(3.18)和式(3.16)代入式(3.14)，可得

$$
\frac{\sigma'_r(r,t)}{\sigma_0}=\begin{cases}0, & t<\dfrac{r-a_0}{c_P}\\ -\dfrac{a_0^2}{2t_0r^2}\left(t-\dfrac{r-a_0}{c_P}\right)-\dfrac{1}{t_0\pi}\displaystyle\int_0^{\infty}Q_1(\eta,t)\mathrm{d}\eta, & \dfrac{r-a_0}{c_P}\leqslant t\leqslant\dfrac{r-a_0}{c_P}+t_0\\ -\dfrac{a_0^2}{2r^2}-\dfrac{1}{t_0\pi}\displaystyle\int_0^{\infty}Q_2(\eta,t)\mathrm{d}\eta, & t>\dfrac{r-a_0}{c_P}+t_0\end{cases} \tag{3.19a}
$$

$$
\frac{\sigma'_\theta(r,t)}{\sigma_0}=\begin{cases}0, & t<\dfrac{r-a_0}{c_P}\\ \dfrac{a_0^2}{2t_0r^2}\left(t-\dfrac{r-a_0}{c_P}\right)-\dfrac{1}{t_0\pi}\displaystyle\int_0^{\infty}Q_3(\eta,t)\mathrm{d}\eta, & \dfrac{r-a_0}{c_P}\leqslant t\leqslant\dfrac{r-a_0}{c_P}+t_0\\ \dfrac{a_0^2}{2r^2}-\dfrac{1}{t_0\pi}\displaystyle\int_0^{\infty}Q_4(\eta,t)\mathrm{d}\eta, & t>\dfrac{r-a_0}{c_P}+t_0\end{cases} \tag{3.19b}
$$

式中，

$$
Q_1=\frac{(A_r+B_r)\left[\cos\left(\dfrac{r-a_0}{c_P}\eta\right)-\cos(t\eta)\right]+(C_r-D_r)\left[\sin(t\eta)-\sin\left(\dfrac{r-a_0}{c_P}\eta\right)\right]}{(E+F)\eta^2}
$$

$$
Q_2=\frac{(A_r+B_r)\{\cos[(t-t_0)\eta]-\cos(t\eta)\}+(C_r-D_r)\{\sin(t\eta)-\sin[(t-t_0)\eta]\}}{(E+F)\eta^2}
$$

$$
Q_3=\frac{(A_\theta+B_\theta)\left[\cos(t\eta)-\cos\left(\dfrac{r-a_0}{c_P}\eta\right)\right]+(C_\theta-D_\theta)\left[\sin(t\eta)-\sin\left(\dfrac{r-a_0}{c_P}\eta\right)\right]}{(E+F)\eta^2}
$$

$$
Q_4=\frac{(A_\theta+B_\theta)\{\cos(t\eta)-\cos[(t-t_0)\eta]\}+(C_\theta-D_\theta)\{\sin(t\eta)-\sin[(t-t_0)\eta]\}}{(E+F)\eta^2}
$$

由式(3.19)即可计算出图 3.1 所示的动态拉荷载作用激发的动应力场，与初始地应力 σ_0 进行叠加即可得到岩体开挖瞬态卸荷过程中围岩中的径向应力 $\sigma_r(r,t)$ 和环向应力 $\sigma_\theta(r,t)$ 为

$$
\begin{cases}\sigma_r(r,t)=\sigma_0+\sigma'_r(r,t)\\ \sigma_\theta(r,t)=\sigma_0+\sigma'_\theta(r,t)\end{cases} \tag{3.20}
$$

而对于非静水地应力场中的圆形隧洞开挖或非圆形隧洞开挖，开挖边界上地应力瞬态卸荷引起的围岩动应力场可采用有限元等数值计算方法进行求解。

3.1.2 瞬态卸荷引起的围岩二次应力动态调整过程

取静水地应力场 $\sigma_0=20\text{MPa}$，隧洞岩体的弹性模量 $E=50\text{GPa}$，泊松比 $\mu=$

0.23，密度 $\rho=2700\text{kg/m}^3$，开挖卸荷半径 $a_0=2\text{m}$，瞬态卸荷持续时间 $t_0=t_d=2\text{ms}$。作为对比，假设准静态卸荷持续时间 $t_0=t_s=12t_d=24\text{ms}$（值应更大）。图 3.3给出了在上述计算参数条件下，地应力瞬态卸荷和准静态卸荷时 $r=2a_0$ 和 $r=5a_0$ 处的地应力场变化过程。

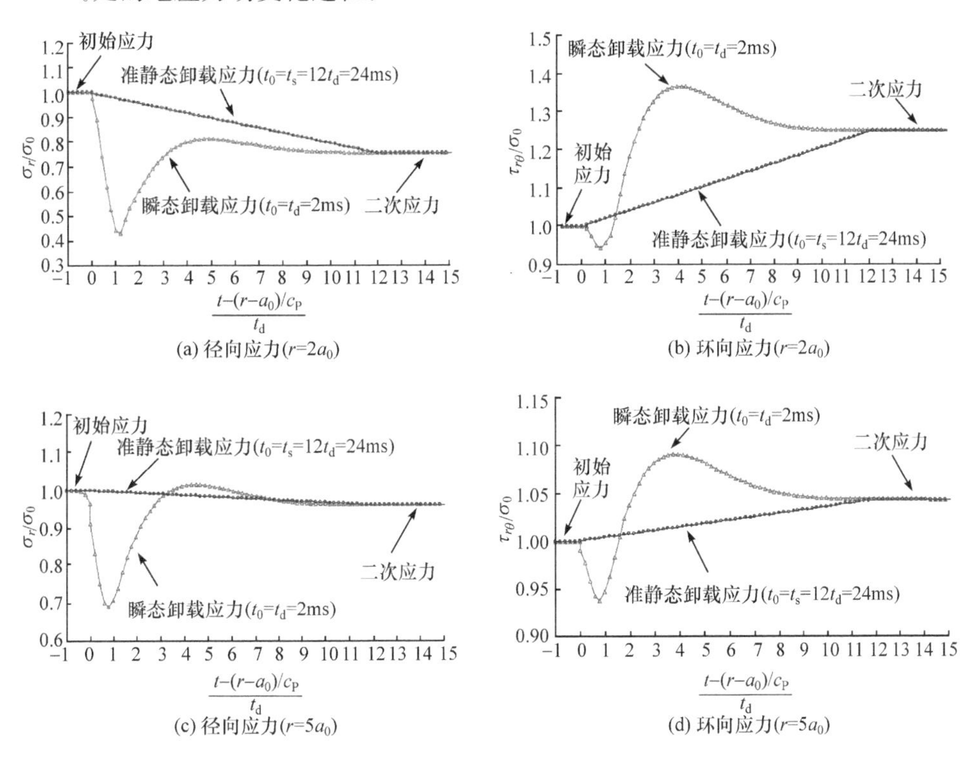

图 3.3　地应力瞬态卸荷和准静态卸荷作用下的围岩应力场对比

围岩应力调整结束后的静态二次应力可用内径为 a_0、外径无穷大的厚壁圆筒远场受压时的弹性应力公式近似计算：

$$\sigma_r=\left(1-\frac{a_0^2}{r^2}\right)\sigma_0 \tag{3.21}$$

式中，a_0为隧洞开挖卸荷半径；r 为任一点至隧洞中心的距离；σ_0 为岩体的远场地应力。

由图 3.3 可知，瞬态卸荷条件下计算得到的二次应力稳定值与由式(3.21)计算所得的准静态二次应力相符，这证实了 3.1.1 节解析方法计算结果的可靠性。

从图 3.3 可以看出，开挖面上地应力瞬态卸荷具有显著的动力效应，卸荷产生的应力波以声波速度在岩体中传播，当应力波的波阵面到达观测点时，隧洞围岩所处的静态应力场被打破，径向应力和环向应力都先减小后增大，最后稳定于开挖后的静态二次应力状态。地应力瞬态卸荷过程中，径向动应力表现为快速卸荷回弹，而环向动应力出现应力集中,表现为加载[8]。而准静态卸荷时,开挖面附近岩体中的应力都是由初始应力状态平稳地过渡到二次应力状态。与静态二次应力场相比,开挖面上地应力瞬态卸荷在围岩中产生了附加动应力,导致围岩径向卸载和环向加载效应放大[9]。静水压力条件下,地应力瞬态卸荷作用下围岩的应力场可以表示为

$$\begin{cases}\sigma_{r\mathrm{d}}(r,t)=\sigma_{r\mathrm{s}}(r)+\Delta\sigma_{r\mathrm{d}}(r,t)\\ \sigma_{\theta\mathrm{d}}(r,t)=\sigma_{\theta\mathrm{s}}(r)+\Delta\sigma_{\theta\mathrm{d}}(r,t)\end{cases} \tag{3.22}$$

式中,$\sigma_{r\mathrm{d}}(r,t)$、$\sigma_{\theta\mathrm{d}}(r,t)$分别为地应力瞬态卸荷作用下的围岩径向动应力和环向动应力;$\sigma_{r\mathrm{s}}(r)$、$\sigma_{\theta\mathrm{s}}(r)$分别为静态的径向二次应力和环向二次应力;$\Delta\sigma_{r\mathrm{d}}(r,t)$、$\Delta\sigma_{\theta\mathrm{d}}(r,t)$分别为地应力瞬态卸荷在围岩中激发的径向和环向附加动应力。

从式(3.19)可以看出,卸荷时的初始地应力 σ_0 是影响瞬态卸荷应力场的首要因素,瞬态卸荷附加动应力的峰值与初始地应力 σ_0 成正比,σ_0 值越大,瞬态卸荷动力扰动越显著。除此之外,影响岩体中的瞬态卸荷应力场的因素还有瞬态卸荷持续时间 t_0、开挖卸荷半径 a_0、岩体纵波速度 c_P 等。下面将讨论这几种因素对动瞬态卸荷应力场的影响。

1. 卸荷持续时间

卸荷持续时间越短,卸荷速率越快。图 3.4 给出了开挖卸荷半径 $a_0=2\mathrm{m}$ 时,不同卸荷持续时间($t_0=2\mathrm{ms}$、3ms 和 4ms)条件下围岩 $r=2a_0$ 处的应力时程曲线。可以看出,卸荷持续时间越长,即卸荷速率越慢时,地应力瞬态卸荷附加动应力扰动的时间也越长,但扰动幅度越小。前面的对比计算也表明,若卸荷持续时间达到一定的长度,卸荷过程即变为准静态卸荷。此外,卸荷持续时间对径向应力的影响较大,对环向应力的影响相对较小。

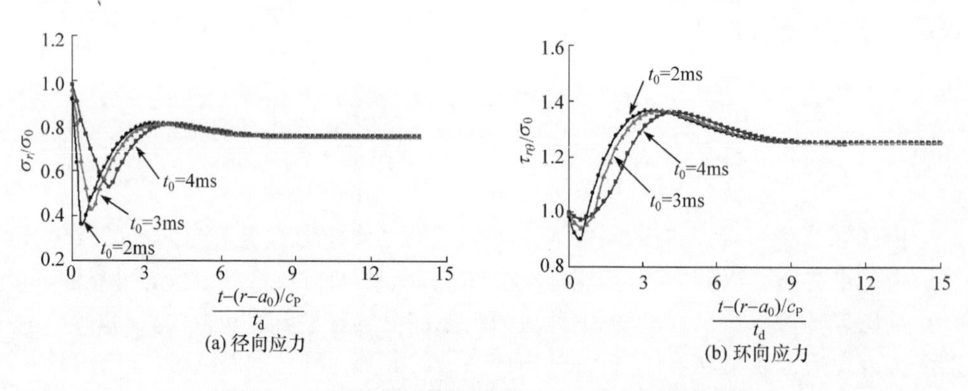

图 3.4 不同卸荷持续时间下 $r=2a_0$ 处应力时程曲线

为了量化比较不同卸荷持续时间对应力场的影响程度，引入“扰动率”的概念。它定义为附加动应力峰值的绝对值与静态二次应力的比值，即

$$\eta=\frac{|\Delta\sigma_{ud}|}{\sigma_s}\times 100\% \tag{3.23}$$

式中，η 为地应力瞬态卸荷对围岩静态二次应力场的扰动率；$\Delta\sigma_{ud}$ 为附加动应力峰值；σ_s 为开挖完成后的静态二次应力。

表 3.1 列出了开挖卸荷半径 $a_0=2$m 时，不同卸荷持续时间下 $r=2a_0$ 和 $r=5a_0$ 处瞬态卸荷附加动应力的扰动率。表 3.1 的结果也表明卸荷持续时间对径向应力的影响比对环向应力的影响更为显著。卸荷持续时间越低，地应力瞬态卸荷附加动应力扰动越小。

表 3.1　不同卸荷持续时间下瞬态卸荷附加动应力的扰动率

卸荷持续时间/ms	扰动率($r=2a_0$)/%		扰动率($r=5a_0$)/%	
	径向	环向	径向	环向
2	53.57	9.33	36.03	4.97
3	43.57	9.20	28.05	4.91
4	29.90	8.75	19.62	4.69

2. 开挖卸荷半径

图 3.5 给出了卸荷持续时间 $t_0=2$ms 时，不同卸荷半径($a_0=1$m、2m、3m)条件下围岩 $r=2a_0$ 处的应力时程曲线。表 3.2 列出了不同卸荷半径下 $r=2a_0$ 和 $r=5a_0$ 处瞬态卸荷附加动应力的扰动率。计算结果表明，在相同的卸荷持续时间条件下，卸荷半径对径向应力的影响较大，对环向应力的影响较小。卸荷半径越大，地应力瞬态卸荷产生的附加动应力峰值越大，且动应力扰动持续时间也越长。

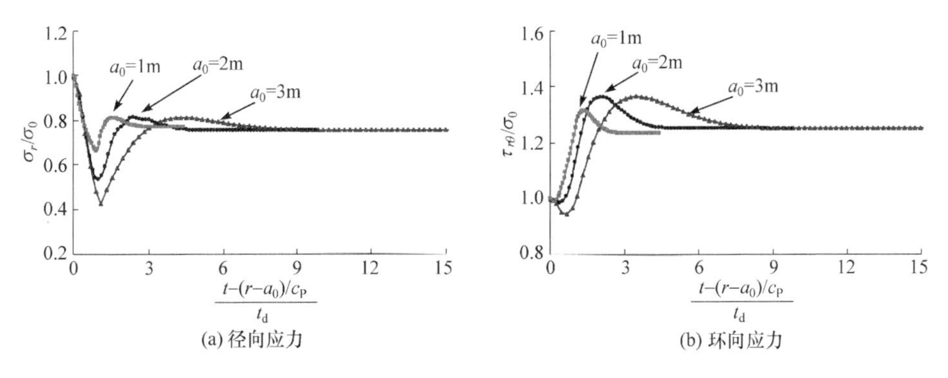

图 3.5　不同卸荷半径下 $r=2a_0$ 处应力时程曲线

表 3.2 不同卸荷半径下瞬态卸荷附加动应力的扰动率

卸荷半径/m	扰动率($r=2a_0$)/%		扰动率($r=5a_0$)/%	
	径向	环向	径向	环向
1	28.80	9.08	19.64	4.35
2	43.57	9.20	28.05	4.91
3	53.56	10.98	36.04	4.54

3. 岩体纵波速度

开挖边界上地应力瞬态卸荷在围岩中激发应力波，在弹性情况下，应力波以声波速度在岩体介质内传播。根据质点振动方向与波传播方向的关系，在岩体内传播的体波又分为纵波(又称P波或压缩波)和横波(又称S波或剪切波)；纵波使岩体介质产生压缩或拉伸变形，横波使岩体介质产生剪切变形。对于静水应力场中的圆形隧洞全断面开挖，开挖边界上仅有径向应力瞬态卸载，激发的应力波以纵波形式向外传播。在弹性情况下，纵波在岩体中传播的速度 c_P 可表示为

$$c_P=\sqrt{\frac{E(1-\mu)}{\rho(1+\mu)(1-2\mu)}} \tag{3.24}$$

式中，E 为岩体弹性模量；μ 为泊松比；ρ 为岩体密度。

可见，岩体中声波传播速度与岩体的力学参数 E、μ 及物理参数 ρ 有关。此外，岩体中的裂隙或夹层、岩体含水率、孔隙率及其应力状态均对岩体的声波速度有影响。一般来讲，岩体的密度和完整性程度越高，波速越大；反之，波速越小。可见，岩体弹性波速度可以比较全面地反映岩体的物理力学特性。

图 3.6 给出了卸荷半径 $a_0=2$m、瞬态卸荷持续时间 $t_0=2$ms 时，不同弹性纵波速度($c_P=3500$m/s、4000m/s 和 4500m/s)条件下围岩 $r=2a_0$ 处的应力时程曲

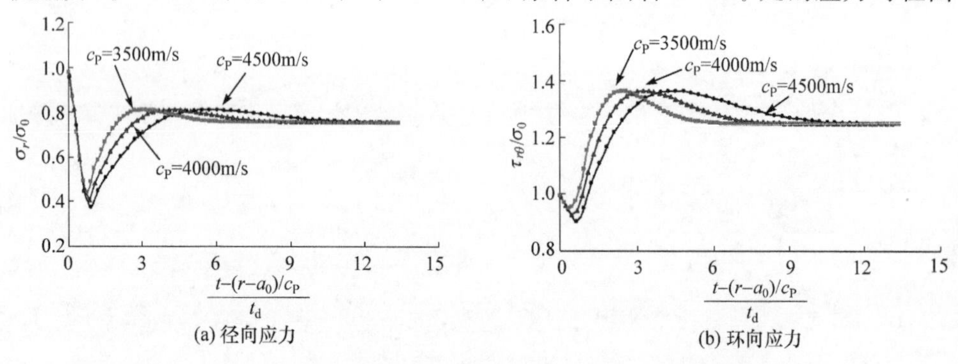

图 3.6 不同弹性纵波速度下 $r=2a_0$ 处应力时程曲线

线。计算结果表明,弹性纵波速度越大,动态应力场的峰值越早到达。径向和环向应力的计算结果都表明,弹性纵波速度越大,即介质越完整,瞬态卸荷附加动应力的扰动越小。表 3.3 给出了不同弹性纵波速度条件下瞬态卸荷附加动应力的扰动率,结果表明,弹性纵波速度的改变对瞬态卸荷附加动应力的影响较小。

表 3.3　不同弹性纵波速度条件下瞬态卸荷附加动应力的扰动率

弹性纵波速度/(m/s)	扰动率($r=2a_0$)/%		扰动率($r=5a_0$)/%	
	径向	环向	径向	环向
3500	50.73	9.28	35.02	4.95
4000	46.11	9.26	31.35	4.94
4500	41.06	9.16	26.28	4.89

3.1.3　全断面毫秒爆破下的隧洞围岩二次应力演化与分布规律

深埋圆形隧洞全断面毫秒延迟爆破开挖时(见图 2.11),各段炮孔按照起爆顺序由里向外依次爆破,岩体逐层剥落,开挖面上的地应力伴随着岩体剥落在数毫秒内快速释放。前面分析已经表明,该过程一个动态力学过程,将在围岩中激起应力波。本节针对深埋圆形隧洞毫秒延迟爆破开挖,分析静水应力场条件下 MS1～MS11 段各圈炮孔爆破时开挖面上地应力瞬态卸荷作用下的围岩动态应力场。

取 $\sigma_v=\sigma_h=20$MPa,各段炮孔爆破时开挖面上的径向地应力可以由式(2.8)及表 2.4 计算得到,如表 3.4 所示。根据 2.2.4 节的分析,当炮孔内的爆炸荷载衰减至等于开挖面上的地应力时,整个开挖面开始卸荷,直至爆炸荷载作用过程结束,开挖面上的地应力完成同步卸荷。根据爆炸荷载变化历程及开挖面上的地应力,由式(2.26)～式(2.33)可以计算得到开挖面上地应力瞬态卸荷持续时间,如表 3.4 所示。

表 3.4　各段炮孔爆破开挖面上的地应力及瞬态卸荷持续时间

炮孔类型	雷管段别	开挖半径/m	开挖荷载/MPa	卸荷持续时间/ms
掏槽孔	MS1	0.7	20.0	4.3
崩落孔	MS3	1.2	13.2	3.9
崩落孔	MS5	2.2	14.1	4.0
崩落孔	MS7	3.2	10.6	3.2
缓冲孔	MS9	4.2	8.4	2.4
光爆孔	MS11	5.0	5.9	1.5

从表 3.4 可以看出,掏槽孔、崩落孔、缓冲孔和光爆孔各圈炮孔爆破时,开挖面上的地应力、开挖面半径和地应力瞬态卸荷持续时间均不相同。对于图 2.11 所示

的全断面毫秒延迟爆破模型，各段炮孔爆破时，开挖面上地应力瞬态卸荷作用下围岩 $r=2a_0$（此处 a_0 为隧洞半径，$a_0=R$）处的应力时程曲线如图 3.7 所示。可以看出，由于各段炮孔爆破时开挖面上的地应力、开挖面大小、卸荷速率以及距观测点的距离大小不一，因此在围岩中产生的附加动应力也各不相同，瞬态卸荷附加动应力峰值 $\Delta\sigma_{ud}$ 及扰动率如表 3.5 所示。掏槽孔（MS1 段）爆破时，虽然其开挖面上的地应力最大，但由于其开挖面距洞壁最远、开挖面最小且瞬态卸荷速率较慢，在围岩中产生的附加动应力反而较小，对围岩的动力扰动小。而缓冲孔（MS9 段）和光爆孔（MS11 段）爆破时，对应的开挖面距洞壁较近、开挖面较大且卸荷速率较快，在围岩中产生的附加动应力及动力扰动较大。

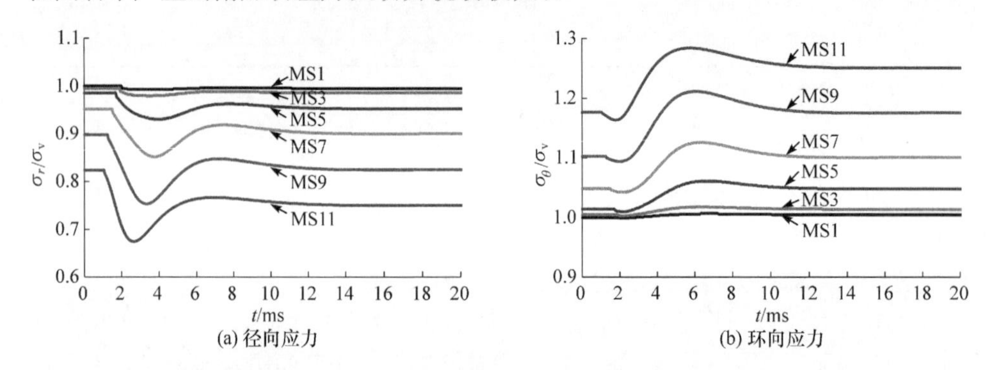

图 3.7 各段炮孔爆破时地应力瞬态卸荷作用下的围岩应力时程曲线（$r=2a_0$）

表 3.5 各段炮孔爆破地应力瞬态卸荷附加动应力峰值及扰动率（$r=2a_0$）

炮孔类型	雷管段别	附加动应力峰值/MPa		扰动率/%	
		径向	环向	径向	环向
掏槽孔	MS1	−0.04	0.04	−0.2	0.2
崩落孔	MS3	−0.13	0.08	0.7	0.4
崩落孔	MS5	−0.44	0.27	2.3	1.3
崩落孔	MS7	−0.98	0.51	5.4	2.3
缓冲孔	MS9	−1.44	0.72	8.7	3.1
光爆孔	MS11	−1.50	0.68	10.0	2.7

从图 3.7 可以看出，地应力瞬态卸荷作用下的围岩径向应力和环向应力均为压应力，岩体处于双向受压应力状态。对于双向受压下的深埋洞室围岩破坏，目前普遍接受的观点是：深埋洞室开挖过程中，开挖面上径向卸荷引起围岩环向应力加载，使得垂直于最小主应力方向发生压剪型裂纹扩展或翼型裂纹拉伸型扩展，并最终导致深部岩体开裂破坏[10]。据此，Cai 等[11]提出了基于主应力差值 $\sigma_1-\sigma_3$ 的岩体破坏半经验半理论判据。各段炮孔爆破时，开挖面上地应力瞬态卸荷作用下围

岩 $r=2a_0$ 处的主应力差值时程曲线如图 3.8 所示。从图 3.8 中可以看出，由于瞬态卸荷速率快，主应力差值时程曲线同样具有明显的波动特征：主应力差先增大后减小，最后稳定于静态的二次应力状态。随着各段炮孔从里向外依次起爆，开挖面越靠近洞壁，围岩中主应力差值越大，缓冲孔（MS9 段）和光爆孔（MS11 段）爆破时，开挖面上地应力瞬态卸荷产生的主应力差值较大，对围岩破坏的影响较大。

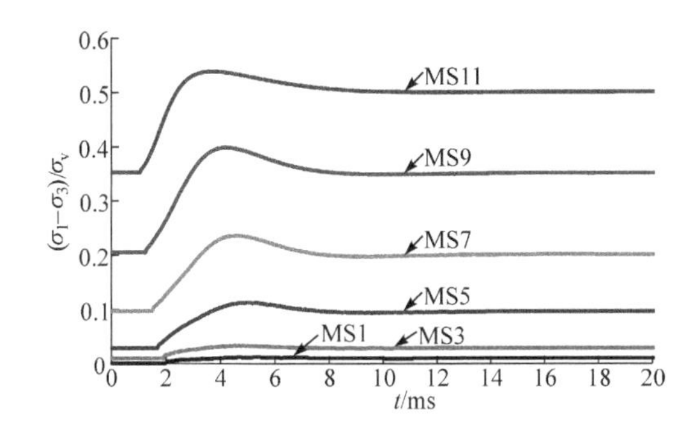

图 3.8　地应力瞬态卸荷作用下围岩主应力差值时程曲线（$r=2a_0$）

光爆孔（MS11 段）爆破时（此时开挖面半径 $r=a_0$），开挖面上地应力瞬态卸荷激发的附加动应力峰值随距离变化曲线如图 3.9 所示。由于受到荷载边界条件的影响，开挖面上（$r=a_0$）不产生径向附加动应力，随着距离的增大，径向附加动应力先迅速增大然后以较小的速率衰减，在 $r=2a_0$ 附近达到最大值。环向附加动应力在开挖面上具有最大值，然后随距离的增大而不断减小。相比于径向附加动应力，环向附加动应力随距离变化衰减更快。在 $r>3a_0$ 后，环向附加动应力峰值约等于径向附加动应力峰值的 30%，这与岩体中柱面波径向应力和环向应力之间关系的解析解是一致的，验证了计算结果的正确性。

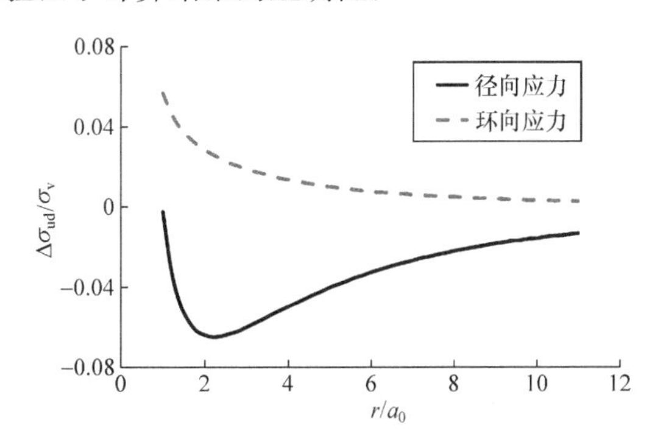

图 3.9　地应力瞬态卸荷激发的附加动应力峰值随距离变化曲线

光爆孔（MS11 段）爆破时，围岩各点径向应力、环向应力及主应力差值随距离变化曲线如图 3.10(a)所示。可以看出，岩体开挖瞬态卸荷动力扰动下，围岩应力分布规律与准静态卸荷情况类似，只是在应力的大小上略有差异。瞬态卸荷条件下，最大径向附加动应力约为 $0.08\sigma_v$，发生在围岩 $r=2.0a_0\sim2.4a_0$ 范围内，最大环向附加动应力和主应力差约为 $0.07\sigma_v$，发生在隧洞洞壁上。需要指出的是，图 3.10(a)所示的是光爆孔(MS11 段)爆破过程中岩体开挖瞬态卸荷下的围岩应力状态，由于隧洞开挖采用了毫秒延迟爆破技术分 6 段起爆，洞壁(MS11 段对应的开挖面)上的岩体法向应力在前面 5 段爆破过程中已逐步释放，在光爆孔(MS11 段)爆破时，开挖面上的法向应力仅剩 5.9MPa(约 $0.30\sigma_v$)，因而此段岩体开挖瞬态卸荷引起的附加动应力较小。事实上，光爆孔(MS11 段)爆破时，瞬态卸荷引起的附加动应力已达到开挖面上地应力的 26.7%。根据地应力瞬态卸荷引起的附加动应力与开挖面上的地应力大小呈正比的关系，若毫秒延迟爆破分段减少、开挖面上的地应力增加，则围岩中瞬态卸荷引起的附加动应力也会相应增加。极限情况下，若隧洞一次开挖成型、开挖面上的地应力 $\sigma_0=\sigma_v$，则岩体开挖瞬态卸荷引起的附加动应力可达 $0.27\sigma_v$，如图 3.10(b)所示，此时，在洞壁上甚至出现了径向拉应力，大小为 $0.01\sigma_v$。若远场地应力 σ_v 达到 50MPa 以上，岩体开挖瞬态卸荷引起的径向拉应力可以达到甚至超过某些岩体的抗拉强度，从而导致围岩发生拉伸破坏。

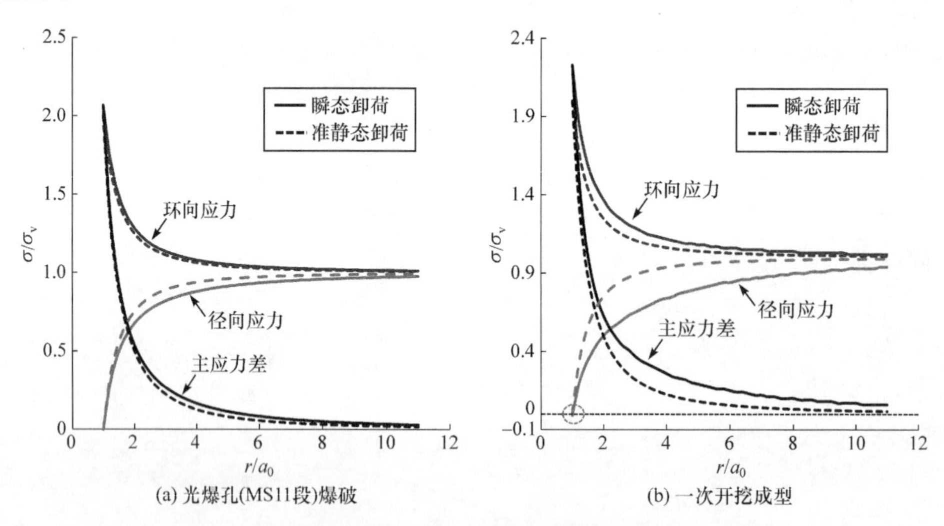

图 3.10　瞬态卸荷条件下围岩应力状态随距离变化曲线

Dyskin[12] 曾经指出，在深部岩体的高地应力赋存环境下，岩体开挖卸荷引起的应力波动甚至是微小波动即可引起围岩脆性断裂破坏，因此，开挖面上地应力瞬态卸荷产生的动应力扰动对围岩破坏的影响同样不容忽视。

3.2 爆炸荷载和瞬态卸荷耦合作用下的围岩总动应力场

3.2.1 爆炸荷载作用引起的围岩动应力场

深埋隧洞全断面毫秒延迟爆破开挖,爆炸应力波从开挖面向围岩深处传播,在围岩中激发动态应力,围岩中的应力场由地应力场与爆炸荷载激发的动态应力场在相应的时域和空间上叠加而成,如图3.11所示。围岩中任一点的应力状态为

$$\begin{cases}\sigma_r(r,t)=\sigma_{rs}(r)+\sigma_{rb}(r,t)\\ \sigma_\theta(r,t)=\sigma_{\theta s}(r)+\sigma_{\theta b}(r,t)\end{cases} \tag{3.25}$$

式中,$\sigma_r(r,t)$、$\sigma_\theta(r,t)$分别为围岩的径向动态应力和环向动态应力;$\sigma_{rs}(r)$、$\sigma_{\theta s}(r)$分别为爆破前围岩静态的径向应力和环向应力;$\sigma_{rb}(r,t)$、$\sigma_{\theta b}(r,t)$分别为爆破过程中爆炸荷载在围岩中激发的径向动应力和环向动应力。

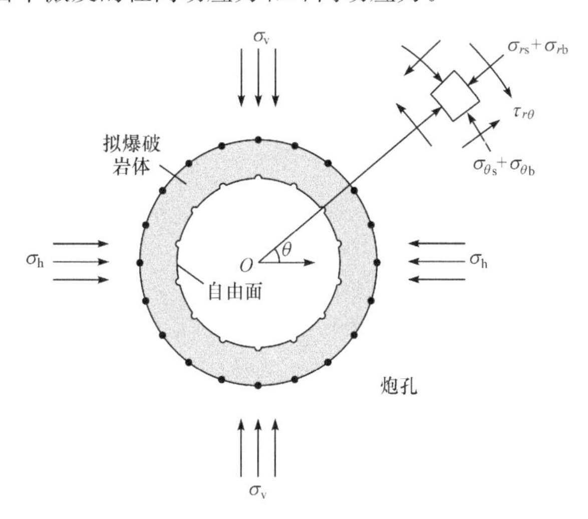

图3.11 爆炸荷载作用下岩体单元受力示意图

本节先采用平面应变模型,将炮孔内平均爆炸荷载变化历程曲线(见图2.20)等效施加在二维的开挖面上,采用动力有限元计算爆炸荷载激发的动应力场。然后将沿炮孔轴向分布不均匀的爆炸荷载变化历程曲线(见图2.18)等效施加在三维的开挖面上,计算围岩中的动应力。比较两种方法的计算结果,分析爆炸荷载轴向分布不均匀性对激发动应力场的影响。炮孔内爆炸荷载沿炮孔轴向分布不均匀有两方面原因:一是爆轰波的传播;二是爆生气体从孔口非定常流逸出。因此,非均布加载计算时考虑有限速度的爆轰波传播,在相应的起爆延迟时间内将各断面的爆炸荷载施加在三维的开挖面上。

根据 2.3.1 节爆炸荷载施加方法及表 2.3 中的爆破参数，取粉碎区范围半径 $r_c=2r_b$，破碎区范围半径 $r_f=10r_b$，MS1～MS11 各段炮孔爆破时开挖面上的等效爆炸荷载峰值如表 3.6 所示。

表 3.6　各段炮孔爆破开挖面上的等效爆炸荷载峰值

炮孔类型	雷管段别	孔径/mm	装药直径/mm	炮孔间距/m	开挖面半径/m	开挖面爆炸荷载峰值/MPa
掏槽孔	MS1	42	42	0.7	0.7	21.0
崩落孔	MS3	42	32	0.8	1.2	16.6
崩落孔	MS5	42	32	1.0	2.2	13.3
崩落孔	MS7	42	32	1.0	3.2	13.3
缓冲孔	MS9	42	28.5	1.0	4.2	7.6
光爆孔	MS11	42	20	0.5	5.0	5.9

1. 均布爆炸荷载

平面应变模型均布加载时，各段炮孔爆破爆炸荷载在围岩中 $r=2a_0$ 处激发的径向应力和环向应力时程曲线如图 3.12 所示，图中纵坐标为爆炸荷载激发的动应力 σ_b 与开挖面上等效爆炸荷载峰值 P_{e0} 的比值，应力以受压为正、受拉为负。可以看出，围岩中的径向应力随爆炸荷载达到峰值也在很短的时间内上升到压应力峰值；随着爆炸荷载的衰减，作用在岩体上的压力逐渐卸除，被压缩的岩体回弹，径向应力由压应力转变为拉应力，但相对于压应力而言，拉应力较小。值得注意的是，径向拉应力只在一定爆心距范围以外才产生(见图 3.12(e)、(f))。由于爆炸荷载的冲击特性，围岩环向应力在爆炸荷载作用初始阶段是较小的压应力，随之由于岩体的径向压缩转变为较大的环向拉应力，该拉应力大于径向拉应力。岩体的抗拉强度较小，环向拉应力可导致岩体受拉破坏。

以光爆爆破(MS11 段)为例，爆炸荷载在围岩中激发的动应力峰值随爆心距变化曲线如图 3.13 所示，图中 σ_{bp} 为爆炸荷载激发的动应力峰值。可以看出，径向压应力峰值和环向拉应力峰值随爆心距变化规律类似，爆心距 r 越大，应力峰值越小。在近区 $r\leqslant 4a_0$(a_0 为开挖面半径)范围内，应力峰值随爆心距的增大急剧衰减，相比而言，环向拉应力峰值衰减更快；当 $r>4a_0$ 后，应力峰值以相对平稳的速度衰减直至降低为零。可以看出，在光爆孔爆破爆炸荷载作用的开挖面上，$\sigma_{\theta bp}=-\sigma_{rbp}$，岩体处于双向等应力状态；环向拉应力衰减较快，在 $r>3a_0$ 后，环向拉应力峰值约等于径向压应力峰值的 30%，即 $\sigma_{\theta bp}=-0.3\sigma_{rbp}\approx-\mu\sigma_{rbp}/(1-\mu)$(模型中 $\mu=0.23$)。同样，该值与柱面波径向应力和环向应力之间关系的解析解一致。

表 3.7 给出了该计算模型条件下各段炮孔爆破时爆炸荷载在隧洞围岩中 $r=$

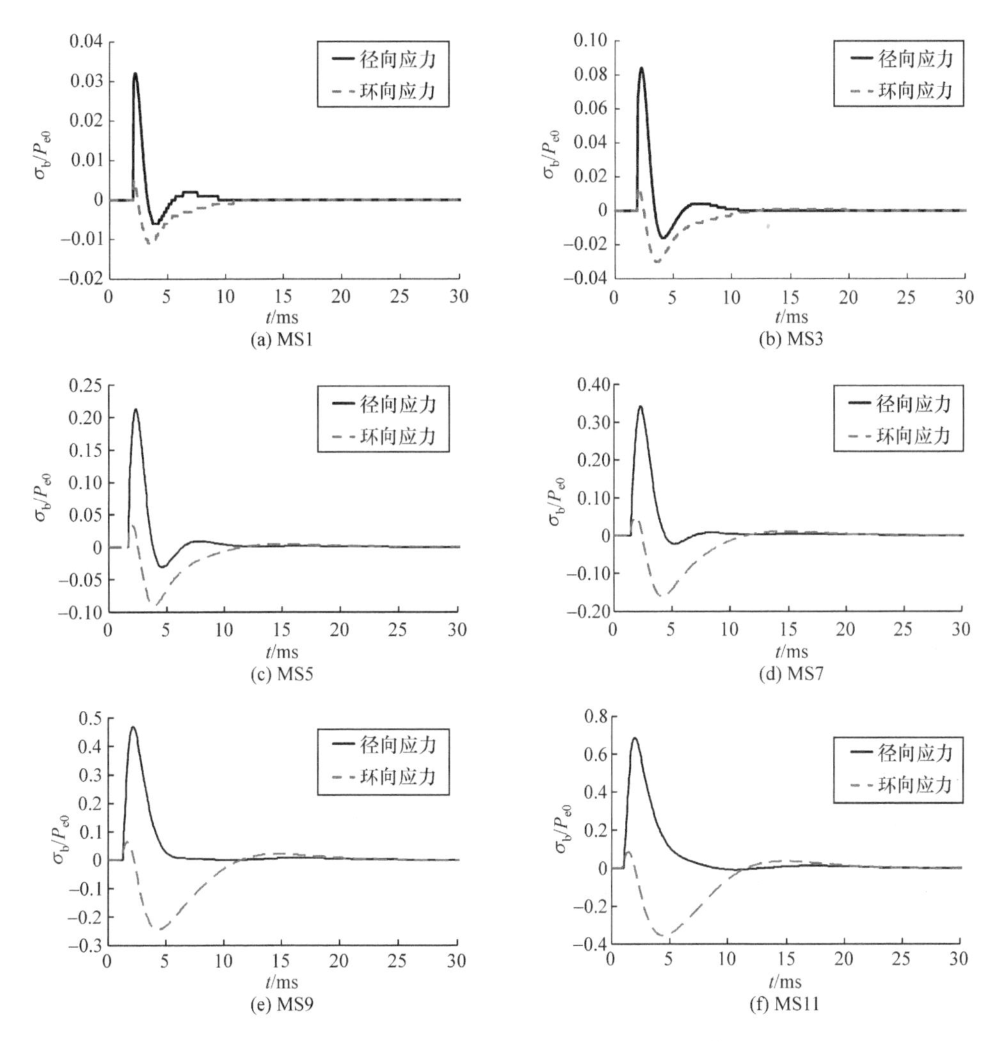

图 3.12　各段炮孔爆破均布爆炸荷载激发的应力时程曲线($r=2a_0$)

a_0(洞壁)和 $r=2a_0$处激发的动应力峰值。可以看出,最外一圈崩落孔(MS7 段)爆破时爆炸荷载在隧洞围岩中激发的动应力最大,缓冲孔(MS9 段)和光爆孔(MS11 段)其次。尽管掏槽孔(MS1 段)采用了耦合装药结构,爆炸荷载峰值最大,但由于距洞壁最远且爆炸应力波在近区衰减很快,其激发的动应力反而最小。因此,在工程爆破中对靠近开挖轮廓面的炮孔爆破应当给予足够的重视,宜采用不耦合装药结构减小爆炸荷载对保留岩体的破坏。

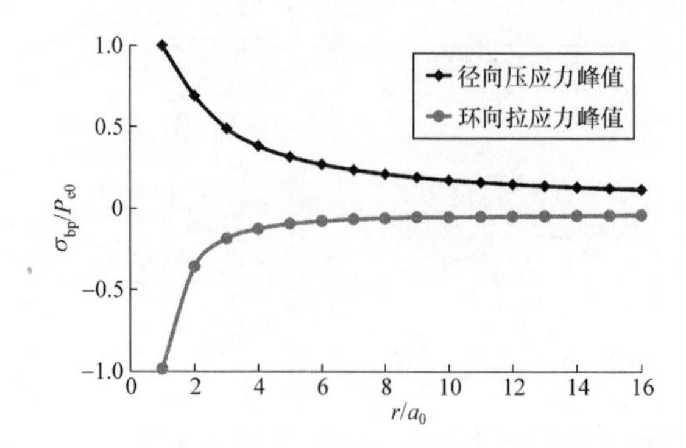

图 3.13　均布爆炸荷载激发的动应力峰值随爆心距变化曲线

表 3.7　各段炮孔爆破爆炸荷载在围岩中激发的动应力峰值

炮孔类型	雷管段别	等效爆炸荷载/MPa	$r=a_0$		$r=2a_0$	
			径向压应力/MPa	环向拉应力/MPa	径向压应力/MPa	环向拉应力/MPa
掏槽孔	MS1	21.0	1.8	−0.8	0.7	−0.2
崩落孔	MS3	16.6	3.3	−1.7	1.4	−0.5
崩落孔	MS5	13.3	6.0	−3.9	2.8	−1.2
崩落孔	MS7	13.3	8.6	−6.5	4.5	−2.1
缓冲孔	MS9	7.6	6.4	−5.8	3.6	−1.9
光爆孔	MS11	5.9	5.9	−5.9	4.1	−2.1

2. 非均布爆炸荷载

为了比较炮孔内不同截面处爆炸压力分布的不均匀性对爆炸应力场的影响，采用三维模型在开挖面上施加非均布爆炸荷载，建立如图 3.14 所示的 1/4 开挖面加载模型进行分析(局部示意图)，开挖面半径 $a_0=5$m，模型半径为 500m，高 3m，岩体力学参数同 3.1.2 节。模型上表面为自由边界，对称面上施加对称边界条件，为减小模型边界应力波反射对计算结果的影响，外表面和下表面设置为透射边界。最小单元尺寸为 0.04m，最大单元尺寸为 1.50m。为模拟爆轰波传播，将炮孔壁岩体沿炮孔轴向划分为 75 个岩体单元，每个单元的长度为 0.04m，根据爆轰波速，每个单元的荷载上升时间为 0.01ms，相邻两个岩体单元上的爆炸荷载作用延迟时间为 0.01ms。按照该延迟时间，将图 2.18 所示的沿炮孔轴向分布的不均匀的爆炸荷载变化历程曲线等效施加在开挖面岩体单元上。为分析炮孔内爆炸荷载分布的不均匀性对激发动应力场的影响，在开挖面的不同部位选取 3 个典型断面进行分析，即图 3.14 所示的 A—A 断面(距孔口 0.5m)、B—B 断面(位于炮孔中部)和

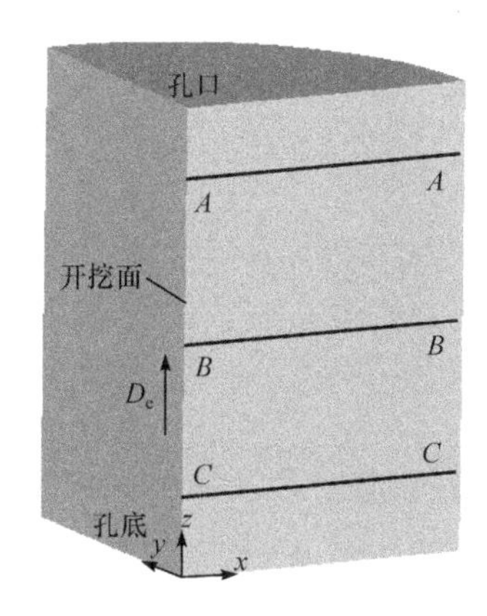

图 3.14　非均布爆炸荷载激发的动应力计算模型局部示意图

C—C 断面(距孔底 0.5m)。

以围岩中 $r=2a_0$ 处为例,非均布爆炸荷载在不同断面激发的应力时程曲线如图 3.15 所示。可以看出,由于爆炸荷载沿炮孔轴向分布不均匀,在开挖面不同深度处激发的动应力时程是不同的。爆炸荷载在孔底衰减最慢,在孔口衰减最快,因此激发的径向压应力和环向拉应力在孔底段的 C—C 断面最大、中部段的 B—B 断面其次,孔口段的 A—A 断面最小,且在孔底段应力波持续时间最长。由于爆炸荷载在孔口段卸荷速率较快,因此在 A—A 断面因卸荷回弹产生的径向拉应力和环向压应力最大。在 A—A 断面和 C—C 断面,径向压应力峰值分别为 $0.76P_{e0}$ 和 $0.85P_{e0}$,相差 11.8%;环向拉应力峰值分别为 $0.29P_{e0}$ 和 $0.38P_{e0}$,相差 31%。相比而言,爆炸荷载分布的不均匀性对环向应力的影响更大。图 3.16 给出了非均布爆炸荷载在不同断面激发的径向压应力峰值和环向拉应力峰值随爆心距变化曲线,在 $r\leqslant 4a_0$(a_0 为开挖面半径)范围内,相同爆心距处不同断面上的应力峰值有所差别,在开挖面上差别最大,超过这一范围后,爆炸荷载的不均匀性影响较小,不同断面上的应力峰值基本一致。

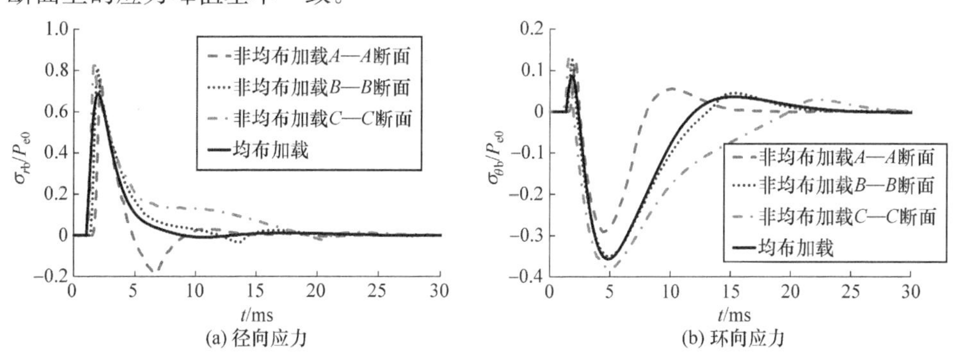

图 3.15　非均布爆炸荷载激发的应力时程曲线(MS11 段,$r=2a_0$)

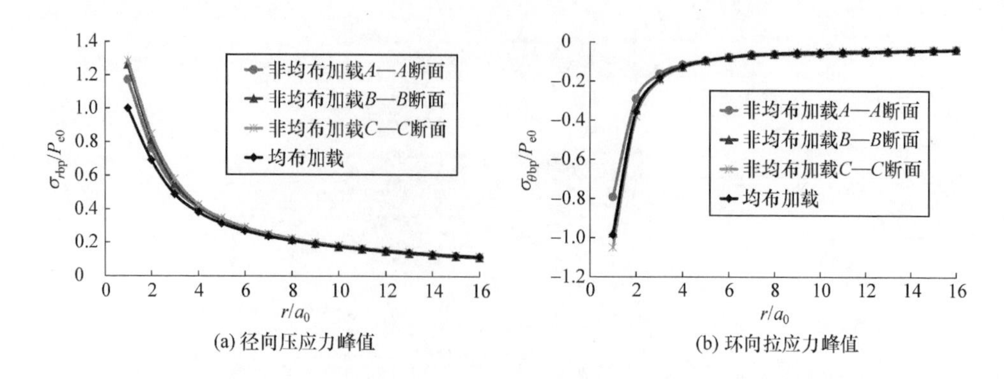

图 3.16　非均布爆炸荷载激发的动应力峰值随爆心距变化曲线(MS11 段)

均布爆炸荷载产生的应力时程曲线与非均布爆炸荷载在炮孔中部 $B—B$ 断面激发的应力时程曲线类似,但径向压应力峰值有所差别,如图 3.15(a)所示,相比均布加载,非均布加载引起的径向压应力峰值更大。这是由于非均布加载考虑了爆轰波的传播,按相邻炸药单元起爆延迟时间将爆炸荷载连续地施加在开挖面的岩体单元上,各单元荷载作用起始时刻不同,不同岩体单元上爆炸荷载产生的应力波在观测点叠加。从图 3.16(a)可以看出,在 $r\leqslant 4a_0$ 范围内,非均布爆炸加载产生的径向压应力大于均布加载,例如,在开挖面上($r=a_0$),非均布爆炸荷载在 $C—C$ 断面激发的径向压应力比均布爆炸荷载引起的径向压应力大 28%。但是在 $r>4a_0$ 后,两者产生的径向峰值应力和环向峰值应力大小基本相同。

综上可见,与均布爆炸荷载平面应变模型计算结果相比,爆轰波传播和爆生气体非定常流逸出导致的爆炸荷载沿炮孔轴向分布的不均匀性对激发动应力场的影响局限在 $r=4a_0$ 范围内,且应力差不超过 30%;超过这一范围后,均布爆炸荷载与非均布爆炸荷载的计算结果是一致的。因此,作为工程爆破分析中一种简化的爆炸荷载施加方法,沿炮孔轴向均匀施加爆炸荷载在一定程度上是可以接受的。

3.2.2　爆炸荷载和瞬态卸荷耦合作用引起的围岩总动应力场

针对深埋圆形隧洞全断面爆破开挖(见图 2.11),随着各段炮孔依次爆破,洞壁周围保留岩体受到爆炸荷载和开挖面上地应力瞬态卸荷两种动荷载共同作用的反复扰动。爆炸荷载由钻爆孔网参数和装药结构决定,而当炮孔内的爆炸荷载衰减至开挖面上的地应力时,整个开挖面开始卸荷,直至爆炸荷载作用过程结束,开挖面上的地应力瞬态卸荷同步完成。可见,爆炸荷载和开挖面上地应力瞬态卸荷在时间和空间上互相耦合,如图 2.21 所示。现按照 2.3.3 节所介绍的隐式—显式顺序计算方法求解爆炸荷载与瞬态卸荷耦合作用下的围岩总应力场。

取爆区远场地应力 $\sigma_v=\sigma_h=20\text{MPa}$。对应不同各段炮孔爆破时,开挖面上的等效爆炸荷载峰值、开挖面上的地应力、开挖面半径及瞬态卸荷持续时间如表3.4和表3.6所示。图3.17给出了各段炮孔爆破时，爆炸荷载和地应力瞬态卸荷耦合作用下隧洞围岩 $r=2a_0$ 处的应力时程曲线。

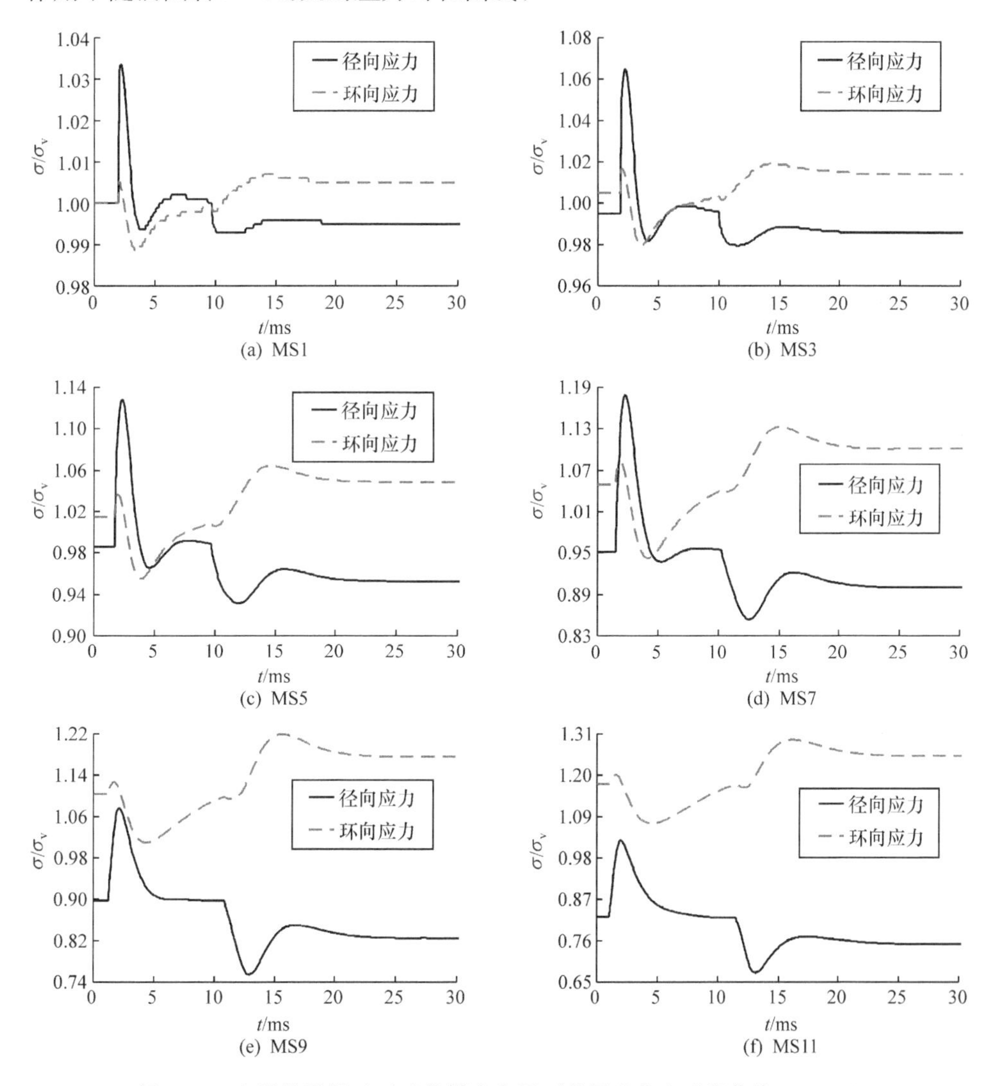

图3.17　各段炮孔爆破时动载耦合作用下的围岩应力时程曲线($r=2a_0$)

从图3.17可以看出，深部岩体爆破开挖过程中，围岩首先受到爆炸荷载作用的扰动，径向应力和环向应力先增大后减小；紧接着受到开挖面上地应力瞬态卸荷作用产生的扰动，径向应力和环向应力先减小后增大，最后稳定于重分布的二次应力状态。与开挖卸荷时的围岩应力动态调整不同的是，受爆炸荷载影响，围岩径向应力首先表现为短暂的加载效应，径向应力迅速增加，甚至可以超过环向应力，如

图 3.17(a)～(d)所示；而后围岩径向应力才开始出现卸荷回弹，最终围岩径向应力小于环向应力。因此可以看出，爆炸荷载与岩体开挖瞬态卸荷耦合作用下的围岩应力动态调整过程中出现了主应力方向的转换。

类似于式(3.22)，定义爆炸荷载和瞬态卸荷耦合作用下围岩总动应力的时程曲线与静态二次应力的差值为爆炸荷载和瞬态卸荷耦合作用产生的附加动应力，即

$$\begin{cases}\Delta\sigma_r(r,t)=\sigma_r(r,t)-\sigma_{rs}(r)\\ \Delta\sigma_\theta(r,t)=\sigma_\theta(r,t)-\sigma_{\theta s}(r)\end{cases} \tag{3.26}$$

式中，$\Delta\sigma_r(r,t)$、$\Delta\sigma_\theta(r,t)$分别为爆炸荷载与瞬态卸荷耦合作用在围岩中产生的径向附加动应力和环向附加动应力；$\sigma_r(r,t)$、$\sigma_\theta(r,t)$分别为耦合作用下围岩径向动应力和环向动应力；$\sigma_{rs}(r)$、$\sigma_{\theta s}(r)$分别为围岩静态的径向二次应力和环向二次应力。同样定义附加动应力峰值 $\Delta\sigma_r$和 $\Delta\sigma_\theta$的绝对值与静态二次应力的比值为附加动应力扰动率。

各段炮孔爆破时，爆炸荷载与瞬态卸荷耦合作用在围岩 $r=2a_0$处产生的附加动应力峰值及附加动应力扰动率如表 3.8 所示。同样，虽然光爆孔(MS11 段)爆破时其爆炸荷载峰值最小、开挖面上的地应力最小，但由于距洞壁最近，光爆孔(MS11 段)爆破时爆炸荷载与瞬态卸荷耦合作用在围岩中产生的附加动应力最大，附加动应力对围岩应力场的扰动最为强烈。对比表 3.5 可以发现，考虑爆炸荷载作用后，附加动应力显著增加，这表明爆破开挖对围岩应力场动力扰动以爆炸荷载作用为主，开挖面上地应力瞬态卸荷产生的动力扰动相对较小。若围岩在爆炸荷载作用下首先产生了破坏，则地应力瞬态卸荷的二次扰动可能会加剧岩体破坏。特别是缓冲孔(MS9 段)和光爆孔(MS11 段)爆破时，开挖面上地应力瞬态卸荷产生的动力扰动已接近于爆炸荷载的动力扰动，如图 3.17(e)和(f)所示。因此，开挖面上地应力瞬态卸荷产生的动力扰动也应当引起足够的重视。

表 3.8 爆炸荷载与瞬态卸荷耦合作用的附加动应力峰值及扰动率($r=2a_0$)

炮孔类型	雷管段别	附加动应力峰值/MPa		扰动率/%	
		径向	环向	径向	环向
掏槽孔	MS1	0.77	−0.33	3.9	1.6
崩落孔	MS3	1.58	−0.68	8.0	3.4
崩落孔	MS5	3.51	−1.85	18.4	8.8
崩落孔	MS7	5.56	−3.17	30.9	14.4
缓冲孔	MS9	5.02	−3.32	30.4	14.1
光爆孔	MS11	5.52	−3.59	36.8	14.4

值得注意的是，各段炮孔爆破时开挖面上的等效爆炸荷载峰值与开挖面上的

地应力大小相当，如表 3.4 和表 3.6 所示，但掏槽孔（MS1 段）和崩落孔（MS3 段、MS5 段和 MS7 段）爆破时，爆炸荷载产生的径向动应力远大于地应力瞬态卸荷产生的径向附加动应力；而缓冲孔（MS9 段）和光爆孔（MS9 段）爆破时两者的径向动应力基本相当；各段炮孔爆破时这两种动荷载的环向动应力相当。这是由于爆炸荷载的上升时间短（约 0.8ms）、加载速率快，而开挖面上地应力瞬态卸荷持续时间相对较长（1.5～4.3ms），卸载速率慢。图 3.18 给出了不同荷载上升时间时爆炸荷载在围岩中激发的应力时程曲线。可以看出，荷载上升时间越短、加载速率越快，径向压应力峰值越大，环向拉应力峰值变化不大。图 3.4 已经表明，开挖面上地应力瞬态卸荷持续时间越短、卸载速率越快，产生的径向动力效应越显著，环向动力效应变化不大。可见，动荷载在围岩中引起的径向动应力与加（卸）载速率密切有关，爆炸荷载加载速率快，因此在动荷载幅值相当的条件下，动载耦合作用对围岩应力场的扰动以爆炸荷载作用为主；缓冲孔（MS9 段）和光爆孔（MS11 段）爆破时开挖面上地应力卸荷速率相对较快，因此产生的动力效应与爆炸荷载相当。

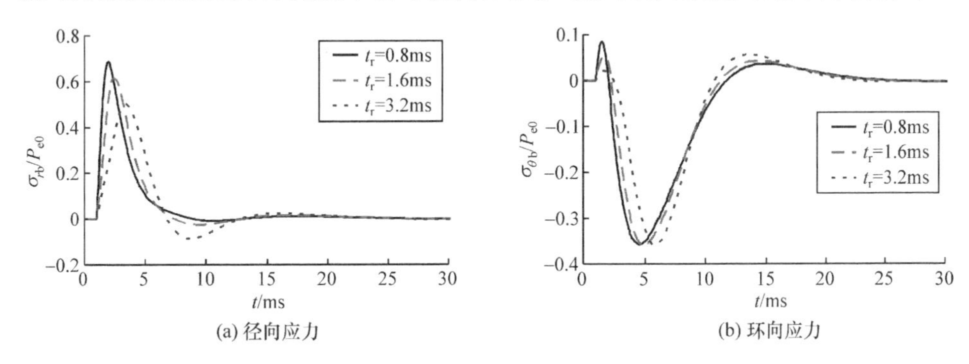

图 3.18　不同荷载上升时间时爆炸荷载激发的应力时程曲线（MS11 段，$r=2a_0$）

从图 3.17 可以看出，爆炸荷载与开挖面上地应力瞬态卸荷耦合作用下，隧洞围岩同样处于双向受压应力状态。围岩 $r=2a_0$ 处最大、最小主应力差时程曲线如图 3.19 所示。与开挖卸荷时的围岩主应力差时程曲线（见图 3.10）相比，受爆炸荷载影响，爆炸荷载与瞬态卸荷耦合作用下的主应力差时程曲线波动特征更加明显，也更加复杂。MS1～MS7 段爆破时，围岩主应力差多次出现先减小后增大的变化过程，在应力波波阵面到达后的 10ms 内，围岩最大、最小主应力方向交替变化，如图 3.19 中“▵”所示。MS9 段和 MS11 段爆破时，由于开挖面上的等效爆炸荷载较低，围岩主应力差受爆炸荷载影响先减小后持续增大，围岩应力动态调整过程中未出现最大、最小主应力方向的转换。随着各段炮孔从里向外依次起爆，开挖面越靠近洞壁，围岩中产生的主应力差越大，光爆孔（MS11 段）爆破后，围岩中主应力差出现最大值。

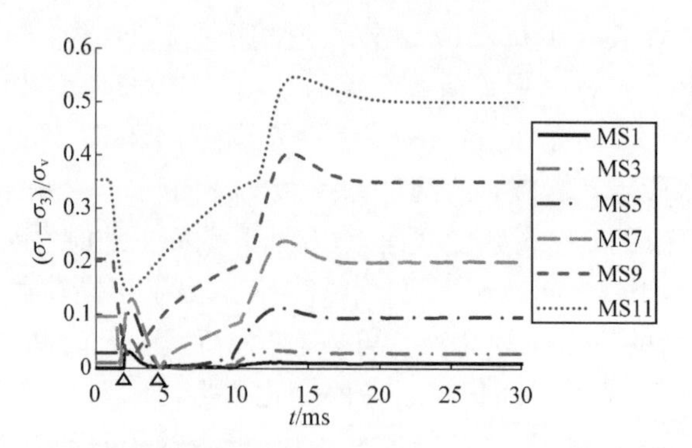

图 3.19　爆炸荷载与瞬态卸荷耦合作用下围岩主应力差值时程曲线($r=2a_0$)

以光爆孔(MS11 段)爆破(此时开挖面半径 $r=a_0$)为例,爆炸荷载与开挖面上地应力瞬态卸荷耦合作用产生的附加动应力峰值随距离变化曲线如图 3.20 所示。由于爆炸与瞬态卸荷耦合作用对围岩应力场的扰动以爆炸荷载为主,因此,围岩径向附加动应力峰值表现为加载(符号为正),而环向附加动应力峰值表现为卸载(符号为负)。爆破开挖扰动在隧洞洞壁上产生的附加动应力最大,最大值可达 $0.60\sigma_v$。在洞壁附近,附加动应力峰值随爆心距的增大急剧衰减,相比而言,环向附加动应力的峰值衰减更快,因此,爆破开挖对围岩径向应力的扰动大于对环向应力的扰动。

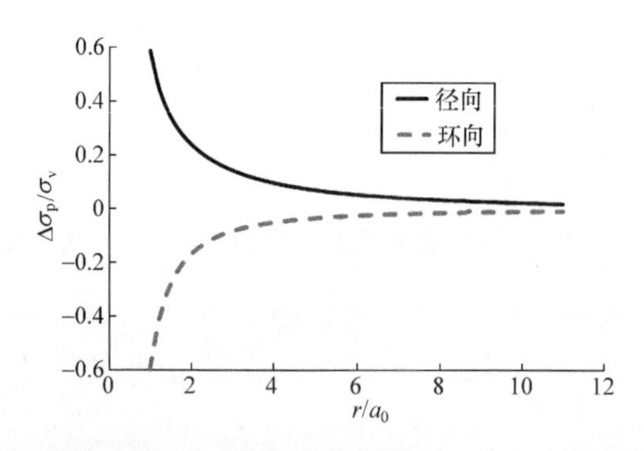

图 3.20　爆炸荷载与瞬态卸荷耦合作用下附加动应力峰值随距离变化曲线

MS11 段爆破时,在爆炸荷载与瞬态卸荷耦合作用下,围岩径向应力受爆炸荷载径向压应力作用先增大,而后在卸荷过程中减小;相反,围岩环向应力受爆炸荷载环向拉应力作用先减小,而后在卸荷过程中增大。围岩各点所经历的径向应力、环向应力、主应力差的最大、最小值如图 3.21 所示。可以看出,考虑爆炸荷载与瞬态卸荷的动力扰动后,围岩径向应力最大增幅为 $0.60\sigma_v$,发生在隧洞洞壁上;环向应力和主应力差的最大增幅为 $0.09\sigma_v$,同样也发生在隧洞洞壁上。考虑爆破开挖动力扰动后,围岩总应力分布规律与准静态卸荷情况基本类似,但应力的大小有所

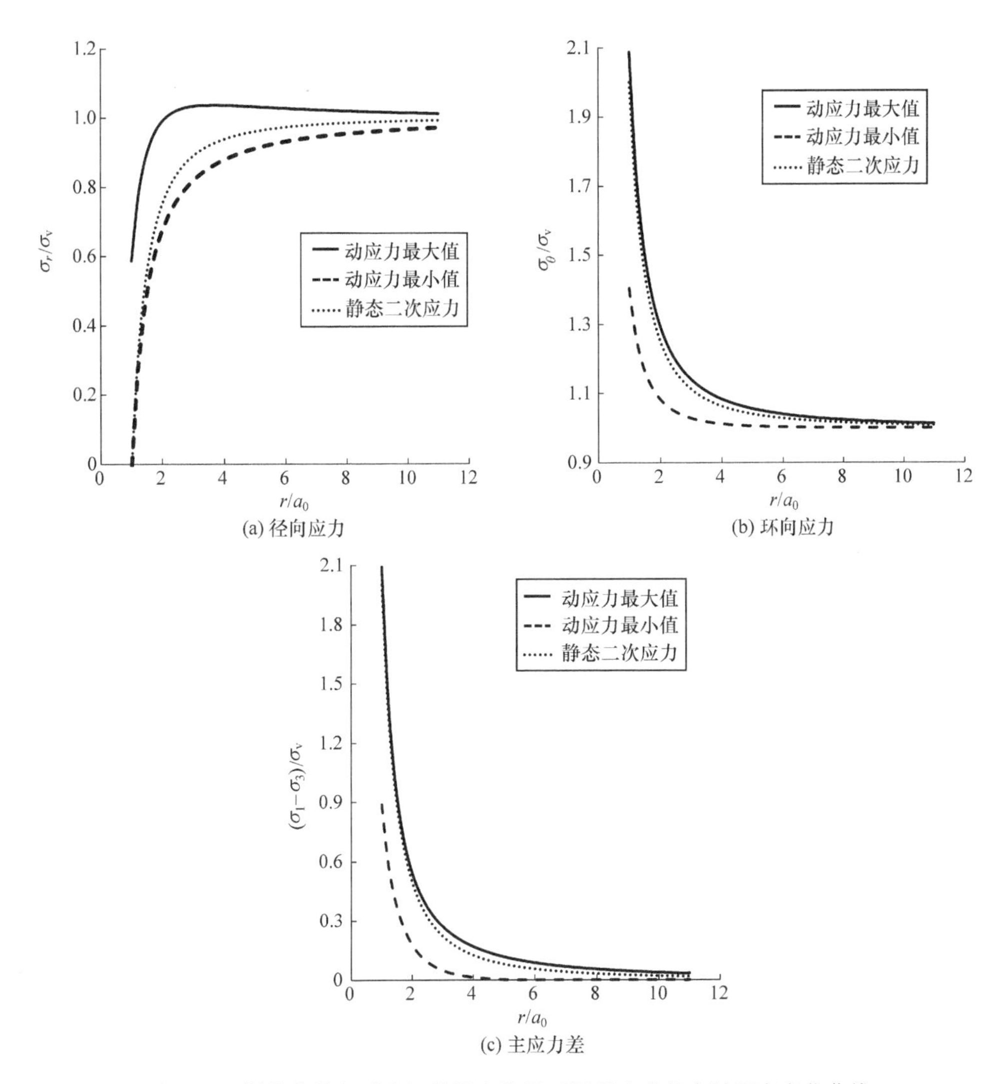

(a) 径向应力

(b) 环向应力

(c) 主应力差

图3.21 爆炸荷载与瞬态卸荷耦合作用下围岩应力状态随距离变化曲线

差异，由于动应力随距离传播衰减较快，动力扰动并未改变围岩应力场的整体分布规律。这表明，深部岩体爆破开挖，围岩总应力场仍以静态地应力场为主。

3.3 围岩应变能的集聚过程与空间分布规律

深部高地应力岩体储存有较高的应变能，伴随岩体开挖引起围岩应变能的集聚、储存、耗散与释放。因此，分析高储能岩体开挖过程中围岩应变能的转移、聚集和释放及其对损伤孕育的影响对深埋洞室开挖围岩稳定性研究和评估具有重要意义。基于能量聚集、耗散和释放角度研究深部岩体开挖引起的变形、损伤和破坏判据方面取得了重要成果[13~16]，但以往的研究往往忽略了岩体爆破开挖过程中地应力瞬态卸荷的动力效应及其对围岩应变能调整的影响。本节将针对静水应力场中的圆形洞室开挖，从理论上计算分析瞬态卸荷和准静态卸荷条件下围岩应变能聚集过程和空间分布规律。

3.3.1 围岩应变能的计算

在原岩中开挖一条圆形无限长隧洞，某一圈炮孔爆破时，开挖边界的半径为 a_0，如图 3.22 所示。假设原岩处于三轴等压状态，$\sigma_1=\sigma_2=\sigma_3=\sigma_0$。主应力空间中，单位体积岩体的弹性应变能或岩体应变能密度 U 为

$$U=\frac{1}{2E}[\sigma_1^2+\sigma_2^2+\sigma_3^2-2\mu(\sigma_1\sigma_2+\sigma_2\sigma_3+\sigma_1\sigma_3)] \tag{3.27}$$

式中，σ_1、σ_2 和 σ_3 为主应力；E 为岩体弹性模量；μ 为岩体泊松比。

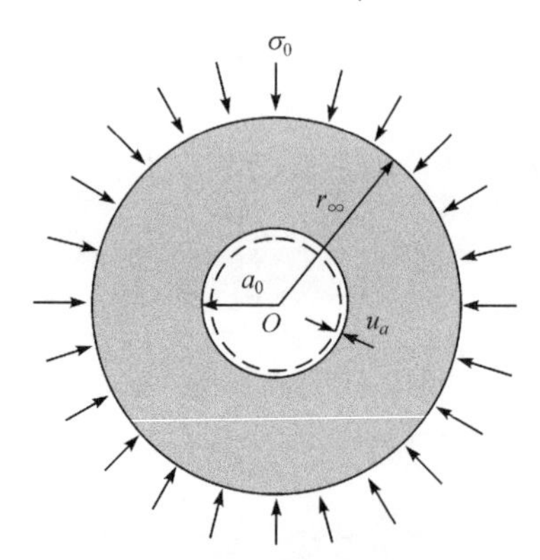

图 3.22 圆形洞室开挖分析模型

将式(3.20)代入式(3.27)，即可计算得到瞬态卸荷条件下围岩的应变能密度：

$$U_w(r,t)=\frac{1}{2E}[\sigma_r^2+\sigma_\theta^2+\sigma_0^2-2\mu(\sigma_r\sigma_\theta+\sigma_r\sigma_0+\sigma_\theta\sigma_0)] \tag{3.28}$$

式(3.20)同时包含了应力场的静力解，求其 $t\to\infty$ 的极限即可得到应力场的静力解，同样代入式(3.28)，可以得到准静态卸荷条件下围岩的应变能密度：

$$U_w=\frac{\sigma_0^2}{2E}\left[3(1-2\mu)+\frac{2a_0^4}{r^4}(1+\mu)\right] \tag{3.29}$$

将 $\sigma_1=\sigma_2=\sigma_3=\sigma_0$ 代入式(3.27)，则开挖前岩体的应变能密度 U_y 为

$$U_y=\frac{3-6\mu}{2E}\sigma_0^2 \tag{3.30}$$

图 3.23 给出了瞬态卸荷和准静态卸荷条件下围岩应变能密度的调整过

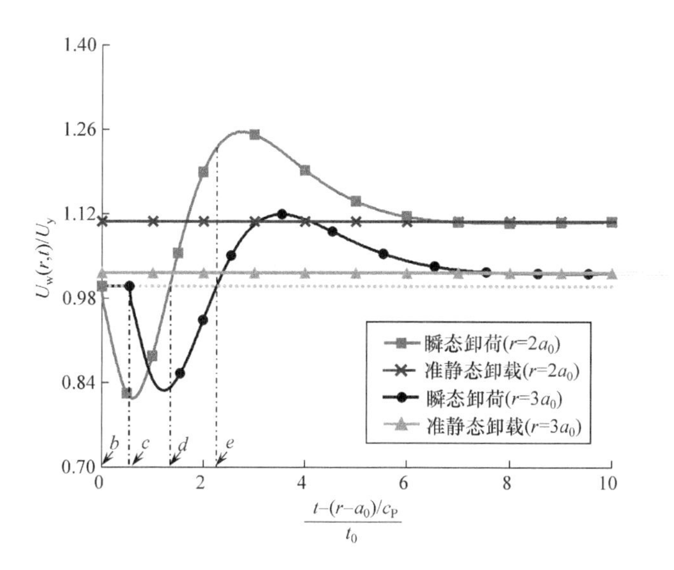

图 3.23 开挖卸荷过程中围岩应变能密度动态调整过程

程[17]。可以看出，卸载应力波波阵面在 $t=a_0/c_P$ 时刻到达 $r=2a_0$ 处，导致该处围岩的初始应力状态被打破，引起围岩应变能密度经历先减小后增大，并最终稳定于静态二次应力场时的应变能密度；在 $t=2a_0/c_P$ 时刻，卸载应力波抵达 $r=3a_0$ 处，引起该处围岩径向应力、环向应力及应变能密度经历与围岩 $r=2a_0$ 处相似的变化过程，差别在于应力和应变能密度动态变化幅度不同。

从图 3.23 还可以看出，随着卸载应力波的传播，在时间 $t_b \sim t_d$ 内，围岩 $r=2a_0$ 处的应变能密度小于原岩应变能密度，表示该处围岩在释放能量；在时间 $t_d \sim t_e$ 内，围岩 $r=2a_0$ 处的应变能密度大于原岩应变能密度，表示该处围岩在吸收能量，而围岩 $r=3a_0$ 处的应变能密度小于原岩应变能密度，表示该处围岩在释放能量。因此，在卸载应力波传播过程中，围岩首先释放应变能，然后又从稍远些的围岩吸收应变能，从而促进了自身应变能的聚集。

在 $2t_0$ 和 $3t_0$ 时刻，围岩应变能密度随距离变化曲线如图 3.24 所示。从图中可以看出，在 $t=2t_0$ 时刻，卸载波到达 $r_o=4.6a_0$ 处，$r \geqslant 4.6a_0$ 处的围岩应变能密度尚未发生变化，与原岩应变能密度相同，$a \leqslant r \leqslant r_h$ 处的围岩应变能密度高于原岩应变能密度；在 $t=3t_0$ 时刻，卸载波抵达 $r_p=6.4a_0$ 处，$a \leqslant r \leqslant r_h$ 处的围岩应变能密度继续变大，表现出能量聚集特征，这是 $r \geqslant r_h$ 处的围岩向其输入能量的缘故。

根据以上分析可以发现，卸载应力波到达时会引起该处围岩应变能先减小后增大，减小的应变能传递给靠近开挖面的相邻岩体，增大的应变能来源于相邻的远离开挖面岩体的做功。围岩应变能先减小(释放)再增大(聚集)的动态波动现象由开挖面向围岩深部传递，这一动态波动特征在传递过程中逐渐减弱。

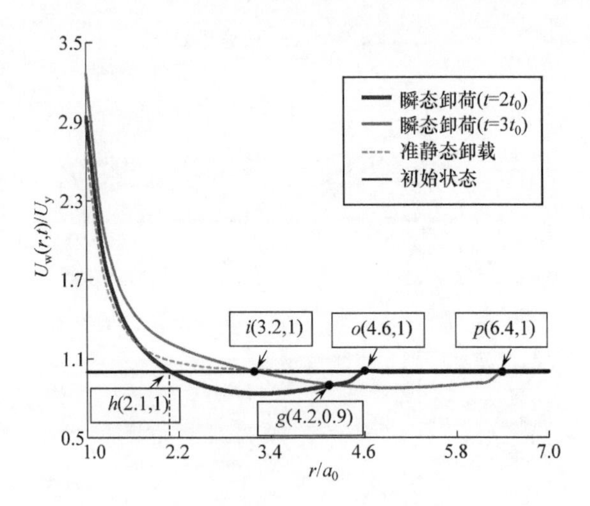

图 3.24　$2t_0$ 和 $3t_0$ 时刻围岩应变能密度随距离变化曲线

3.3.2　开挖过程围岩中的能量平衡

静水应力场条件下，岩体开挖瞬态卸荷只在围岩中产生径向位移 $u(r,t)$，对于如图 3.25 所示的单位体积质元，只能通过径向应力做功的方式来传递能量。假定在面 S_1 上，半径大于 $r+\mathrm{d}r$ 的岩体通过对该质元做功向其输入能量，而在面 S_2 上，该单位质元通过对半径小于 r 的岩体做功输出能量。

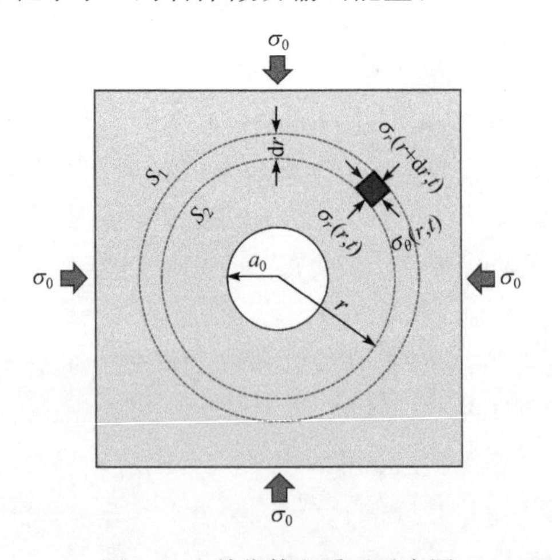

图 3.25　单位体积质元示意图

径向应力做功的瞬时功率记作 $\psi(r,t)$，$\psi(r,t)$ 是 $\sigma_r(r,t)$ 与质点径向振速 $v(r,t)$ 的乘积，即

$$\psi(r,t)=\sigma_r(r,t)v(r,t) \tag{3.31}$$

功率大小表征单位时间内通过单位面积能量的多少，即能量通量。假如在面 S_1 流出的能量比在面 S_2 上流进的多，则该质元能量 $\varphi(r,t)$ 减小，这一局部能量平衡可描述为

$$\psi(r+\mathrm{d}r,t)-\psi(r,t)=-\mathrm{d}r\frac{\partial\varphi(r,t)}{\partial t} \tag{3.32}$$

或

$$\frac{\partial\psi(r,t)}{\partial r}+\frac{\partial\varphi(r,t)}{\partial t}=0 \tag{3.33}$$

式中，质元能量 $\varphi(r,t)$ 包括动能和应变能两部分，计算公式为

$$\varphi(r,t)=\frac{1}{2}\rho v^2(r,t)+U_{\mathrm{w}}(r,t) \tag{3.34}$$

$r=2a_0$ 处质元能量 $\varphi(r,t)$ 随时间变化曲线如图 3.26 所示，在 $t=4\mathrm{ms}$ 时刻，曲线斜率为 K_1；在 $t=8\mathrm{ms}$ 时刻，瞬时功率 $\psi(r,t)$ 随距离变化曲线如图 3.27 所示，在 $r=2a_0$ 处曲线斜率为 K_2。K_1 和 K_2 数值(单位：s^{-1})可采用差值方法求得

$$\begin{cases}K_1=\left.\dfrac{\partial(\varphi(r,t)/U_{\mathrm{y}})}{\partial t}\right|_{t=4\times10^{-3}\mathrm{s}}=150.3\\[2ex] K_2=\left.\dfrac{\partial(\psi(r,t)/U_{\mathrm{y}})}{\partial r}\right|_{r=10\mathrm{m}}=-149.7\\[2ex] \left|\dfrac{K_1+K_2}{K_1}\right|=0.01\approx0\end{cases} \tag{3.35}$$

式(3.35)表明，随着卸载应力波由开挖面向围岩深部传播，能量通过径向应力做功的方式传递，卸载应力波到达之处，围岩应变能出现先减小再增大，最后稳定于准静态卸载值的动态波动现象。

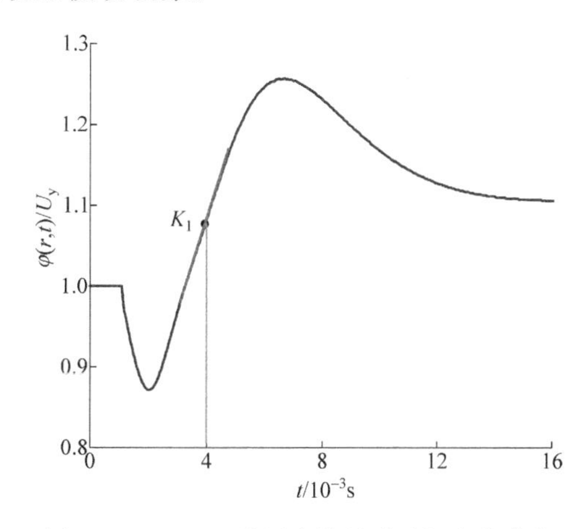

图 3.26　$r=2a_0$ 处围岩能量随时间变化曲线

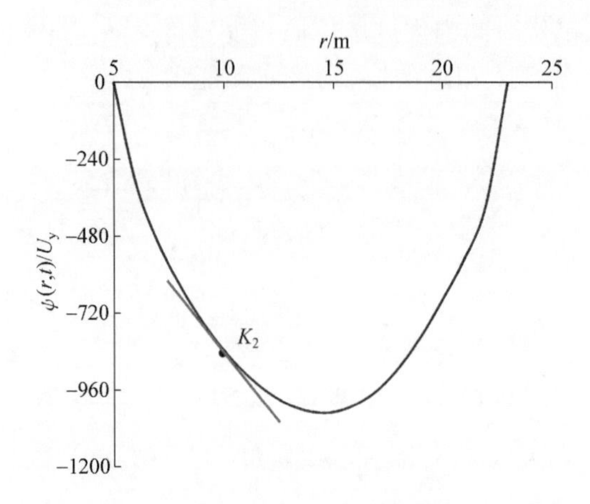

图 3.27　t=8ms 时刻瞬时功率随距离变化曲线

瞬态卸荷整个过程结束后，围岩应力及应变能状态与准静态卸荷完全相同。因此，不难得出瞬态卸荷过程结束后，围岩应变能增量 J 及远区围岩（假定与卸载中心的距离 r 很大，设为 $r_{+\infty}$）对近区围岩所做的正功 W_1 为

$$J=\frac{\pi(1+\mu)}{E}a_0^2\sigma_0^2 \tag{3.36}$$

$$W_1=\frac{2\pi(1+\mu)}{E_0}a_0^2\sigma_0^2 \tag{3.37}$$

开挖面上未卸载应力 $P(t)$ 做的负功 W_2 为

$$W_2=-2\pi a_0\int_0^{t_0}P(t)v(a_0,t)\mathrm{d}t \tag{3.38}$$

式中，$v(a_0,t)$ 为开挖面上质点振速。

瞬态卸荷在围岩中激发振动的能量为

$$W_k=2\pi r\rho c_{\mathrm{P}}\int_0^T(v(r,t))^2\mathrm{d}t \tag{3.39}$$

式中，T 为瞬态卸荷激发振动的持续时间。

图 3.28 给出了开挖边界 $r=a_0$ 上的瞬时功率，采用面积积分方法，可以求出未卸载应力 $P(t)$ 在开挖边界上做的负功 W_2 为

$$W_2=-2\pi a_0S_a \tag{3.40}$$

根据能量守恒定律 $W_1+W_2=J+W_k$，可得

$$W_k=\frac{\pi(1+\mu)}{E_0}a_0^2\sigma_0^2-2\pi a_0S_a \tag{3.41}$$

考虑极限情况，卸载时间 $t_0=0$，则未卸应力 $P(t)$ 做的负功 $W_2=0$，结合式(3.36)～式(3.41)可发现，在地应力瞬态卸荷整个过程中，围岩从无穷远边界处吸收能量，一部分用于增大自身的应变能，一部分用于激发围岩振动。

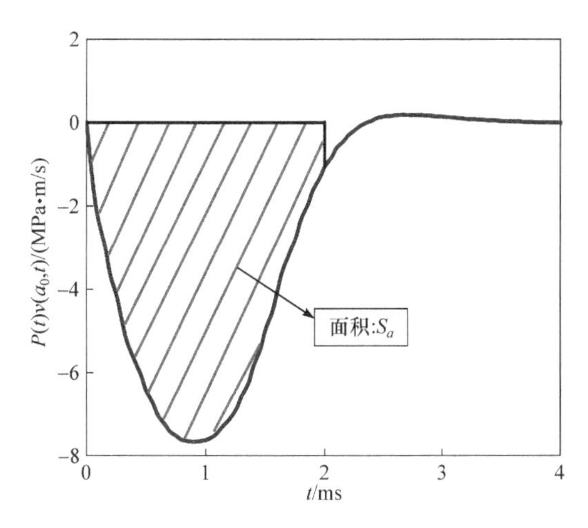

图 3.28　开挖边界上的瞬时功率

3.3.3　开挖过程围岩中的能量传输

考虑直角坐标系(x,y)下的平面应变状态，平面中任意一个微单元体的应力、位移分别为$\sigma_{ij}(x,y)$和$u_i(x,y)$，其中$i,j=x,y$。则在微单元体中与(x,y)坐标平面垂直的任意面$\boldsymbol{n}=(n_x,n_y)$上的应力状态可采用式(3.42)描述：

$$\boldsymbol{\sigma}_n=(\sigma_{xx}n_x+\sigma_{xy}n_y,\sigma_{xy}n_x+\sigma_{yy}n_y) \tag{3.42}$$

则必定存在某一区域，应力矢量$\boldsymbol{\sigma}_n$与位移矢量$\boldsymbol{u}$正交，即

$$\begin{aligned}\boldsymbol{\sigma}_n\cdot\boldsymbol{u}&=(\sigma_{xx}n_x+\sigma_{xy}n_y)u_x+(\sigma_{xy}n_x+\sigma_{yy}n_y)u_y\\&=(\sigma_{xx}u_x+\sigma_{xy}u_y)n_x+(\sigma_{xy}u_x+\sigma_{yy}u_y)n_y=0\end{aligned} \tag{3.43}$$

与该区域相切的矢量：

$$\boldsymbol{E}=-(\sigma_{xx}u_x+\sigma_{xy}u_y,\sigma_{xy}u_x+\sigma_{yy}u_y) \tag{3.44}$$

矢量$\boldsymbol{E}$是 Kramarenko 和 Revuzhenko[18]定义的能量流。$\boldsymbol{E}$的方向就是能量流的方向，$\boldsymbol{E}$的模就是能量密度。$\boldsymbol{E}$的方向可采用式(3.45)计算：

$$\tan\alpha=\frac{\sigma_{xy}u_x+\sigma_{yy}u_y}{\sigma_{xx}u_x+\sigma_{xy}u_y} \tag{3.45}$$

式中，α为$\boldsymbol{E}$与x轴的夹角，如图 3.29 所示。

图 3.29 为平面中某一面积为 S 的弹性体，假设l_3和l_4为能量流线，则流过l_1的能量等于流过l_2的能量减去弹性体内能增量，即

$$\oint_l\boldsymbol{\sigma}_n\boldsymbol{u}\,\mathrm{d}l=\iint_S\sigma_{xy}\varepsilon_{xy}\,\mathrm{d}S \tag{3.46}$$

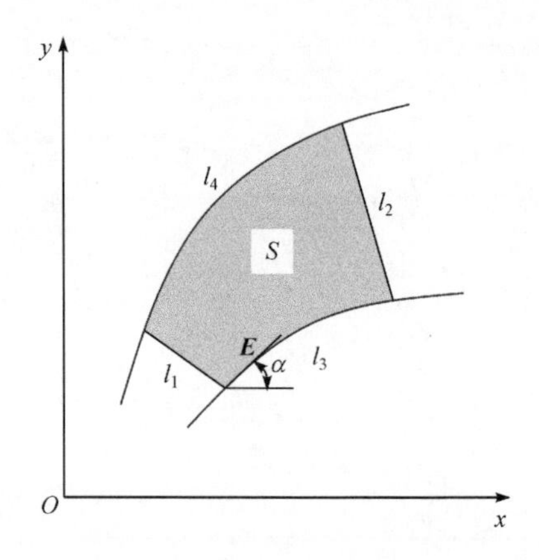

图 3.29　弹性体中的能量流

Lindin 和 Lobanova[19] 基于这一思想，分析了静水地应力场（大小为 σ_0）、圆形洞室（半径为 a_0）条件下围岩中的应变能传递规律，如图 3.30 所示。

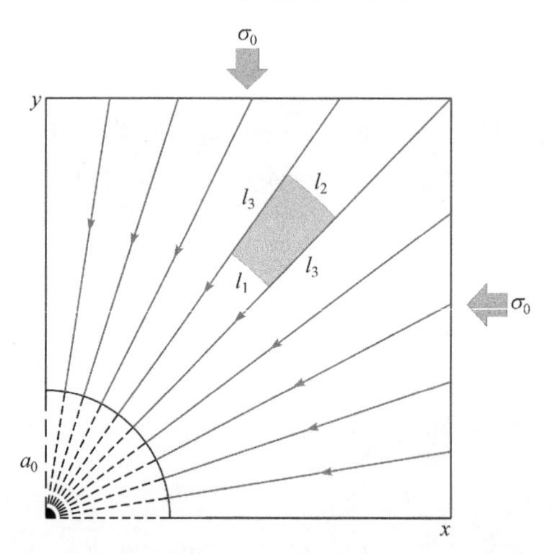

图 3.30　静水压应力场圆形洞室开挖能量流线

被流线 l_3 和 l_4、圆弧 l_1 和 l_2（圆弧半径分别为 r_1 和 r_2）所包围的弹性体，经 l_2 流入、l_1 流出弹性体的应变能大小为

$$\begin{cases} \oint_{l_1} \boldsymbol{\sigma}_n \boldsymbol{u} \, \mathrm{d}l = \dfrac{1+\mu}{E} \Delta\varphi a_0^2 \sigma_0^2 \left(1 - \dfrac{a_0^2}{r_1^2}\right) \\ \oint_{l_2} \boldsymbol{\sigma}_n \boldsymbol{u} \, \mathrm{d}l = \dfrac{1+\mu}{E} \Delta\varphi a_0^2 \sigma_0^2 \left(1 - \dfrac{a_0^2}{r_2^2}\right) \end{cases} \tag{3.47}$$

该弹性体的应变能增量为

$$\iint_S \sigma_{xy}\varepsilon_{xy}\mathrm{d}S = \frac{1+\mu}{E}\Delta\varphi a_0^4\sigma_0^2(r_1^{-2}-r_2^{-2}) \tag{3.48}$$

式中，E、μ 分别为岩体弹性模量和泊松比；$\Delta\varphi$ 为单元体径向边界夹角。

Lindin 和 Lobanova[19] 根据式(3.47)和式(3.48)指出，能量沿径向从外边界流向洞室，从而造成开挖面附近应变能的聚集现象。为验证式(3.47)和式(3.48)，考虑一种特殊工况，即 $r_1=a_0$，$r_2\to\infty$，则根据式(3.47)和式(3.48)可以计算出经 l_2 流入、l_1 流出弹性体的应变能大小及弹性体应变能的增量为

$$\begin{cases}\oint_{l_1}\boldsymbol{\sigma}_n\boldsymbol{u}\,\mathrm{d}l = 0\\ \oint_{l_2}\boldsymbol{\sigma}_n\boldsymbol{u}\,\mathrm{d}l = \dfrac{1+\mu}{E}\Delta\varphi a_0^2\sigma_0^2\\ \iint_S \sigma_{xy}\varepsilon_{xy}\mathrm{d}S = \dfrac{1+\mu}{E}\Delta\varphi a_0^2\sigma_0^2\end{cases} \tag{3.49}$$

式(3.49)似乎仍然符合能量守恒定律，然而文献[14]的研究却表明，弹性体内能(应变能)的增量为

$$\iint_S \sigma_{xy}\varepsilon_{xy}\mathrm{d}S = \frac{1+\mu}{2E}\Delta\varphi a_0^2\sigma_0^2 \tag{3.50}$$

用式(3.50)计算得到的应变能增量替换式(3.49)中的应变能增量，发现不再遵守能量守恒定律。事实上，Lindin 和 Lobanova[19] 在建立边界条件时，假定圆形洞室瞬间形成，这种假设显然与后来把开挖卸荷作为静态处理相矛盾。准静态卸荷条件下开挖面上的地应力应该在较长时间内缓慢地卸载到零。根据这一边界条件，经 l_2 流入、l_1 流出弹性体的能量大小及弹性体内能的增量为

$$\begin{cases}\oint_{l_1}\boldsymbol{\sigma}_n\boldsymbol{u}\,\mathrm{d}l = \dfrac{1+\mu}{E}\Delta\varphi a_0^2\sigma_0^2\,\dfrac{1-a_0^2}{2r_1^2}\\ \oint_{l_2}\boldsymbol{\sigma}_n\boldsymbol{u}\,\mathrm{d}l = \dfrac{1+\mu}{E}\Delta\varphi a_0^2\sigma_0^2\,\dfrac{1-a_0^2}{2r_2^2}\\ \iint_S \sigma_{xy}\varepsilon_{xy}\mathrm{d}S = \dfrac{1+\mu}{2E}\Delta\varphi a_0^4\sigma_0^2(r_1^{-2}-r_2^{-2})\end{cases} \tag{3.51}$$

显然，式(3.51)符合能量守恒定律，并且在如式(3.49)中的特殊工况下，仍然满足。

Kramarenko 和 Revuzhenko[18] 定义的能量流 $\boldsymbol{E}$ 可以反映出能量传递的方向，可较好地解释开挖卸荷引起围岩应变能聚集的原因。开挖过程中，伴随着开挖面上的地应力快速释放，卸载应力波由开挖边界向围岩深部传播，能量却由围岩深部向开挖边界传递，从而促进围岩应变能的聚集。

3.3.4　围岩应变能的积聚特征

无论对于准静态卸荷还是瞬态卸荷，靠近开挖面的围岩应变能均出现积聚现象。从图 3.23 可以看出，受开挖面上地应力瞬态卸荷的影响，围岩应变能出现先减小后增大的动态波动现象，在这一过程中围岩应变能会达到某一个峰值，这一峰值明显高于应变能的初始值和准静态卸荷条件下的应变能值。定义围岩应变能积聚峰值与初始岩体应变能比值为应变能积聚系数，计算得到的准静态卸荷和瞬态卸荷条件下的应变能积聚系数随距离衰减曲线如图 3.31 所示。

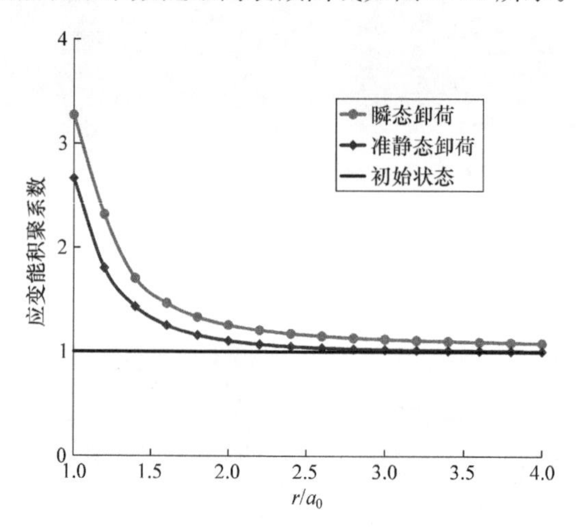

图 3.31　应变能积聚系数随距离衰减曲线

从图 3.31 可以看出，开挖面上地应力卸荷引起围岩应变能出现聚集现象，这一现象由开挖面向围岩深部逐渐减弱。与准静态卸荷相比，瞬态卸荷引起的围岩应变能积聚程度更高。

根据图 3.31 中数据，拟合得到的准静态卸荷引起的围岩应变能积聚系数随距离衰减规律为

$$\zeta_1=1+1.67\left(\frac{a_0}{r}\right)^4,\quad C_R=1 \tag{3.52}$$

式中，C_R 为拟合相关系数。

瞬态卸荷引起的围岩应变能积聚系数随距离衰减规律为

$$\zeta_2=1+1.59\left(\frac{a_0}{r}\right)^{2.32},\quad C_R=0.98 \tag{3.53}$$

式中，ζ_1、ζ_2分别为准静态卸荷和瞬态卸荷引起的围岩应变能积聚系数。

3.4　开挖过程围岩应变能的释放

3.3节的计算结果表明，高地应力条件下岩体开挖卸荷会引起围岩应变能出现积聚现象。事实上，当积聚的应变能高于岩体的储能极限时，岩体中积聚的弹性应变能会迅速释放，从而造成围岩的损伤破坏。对于脆性岩体，往往会发生岩爆、片帮等动力失稳灾害，严重威胁围岩稳定和人员设备安全。本节采用理论分析和数值模拟相结合的方法分析深部岩体开挖卸荷过程中围岩能量的释放规律，并讨论围岩能量释放的影响因素。

3.4.1　能量释放指标

表征深部岩体开挖围岩能量释放的指标主要包括能量释放率、局部能量释放率和能量释放系数。

1. 能量释放率

早在1966年，Cook等[20]在研究南非金矿岩爆问题时就提出了能量释放率的概念：隧洞或巷道每一个进尺都将爆破一定体积的岩体，这部分岩体包含了一定的应变能，同时开挖面附近的围岩由于变形和应力调整也将释放一定的能量，这两部分能量之和再除以每个进尺所开挖岩体的体积即是该开挖进尺下的能量释放率。同时，Cook等[20]基于岩体弹性本构模型，建立了能量释放率与岩爆风险、等级之间的关系。能量释放率这一指标可以评估岩爆风险的等级，但不能指示岩爆可能发生的位置，在实际工程应用中有局限性。

2. 局部能量释放率

针对能量释放率使用中的局限性，苏国韶等[21]提出了局部能量释放率指标：在深埋地下洞室开挖时，围岩局部积聚的应变能超过岩体的储能极限时，单位体积岩体突然释放的能量。该指标可用来表征单位体积岩体发生脆性破坏时释放能量的大小，可作为一种反映岩体脆性破坏程度的量化指标。在数值模拟计算中，基于弹脆塑性本构模型，通过跟踪每个单元弹性应变能密度变化的全过程，计算出单元发生破坏前后弹性应变能密度的差值，就可以得到单元的局部能量释放率。具体计算分析过程，可忽略在复杂应力条件下发生延性破坏单元释放的能量，只统计发生脆性破坏单元的能量释放率；将单元能量释放率乘以其体积即可得到单元释放能，所有发生脆性破坏单元释放能量之和即是当前开挖步下围岩总释放能量，即弹性释放能(elastic release energy，ERE)，计算公式为

$$\mathrm{LERR}_i = U_{i\max} - U_{i\min} \tag{3.54}$$

$$\text{ERE} = \sum_{i=1}^{n} \text{LERR}_i V_i \tag{3.55}$$

式中，LERR_i为第i个单元局部能量释放率；$U_{i\max}$为第i个单元发生脆性破坏前的弹性能密度峰值；$U_{i\min}$为第i个单元发生脆性破坏后的弹性能密度谷值；V_i为第i个单元体积。

该指标通过在数值模拟中全程跟踪开挖卸荷时的岩体单元能量变化来实现，能够很好地反映应力路径对岩体能量积聚与释放的影响，能够较好地描述在开挖卸荷引起的复杂围压条件下围岩能量释放和转移等一系列复杂动态变化过程。

3. 能量释放系数

实际上，深部岩体爆破开挖所引起的开挖卸荷是一个瞬态过程，在瞬态卸荷的激励下，围岩应变能出现动态波动现象。在这一过程中，需关注四个非常重要的参数：围岩应变能初始值U_y、动态波动谷值U_g、动态波动峰值U_f、最终稳定值U_s。在均匀弹性材料中，有$U_g<U_y<U_s<U_f$。地下洞室开挖时，随着开挖面上的地应力快速释放，围岩应变能由初始值减小到谷值，然后增大到峰值(该峰值往往低于弹性条件下的积聚峰值，这是因为岩体应变能在积聚过程中就有可能超过其储能极限而释放)，最后减小到某一稳定值。U_g、U_y、U_s和U_f四个值之间的大小关系主要由能量释放值大小来决定。若能量释放值很大，则$U_s<U_g<U_y<U_f$；若能量释放值较小，则$U_g<U_s<U_y<U_f$。

因此，不能简单地把能量在动态调整过程中出现的最大值与最小值之差等同于能量释放值，这表明采用式(3.55)来计算局部能量释放率是不准确的。对式(3.54)进行修正，采用式(3.56)计算单位体积能量释放量，用来表征能量释放的大小。[17]

$$\text{ERR}_i = U_{i\max} - U_{is} \tag{3.56}$$

式中，ERR_i为第i个单元单位体积能量释放量。

为更加直观地反映能量释放的多少，定义能量释放系数(energy release coefficient，ERC)为

$$\text{ERC}_i = \frac{U_{i\max} - U_{is}}{U_{i\max}} \tag{3.57}$$

ERC_i介于0～1，数值越大，表示能量释放越多，反之，表示能量释放越少。

3.4.2 围岩能量释放规律

1. 岩体储能极限与残余弹性能密度

要想得到开挖卸荷过程中的围岩能量释放规律，必须首先获得岩体的储能极

限和残余弹性能密度。张志镇和高峰[22]通过固定围压下的轴向加、卸载试验，得到了岩体试样的受载全过程应力-应变曲线及能量-应变曲线(围压30MPa)，如图3.32所示。在图3.32(b)中，将弹性能密度峰值定义为岩体储能极限，用来衡量岩体积聚弹性能的能力，岩体储能极限越大，储能能力越强，越不容易在能量的驱使下发生破坏；将峰后弹性能稳定值定义为残余弹性能密度，用来衡量岩体在峰后释放弹性能的能力，残余弹性能密度越大，岩体能量释放越小，能力释放越不彻底。

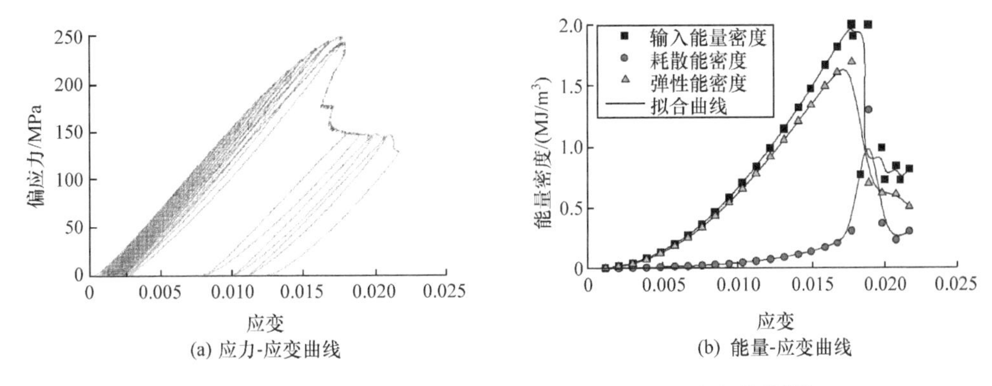

图3.32　30MPa围压下的应力-应变曲线和能量-应变曲线[22]

根据这一定义，岩体的储能极限和残余弹性能密度为

$$U_{\mathrm{p}}=\frac{1}{2E_0}\left[\sigma_{\mathrm{p}}^2+2\sigma_3^2-2\mu(2\sigma_{\mathrm{p}}\sigma_3+\sigma_3^2)\right] \tag{3.58}$$

$$U_{\mathrm{r}}=\frac{1}{2E_{\mathrm{r}}}\left[\sigma_{\mathrm{r}}^2+2\sigma_3^2-2\mu(2\sigma_{\mathrm{re}}\sigma_3+\sigma_3^2)\right] \tag{3.59}$$

式中，U_{p}为岩体储能极限；U_{r}为残余弹性能密度；σ_{p}为岩体峰值强度；σ_{re}为残余强度；σ_3为围压；E_0、E_{r}、μ分别为岩体的初始弹性模量、变形破坏后的弹性模量和泊松比。岩体储能极限与残余弹性能密度之差即为能量释放值。

采用Hoek-Brown准则确定岩体残余强度，其计算公式为

$$\sigma_{\mathrm{re}}=\sigma_3+\sigma_{ci}^{\mathrm{r}}\left(m_{\mathrm{b}}^{\mathrm{r}}\frac{\sigma_3}{\sigma_{ci}^{\mathrm{r}}}+s_{\mathrm{r}}\right)^{a_{\mathrm{r}}} \tag{3.60}$$

式中，σ_{ci}^{r}为岩体峰后残余单轴抗压强度；s_{r}、a_{r}、$m_{\mathrm{b}}^{\mathrm{r}}$为岩体峰后的Hoek-Brown准则材料参数，可以由完整岩体的材料参数m_i进行折减获得。

$$\begin{cases} m_{\mathrm{b}}^{\mathrm{r}}=m_i\exp\left(\dfrac{\mathrm{GSI}-100}{28-14D_{\mathrm{r}}}\right) \\ s_{\mathrm{r}}=\exp\left(\dfrac{\mathrm{GSI}-100}{9-3D_{\mathrm{r}}}\right) \end{cases} \tag{3.61}$$

式中，D_{r}为开挖扰动系数，其值介于0～1；GSI为地质强度指标。

同样，可采用式(3.62)计算岩石的峰值强度：

$$\sigma_p=\sigma_3+\sigma_{ci}\left(m_b\frac{\sigma_3}{\sigma_{ci}}+s\right)^a \tag{3.62}$$

式中，σ_{ci}为岩体的单轴抗压强度；s、a、m_b为岩体的 Hoek-Brown 准则材料参数。

在修正后的 Hoek-Brown 准则中，岩体变形破坏后的弹性模量与材料参数存在如下关系：

$$E_r=\begin{cases}\left(1-\dfrac{D_r}{2}\right)\sqrt{\dfrac{\sigma_{ci}^r}{100}}10^{(GSI-10)/40}, & \sigma_{ci}^r\leqslant 100MPa\\ \left(1-\dfrac{D_r}{2}\right)10^{(GSI-10)/40}, & \sigma_{ci}^r>100MPa\end{cases} \tag{3.63}$$

岩体初始弹性模量可采用式(3.64)计算：

$$E_0=\begin{cases}\sqrt{\dfrac{\sigma_{ci}^r}{100}}10^{(GSI-10)/40}, & \sigma_{ci}^r\leqslant 100MPa\\ 10^{(GSI-10)/40}, & \sigma_{ci}^r>100MPa\end{cases} \tag{3.64}$$

将式(3.61)～式(3.64)代入(3.58)和式(3.59)，可得岩体单轴抗压强度超过100MPa 情况下岩体储能极限和残余弹性能密度分别为

$$U_p=\frac{\left[\sigma_3+\sigma_{ci}\left(m_b\dfrac{\sigma_3}{\sigma_{ci}}+s\right)^a\right]^2+2\sigma_3^2-2\mu\left[3\sigma_3^2+2\sigma_{ci}\sigma_3\left(m_b\dfrac{\sigma_3}{\sigma_{ci}}+s\right)^a\right]}{2\times 10^{(GSI-10)/40}} \tag{3.65}$$

$$U_r=\frac{\left[\sigma_3+\sigma_{ci}^r\left(m_b^r\dfrac{\sigma_3}{\sigma_{ci}^r}+s_r\right)^{a_r}\right]^2+2\sigma_3^2-2\mu\left[3\sigma_3^2+2\sigma_{ci}^r\sigma_3\left(m_b^r\dfrac{\sigma_3}{\sigma_{ci}^r}+s_r\right)^{a_r}\right]}{2\left(1-\dfrac{D_r}{2}\right)10^{(GSI-10)/40}} \tag{3.66}$$

在表 3.9 所示的参数下，岩体储能极限、残余弹性能密度和单位体积能量释放量随围压变化曲线如图 3.33 所示。可以看出，随着围压的增大，岩体储能极限和残余弹性能密度都增大，单位体积能量释放量逐渐增大并稳定在某一值。

表 3.9　岩体强度参数

特征描述	σ_{ci}/MPa	m_b	s	a
峰值状态	140	3.0827	0.0357	0.50
残余状态	40	4.1200	0	0.63

2. 准静态卸荷过程中围岩单位体积能量释放量

深部岩体开挖过程中，开挖面上的地应力卸荷会打破围岩的初始应力状态，从而导致围岩应变能聚集。当积聚的应变能超过岩体的极限储存能时，能量会快速释放并造成围岩的损伤破坏。考虑静水应力 σ_0 条件下，开挖一条半径为 $a_0=5m$

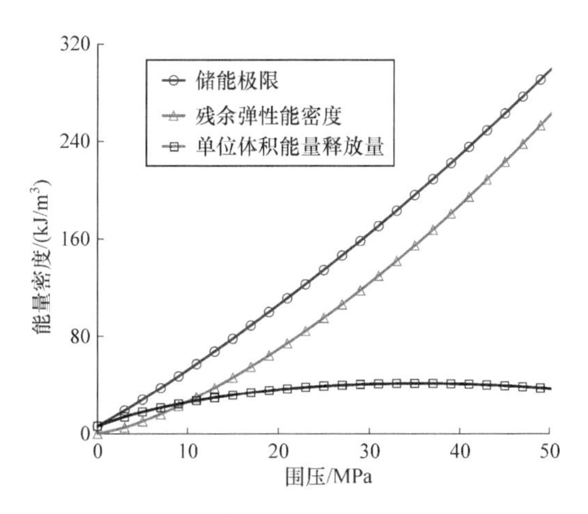

图 3.33 岩体储能极限、残余弹性能密度和单位体积能量释放量随围压变化曲线

的圆形隧洞，准静态卸荷条件下围压的二次应力场为

$$\sigma_r=\left(1-\frac{a_0^2}{r^2}\right)\sigma_0 \tag{3.67a}$$

$$\sigma_\theta=\left(1+\frac{a_0^2}{r^2}\right)\sigma_0 \tag{3.67b}$$

开挖卸荷导致围岩的径向应力减小，近似地把径向应力视为围压。假定 $\sigma_{ci}=90\text{MPa}$，$\sigma_0=60\text{MPa}$，其他参数参考表 3.9，由式(3.65)和式(3.66)计算的不同距离处围岩储能极限及残余弹性能密度如图 3.34 所示，图中也给出了不同距离处单位体积能量释放量变化曲线。从图中可以看出，随着距离的增大，岩体储能极限、残余弹性能密度和单位体积能量释放量都快速增大，并最终趋于稳定。

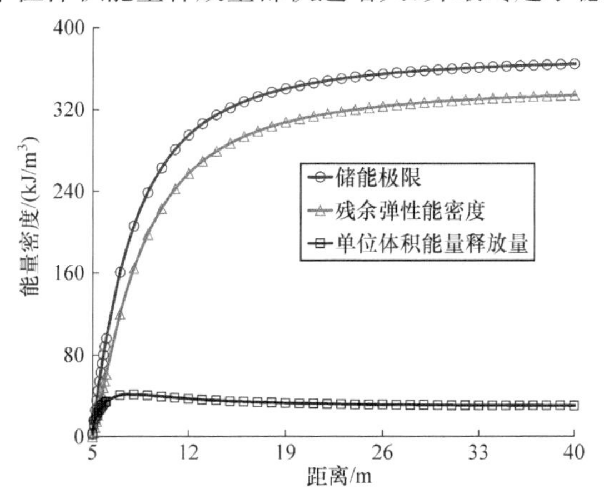

图 3.34 准静态卸荷下岩体储能极限、残余弹性能密度和单位体积能量释放量随距离变化曲线

围岩应变能不可能超过其储能极限，若计算得到的围岩应变能超过岩体储能极限，则必然出现能量释放现象。图 3.35 给出了根据式(3.28)和式(3.65)计算的围岩应变能密度及岩体储能极限。可以看出，在 5m≤r≤5.8m 内，围岩应变能才会超过岩体的储能极限，出现了能量释放现象。

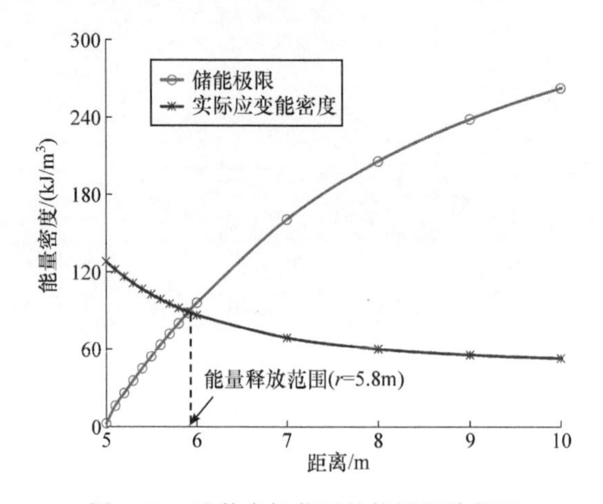

图 3.35 准静态卸荷下的能量释放范围

结合图 3.34 中的岩体残余弹性能密度，可以得到 5m≤r≤5.8m 内单位体积围岩能量释放量，如图 3.36 所示。根据式(3.67)，可以计算出 5m≤r≤5.8m 内围岩能量释放系数，如图 3.37 所示。可以看出，在 5m≤r≤5.8m 内，单位体积能量释放量和能量释放系数均随距离的增大而减小。这表明越靠近开挖面，围岩释放的能量越高。

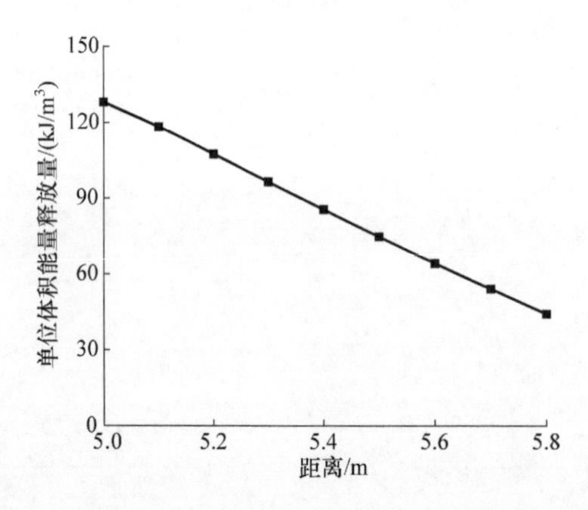

图 3.36 准静态卸荷下单位体积能量释放量随距离变化曲线

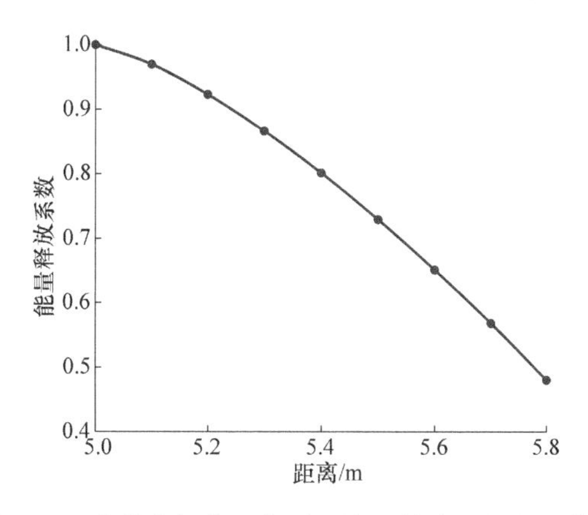

图 3.37 准静态卸荷下能量释放系数随距离变化曲线

3. 瞬态卸荷过程中围岩能量释放规律

深部岩体爆破开挖过程中，开挖面上地应力的瞬态卸荷引起围岩应变能的聚集与释放。对于非静水应力场或开挖边界不规则的情况，无法采用解析方法分析围岩应变能动态调整过程，并且岩体储能极限和残余弹性能密度也不像准静态卸荷条件下那么容易获得。因此，往往采用数值模拟方法来分析瞬态卸荷过程中的围岩能量释放规律。本节采用 FLAC3D 来分析瞬态卸荷引起的围岩能量释放规律。

开挖卸荷激发围岩能量释放效应对于岩体的峰后力学特性特别敏感，尤其是对于峰后易出现脆性破坏的岩体，能量释放最明显。本节以锦屏大理岩在不同围压下表现出脆-延-塑转换的力学特性[23]，分析瞬态卸荷过程中的围岩能量释放规律。

Hoek-Brown 准则中允许岩体屈服后 m_b、s、a 等强度参数随塑性应变的累积而变化，因此可以描述屈服后材料强化和软化行为，其屈服方程为

$$\sigma_1=\sigma_3+\sigma_{ci}\left(m_b\frac{\sigma_3}{\sigma_{ci}}+s\right)^a \tag{3.68}$$

基于 Hoek-Brown 准则，Cundall 等[24]提出了一种与岩体损伤程度相关的非固定流动法则，进一步引入一个与最小主应力 σ_3 有关的缩放因子 μ_1 用来描述不同围压下 m_b、s、a 等参数随塑性应变变化特征。Diederichs[25]成功运用该模型描述了花岗岩的脆性破坏，再现了加拿大白壳地下实验室的 V 形破坏；张春生等[23]运用该模型很好地描述了锦屏大理岩的脆-延-塑转换的峰后力学特性。本节也采用这一方法来模拟大理岩的峰后力学特性。描述大理岩的脆-延-塑转换特征时需要确定 8 个参数，其中 4 个描述残余强度，另外 4 个描述峰值强度，同时还需要确定缩放因子 μ_1。

表 3.10 给出了通过室内试验和现场测试的 Hoek-Brown 力学参数及地应力场。而残余强度及缩放因子的确定是一个烦琐的过程，首先需要假定几组参数值，

进行数值计算，然后与现场实测开挖损伤结果进行对比，最接近实测结果的可被认为是合适的参数值。通过多次数值反演试验，最终确定的较理想的残余强度及缩放因子分别如表 3.11 和表 3.12 所示。

表 3.10　Hoek-Brown 力学参数及地应力场

抗压强度/MPa	弹性模量/GPa	GSI	m_i	m_b	s	a
140	31.6	70	9	3.0827	0.0357	0.5
抗拉强度/MPa	s_{xx}/MPa	s_{yy}/MPa	s_{zz}/MPa	s_{xy}/MPa	s_{xz}/MPa	s_{yz}/MPa
1.6	43.9	50.8	38.5	2.4	−3.0	3.6

表 3.11　大理岩强度参数随塑性应变的变化

特征描述	$\varepsilon_3^p/10^{-3}$	σ_{ci}/MPa	m_b	s	a
峰值强度	0	140	3.0827	0.0357	0.50
延性段	1.20	90	3.0827	0.0357	0.50
残余强度	2.30	40	4.1200	0	0.63

表 3.12　缩放因子随最小主应力变化

σ_3/MPa	0	2	4	8	12	15.9	16
μ_1	1.00	0.75	0.65	0.55	0.45	0.35	0

通过数值模拟获得的岩体单元在不同围压下轴向应力随应变变化曲线如图 3.38(a)所示。从图中可以看出，低围压时岩体以脆性特征为主，随着围压的增大，岩体的延性特征越来越明显，当围压达到 16MPa 时，表现出理想塑性特征。尽管该应力-应变曲线与室内三轴压缩试验的结果有差异，但是采用表 3.10～表 3.12中的岩体力学参数模拟的围岩损伤范围与现场实测结果可以很好地吻合。岩体单元在不同围压下能量密度随轴向应变的变化规律与前者相似，如图 3.38(b)所示。

锦屏二级水电站 2# 和 4# 引水隧洞采用钻爆法开挖，开挖断面为马蹄形，洞径为 13m。以 2# 引水隧洞爆破开挖为例，分析开挖瞬态卸荷过程中的围岩能量释放规律，如图 3.39 所示。可以看出，开挖前原岩在初始地应力作用下会产生弹性变形，储存弹性应变能；随着开挖面上地应力瞬态卸荷，靠近开挖面的围岩应变能聚集；当聚集的应变能超过岩体的储能极限时，应变能大量释放，并造成岩体损伤破坏，最后围岩应变能稳定在如图 3.39(d)所示的状态。

距离开挖面 0.5m、1m、1.5m 和 2m 处围岩应变能密度释放过程如图 3.40 所示。对于距离开挖面 0.5m、1m 和 1.5m 处的围岩，其应变能密度均出现先减小后增大再减小，最终稳定的动态波动现象；而对于距离开挖面 2.0m 处的围岩，其应

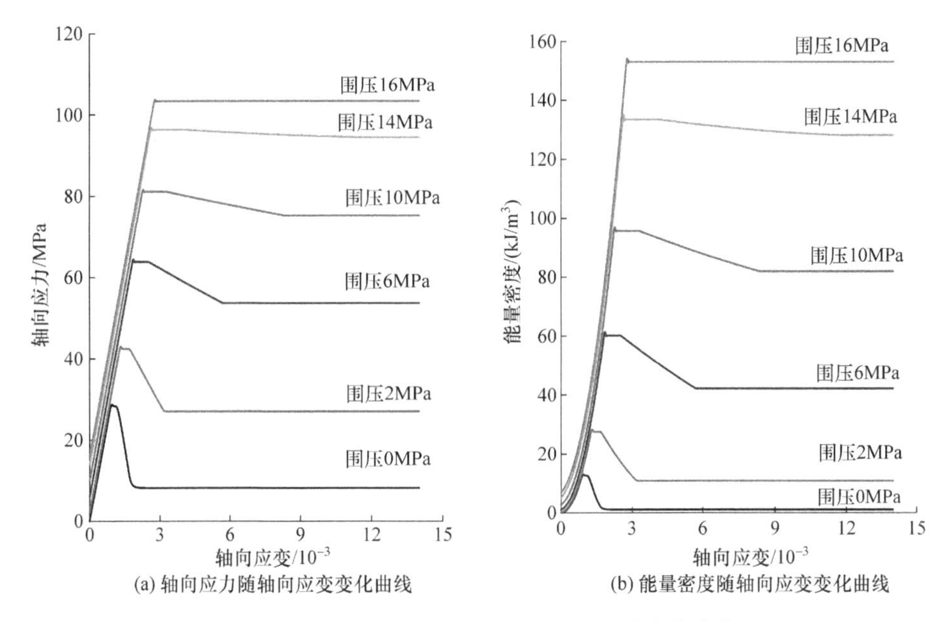

(a) 轴向应力随轴向应变变化曲线　(b) 能量密度随轴向应变变化曲线

图 3.38 不同围压下轴向应力及能量密度变化曲线

变能密度只出现先减小后增大的波动现象。这是因为前三处围岩在开挖卸荷过程中均释放了较多能量,而后者几乎不释放能量。对比图 3.40(a)～(c)可以看出,在开挖卸荷过程中,围岩应变能波动时有两个明显的极值:谷值和峰值,对于距离开挖面 0.5m 处的围岩,围岩应变能动态波动峰值小于其初始值;对于距离开挖面 1.0m 和 1.5m 处的围岩,围岩应变能动态波动峰值大于其初始值。这表明在开挖卸荷过程中,靠近开挖面的围岩会从远区围岩吸收能量从而引起自身应变能聚集,并且在其应变能聚集过程中很容易超过其储能极限。这导致靠近开挖面的围岩在应变能聚集还达不到弹性条件下的应变能聚集峰值时,就已经超过其储能极限。因此,在深部岩体开挖卸荷过程中,围岩释放的能量来源应由两部分组成:开挖前初始应变能和卸荷过程中吸收能量。

距离开挖面 0.5m 处的围岩应变能动态波动峰值虽然小于其初始值,但单位体积能量释放量仍然较高,并造成了围岩严重损伤破坏,这是因为开挖卸荷降低了岩体所处的围压水平,从而减小了岩体的储能极限,导致围岩能量极容易超过其储能极限,从而导致大量能量释放并引起围岩损伤破坏。由图 3.40(a)～(c)可以看出,靠近开挖面的围岩单位体积能量释放量较大,其残余应变能密度较小;而离开挖面远一些的围岩单位体积能量释放量明显变小,其残余应变能密度较高,有可能高过动态波动过程中的谷值,甚至高过开挖前的初始应变能密度。因此,不能简单地通过追踪单元发生破坏前后的弹性应变能密度差值来计算单位体积能量释放量。

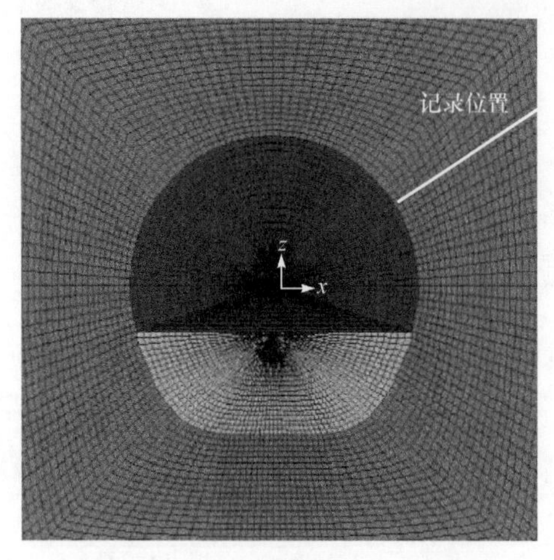

(a) 计算模型

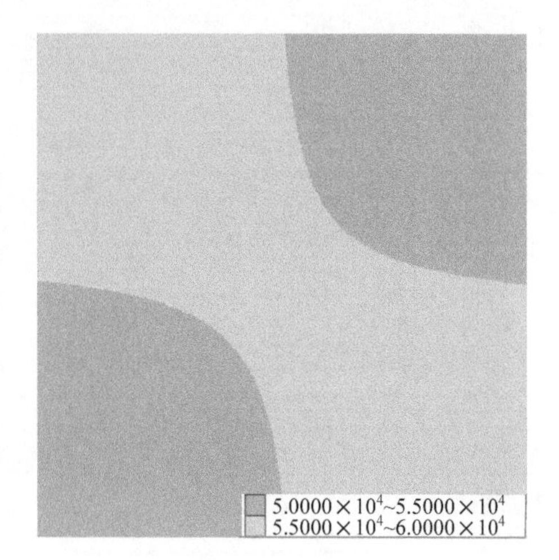

(b) 原岩应变能

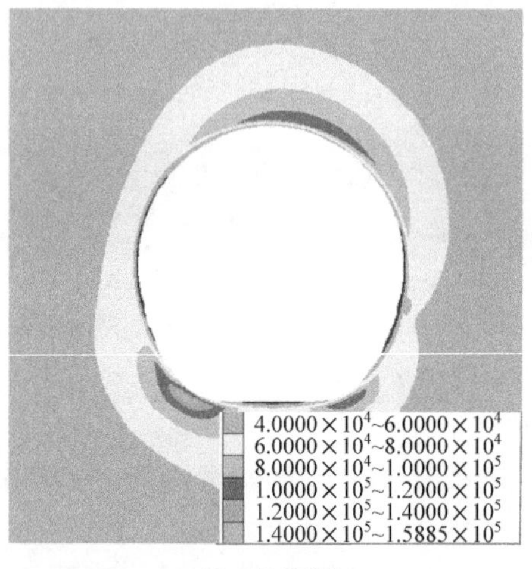

(c) 应变能聚焦

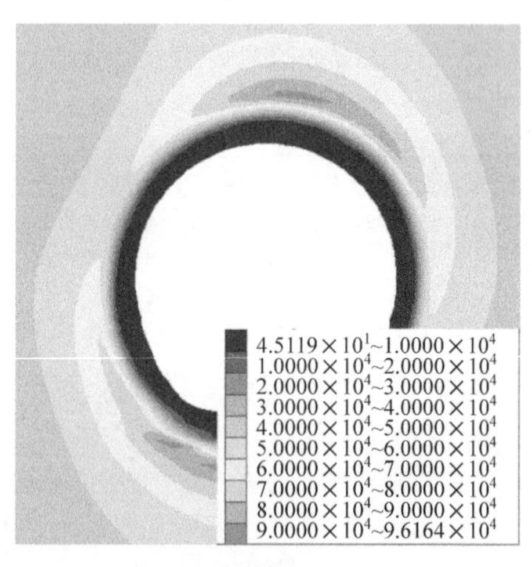

(d) 残余应变能

图 3.39 计算模型及围岩能量变化云图(单位:J/m³)

此外,越靠近开挖面,围岩能量释放完成所需要的计算步越少,这表明能量释放越剧烈。能量释放越多,围岩损伤破坏越严重。为证明这一观点,图 3.41 给出了围岩波速降及单位体积能量释放量的关系。在 0.5~1m 内,围岩单位体积能量释放量为 53~55kJ/m³,其波速降幅为 40%~44%;而在 1~2m 内,围岩单位体积能量释放量由 55kJ/m³ 快速衰减到 0,其波速降幅也由 42%迅速减小到 2%;在 2~3m 内,围岩单位体积能量释放量为 0,波速降也几乎为 0。由此不难看出,围岩单位体积能量释放量越大,围岩损伤破坏越严重。

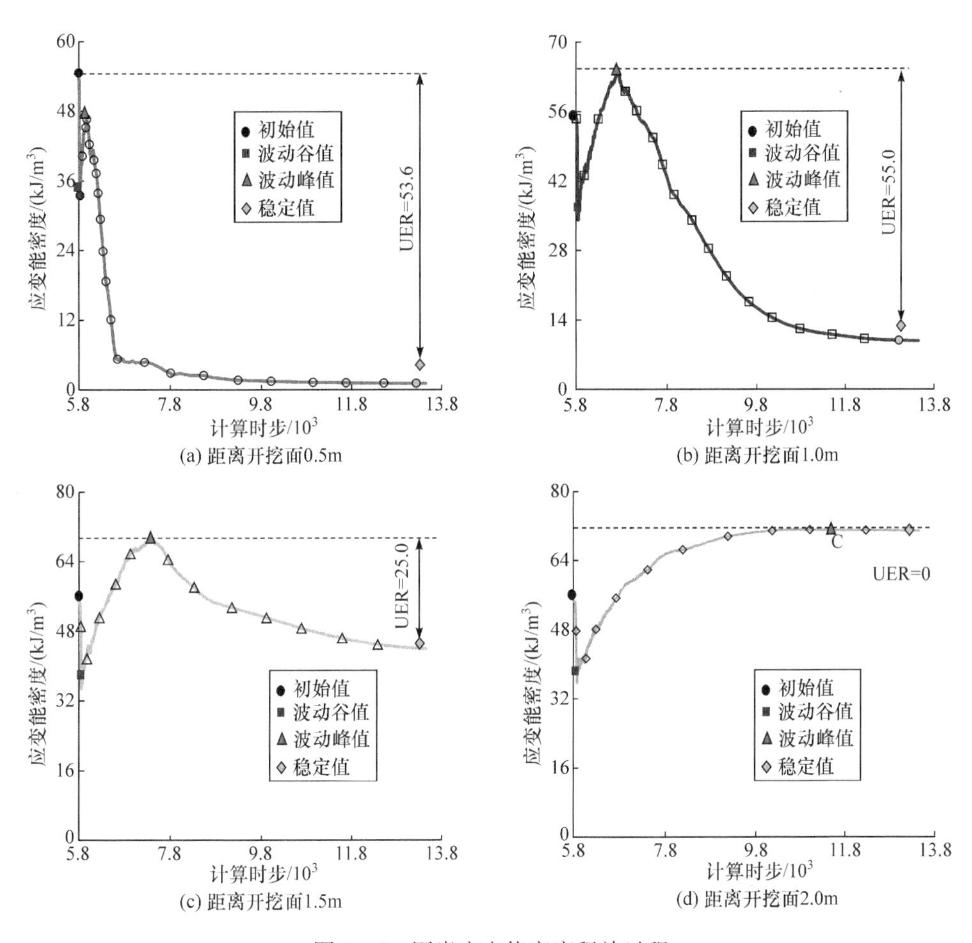

图 3.40　围岩应变能密度释放过程

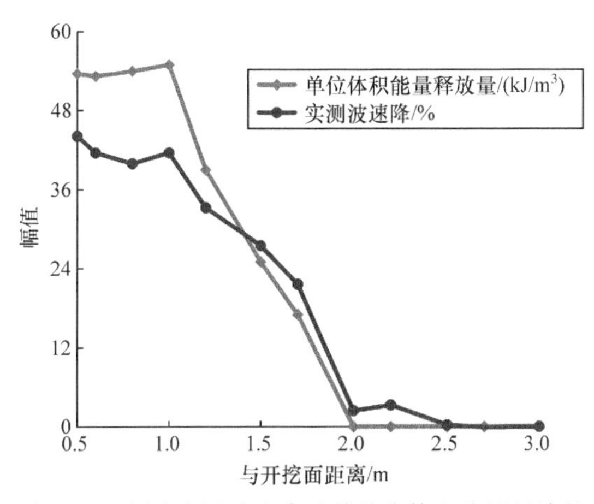

图 3.41　围岩实测波速降及其单位体积能量释放量

3.4.3 围岩能量释放的影响因素

1. 围压

国内外学者通过室内试验研究发现，岩体在加、卸载过程中，围压对岩体的能量变化有重要影响。张志镇和高峰[26]通过固定围压下的轴向加、卸载试验，得到了不同围压下岩体试样的受载全过程应力-应变曲线及能量变化规律：伴随着围压的增大，岩体储能极限大幅提高，大致呈幂指数关系，当围压小于 30MPa 时，岩体储能极限随围压增长显著增加，当围压大于 30MPa 之后，岩体储能极限逐渐趋于稳定；随着围压的增大，残余弹性能密度也随之逐渐增加，近似呈直线型变化。这表明围压越大，岩样峰后破坏时释放弹性能越少。

地下深部岩体开挖时，围岩所处的应力环境比试验岩样复杂得多，并且还要受到开挖卸荷的影响。以锦屏二级水电站 2# 引水隧洞爆破开挖为例，开挖卸荷诱导的围岩应力变化路径如图 3.42 所示。围岩第一主应力经历了先缓慢减小后迅速增大的过程，而第三主应力随计算时步增长一直呈现减小规律。若把最小主应力视为围压，则在开挖卸荷过程中围岩所处的围压环境比试验岩样要复杂很多。

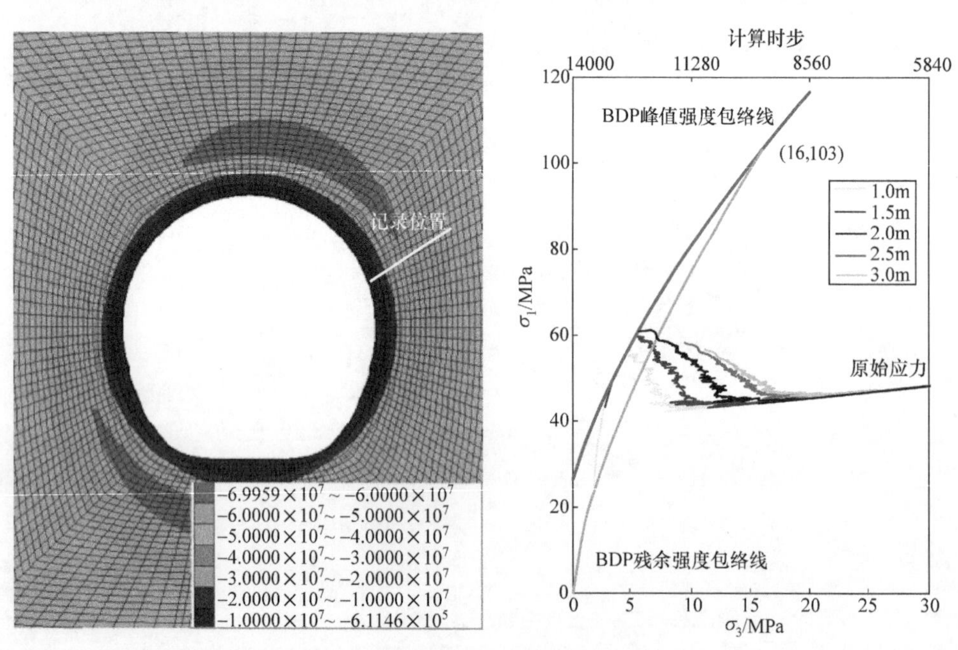

图 3.42 开挖卸荷过程中围岩应力变化路径

为了分析围压对围岩能量释放的影响，图 3.43 给出了围岩能量随第三主应力变化曲线。可以看出，对于距离开挖面 1m 处的围岩，围压较低(考虑临近损伤破

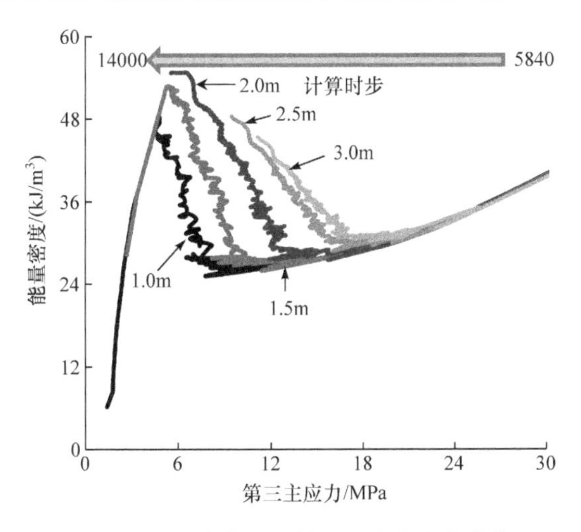

图 3.43　围岩能量随第三主应力变化曲线

坏附近),岩体的储能极限也较低,围岩中聚集的能量很容易超过其储能极限,围岩能量大量释放并造成脆性破坏,最终导致围岩残余应变能密度较低;而对于离开挖边界 1.5m 处的围岩,围压有所增大,岩体的储能极限也有所提高,但围岩中聚集的能量仍然超过了其储能极限,有部分能量被释放,引起围岩损伤,释放的能量比前者少,因此其残余应变能密度有所提高;而对于距离开挖边界 2m 处的围岩,围压明显增大,岩体的储能极限进一步提高,结合图 3.40(d)可以看出,此处围岩中聚集的能量刚好达到其储能极限,几乎不发生能量释放现象。由开挖边界往里,随着围压逐渐增大,岩体的储能极限逐渐提高,岩体损伤时的弹性能下降幅度(能量释放值)减小,岩体的残余应变能密度增大,这表明围压会抑制岩体损伤破坏时的能量释放。

2. 卸荷路径

钻爆法和 TBM 开挖法是两种常用的地下洞室开挖方法,根据前面分析,采用钻爆法开挖时,开挖面上地应力的卸载是一个瞬态力学过程;而对于 TBM 开挖法,盘形滚刀的破岩过程对洞壁围岩的扰动较小,围岩应力-应变曲线的连续性和过渡性较好,因此 TBM 开挖法开挖时,开挖边界上的地应力可认为是一个缓慢平稳的准静态卸荷过程。

为了较真实地模拟 TBM 开挖法的开挖过程,首先将岩体的本构模型换成弹性本构,在这一条件下进行开挖模拟,待到计算平衡,获得弹性应力场,然后再将岩体本构换成目标本构,再次计算达到平衡,这样就可以避免应力瞬态卸载的影响,从一定程度上模拟 TBM 开挖过程中应力的调整过程[27]。这种处理方法可以概括成两步:弹性开挖、塑性平衡。采用锦屏二级水电站引水隧洞盐塘组Ⅲ类围岩参数

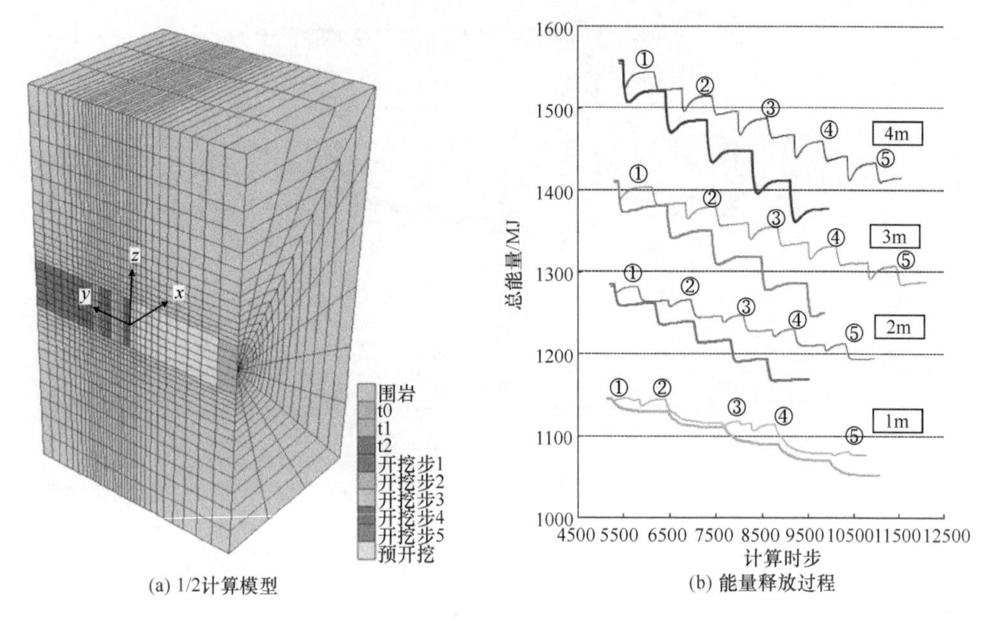

图 3.44　不同卸荷路径下围岩能量释放过程

①、②、③、④、⑤为每种进尺的 5 个开挖步，方框中的数字为相应的开挖进尺

(GSI＝60，岩石单轴抗压强度为 110MPa)，两种不同卸荷路径下围岩能量释放过程如图 3.44 所示，图中细线为准静态卸荷(对应 TBM 开挖法开挖)围岩能量释放过程，粗线为瞬态卸荷(对应钻爆法开挖)围岩能量释放过程。

与瞬态卸荷相比，准静态卸荷过程中，围岩能量释放过程明显平缓很多，即能量的释放值和释放速率均明显小一些。开挖进尺越大，单位体积能量释放量越大，准静态卸荷和瞬态卸荷两种不同路径下围岩能量释放差异越明显，这表明不同开挖方式所产生的不同卸荷路径对围岩能量释放过程有重要影响。图 3.45 给出了 TBM 开挖法和钻爆法开挖条件下不同进尺围岩单位体积能量释放量，可以看出 TBM 开挖条件下单位体积围岩能量释放量明显要低于爆破开挖情况。

3. 岩性

图 3.46 给出了大理岩和花岗岩岩样在三轴试验过程中的轴向应力-应变曲线[28]。根据图中的受载岩样的峰值强度、残余强度和弹性模量，可求出不同岩体在不同围压下的储能极限和残余应变能密度，如图 3.47 所示。相同围压下，大理岩储能极限和破坏过程中单位体积能量释放量比花岗岩要小很多。低围压(0～10MPa)时，大理岩单位体积能量释放量较高，在 120kJ/m^{3}左右，随着围压的升高，单位体积能量释放量逐渐减小。而对于花岗岩，随着围压的增大，单位体积能量释放量也增大，近似呈线性变化。

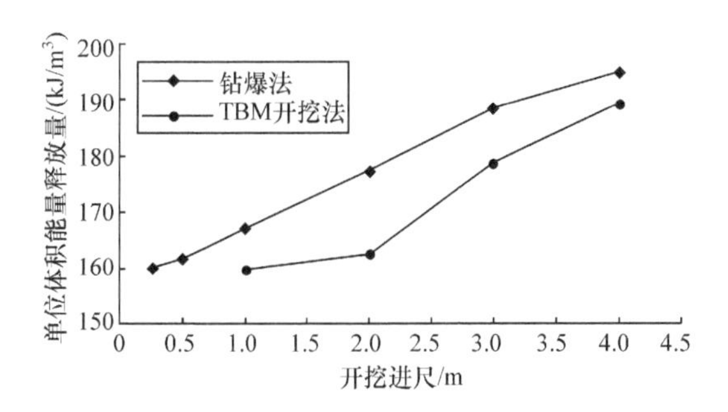

图 3.45　不同开挖方式下的围岩单位体积能量释放量

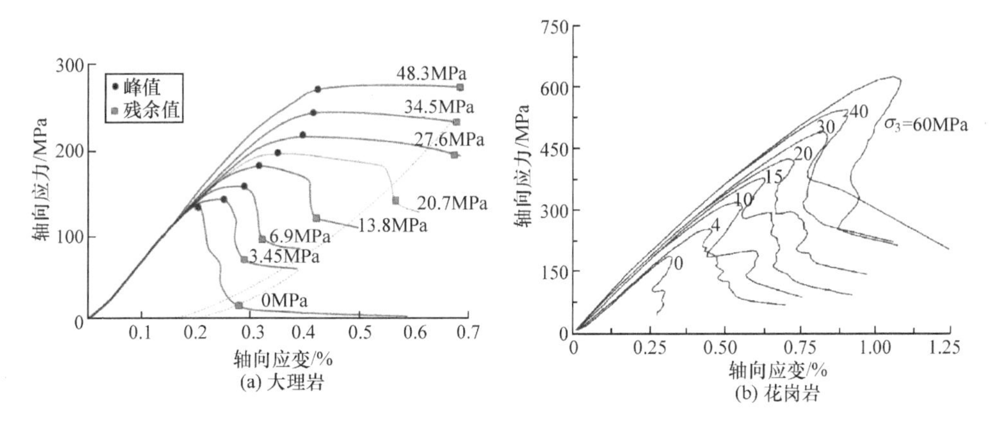

图 3.46　常规三轴试验应力-应变过程曲线[28]

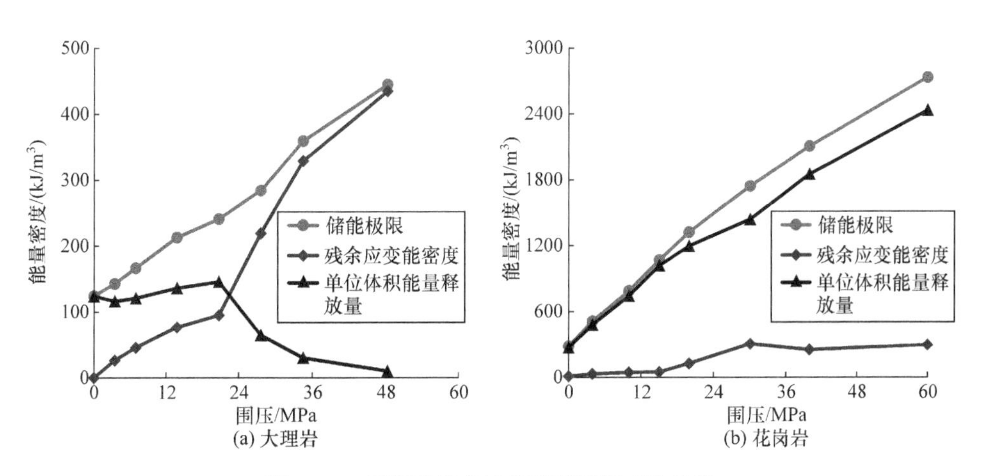

图 3.47　不同岩样能量密度随围压变化曲线

为进一步对比大理岩和花岗岩试样在受载破坏过程中的能量释放规律，图 3.48 给出了采用式(3.47)计算的能量释放系数。可以看出，随着围压的增大，大理岩能量释放系数快速衰减，且当围压较高时，能量释放系数接近于 0；而对于花岗岩，能量释放系数随围压衰减明显缓慢很多，当围压较高时，能量释放系数仍然较大，接近 0.9。随着围压的增大，花岗岩与大理岩的能量释放系数差值也逐渐增大。当围压较低时，大理岩和花岗岩的能量释放系数均较大，大量的能量被释放用于产生脆性破坏；随着围压的进一步增大，花岗岩的能量释放系数略有衰减但仍然保持较高水平，而大理岩的能量释放系数迅速减小，这表明相比大理岩，花岗岩的岩性更有利于能量的释放，当围压增大到较高水平时，大理岩在峰后几乎不释放能量，从而易造成脆性破坏。

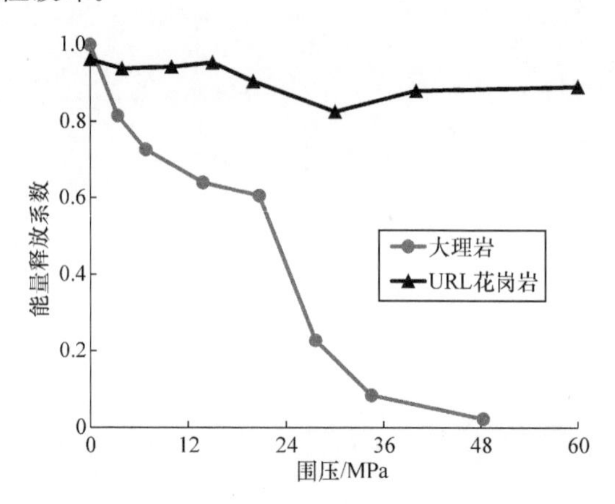

图 3.48　能量释放系数随围压变化曲线

3.5　小　　结

本章介绍了深部岩体钻爆开挖过程中爆炸荷载、岩体开挖瞬态卸荷及两者耦合作用下围岩应力场的动态时空变化规律，讨论了岩体开挖过程中围岩应变能的聚集和传输过程，阐述了钻爆开挖过程围岩应力和应变能的瞬态调整机制。通过前面的分析和讨论，可以获得如下初步结论和认识：

(1) 高地应力条件下爆破开挖面上的地应力释放是一个瞬态卸荷过程，它将在掌子面附近的岩体中激发动态卸载应力波。动应力在径向表现为快速卸荷回弹，在环向表现为快速应力集中。与静态条件下的二次应力场相比，开挖面上地应力瞬态卸荷在围岩中产生了附加动应力，导致围岩径向卸载和环向加载效应放大。附加动应力的大小与地应力水平、卸荷速率、开挖半径及介质的物理力学特性等因素密切相关，地应力越大、卸荷速率越快、开挖半径越大、岩体波速越小，瞬态卸荷产生的附加动应力越大，且这些因素对径向应力的影响比环向应力更大。

(2) 深部岩体爆破开挖，围岩首先受到爆炸荷载作用的扰动，径向应力和环向应力先增大后减小；紧接着受到开挖面上地应力瞬态卸荷作用产生的扰动，径向应力和环向应力先减小后增大，最后稳定于二次应力分布状态。爆炸荷载与瞬态卸荷耦合作用对围岩应力场产生动态扰动；围岩应力瞬态调整过程中会出现主应力方向的转换。

（3）深埋圆形隧洞毫秒延迟爆破开挖，光爆孔爆破时其开挖面距洞壁近、开挖面大且卸荷速率较快，爆炸荷载与瞬态卸荷对围岩应力场的扰动最为强烈，在隧洞洞壁上引起的附加动应力可达原岩应力的10%；若开挖面上地应力水平高、卸荷速率快，则开挖面上地应力瞬态卸荷可在开挖面附近岩体中激发拉应力。

（4）深部岩体钻爆开挖过程中，随着开挖面上的地应力快速释放，卸载应力波由开挖边界向围岩深部传播，能量却由围岩深部向开挖边界传递，从而促使围岩应变能的聚集，越靠近开挖面，应变能聚集现象越明显。相比准静态卸荷，瞬态卸荷过程中围岩应变能积聚程度更高，且表现出了明显的波动特征，应变能先减小后增大，即先对靠近开挖面的相邻岩体通过径向应力做功的方式释放自身的应变能，而后又从远离开挖面的相邻岩体吸收能量，进而导致自身应变能的增大。

（5）深部岩体钻爆开挖过程中，当围岩积聚的应变能超过岩体的储能极限时，能量会快速释放并造成围岩损伤破坏。靠近开挖面的岩体，其单位体积能量释放量大，完成能量释放所需的时间短，能量释放剧烈，从而导致靠近开挖面的岩体损伤破坏严重。围压、卸荷路径、岩性等参数对岩体能量释放具有显著的影响：随着围压的增大，岩体单位体积能量释放量减小，围压对能量释放起抑制作用；卸荷持续时间越短，岩体单位体积能量释放量和释放速率越大；相比大理岩，花岗岩存储的应变能更易释放。

参考文献

[1] Carter J P, Booker J R. Sudden excavation of a long circular tunnel in elastic ground. International Journal of Rock Mechanics and Mining Sciences & Geomechanics Abstracts, 1990, 27(2): 129－132.

[2] 刘式适，刘式达．特殊函数．北京：气象出版社，1988：76.

[3] Selberg H L. Transient compression waves from spherical and cylindrical cavities. Arkiv for Fysik, 1956, 78: 284－286.

[4] Dubner H, Abate J. Numerical inversion of Laplace transforms by relating them to the finite Fourier cosine transform. Journal of the Association for Computing Machinery, 1968, 15(1): 115－123.

[5] Stehfest H. Numerical inversion of Laplace transforms. Communications of the ACM, 1970, 13(1): 47－49.

[6] Wooden B, Azari M, Soliman M. Well test analysis benefits from new method of Laplace space inversion. Oil and Gas Journal, 1992, 90(29): 108－110.

[7] Miklowitz J. Plane-stress unloading waves emanating from a suddenly punched hole in a stretched elastic plate. Journal of Applied Mechanics,1960,27(4):165－171.

[8] 严鹏,卢文波,许红涛．高地应力条件下隧洞开挖动态卸荷的破坏机理初探．爆炸与冲击,2007,27(3):283－288.

[9] 杨建华,张文举,卢文波,等．深埋洞室岩体开挖卸荷诱导的围岩开裂机制．岩石力学与工程学报,2013,32(6):1222－1228.

[10] Martin C D,Christiansson R. Estimating the potential for spalling around a deep nuclear waste repository in crystalline rock. International Journal of Rock Mechanics and Mining Sciences,2009,46(2):219－228.

[11] Cai M,Kaiser P K,Tasaka Y,et al. Generalized crack initiation and crack damage stress thresholds of brittle rock masses near underground excavations. International Journal of Rock Mechanics and Mining Sciences,2004,41(5):833－847.

[12] Dyskin A V. On the role of stress fluctuations in brittle fracture. International Journal of Fracture,1999,100(1):29－53.

[13] 谢和平,彭瑞东,鞠杨．岩石变形破坏过程中的能量耗散分析．岩石力学与工程学报,2004,23(21):3565－3570.

[14] 华安增．地下工程周围岩体能量分析．岩石力学与工程学报,2003,22(7):1000－6915.

[15] 谢和平,彭瑞东,鞠杨,等．岩石破坏的能量分析初探．岩石力学与工程学报,2005,24(15),2603－2608.

[16] 潘岳,王志强,吴敏应．巷道开挖围岩能量释放与偏应力应变能生成的分析计算．岩土力学,2007,28(4):663－669.

[17] 范勇,卢文波,严鹏,等．地下洞室开挖过程围岩应变能调整力学机制．岩土力学,2013,34(12):3580－3586.

[18] Kramarenko V I,Revuzhenko A F. Flow of energy in a deformed medium. Journal of Mining Science,1988,24(6):536－540.

[19] Lindin G L,Lobanova T V. Energy sources of rockbursts. Journal of Mining Science,2013,49(1):36－43.

[20] Cook N G W,Hoek E,Pretorius J P G,et al. Rock mechanics applied to the study of rockbursts. Journal of the South African Institute of Mining and Metallurgy,1966,66(10):436－528.

[21] 苏国韶,冯夏庭,江权,等．高地应力下地下工程稳定性分析与优化的局部能量释放率新指标研究．岩石力学与工程学报,2006,25(12):2453－2460.

[22] 张志镇,高峰．受载岩石能量演化的围压效应研究．岩石力学与工程学报,2015,34(1):1－11.

[23] 张春生,陈祥荣,侯靖,等．锦屏二级水电站深埋大理岩力学特性研究深埋大理岩力学特性研究．岩石力学与工程学报,2010,29(10):1999－2009.

[24] Cundall P,Carranza-Torres C,Hart R. A new constitutive model based on the Hoek-Brown criterion // Proceedings of the 3rd International FLAC Symposium. Sudbury: Balkema

Press,2003:17－25.

[25] Diederichs M S. The 2003 Canadian geotechnical colloquium:mechanistic interpretation and practical application of damage and spalling prediction criteria for deep tunneling. Canadian Geotechnical Journal,2007,44(9):1082－1116.

[26] 张志镇,高峰. 单轴压缩下红砂岩能量演化试验研究. 岩石力学与工程学报,2012,31(5):953－961.

[27] Cai M. Influence of stress path on tunnel excavation response-numerical tool selection and modeling strategy. Tunnelling and Underground Space Technology, 2008, 23 (6): 618－628.

[28] 朱焕春. 锦屏二级水电站引水隧洞围岩稳定、动态支护设计及岩爆专题研究-沿线地应力和岩体力学特性阶段性成果报告. 武汉:Itasca(武汉)咨询有限公司,2009.

第4章 深部岩体开挖瞬态卸荷激发的围岩振动

岩石爆破过程，部分炸药能量转化为爆破地震波，引起围岩振动。对于深部岩体开挖，伴随着岩体的爆破破碎，开挖面上的地应力或围岩应变能的快速释放在岩体中激发开挖卸载波，引起围岩振动。因此，高地应力条件下岩体爆破开挖引起的岩体振动包含爆破振动和开挖瞬态卸荷引起的围岩振动，开挖面上的地应力越高，瞬态卸荷激发的振动速度越大[1~4]；高地应力条件下，开挖面上地应力瞬态卸荷激发的围岩振动甚至可能会超越爆破振动而成为围岩振动的主体[5~11]。

本章以深埋隧洞爆破开挖为背景，介绍深部岩体开挖瞬态卸荷激发振动的机制和主要影响因素、瞬态卸荷激发振动的识别与分离、岩体开挖瞬态卸荷激发振动的预测与预报等内容。

4.1 开挖瞬态卸荷激发围岩振动的机制及影响因素

本节仍以图2.1所示的圆形隧洞全断面爆破开挖为对象，介绍静水应力场条件下开挖瞬态卸荷激发振动的解析解及非静水应力场条件下开挖瞬态卸荷激发振动的数值解，分析开挖卸荷激发振动的主要影响因素，并与相应毫秒延迟段爆破振动进行对比。

4.1.1 静水应力场中岩体开挖瞬态卸荷激发围岩振动的解析解

本节暂不考虑爆炸荷载，计算开挖面上地应力瞬态卸荷激发的围岩振动。静水应力场条件下圆形隧洞全断面毫秒延迟爆破过程中，每一段炮孔爆破时地应力瞬态卸荷激发的围岩振动同样可以归结为第3章中介绍的柱腔激发问题。同样利用Laplace变换对问题进行求解，初始地应力以直线型方式卸荷时，隧洞开挖卸荷激发的围岩振动如下[4]：

$$v_{di}(r,t)=\left(1-\frac{a_{i-1}^2}{a_i^2}\right)\frac{P_{u0i}}{2\pi j}\int_{Br}d(s)F(s)e^{st}\,ds \tag{4.1}$$

式中，

$$F(s)=\frac{sK_1\left(\dfrac{sr}{c_P}\right)}{\dfrac{2\mu}{a_i}K_1\left(\dfrac{sr}{c_P}\right)+(s+c_P)K_0\left(\dfrac{sa_i}{c_P}\right)} \tag{4.2}$$

$$d(s)=\frac{1-t_{du}e^{-t_{du}s}}{s^2 t_{du}} \tag{4.3}$$

式中，$v_{di}(r,t)$表示第 i 段炮孔爆破时开挖面上地应力瞬态卸荷在围岩中引起的径向质点振速，$i=\mathrm{I}\sim\mathrm{VI}$，$a_i$为第 i 段炮孔对应的开挖面半径，当 $a_i=a_{\mathrm{I}}$ 时，$a_{i-1}=0$，对应掏槽孔爆破，具体值如表 2.2 所示；P_{u0i}为第 i 段炮孔爆破时开挖面上的地应力；j 为虚数单位；Br 为 Bromwich 围道积分路径；K_1 和 K_0 为第二类一阶、零阶 Bessel 函数；s 为时间 t 的 Laplace 变换；t_{du}为瞬态卸荷持续时间；μ 为岩体泊松比；c_P为岩体纵波速度。

4.1.2 岩体开挖瞬态卸荷激发围岩振动的影响因素

从式(4.1)～式(4.3)可以看出，对于既定的岩体介质(μ 和 c_P一定)，岩体开挖瞬态卸荷所激发的围岩振动与开挖面上的地应力水平、卸荷速率(瞬态卸荷持续时间)和开挖面尺寸等因素密切相关。

1. 开挖面上的地应力水平

式(2.8)给出了开挖面上的地应力大小，定义 $a_{ti}=a_i-a_{i-1}$为第 i 段炮孔爆破对应的开挖层厚度，即相邻两圈炮孔之间的距离，进一步定义 $\delta_i=a_{ti}/a_i$为第 i 段炮孔爆破对应的开挖层相对厚度，则静水压力场条件下有

$$P_{u0i}=(2\delta_i-\delta_i^2)\sigma_v \tag{4.4}$$

式中，σ_v为爆区远场竖直向地应力。

可见，静水压力场条件下开挖面上的地应力大小取决于爆区的原岩地应力水平以及各段炮孔爆破对应的开挖层相对厚度，前者由岩性、洞室埋深、地质构造运动等因素决定，后者由钻爆孔网参数决定。地应力水平越高，开挖层相对厚度越大，则开挖面上的地应力越大。

为了考察开挖瞬态卸荷激发振动的频谱特性，对激发的振动曲线作 Fourier 变换，有

$$S(j\omega)=\int_{-\infty}^{\infty}f(t)e^{-j\omega t}dt \tag{4.5}$$

式中，$f(t)$为开挖卸荷激发的围岩振动时程曲线；ω 为圆频率。$A(\omega)=|S(j\omega)|$称为函数 $f(t)$的幅值谱函数。

为更好地评价整个激发振动频谱构成，引入平均频率(质心频率)，定义为[11]

$$f_c=\frac{\sum_{i=1}^{m}A_i f_i}{\sum_{i=1}^{m}A_i} \tag{4.6}$$

式中，f_c为平均频率或质心频率；A_i为频率 f_i对应的振动速度幅值谱。

以距开挖面 5m 和 50m 处的径向振动速度为例，图 4.1 与图 4.2 分别给出了相同卸荷持续时间 $t_{du}=1.5\text{ms}$ 和开挖面半径 $a=5\text{m}$ 时，地应力 $P_{u0}=5\text{MPa}$、10MPa、20MPa 条件下瞬态卸荷激发径向振动的速度时程曲线、幅值谱曲线及对应质点峰值振动速度(peak particle velocity，PPV)衰减曲线，图中将幅值进行了归

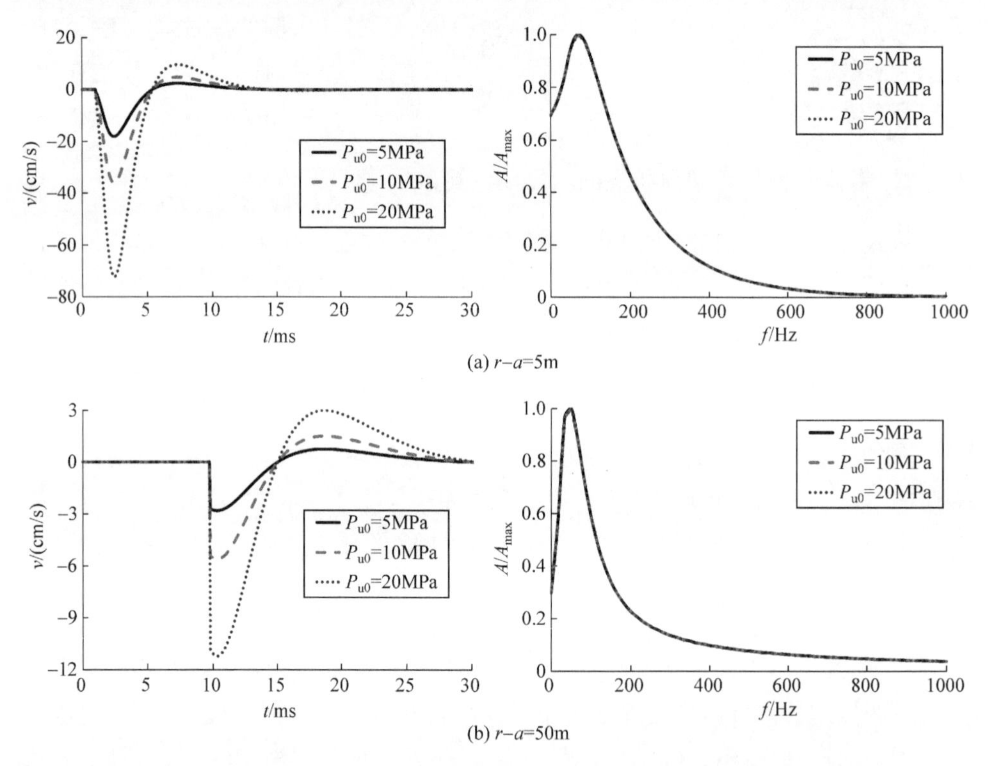

图 4.1　不同地应力水平下瞬态卸荷激发径向振动的速度时程曲线及幅值谱[11]

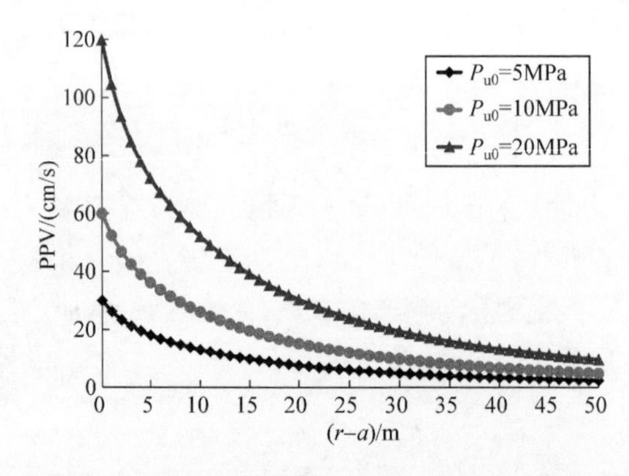

图 4.2　不同地应力水平下瞬态卸荷激发径向振动的 PPV 衰减曲线

一化处理。可以看出，随着开挖面上的地应力的增大，瞬态卸荷激发的振动速度显著增加，但不同地应力水平下的 PPV 衰减规律基本相同。表 4.1 列出了不同地应力水平下距开挖面 5m 和 50m 处的瞬态卸荷激发径向振动的 PPV 和频率。

表 4.1　不同地应力水平下瞬态卸荷激发径向振动的 PPV 和频率

地应力/MPa	$r-a$=5m			$r-a$=50m		
	PPV/(cm/s)	主频率/Hz	平均频率/Hz	PPV/(cm/s)	主频率/Hz	平均频率/Hz
5	18.1	66.7	134.9	2.8	50.0	122.4
10	36.1	66.7	134.9	5.6	50.0	122.4
20	72.2	66.7	134.9	11.2	50.0	122.4

图 4.1 中 3 条幅值谱曲线完全重合，这表明开挖面上的地应力大小仅影响瞬态卸荷激发的振动幅值，而对频率没有影响。比较图 4.1 可知，地应力瞬态卸荷激发的地震波向远处传播过程中，振动幅值谱曲线向低频成分偏移且主频带变窄，主频率由 66.7Hz 降低为 50Hz，主频带内(0～400Hz)的平均频率由 134.9Hz 降低为 122.4Hz。

2. 卸荷速率

由前面的讨论可知，开挖面上地应力瞬态卸荷持续时间由开挖面上的地应力大小和爆炸荷载衰减过程确定。开挖面上的地应力越大、爆炸荷载衰减越慢，则地应力瞬态卸荷持续时间越长，即卸荷速率越慢；反之卸荷速率越快。

图 4.3 和图 4.4 给出了开挖面半径 $r-a$=5m 和 50m、开挖面地应力 P_{u0} = 5MPa 时，不同卸荷速率(t_{du}=1.5ms、3.0ms、6.0ms)下激发径向振动的速度时程曲线、幅值谱及对应质点 PPV 衰减曲线。可以看出，卸荷速率不同时，质点峰值振动速度差异显著，卸荷持续时间越短即卸荷速率越快时，围岩中激发的振动速度越大。表 4.2 列出了不同持续时间下距开挖面 5m 和 50m 处瞬态卸荷激发径向振动的 PPV 和频率。

可以看出，卸荷速率不同时，质点 PPV 差异显著，卸荷持续时间越长即卸荷速率越慢时，围岩中激发的振动速度越小。不同卸荷速率下，开挖面上地应力瞬态卸荷激发的振动在近区的差异大于远区。随着卸荷速率减小，振动频谱构成明显发生变化，在爆破近区(见图 4.3(a))和远区(见图 4.3(b))，幅值谱曲线均向低频成分偏移，主频带变窄，对应的主频率和平均频率降低。可见，地应力瞬态卸荷速率对激发振动的频率具有显著的影响，卸荷速率越快，振动频率越高。由于岩土体介质的阻尼特性对地震波具有通低频滤高频的作用，因而卸荷速率越慢时，其质点 PPV 随距离衰减也越慢，如图 4.4 所示。

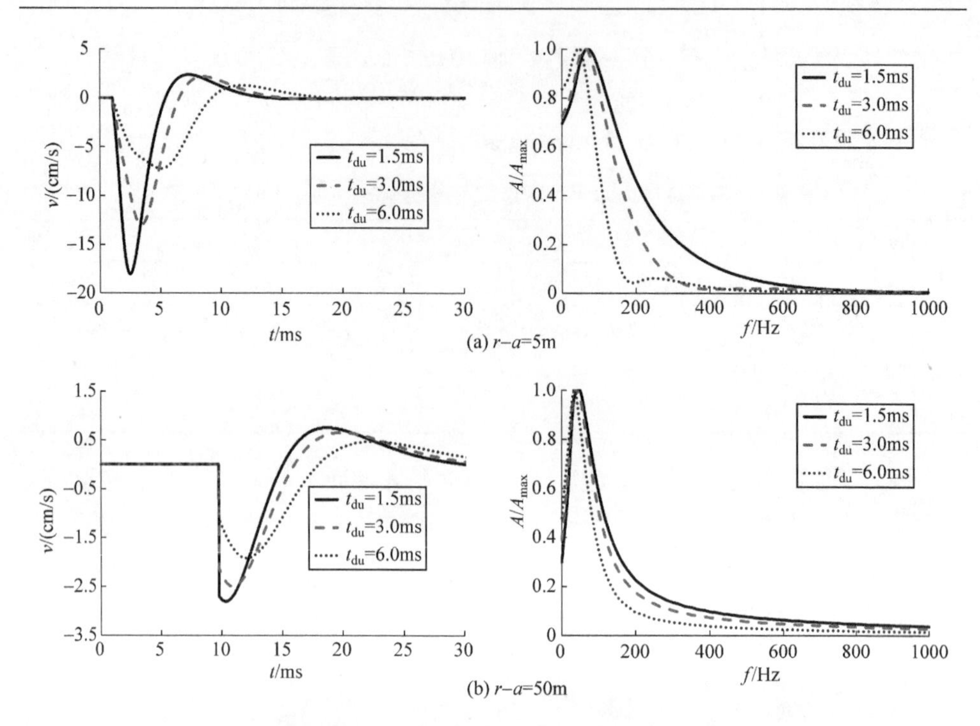

图 4.3　不同持续时间下地应力瞬态卸荷激发径向振动的速度时程曲线及幅值谱

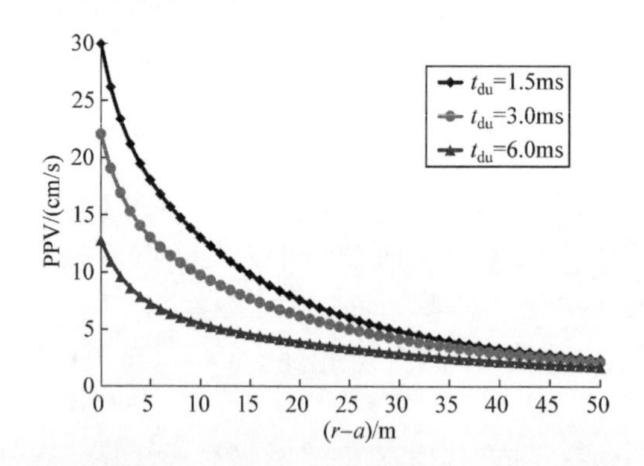

图 4.4　不同持续时间下地应力瞬态卸荷激发径向振动的 PPV 衰减曲线

表 4.2　不同持续时间下地应力瞬态卸荷激发径向振动的 PPV 和频率

卸荷持续时间/ms	r－a＝5m			r－a＝50m		
	PPV/(cm/s)	主频率/Hz	平均频率/Hz	PPV/(cm/s)	主频率/Hz	平均频率/Hz
1.5	18.1	66.7	134.9	2.8	50.0	122.4
3.0	13.0	66.7	99.9	2.5	33.3	90.4
6.0	7.3	50.0	75.8	1.9	33.3	68.4

3. 开挖面尺寸

开挖面上的地应力 P_{u0} = 5MPa、卸荷持续时间 t_{du} = 1.5ms 时，开挖面半径 a 分别为 1m、2m、5m 条件下地应力瞬态卸荷在距开挖面 5m 和 50m 处激发径向振动的速度时程曲线及幅值谱如图 4.5 所示，其质点 PPV、主频率及平均频率列于表 4.3。可以看出，随着开挖面半径增大，质点 PPV 显著增加，振动主频率和平均频率明显降低，质点 PPV 随距离衰减速率变缓，如图 4.6 所示。可见，开挖面尺寸是影响瞬态卸荷激发围岩振动的重要因素之一。

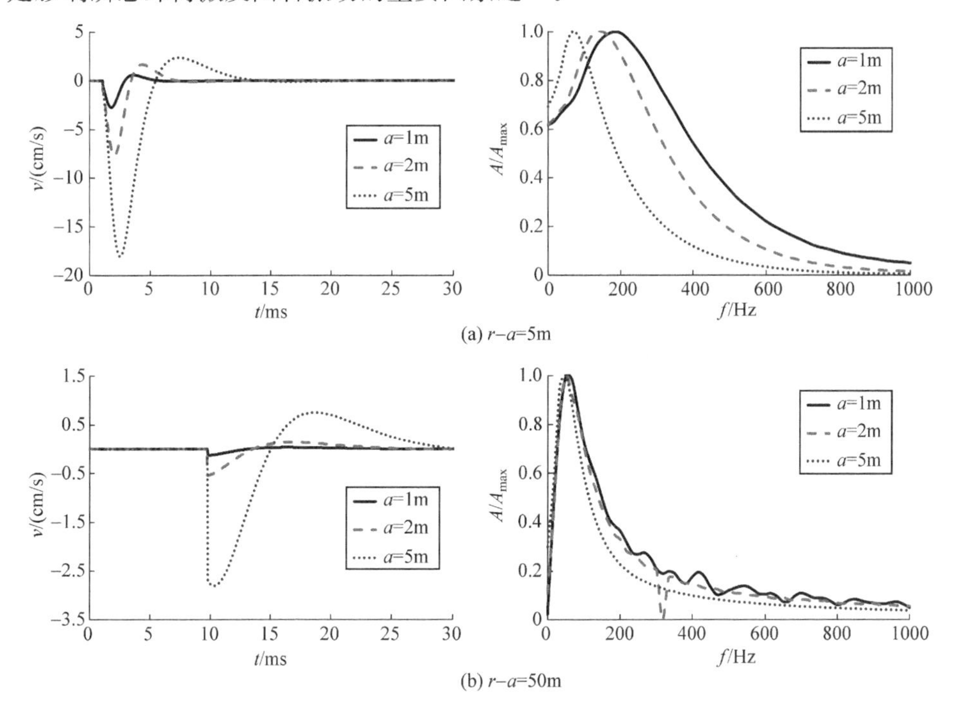

图 4.5　不同开挖面半径下地应力瞬态卸荷激发径向振动的速度时程曲线及幅值谱

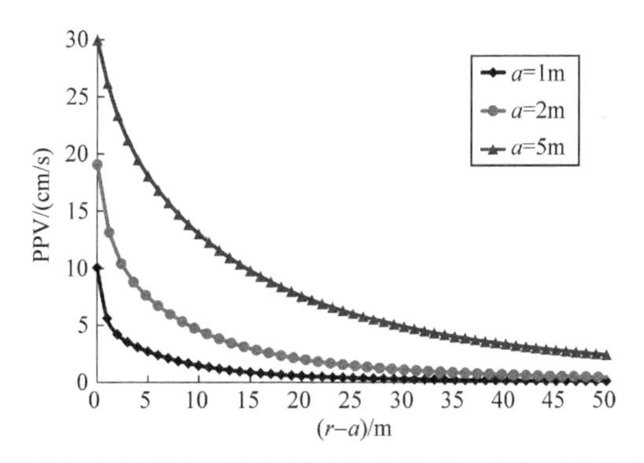

图 4.6　不同开挖面半径下地应力瞬态卸荷激发径向振动的 PPV 衰减曲线

表 4.3 不同开挖面半径下地应力瞬态卸荷激发径向振动的 PPV 和频率

开挖面半径/m	$r-a=5\text{m}$			$r-a=50\text{m}$		
	PPV/(cm/s)	主频率/Hz	平均频率/Hz	PPV/(cm/s)	主频率/Hz	平均频率/Hz
1.0	2.7	183.3	296.8	0.1	66.7	145.8
2.0	7.7	150.0	224.4	0.5	50.0	141.4
5.0	18.1	66.7	134.9	2.8	50.0	122.4

综合以上影响岩体开挖瞬态卸荷激发围岩振动的各种因素分析，可以发现，对于给定的岩体，开挖面上地应力瞬态卸荷激发围岩振动的峰值振动速度受开挖面上的地应力、卸荷速率和开挖面尺寸的影响，地应力越大、卸荷速率越快、开挖面半径越大，激发的质点峰值振动速度越大。振动频率受卸荷速率和开挖面半径的影响，卸荷速率越慢、开挖面越大，岩体开挖瞬态卸荷激发振动的主频带越窄、主频率和平均频率越低。

4.1.3 非静水应力场中岩体开挖瞬态卸荷激发围岩振动

非静水地应力场中，由于卸载边界上各点处的初始地应力的大小均不相等，因此其动态卸载所激发的围岩振动采用动力有限元方法计算。有限元计算模型及荷载施加的情况如图 4.7 所示。

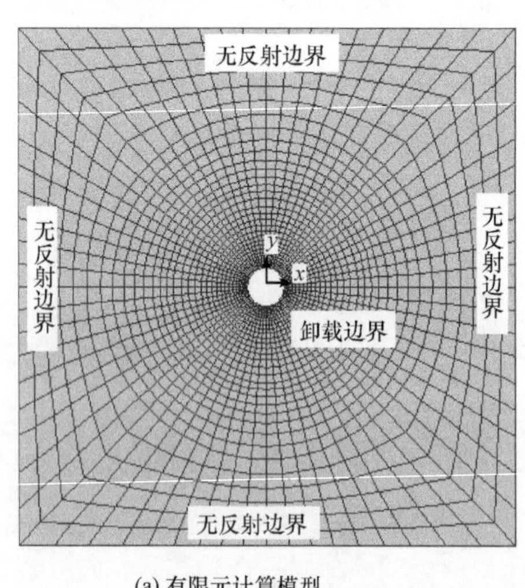

(a) 有限元计算模型

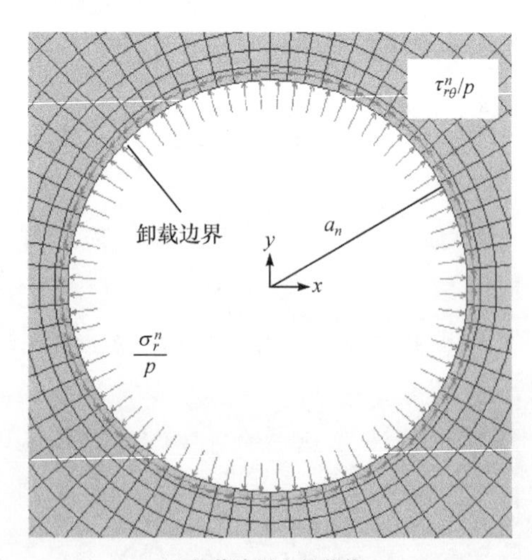

(b) 卸载边界上的荷载

图 4.7 有限元计算模型及荷载施加

图 4.7(a)中，模型中央的圆孔即为某一段炮孔起爆所形成的空心圆筒的内部边界，即与该爆破分段对应的地应力的卸载边界。卸载半径取值如表 3.7 所示，对于掏槽爆破(第Ⅰ段，MS1)，$a_n=a_{\text{I}}=0.7\text{m}$；对于最后一圈崩落爆破(第Ⅵ段，

MS11)，$a_n = a_{\mathrm{VI}} = 4.2\mathrm{m}$。模型大小为 $20a_n \times 20a_n$（宽×高），单元划分按照与荷载边界的距离近密远疏的原则，共划分了 2304 个四边形单元。模型四周采用无反射边界来模拟无限岩体。

对于非均匀场中的情况，这里只讨论初始地应力直线卸载方式(卸载时间 $t_0 =$ 2ms)下地应力瞬态卸荷激发振动和爆炸荷载激发振动的相互关系。图 4.8 和图 4.9 给出了侧压力系数 $\lambda = 2$ 时不同地应力水平下地应力瞬态卸荷激发振动和爆炸荷载激发振动的相互关系。

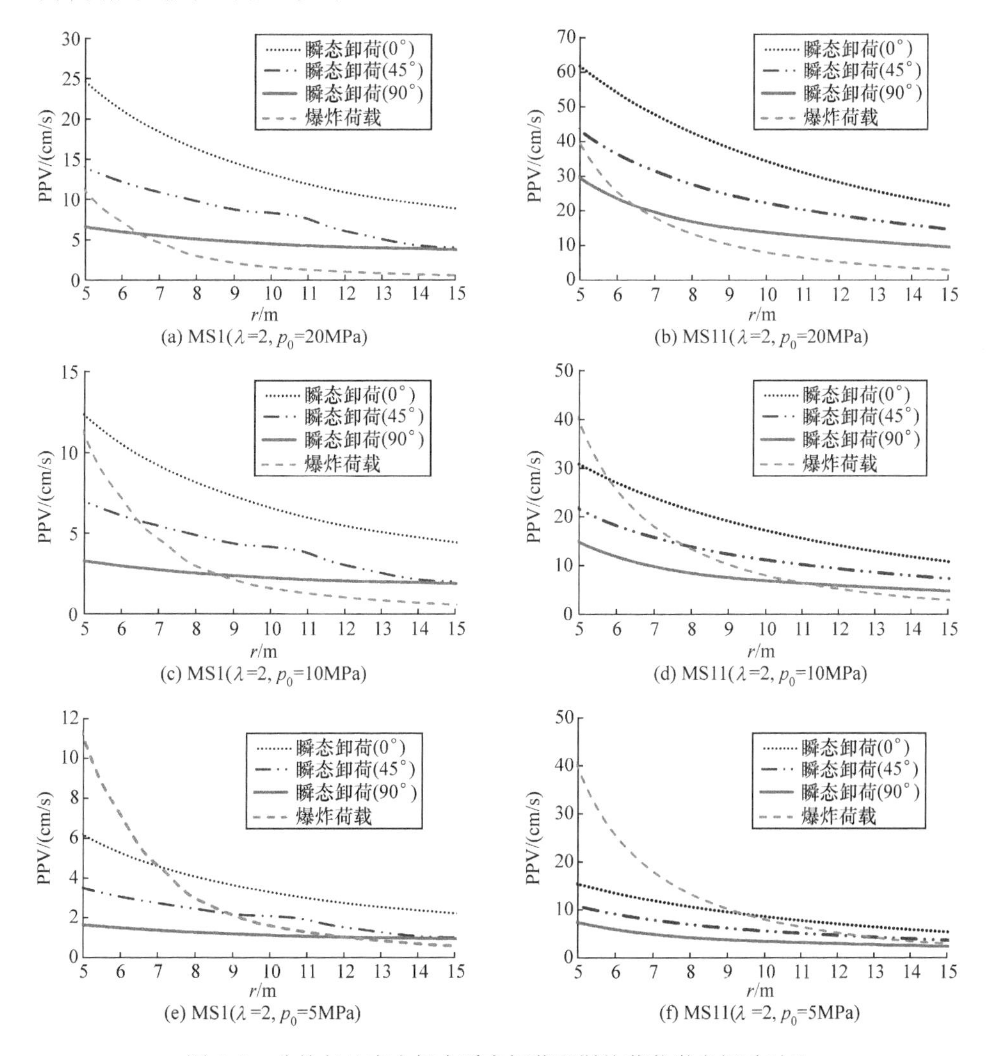

图 4.8 非均匀地应力场中瞬态卸荷和爆炸荷载激发振动对比

从图 4.8 和图 4.9 可以看出，当地应力水平较高时(如 20MPa、10MPa)，在地应力较大的方向，地应力瞬态卸荷激发振动要大于爆炸荷载激发的振动，在地应力

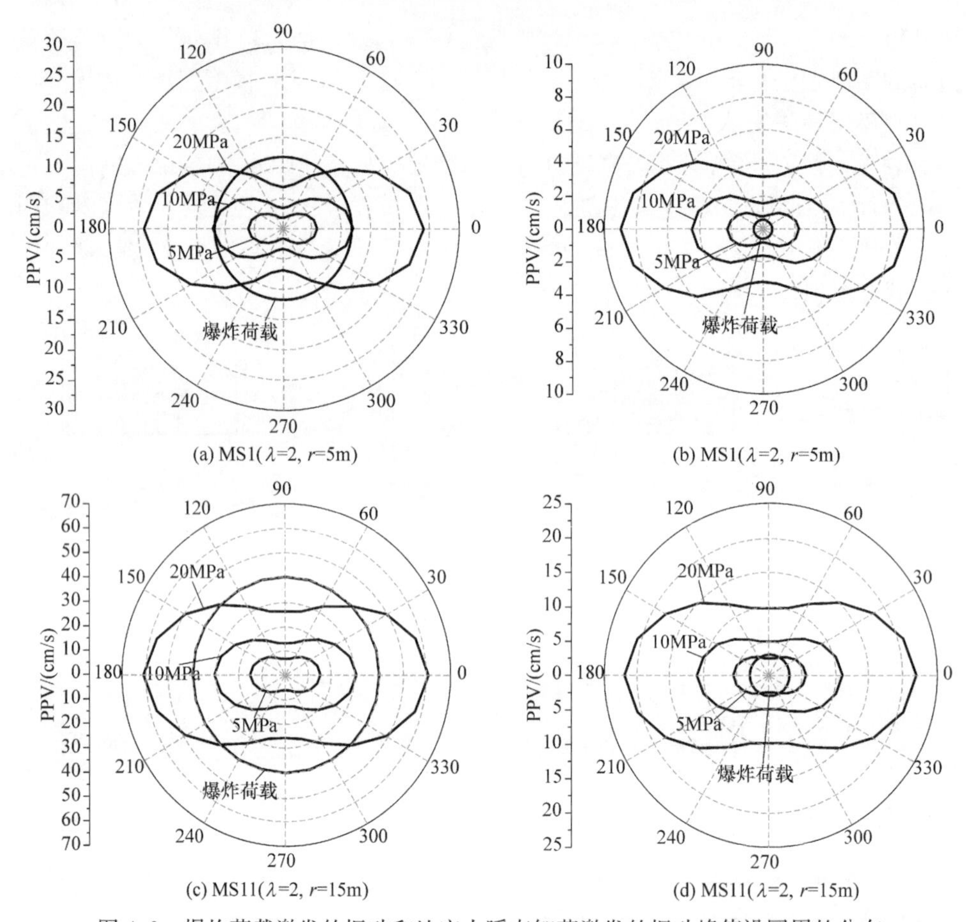

图 4.9　爆炸荷载激发的振动和地应力瞬态卸荷激发的振动峰值沿圆周的分布

较小的方向，爆源附近爆炸荷载激发的振动较大，随着爆心距的增大，由于瞬态卸荷激发的振动衰减较慢，而爆炸荷载激发的振动衰减较快，最终瞬态卸荷激发的振动超过爆炸荷载激发的振动，成为围岩总体振动的主要部分[1~4,11]。而当地应力水平较低时（如 5MPa），在爆源近区（5m 以内），爆炸荷载所激发的振动较大，距离爆源 15m 以后，地应力瞬态卸荷激发的振动仍然占优。

可见，高地应力条件下，爆破开挖过程中地应力瞬态卸荷激发的振动应该得到与爆炸荷载激发的振动相同的重视。

4.2　瞬态卸荷激发振动与爆破振动的比较

4.2.1　爆破振动及影响因素

针对深埋圆形隧洞全断面毫秒爆破开挖（见图 2.1），现仅计算各段炮孔爆破

时爆炸荷载激发的围岩振动。类似开挖卸荷激发振动的处理，开挖面上的等效爆炸荷载在围岩中激发的振动为

$$v_{bi}(r,t)=-\frac{P_{e0i}}{2\pi \mathrm{j}}\int_{\mathrm{Br}} b(s)F(s)\mathrm{e}^{st}\mathrm{d}s \tag{4.7}$$

式中，

$$F(s)=\frac{sK_1\left(\frac{sr}{c_\mathrm{P}}\right)}{\left(\frac{2\mu}{a_i}\right)K_1\left(\frac{sr}{c_\mathrm{P}}\right)+\left(\frac{s}{c_\mathrm{P}}\right)K_0\left(\frac{sa_i}{c_\mathrm{P}}\right)} \tag{4.8}$$

$$b(s)=\frac{(t_\mathrm{d}-t_\mathrm{r})-t_\mathrm{d}\mathrm{e}^{-t_\mathrm{r}s}+t_\mathrm{r}\mathrm{e}^{t_\mathrm{d}s}}{s^2t_\mathrm{r}(t_\mathrm{d}-t_\mathrm{r})} \tag{4.9}$$

式中，$v_{bi}(r,t)$表示第i段炮孔爆破时爆炸荷载在围岩中所激发的径向质点振速；P_{e0i}为第i段炮孔爆破时开挖面上的等效爆炸荷载；t_r为爆炸荷载上升时间；t_d为爆炸荷载持续时间，则$t_\mathrm{d}-t_\mathrm{r}$为爆炸荷载衰减时间；其他符号的意义与式(4.1)～式(4.3)相同。

从式(4.7)～式(4.9)可以看出，对于既定的岩体介质(μ和c_P一定)，爆破振动受爆炸荷载特性(爆炸荷载峰值、上升时间和衰减时间)和荷载作用边界(开挖面尺寸)的影响。比较式(4.7)与式(4.1)可以推断，爆炸荷载峰值和开挖面尺寸对爆破振动的影响与开挖面应力水平和开挖面尺寸对瞬态卸荷激发振动的影响规律类似，在此不再分析。

1. 爆炸荷载的影响

以距开挖面5m和50m处的径向振动速度为例，开挖面上不同峰值的爆炸荷载在围岩中激发径向振动的幅值谱曲线如图4.10所示，图中横坐标为频率，纵坐标为幅值谱的幅值，此处同样将幅值进行了归一化处理。可以看出，不同峰值爆炸荷载激发振动的幅值谱曲线完全重合，这表明在其他爆源参数相同的条件下，爆炸荷载峰值对爆破振动频谱构成没有影响。不同质点处的振动主频率及主频带内的平均频率列于表4.4。从图4.10和表4.4可以看出，在$r-a=5\mathrm{m}$处爆破振动的主频带为0～400Hz，主频率f_m为66.7Hz，主频带内平均频率f_c为155.5Hz；而在$r-a=50\mathrm{m}$处主频带变为0～200Hz，主频率f_m为50Hz，0～400Hz频带内平均频率f_c为120Hz。可见，随着爆心距的增大，爆破振动高频成分衰减很快，幅值谱曲线向低频成分偏移，主频带变窄，主频率和平均频率降低。

表 4.4　不同峰值的爆炸荷载在围岩中激发径向振动的 PPV 和频率

爆炸荷载峰值/MPa	$r-a=5\mathrm{m}$			$r-a=50\mathrm{m}$		
	PPV/(cm/s)	主频率/Hz	平均频率/Hz	PPV/(cm/s)	主频率/Hz	平均频率/Hz
5	20.7	66.7	155.5	2.6	50	120
10	41.4	66.7	155.5	5.3	50	120
20	82.8	66.7	155.5	10.6	50	120

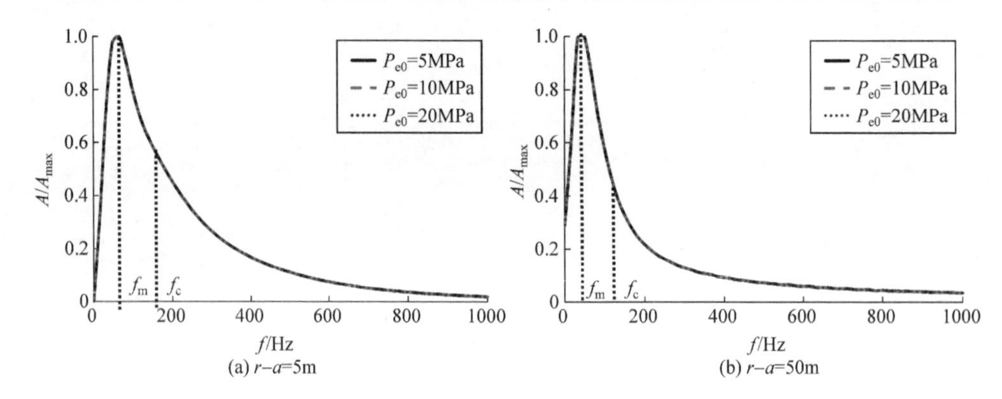

图 4.10　不同峰值的爆炸荷载在围岩中激发径向振动的幅值谱

柱状装药炮孔内爆炸荷载上升时间与装药长度和炸药爆轰波速有关，装药越长、炸药的爆轰波速越低，爆炸荷载上升时间越长，反之荷载上升时间越短。图 4.11 给出了开挖面上爆炸荷载峰值 $P_{e0}=5\mathrm{MPa}$、爆炸荷载衰减时间 $t_a=11.2\mathrm{ms}$、开挖面半径 $a=5\mathrm{m}$ 时，不同上升时间（$t_r=0.8\mathrm{ms}$、1.6ms、3.2ms）下爆炸荷载在围岩中激发径向振动的 PPV 衰减曲线，表 4.5 列出了距开挖面 5m 和 50m 处的径向质点 PPV 及频率。可以看出，在其他参数相同的条件下，爆炸荷载上升时间越长，在围岩中激发的振动速度越小，且质点峰值振动速度衰减越慢。不同爆炸荷载上升时间条件下，近区的爆破振动速度差异大于远区。爆炸荷载上升时间不同，也就

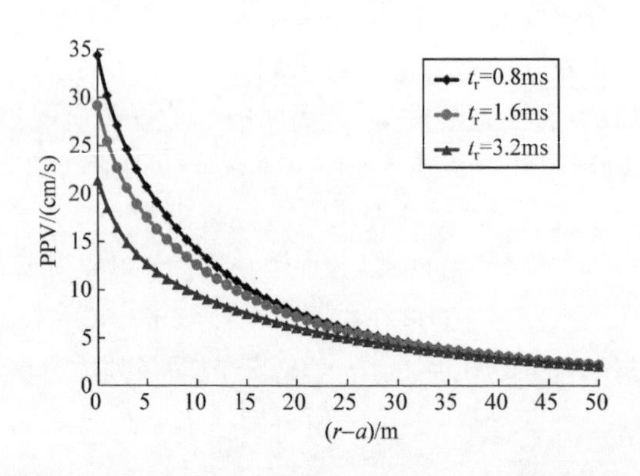

图 4.11　不同上升时间的爆炸荷载在围岩中激发径向振动的 PPV 衰减曲线

意味着加载速率不同。可见,加载速率对爆破质点峰值振动速度特别是近区的振动速度具有较大影响。

表 4.5　不同上升时间的爆炸荷载在围岩中激发径向振动的 PPV 和频率

荷载上升时间/ms	$r-a=5$m			$r-a=50$m		
	PPV/(cm/s)	主频率/Hz	平均频率/Hz	PPV/(cm/s)	主频率/Hz	平均频率/Hz
0.8	20.7	66.7	155.5	2.6	50	120.0
1.6	17.5	66.7	141.2	2.5	50	119.2
3.2	12.7	66.7	120.1	2.4	50	114.9

距开挖面 5m 和 50m 处,不同上升时间的爆炸荷载在围岩中激发径向振动的幅值谱曲线如图 4.12 所示。在近区 $r-a=5$m 处,随着爆炸荷载上升时间变长,爆破振动主频率没有变化,但频带明显变窄,主频带内(0～400Hz)平均频率显著降低,如表 4.5 所示。在远区 $r-a=50$m 处,爆炸荷载上升时间对爆破振动主频率同样没有影响,爆破振动主频带随着爆炸荷载上升时间变长略微变窄,平均频率略微降低。可见,爆炸荷载上升时间对爆破振动平均频率特别是爆破近区的振动平均频率具有显著影响,爆炸荷载上升时间越长,平均频率越低。

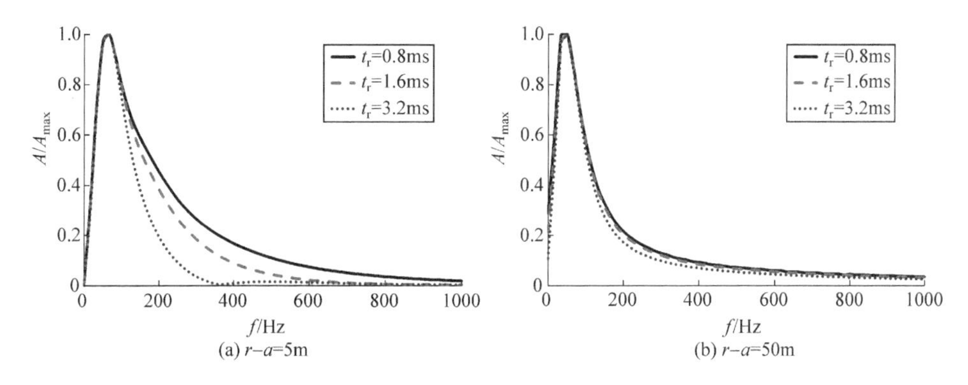

图 4.12　不同上升时间的爆炸荷载在围岩中激发径向振动的幅值谱

炮孔内爆炸荷载衰减时间与炮孔长度及炮孔堵塞状况密切相关,深孔爆破、堵塞良好时,炮孔内爆生气体不易逸出,爆炸荷载衰减时间长,爆炸荷载与岩体作用时间长,这有利于充分破碎岩体。此外,爆炸荷载衰减时间还与抵抗线有关,当抵抗线较小时,爆炸荷载在炮孔中部岩体中产生的弯矩大于岩体的抗弯能力,岩体在炮孔中部开裂,炮生气体从此处及孔口同时逸出,荷载衰减快;而当抵抗线较大时,孔口成为爆生气体的主要逸出通道,爆炸荷载衰减较慢。图 4.13 给出了相同爆炸荷载峰值($P_{e0}=5$MPa)、爆炸荷载上升时间($t_r=0.8$ms)、开挖面半径($a=5$m)时,不同爆炸荷载衰减时间($t_a=5.6$ms、11.2ms、22.4ms)下爆炸荷载在围岩中激发径向振动的 PPV 衰减曲线。结果表明,爆炸荷载衰减时间对质点峰值振动速度几乎没有影响。

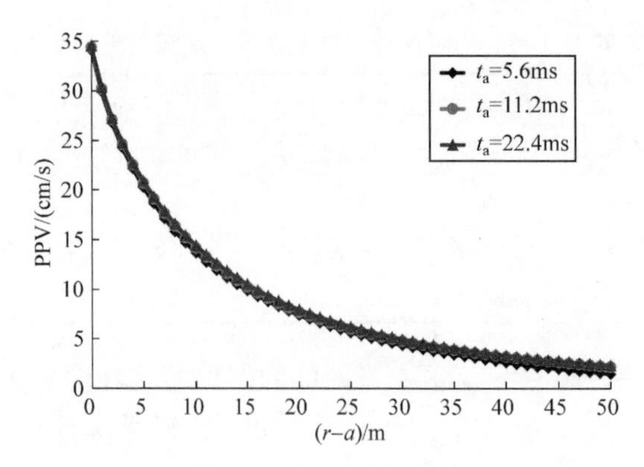

图 4.13 不同衰减时间的爆炸荷载在围岩中激发径向振动的 PPV 衰减曲线

不同衰减时间的爆炸荷载在围岩中激发径向振动的幅值谱曲线如图 4.14 所示,振动主频率和主频带内(0～400Hz)的平均频率列于表 4.6。随着爆炸荷载衰减时间延长,爆破振动幅值谱曲线向低频成分偏移,振动主频率和平均频率均降低,且爆炸荷载衰减时间对近区爆破振动频率的影响明显大于对远区的影响。

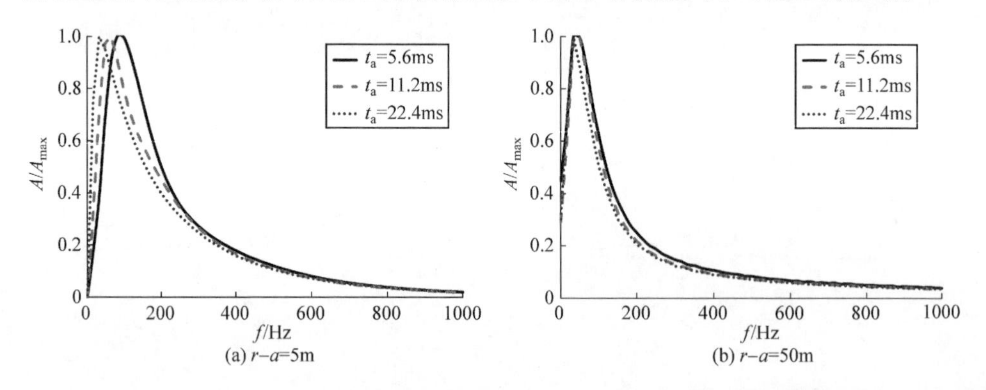

图 4.14 不同衰减时间的爆炸荷载在围岩中激发径向振动的幅值谱

表 4.6 不同衰减时间的爆炸荷载在围岩中激发径向振动的 PPV 和频率

荷载衰减时间/ms	$r-a$=5m			$r-a$=50m		
	PPV/(cm/s)	主频率/Hz	平均频率/Hz	PPV/(cm/s)	主频率/Hz	平均频率/Hz
5.6	20.3	83.3	163.4	2.3	50.0	121.8
11.2	20.7	66.7	155.5	2.6	50.0	120.0
22.4	20.9	33.3	147.0	2.8	33.3	119.3

2. 开挖面尺寸的影响

各段炮孔爆破时开挖面的尺寸由钻爆孔网参数决定，同时还与炸药参数及装药结构有关，采用高密度、高爆轰波速的炸药以及耦合装药结构，炮孔壁上的爆炸荷载峰值较大，对应的破碎区外边界及开挖面也就越大。相同爆炸荷载峰值($P_{e0}=5$MPa)、爆炸荷载上升时间($t_r=0.8$ms)、爆炸荷载衰减时间($t_a=11.2$ms)时，不同开挖面半径($a=1$m、2m、5m)下爆炸荷载激发径向振动的 PPV 衰减曲线如图 4.15 所示。可以看出，开挖面半径越大，相同的爆炸荷载在相同爆心距处激发的振动速度越大，且质点峰值振动速度随爆心距的衰减速率越慢。表 4.7 给出了不同开挖面半径下爆炸荷载在距开挖面 5m 和 50m 处激发径向振动的 PPV 和频率。可以看出，随着开挖面半径增大，质点峰值振动速度变化非常显著，开挖面尺寸也是影响爆破振动较为强烈的因素。

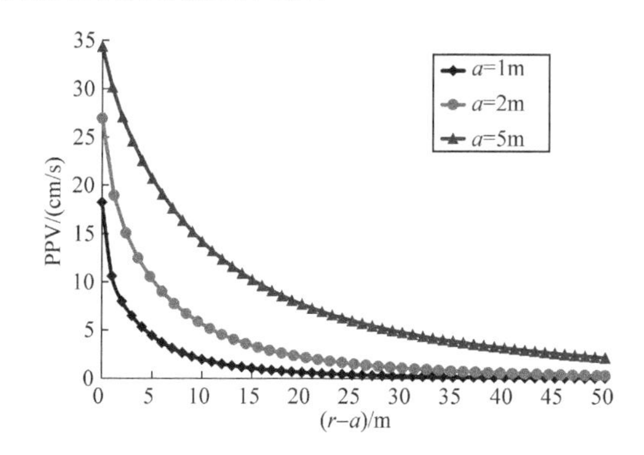

图 4.15　不同开挖面半径下爆炸荷载在围岩中激发径向振动的 PPV 衰减曲线

表 4.7　不同开挖面半径下爆炸荷载在围岩中激发径向振动的 PPV 和频率

开挖面半径/m	$r-a=5$m			$r-a=50$m		
	PPV/(cm/s)	主频率/Hz	平均频率/Hz	PPV/(cm/s)	主频率/Hz	平均频率/Hz
1	4.4	250.0	383.5	0.1	100.0	156.0
2	10.0	166.7	273.5	0.5	83.3	142.4
5	20.7	66.7	155.5	2.6	50.0	120.0

图 4.16 给出了不同开挖面半径下爆炸荷载在距开挖面 5m 和 50m 处激发径向振动的幅值谱曲线，表 4.7 给出了各质点处的振动主频率和主频带内的平均频率。对于既定的岩体介质，开挖面尺寸是影响爆破振动频率最重要的因素。随着开挖面半径的增大，爆破振动幅值谱曲线向低频成分偏移，同时主频带明显变窄，主频率和平均频率均显著降低，开挖面大小同样地对近区爆破振动频率的影响较大。

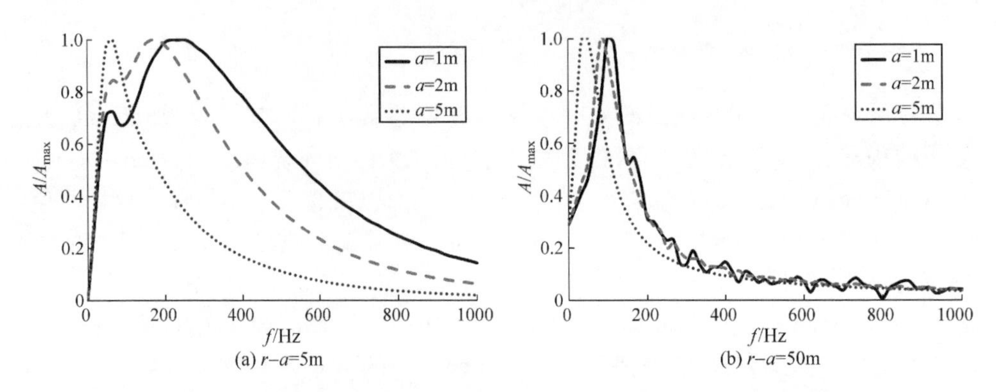

图 4.16　不同开挖面半径下爆炸荷载在围岩中激发径向振动的幅值谱

综上所述,对于既定的岩体介质,爆炸荷载激发的质点峰值振动速度受爆炸荷载峰值、爆炸荷载上升时间和开挖面尺寸的影响,其中荷载峰值和开挖面尺寸是影响质点峰值振动速度较为强烈的两个因素;荷载峰值越大、荷载上升时间越短、开挖面越大,爆炸荷载激发的振动速度越大,反之越小。爆炸荷载上升时间、荷载衰减时间和开挖面大小影响爆破振动频谱构成,其中开挖面半径是影响爆破振动频率最为强烈的因素;荷载上升时间和衰减时间越长、开挖面越大,爆炸荷载激发振动的主频带越窄、主频率或平均频率越低。

为控制爆破振动对周围建(构)筑物的影响,应尽量降低质点峰值振动速度。为此,在满足岩体爆破破碎的前提条件下,宜采用低密度、低爆速的炸药及不耦合装药结构减小爆炸荷载峰值、延长爆炸荷载上升时间;同时应控制爆破规模,减小一次爆破开挖面的大小。

4.2.2　质点峰值振动速度比较

针对图 2.1 所示的深埋圆形隧洞全断面毫秒延迟爆破模型,将各段炮孔爆破时炮孔壁上的爆炸荷载等效施加在对应的开挖面上计算爆破振动。图 4.17 给出了静水应力场条件下(σ_v=20MPa),各段炮孔爆破时开挖面上等效爆炸荷载和地应力瞬态卸荷激发径向振动的 PPV 衰减曲线,图中横坐标 $r-R$ 为测点距隧洞洞壁的距离。

从图 4.17 中可以看出,给定的计算条件下,深部岩体爆破开挖引起的围岩振动以爆炸荷载作用为主。在爆破近区(如距洞壁 15m 范围内),爆炸荷载激发的质点峰值振动速度大于地应力瞬态卸荷激发的质点峰值振动速度,特别是对于掏槽孔(MS1 段)和崩落孔(MS3 段、MS5 段和 MS7 段)爆破时,差异更加明显。对比表 3.3 可以发现,各段炮孔爆破时,开挖面上的等效爆炸荷载峰值和开挖面上的地应力差别较小。出现这种振速差异的原因在于爆炸荷载上升时间小于地应力瞬态

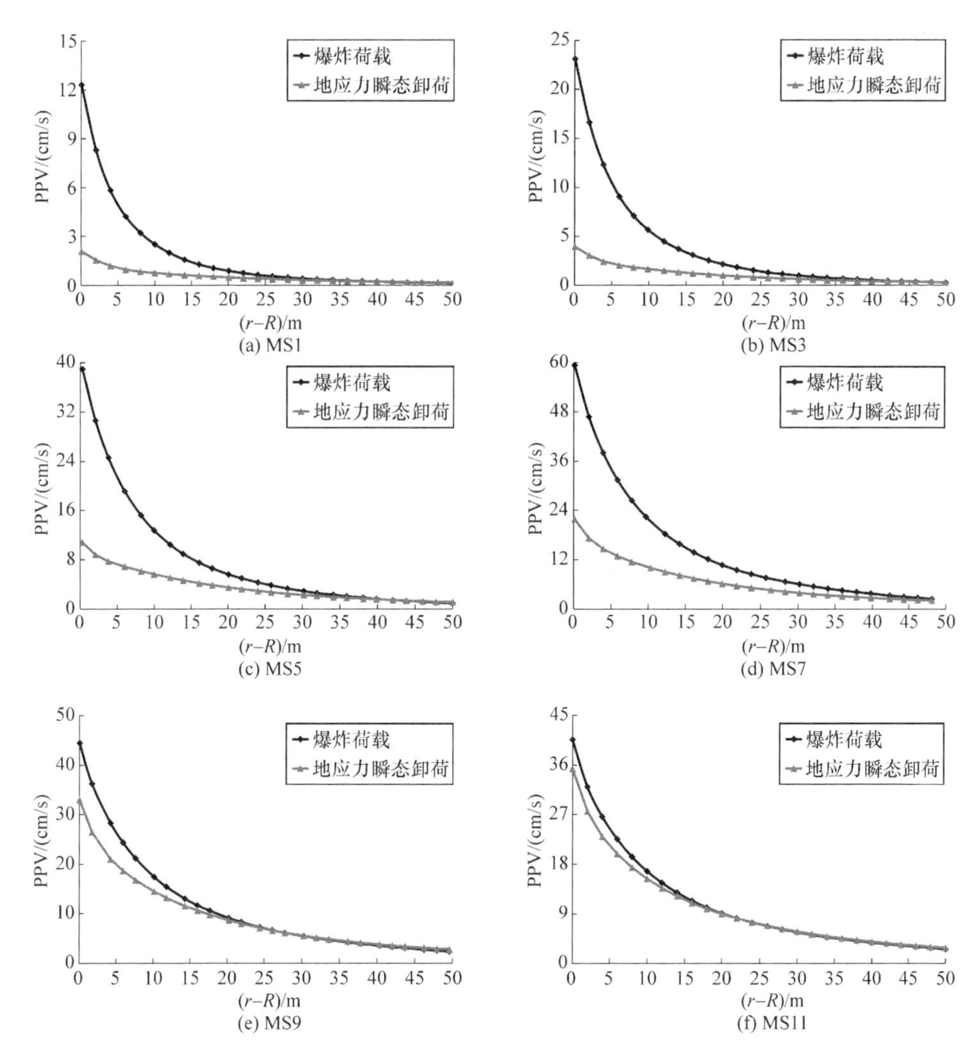

图 4.17　爆炸荷载和地应力瞬态卸荷激发径向振动的 PPV 衰减曲线比较(σ_v=20MPa)

卸荷持续时间，即加(卸)载速率不同。由前面的分析可知，时间越短、加(卸)载速率越快，激发的质点峰值振动速度越大。掏槽孔(MS1 段)和崩落孔(MS3 段、MS5 段和 MS7 段)爆破时爆炸荷载上升时间远小于地应力瞬态卸荷持续时间，因而峰值振动速度差别较大。缓冲孔(MS9 段)和光爆孔(MS11 段)爆破时，尽管开挖面上的地应力减小，但卸荷持续时间也随之缩短，因而与爆炸荷载激发的峰值振动速度差别相对较小。

最外一圈崩落孔(MS7 段)爆破时爆炸荷载激发的振动速度最大，以此段为例，爆炸荷载和地应力瞬态卸荷激发振动的质点峰值振动速度衰减规律分别为

$$\mathrm{PPV}=99.49\frac{P_0}{\rho c_{\mathrm{P}}}\left(\frac{a}{r}\right)^{1.26},\quad C_{\mathrm{R}}=0.98 \tag{4.10}$$

$$\mathrm{PPV}=37.95\frac{P_{\mathrm{u0}}}{\rho c_{\mathrm{P}}}\left(\frac{a}{r}\right)^{0.92},\quad C_{\mathrm{R}}=0.98 \tag{4.11}$$

从以上回归公式可以看出，相比于地应力瞬态卸荷激发振动，爆炸荷载激发的质点峰值振动速度随距离衰减更快。因此在一定距离以外，地应力瞬态卸荷激发的振动速度与爆炸荷载相当，随着距离的进一步增大，地应力瞬态卸荷激发的振动要大于爆炸荷载激发的振动。因此，在围岩振动影响评价和安全控制中，对开挖面上地应力瞬态卸荷激发的振动不容忽视[12,13]。

以上计算中爆区远场地应力为 20MPa，属中等地应力水平，在我国西南、西北地区兴建的一批大型水电工程中出现了更高的地应力水平。例如，锦屏一级水电站、瀑布沟水电站、拉西瓦水电站、二滩水电站、小湾水电站等水电工程地下厂房及引水隧洞的最大地应力达 25～40MPa；锦屏二级水电站 4 条引水隧洞实测最大主应力约 42MPa，预测隧洞轴线上的最大主应力达 72MPa[14]。不同地应力水平下(σ_{v}=20MPa、40MPa、80MPa)，最外一圈崩落孔(MS7 段)爆破时爆炸荷载和地应力瞬态卸荷激发径向振动的 PPV 比较如图 4.18 所示。在开挖面大小相同的情况下，爆区远场地应力水平的高低对瞬态卸荷激发的振动大小具有决定性的影响[15,16]。在低、中地应力水平时，岩体爆破开挖地应力瞬态卸荷激发的振动相对较小，围岩振动主要由爆炸荷载作用引起。随着地应力水平的提高，如本例中 σ_{v} 达到 40MPa，在距隧洞洞壁 10m 范围内，爆炸荷载激发的峰值振动速度仍大于地应力瞬态卸荷，但爆炸荷载激发的振动衰减较快，超过这一距离后，地应力瞬态卸荷激发的振动超过爆炸荷载，对围岩振动起主要作用。若地应力水平再进一步提高，则开挖面上地应力瞬态卸荷激发的峰值振动速度将远大于爆炸荷载激发的振动，在整个围岩振动中占主导地位。

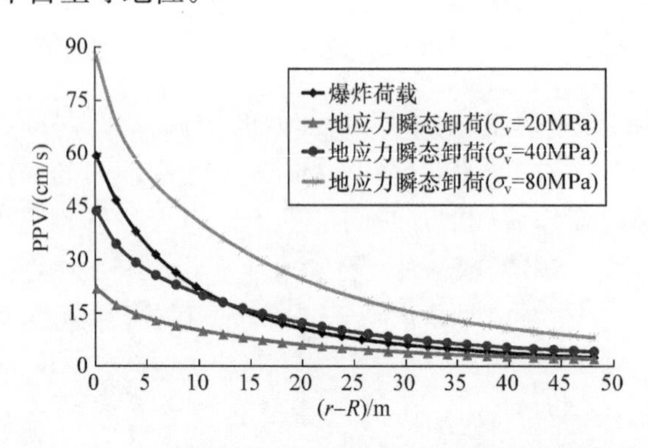

图 4.18　不同地应力水平下爆炸荷载和地应力瞬态卸荷激发径向振动的 PPV 比较

由于地应力瞬态卸荷激发的质点峰值振动速度与地应力大小成正比，且随距离衰减比爆炸荷载激发的振动衰减更慢，随着爆区地应力水平的提高，地应力瞬态卸荷激发的振动将逐渐超越爆炸荷载激发的振动，在围岩更大的范围内占据主导地位，成为影响围岩爆破振动的主要因素。可见，在中、高地应力区进行的爆破开挖更加需要重视开挖面上地应力瞬态卸荷产生的振动效应。

4.2.3 振动频率比较

各段炮孔爆破时，爆炸荷载和地应力瞬态卸荷激发径向振动的幅值谱对比如图 4.19 所示，为了便于频率比较，这里同样对幅值进行了归一化处理。可以看出，由于爆炸荷载上升时间比地应力瞬态卸荷持续时间短、加(卸)载速率快，在各段炮孔爆破时爆炸荷载激发振动的主频带无一例外的比瞬态卸荷激发振动的主频带更宽。在相同开挖面半径条件下，两种动态荷载激发振动的主频率和平均频率如表 4.3 和表 4.7 所示。根据表 3.3，掏槽孔(MS1 段)和崩落孔(MS3 段、MS5 段和 MS7 段)爆破时，爆炸荷载上升时间与瞬态卸荷持续时间差别较大，因而幅值谱曲线差别很大，爆炸荷载激发振动的主频率和平均频率都高于地应力瞬态卸荷激发振动，特别是振动主频率，前者可以达到后者的 2 倍以上，如图 4.19 所示。缓冲孔(MS9 段)和光爆孔(MS11 段)爆破时，随着卸荷持续时间的缩短，爆炸荷载和地应力瞬态卸荷激发振动的幅值谱曲线差别相对较小，两者激发振动的主频率一致，但爆炸荷载激发振动的主频带更宽，平均频率更高。

总体来看，开挖面上地应力瞬态卸荷激发振动的频率要低于爆炸荷载激发振动频率。由于工程结构的自振频率一般较低，因此，在这两种动态荷载激发的质点峰值振动速度相当的情况下，地应力瞬态卸荷引起的围岩振动对爆区周围的工程结构更加不利。

4.2.4 实测深埋隧洞开挖过程振动信号的频谱特性

深埋隧洞爆破开挖引起的围岩振动信号具有持时短、突变快等特点，属于典型的非平稳信号，本节选用基于功率谱的能量分析方法来分析围岩振动的频谱特性。

1. 测试条件

瀑布沟水电站 6 条圆形有压引水隧洞平行布置，埋深 220～360m，在 2# 引水隧洞距洞口 100m 处的施工爆破过程中进行振动监测。爆区实测地应力值约为 10MPa，属中等地应力水平，隧洞围岩主要为Ⅳ、Ⅴ类花岗岩。隧洞开挖采用分部法爆破施工，采用 2# 岩石乳化炸药，最大单响药量为 34kg，其上半部分爆破设计如图 4.20 所示，开挖进尺为 1.5m。

选取在临近 1# 引水隧洞正对爆源方向的测点数据，这样地震波直接由岩体传

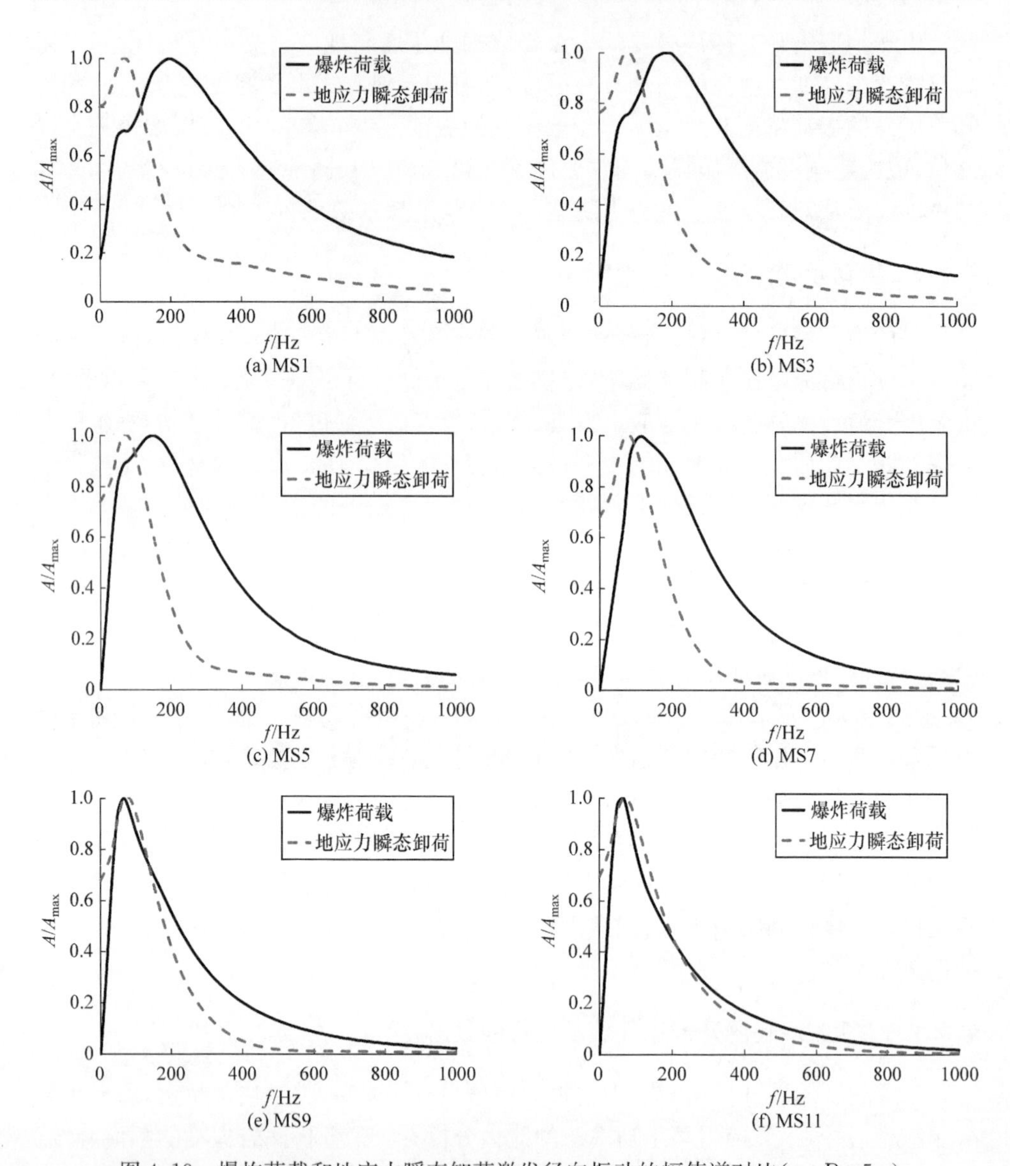

图 4.19 爆炸荷载和地应力瞬态卸荷激发径向振动的幅值谱对比($r-R=5$m)

至振动传感器,而且该方向为岩体开挖卸荷最强烈的方向,实测振动信号如图 4.21 所示。

2. 基于功率谱的振动信号能量分析方法

结构受爆破地震波的影响,空间中质量为 Δm 的质元在某一时刻的动能可表示为

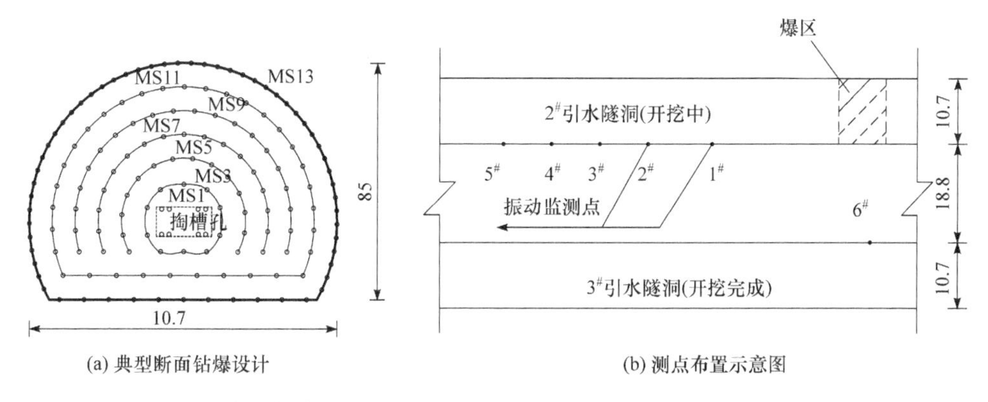

图 4.20 2# 引水隧洞上半洞开挖钻爆设计及振动监测布置示意图(单位:m)

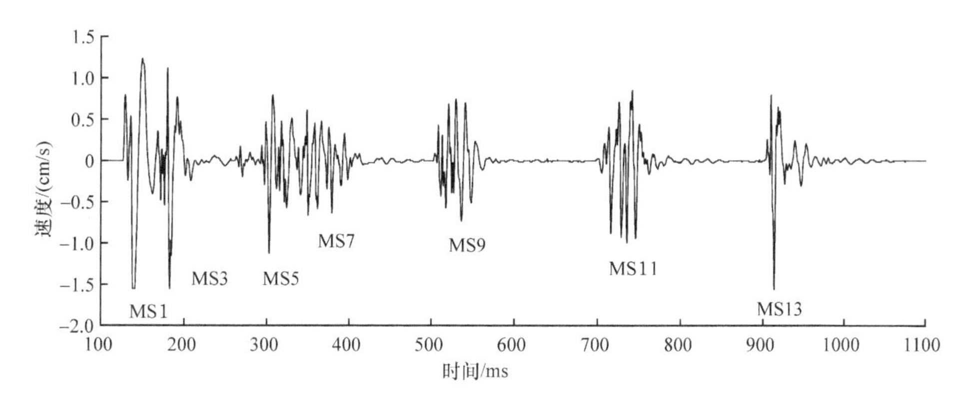

图 4.21 实测振动信号

$$E(t)=\frac{1}{2}\Delta m v^2(t) \tag{4.12}$$

式中,$E(t)$为爆破振动 t 时刻的能量;$v(t)$为 t 时刻的振动速度;Δm 为质元质量。对质元质量做归一化处理,在时程内进行积分可得到爆破振动信号的总能量:

$$E_q=\int_{t_1}^{t_2} v^2(t)\mathrm{d}t \tag{4.13}$$

式中,E_q为爆破振动的总能量;t_1、t_2分别为爆破振动信号记录的起止时刻。

因为爆破振动测试值是离散信号,所以式(4.13)可表示为

$$E_q=\left(\sum v^2(t_i)\right)\Delta t \tag{4.14}$$

式中,$v(t_i)$为离散的爆破振动速度采样序列;Δt 为采样时间间隔。

对爆破振动信号进行频谱分析,可以得到离散化的频率值系列和相应的功率谱密度 PSD_i系列。功率谱密度的物理意义表示了一定频率谐波分量能量的相对大小,因此可以利用功率谱对爆破振动在一定频带范围内的能量分布进行分析和

研究[17]。频率范围(f_m,f_n)内的振动能量占总能量的比例可以表示为

$$P_{E_i}=\frac{\sum\limits_{i=m}^{n-1}\mathrm{PSD}_i}{\sum \mathrm{PSD}_i}\tag{4.15}$$

式中,P_{E_i}为频率范围(f_m,f_n)内的振动能量比例。根据奈奎斯特采样定理,式中分母求和项为 $f=0\sim f_c/2$ 的功率谱密度值的总和,f_c为爆破振动测试采样频率。

3. 实测振动信号的功率谱密度

在 MATLAB 中编制相应的信号处理分析程序,对图 4.21 所示的实测爆破振动信号进行分析,MS1～MS13 段实测爆破振动的功率谱如图 4.22 和表 4.8 所示。可以看出,MS1～MS13 段炮孔起爆时振动的能量分布较为分散,呈现为多峰形式;能量集中分布在 20～150Hz 内,其占总能量的比例大于 80%,且主要集中在 40～120Hz 内,小于 20Hz 的低频能量和大于 150Hz 的高频能量占总能量比例仅为 10%。

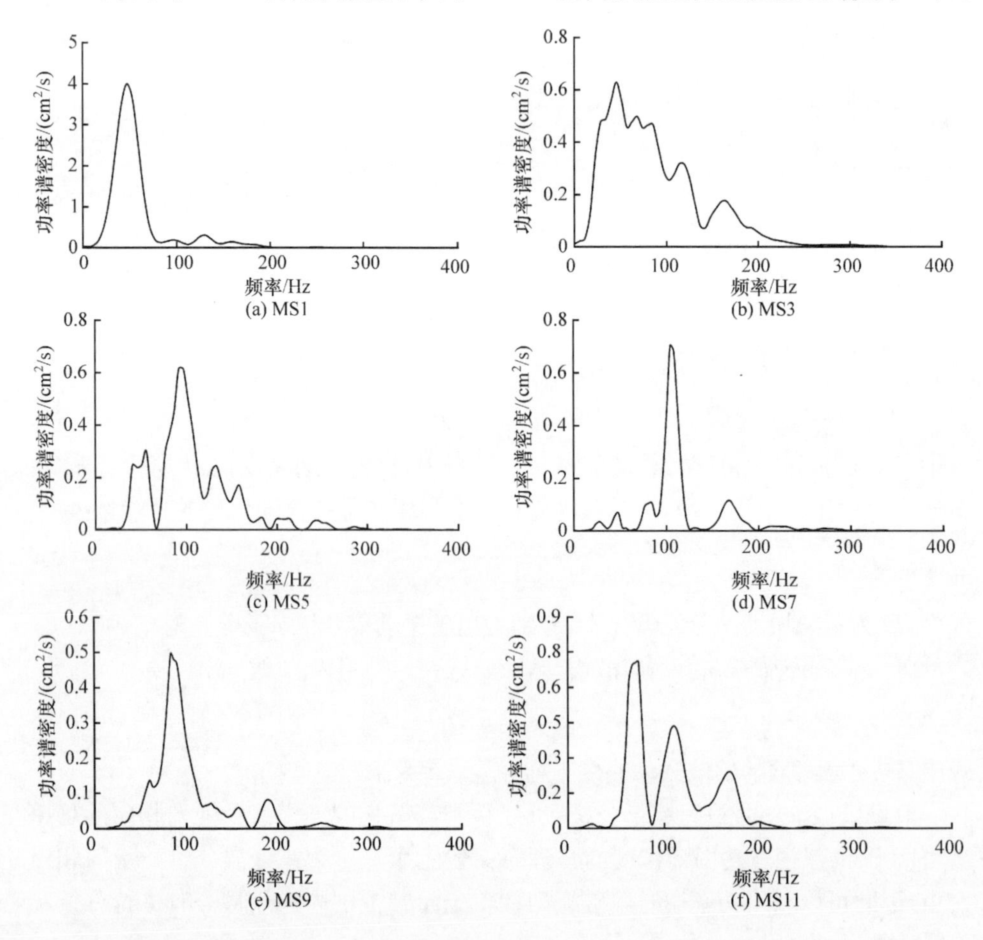

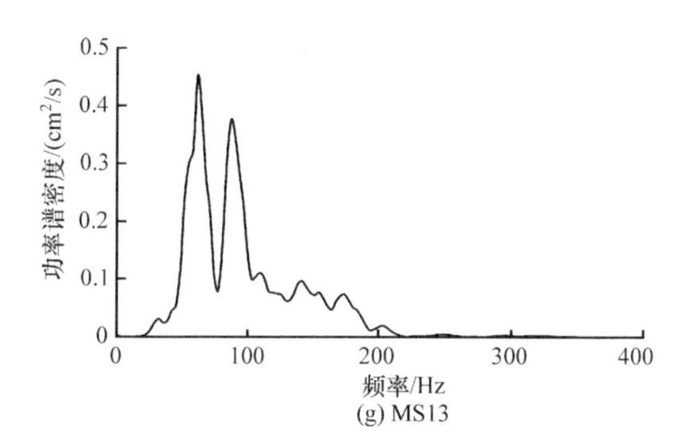

(g) MS13

图 4.22　MS1～MS13 段实测爆破振动功率谱

表 4.8　MS1～MS13 段实测爆破振动能量的频域分布

起爆分段	PPV /(cm/s)	主频率 /Hz	各频带能量百分比/%				
			0～20Hz	20～40Hz	40～120Hz	120～150Hz	>150Hz
MS1	1.55	47.3	4.1	31.3	58.0	3.7	2.9
MS3	1.53	45.5	5.4	15.3	61.8	7.5	10.0
MS5	1.12	96.9	0.2	5.1	67.8	17.5	8.7
MS7	0.66	104.4	0.4	2.6	75.5	3.1	16.8
MS9	0.75	83.3	0.1	1.9	77.6	7.2	13.3
MS11	0.99	73.3	0.3	0.6	69.9	10.9	18.3
MS13	1.55	61.3	0.1	2.4	74.9	10.3	12.2

4. 数值模拟验证

数值模拟采用动力有限元软件 ANSYS/LS-DYNA，计算模型如图 4.23 所示。根据工程资料建立模型，模型尺寸为 138m×106m×90m，采用六面体实体单元，并从掌子面向外逐渐过渡，共 407550 个单元。岩体密度为 2700kg/m^3，弹性模量为 21GPa，泊松比为 0.27，纵波速度为 3000m/s。研究对象为中远区岩体中传播的弹性地震波，故岩体采用弹性本构，模型边界设置为无反射边界条件。

采用在同段炮孔中心连线与炮孔轴线所确定的面上施加等效爆炸荷载的方法，模拟爆炸荷载作用下围岩的振动响应[18,19]。本例计算中炸药密度取为 1000kg/m^3，爆轰波速取为 3600m/s，MS1～MS13 段爆破时对应的等效爆炸荷载峰值如表 4.9 所示。根据炮孔爆炸荷载变化历程可估算荷载上升时间和下降时间分别为 0.8ms 和 7.0ms，估算开挖面上地应力瞬态卸荷持续时间约为 2ms。

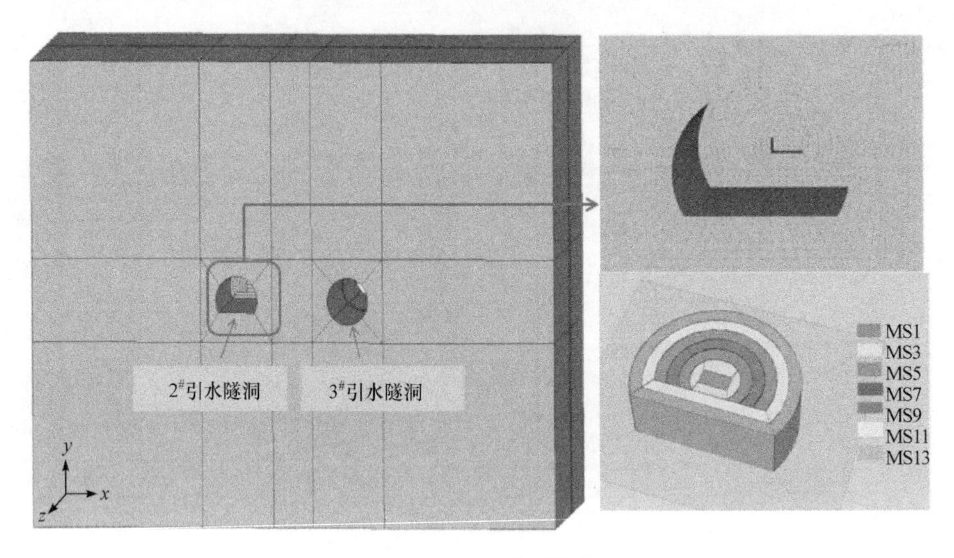

图 4.23　三维数值计算模型

表 4.9　MS1～MS13 段爆破时对应的等效爆炸荷载峰值

炮孔段别	炮孔半径/m	炮孔直径/mm	药卷直径/mm	等效爆炸荷载峰值/MPa
MS1	0.60	42	42	154.55
MS3	1.15	42	42	64.39
MS5	2.00	42	32	12.60
MS7	2.85	42	32	12.02
MS9	3.70	42	32	11.81
MS11	4.55	42	28.5	5.84
MS13	5.35	42	20	3.73

每段炮孔对应开挖面的初始应力可通过对岩体挖除前模型进行有限元静力计算得到，然后将该应力荷载转换为等效节点反力，施加在已除去被开挖岩体的动力模型上来模拟待开挖岩体对保留岩体的约束作用，最后完成与爆炸荷载的同步卸载。耦合作用下数值模拟与实测振动速度时程曲线对比如图 4.24 所示，可以看出，振动速度峰值和频率吻合都较好，验证了本节数值模拟参数的可靠性。

在数值模拟参数得到验证的基础上，计算得到实际地应力水平下爆炸荷载和地应力瞬态卸荷激发振动的功率谱，如图 4.25 所示，各频带的能量占总能量的百分比如表 4.10 所示。

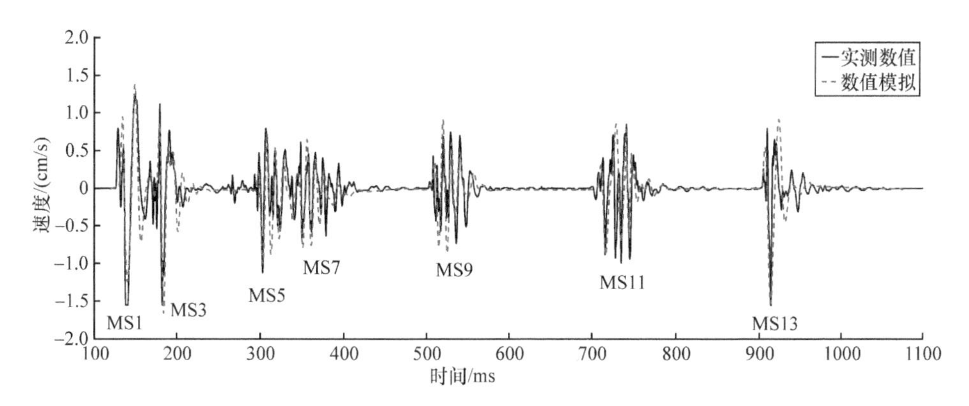

图 4.24　耦合作用下数值模拟与实测振动速度时程曲线对比

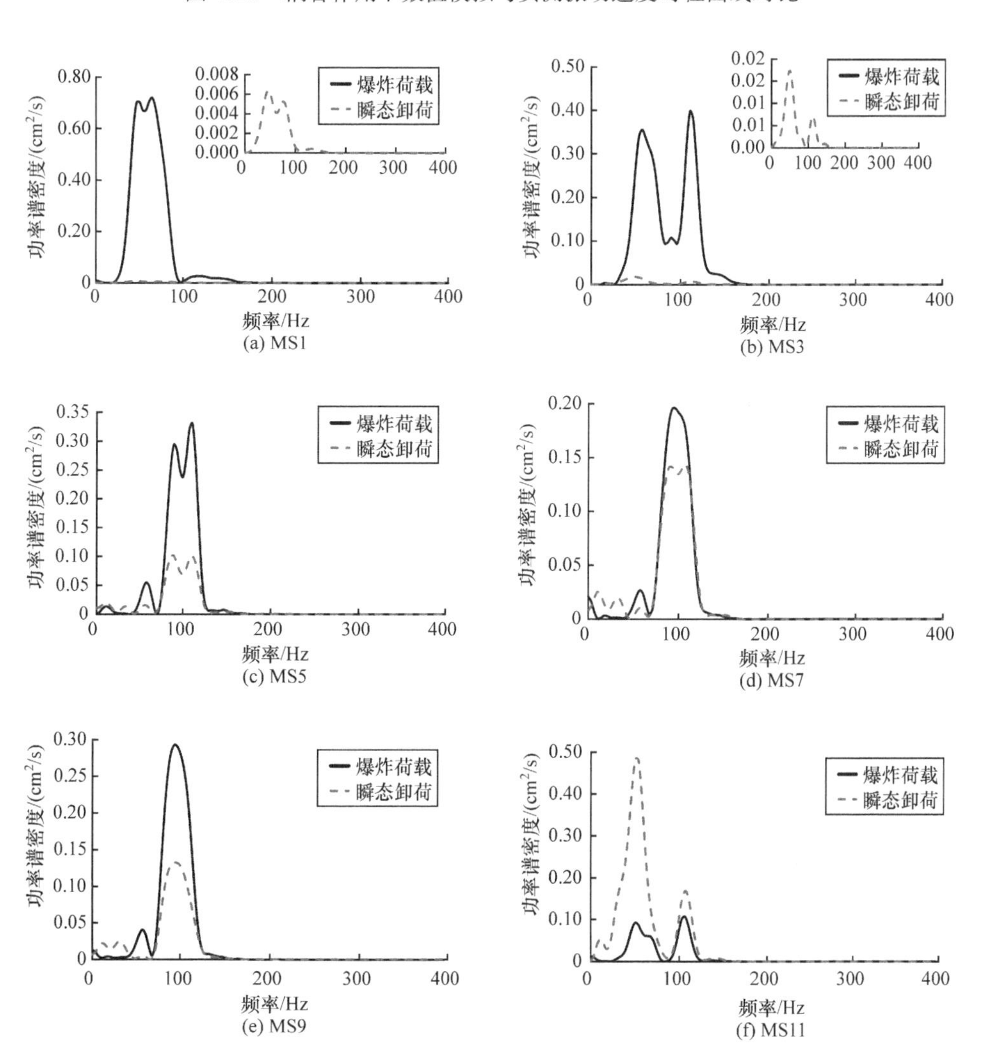

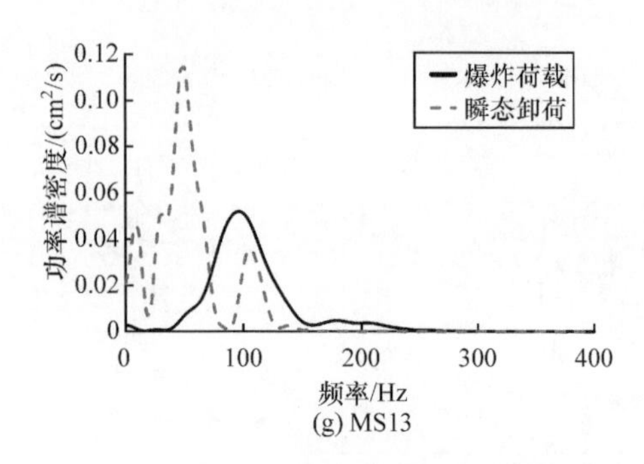

(g) MS13

图 4.25　爆炸荷载和地应力瞬态卸荷激发振动的功率谱

表 4.10　数值模拟得到的爆炸荷载和地应力瞬态卸荷激发振动在各频带上的能量比例

起爆分段	PPV /(cm/s)		主频率 /Hz		各频带能量百分比/%									
					0～20Hz		20～40Hz		40～120Hz		120～150Hz		>150Hz	
	BL	TRIS	BL	TRIS	BL	TRIS	BL	TRIS	BL	TRIS	BL	TRIS	BL	TRIS
MS1	1.32	0.10	64.3	46.4	0.3	3.0	16.5	24.0	81.1	70.0	1.8	3.0	0.4	0.6
MS3	1.30	0.14	110.7	50.0	0.1	4.2	4.1	25.5	90.3	66.3	5.1	3.9	0.4	0.1
MS5	0.92	0.21	110.9	89.3	1.4	7.0	0.2	3.5	96.2	86.0	2.1	3.1	0.3	0.5
MS7	0.71	0.32	96.4	93.0	2.4	6.0	0.4	4.2	94.8	87.0	2.3	2.7	0.2	0.4
MS9	0.61	0.33	96.4	92.8	1.3	7.1	0.7	6.5	96.7	83.9	1.7	1.9	0.1	0.3
MS11	0.52	0.50	107.1	50.0	2.4	4.5	8.7	23.4	87.3	70.8	1.4	1.0	0.1	0.1
MS13	0.65	0.30	96.4	50.0	0.9	13.4	0.8	25.4	77.5	59.7	11.2	1.1	9.0	0.1

注：BL 表示爆炸荷载，TRIS 表示地应力瞬态卸荷。

由图 4.25 可知，爆炸荷载和地应力瞬态卸荷激发振动的能量均主要分布在 20～120Hz 内，占总能量的比例在 90%以上。地应力瞬态卸荷激发振动能量在较低频带(20～40Hz)的比例大于爆炸荷载激发振动在该频段的比例，瞬态卸荷激发振动主频率一般低于爆炸荷载激发振动主频率，因此地应力瞬态卸荷激发振动会影响围岩振动的能量分布，增加围岩振动能量的低频成分，加剧开挖振动对围岩稳定的不利影响。

为比较地应力水平对瞬态卸荷激发振动能量分布的影响，以 MS11 段为例给出了地应力分别为 10MPa、20MPa、30MPa 时，瞬态卸荷激发振动波形及功率谱，如图 4.26 所示。在炮孔布置、起爆网路相同条件下，地应力水平的提高会增大开挖面初始应力瞬态卸荷激发振动的幅值，对能量在频域的分布影响不大。

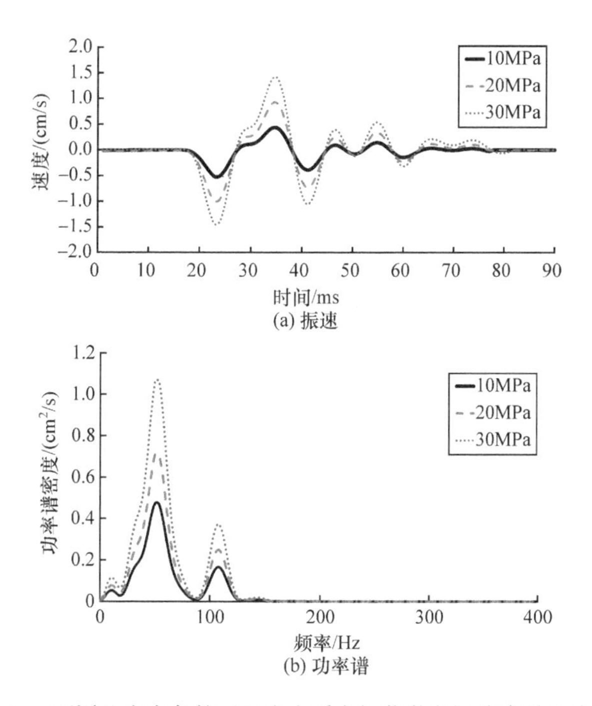

图4.26　不同地应力条件下地应力瞬态卸荷激发振动波形及功率谱

4.3　实测瞬态卸荷激发振动的识别与分离

深部岩体爆破开挖产生的围岩振动由爆炸荷载和岩体开挖瞬态释放耦合作用引起，而且随着地应力水平的提高，地应力瞬态卸荷激发的振动可成为影响围岩爆破振动的主要因素。因此，研究地应力瞬态卸荷激发的围岩振动对正确认识深部岩体开挖爆破振动特性、爆破振动安全评价与控制具有重要的工程指导意义。

深部岩体爆破开挖过程中，开挖面上的地应力伴随着岩体开裂破碎而释放，地应力瞬态卸荷与爆炸荷载作用之间是一个时空耦合的过程，两者发生的起始时刻相差仅数毫秒，因此激发的振动在围岩中互相叠加，在时域上没有明显的分界点，这给识别和分离地应力瞬态卸荷引起的围岩振动带来了较大的困难[20,21]。但4.2节介绍的爆炸荷载与岩体开挖瞬态卸荷激发的振动能量在频域上分布的差异为解决这一问题提供了可能。本节通过采用数字信号分析，并结合数值模拟的方法，基于高地应力区实测围岩振动，对地应力瞬态卸荷激发的振动进行识别和分离，为深埋岩体开挖瞬态卸荷激发振动预报奠定基础。

下面通过分析瀑布沟水电站地下主厂房和锦屏二级水电站引水隧洞爆破开挖

过程中实测的围岩振动，对岩体开挖瞬态卸荷激发的振动进行识别和分离。

4.3.1 深埋隧洞钻爆开挖过程的实测围岩振动

1. 瀑布沟水电站地下主厂房

瀑布沟水电站位于长江流域岷江水系的大渡河中游、四川省汉源县及甘洛县境内。电站枢纽由砾石土心墙堆石坝、左岸地下厂房系统、左岸岸边开敞式溢洪道、左岸泄洪洞、右岸放空洞及尼日河引水工程等组成。左岸地下厂房系统由主副厂房、主变室、尾水闸门室、6 条压力管道和 2 条无压尾水隧洞等组成，如图 4.27 所示。厂房共装有 6 台机组，单机容量 550MW，总装机容量 3300MW。主、副厂房开挖尺寸为 294.1m×30.7m×70.2m（长×宽×高，下同），其中安装间长 60.0m、主机间长 208.6m、副厂房长 25.5m，主厂房吊车梁以上开挖跨度 30.7m、以下开挖跨度 26.8m。主厂房下游平行布置的主变室开挖尺寸为 249.1m×18.3m×25.6m，厂房与主变室之间的岩柱厚 41.9m[22]。地下厂房置于微风化～新鲜的中粗粒花岗岩中，围岩以Ⅱ、Ⅲ类岩体为主，岩体纵波波速在 4500m/s 以上；局部辉绿岩脉、裂隙密集带、小断层带及影响破碎带为Ⅳ、Ⅴ类围岩。岩体中无大的断层分布，揭露的小断层主要有 9 条[22]。瀑布沟水电站地下厂房区域地应力场是一个以构造应力为主的中等偏高地应力场，其中第一、第三主应力方向基本接近水平，第一主应力与主厂房纵轴线有 20°～30°的夹角，第一、第三主应力大小分别为 21.1～27.3MPa 和 10.2～12.3MPa；第二主应力方向接近垂直，其大小为 15.5～23.3MPa[23]。

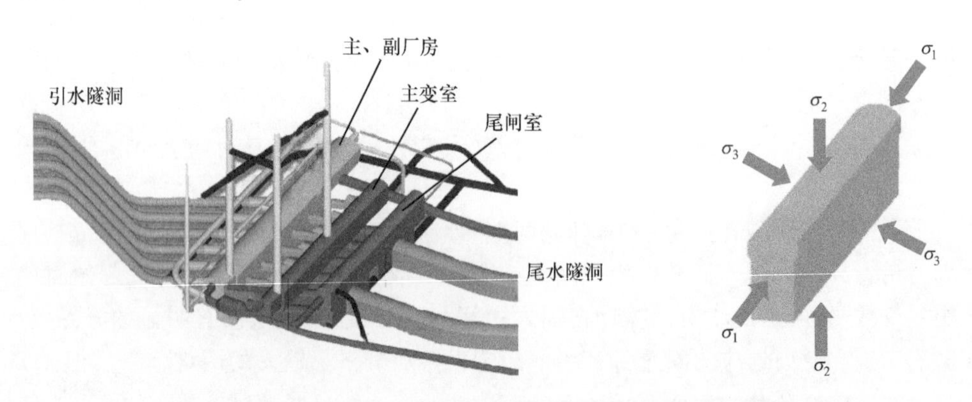

图 4.27 瀑布沟水电站地下厂房布置及主应力方向示意图

地下主厂房自上而下分九层开挖，每层开挖高度约 8.0m，如图 4.28 所示。为减小爆破对高边墙围岩的影响，同时保证边墙的成型质量，每层分区进行开挖。以第Ⅳ层开挖为例，开挖台阶高度 7.8m（EL685.2m～677.4m），先进行中部拉槽爆破开挖，开挖宽度 18.8m，一次开挖进尺 8.0m，后进行两侧边墙保护层爆破开挖，单侧宽 4.0m，滞后中部拉槽爆破 20～30m。

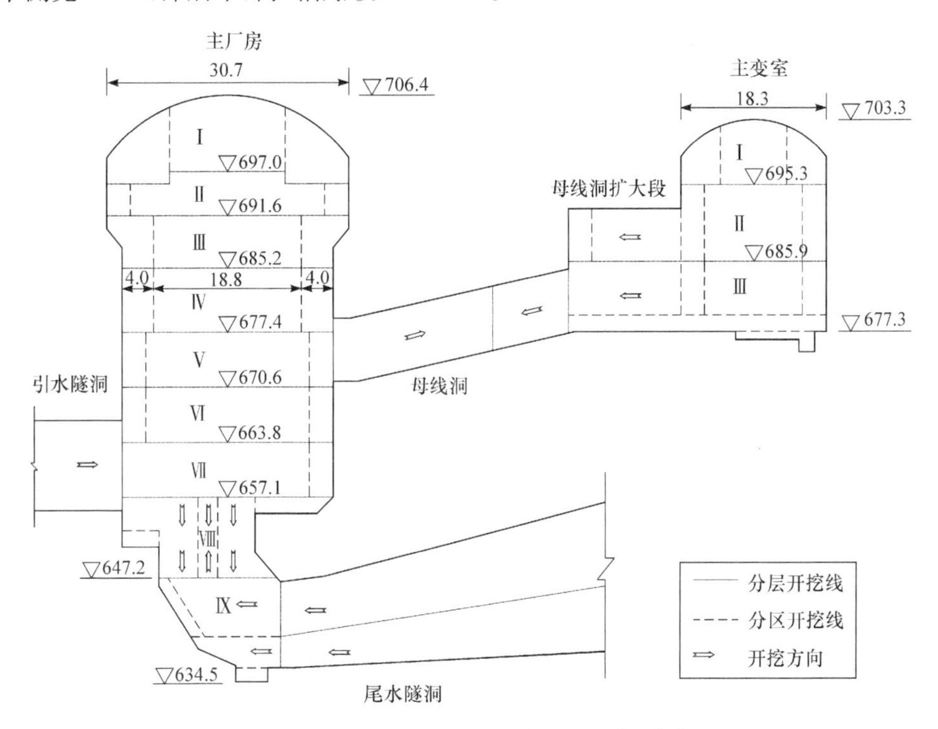

图 4.28　瀑布沟水电站地下厂房开挖程序(单位:m)

主厂房中部拉槽爆破采用履带式液压潜孔钻垂直钻孔，炮孔直径 90mm，炮孔间距 2.1m，排间抵抗线 2.0m。炸药采用 2# 岩石乳化炸药，药卷直径 70mm。中部拉槽爆破采用非电毫秒延迟雷管 MS1～MS15 分 8 段起爆，雷管跳段使用，每段 4～5 个炮孔同时起爆，如图 4.29 所示，图中 σ_h 和 σ_l 分别为厂房水平横向和水平纵轴向地应力。在主厂房第Ⅳ层 0+208 桩号中部拉槽爆破进行了爆破振动监测，此时主变室第Ⅰ层开挖已经完成。1# ～8# 测点布置于主厂房爆区后冲向的岩台上，9# 和 10# 测点布置于与爆区正对的主变室边墙上，如图 4.29 所示。爆破振动监测采用的测试系统由速度传感器、信号采集与记录设备、数据处理系统三部分组成。其中速度传感器是由重庆地质仪器厂生产的 CDJ-Z28 型垂直检波器和 CDJ-P10 型水平检波器，频率范围分别为 28～500Hz 和 10～500Hz，灵敏度均为 280mV/(cm · s)。振动记录仪为 MCS-2000 瞬态波形存储自记仪，波形显示处理设备为装有 MCS-2000 分析软件的 IBM 便携计算机。

瀑布沟水电站地下厂房地处中高地应力区，中部拉槽爆破时，在厂房水平横向由于两侧岩体的夹制作用，开挖岩体在该方向上地应力较大；而在厂房纵轴向，由

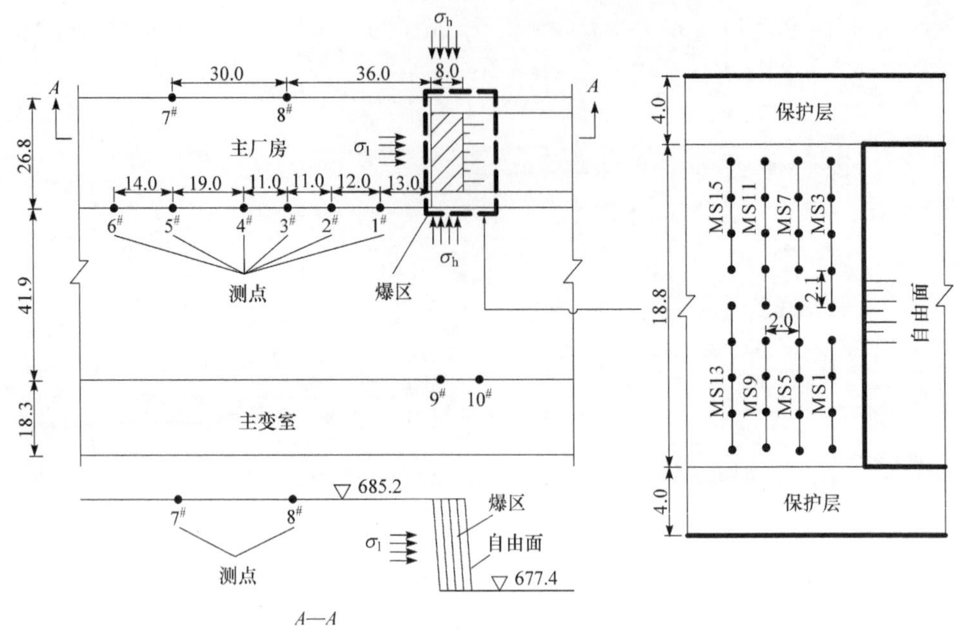

图 4.29　瀑布沟水电站主厂房中部拉槽爆破设计与振动监测测点布置图(单位:m)

于开挖台阶自由面的存在,该方向上开挖岩体的地应力较小。为对比分析爆破过程中地应力瞬态卸荷作用对围岩振动的影响,图 4.30 给出了 6# 和 10# 这两个典型测点所测得的水平径向振动时程曲线,这两个测点的水平径向振动分别对应于厂房纵轴向和水平横向,且 10# 测点位于主变室的边墙上,所测得的是正对爆源的直达体波振动信号,可以排除面波成分对振动信号分析的干扰,进而可以突出地应力瞬态卸荷振动这一研究主体。

2. 锦屏二级水电站引水隧洞

锦屏二级水电站位于四川省凉山彝族自治州木里、盐源、冕宁三县交界处的雅砻江干流锦屏大河湾上,是雅砻江上正在兴建的一座以发电为开发目的的超大型引水式地下电站,是西电东送的骨干电站之一。电站利用雅砻江 150km 大河弯的天然巨大落差截弯取直,开挖隧洞集中水头引水发电,最大水头 312m,额定水头 288m。共安装 8 台混流式水轮发电机组,单机容量 600MW,总装机容量 4800MW。电站枢纽主要由首部拦河闸、引水系统、地下厂房三大部分组成,如图 4.31 所示[9]。引水系统采用 4 洞 8 机布置,4 条平行布置的引水隧洞横穿锦屏山,洞主轴线方位角为 N58°W,隧洞中心间距 60m,单洞长约 16.67km,隧洞沿线上覆岩体一般埋深 1500～2000m、最大埋深约 2525m。锦屏二级水电站引水隧洞具有洞线长、埋深大、洞径大的特点,为超深埋长隧洞特大型地下水电工程,洞长和埋深均为世界首屈一指。引水隧洞沿线地层主要为Ⅱ～Ⅲ类的三迭系中统大理岩,其

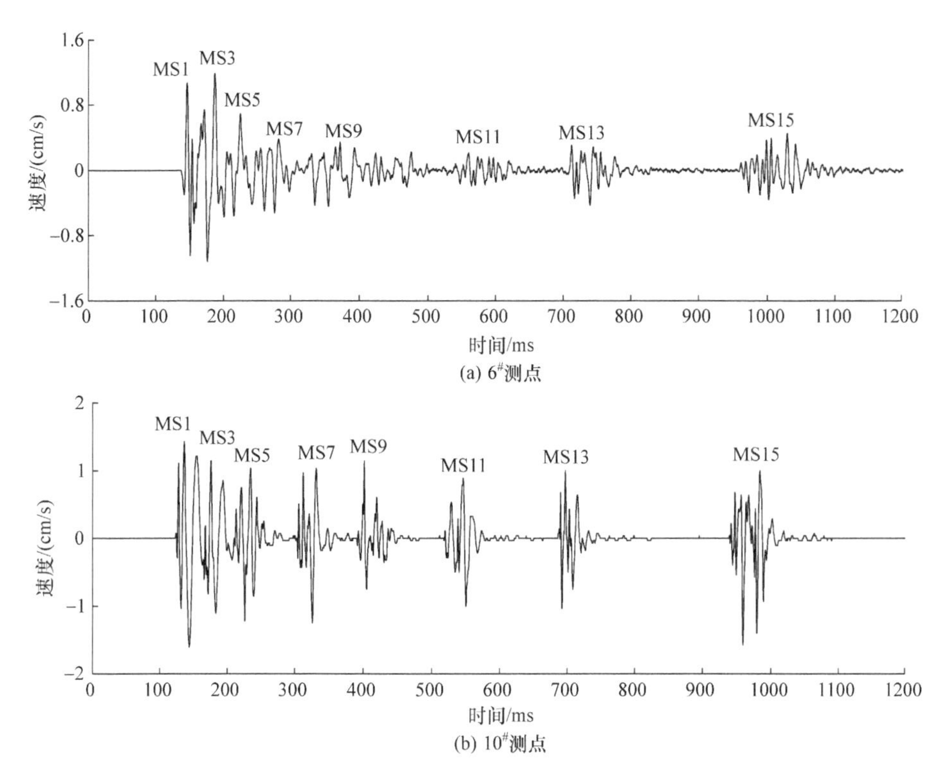

图4.30 瀑布沟水电站主厂房实测围岩水平径向振动时程曲线

次为砂板岩，以及数百米洞段的泥片岩，从东到西分别穿越盐塘组大理岩(T_{2y})、白山组大理岩(T_{2b})、三迭系上统砂板岩(T_3)、杂谷脑组大理岩(T_{2z})、三迭系下统绿泥石片岩和变质中细砂岩(T_1)等地层。大理岩单轴抗压强度为80～120MPa、抗拉强度为3～6MPa、弹性模量为25～40GPa[9]。

锦屏工程区在地貌上属地形急剧变化的地带，长期以来地壳急剧抬升、雅砻江急剧下切，形成了山高、谷深、坡陡的地形地貌。原储存于地壳深处的大量能量，在地壳迅速抬升后虽经剥蚀作用使部分能量释放，但残余部分很难释放殆尽。因而锦屏工程区是地应力相对集中地区，锦屏二级水电站引水隧洞实测地应力值已达42MPa[24]，地应力反演结果表明引水隧洞最大主应力约为72MPa[25]。

4条引水隧洞采用东西端向中部掘进的开挖方式，1#和3#引水隧洞采用TBM开挖法施工，开挖断面为圆形，洞径12.4m，混凝土衬护总厚度60cm，衬砌后隧洞洞径为11.2m；2#和4#引水隧洞采用钻爆法施工，开挖断面为马蹄形，洞径为13.0m，混凝土衬砌后洞径11.8m，衬砌厚度40～60cm。为保证1#引水隧洞按期发电，1#引水隧洞需率先贯通，其后依次完成2#、3#、4#引水隧洞的开挖施工。根据台车的工作高度和台架施工要求，并考虑到高地应力大断面隧洞全断面一次

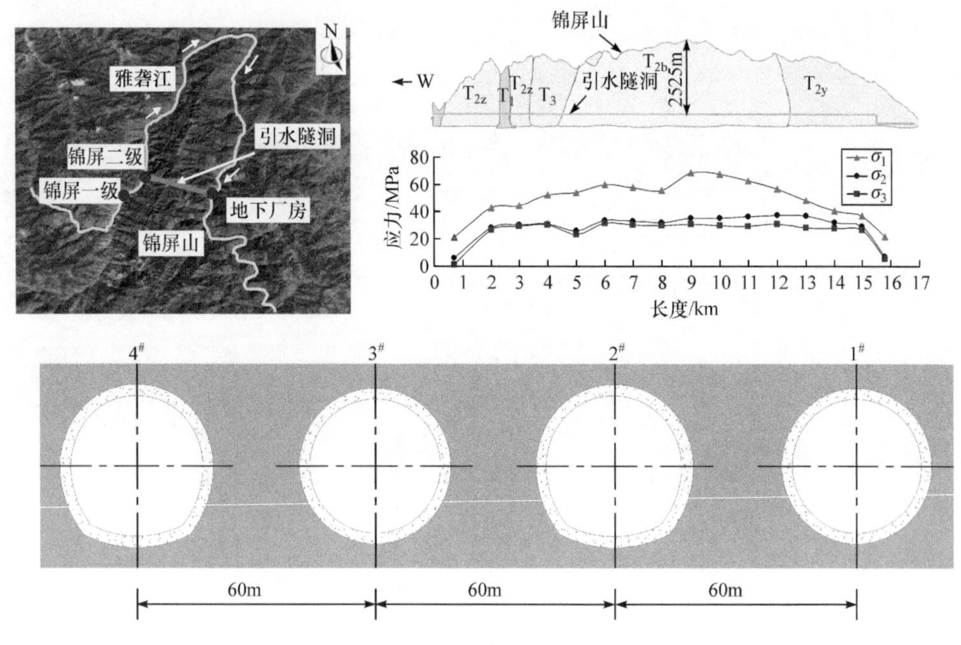

图 4.31　锦屏二级水电站引水隧洞布置示意图[9]

爆破开挖存在的困难，2# 和 4# 引水隧洞断面分上下两部分爆破开挖，上下断面均采用全断面一次爆破方式进行。以 4# 引水隧洞爆破开挖为例，上台阶开挖高度为 8.0m，下台阶高度为 5.0m，开挖进尺 4m。爆破设计如图 4.32 所示，炮孔总数 209 个，炮孔直径 42mm，药卷直径 32mm，掏槽孔和崩落孔线装药密度为 1.0kg/m、单孔药量为 4.0kg，周边孔和底孔采用间隔装药，线装药密度分别为 0.3kg/m 和 0.6kg/m，单孔药量分别为 1.1kg 和 2.2kg。掏槽爆破采用锥形掏槽的形式，轮廓开挖采用光面爆破技术。爆破采用 2# 岩石乳化炸药，上下两个断面采用非电毫秒延迟雷管共分 16 段起爆，从 MS1～MS19 隔段采用。

锦屏二级水电站 4# 引水隧洞上半洞某次爆破时进行了爆破振动监测，振动监测点布置于掌子面后方的洞壁岩体上，3 个测点距掌子面的距离分别为 15m、25m 和 35m，如图 4.32 所示，典型的围岩实测竖直向振动时程曲线如图 4.33 所示。

4.3.2　开挖瞬态卸荷激发振动的识别

前面针对圆形隧洞全断面毫秒延迟爆破的计算结果表明，由于爆炸荷载上升时间短，地应力瞬态卸荷持续时间相对较长，开挖面上地应力瞬态卸荷激发振动的频率低于爆炸荷载激发振动频率。下面对高地应力区实测的围岩振动进行幅值谱分析，验证前面理论分析和计算的正确性。

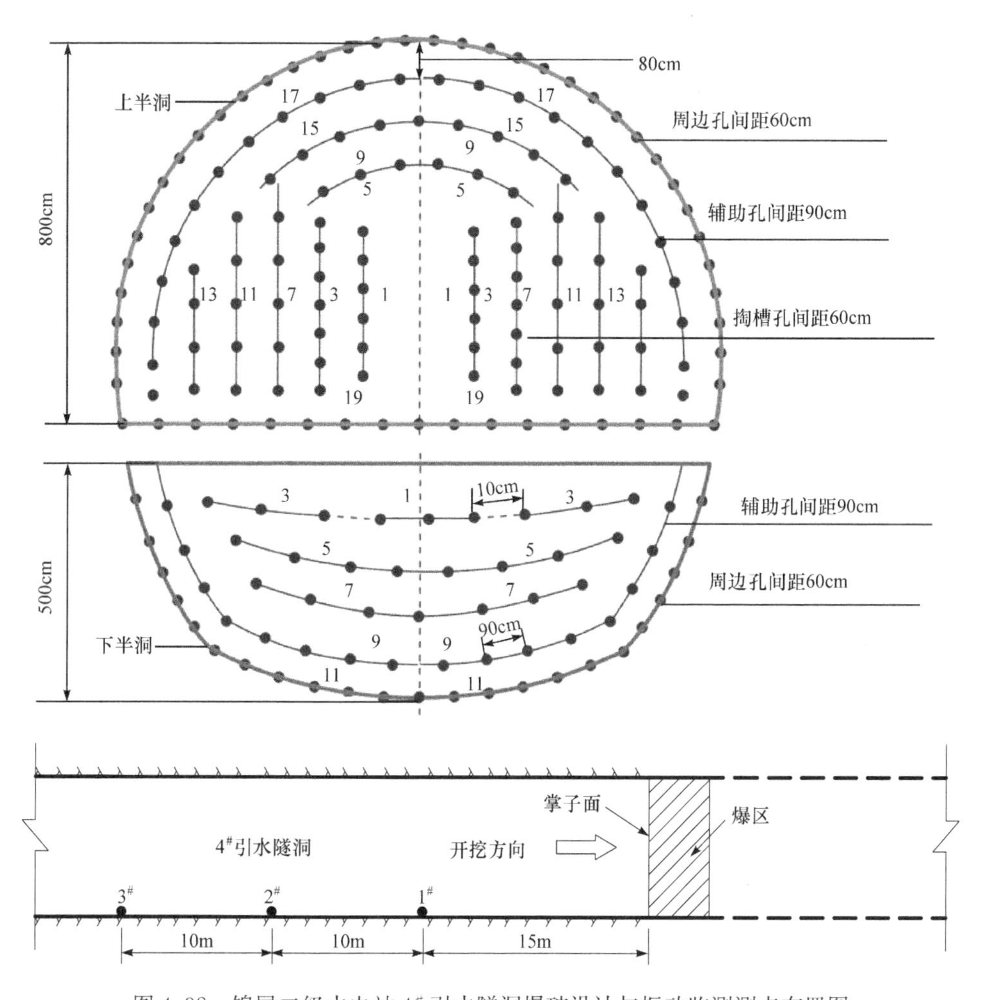

图 4.32　锦屏二级水电站 4# 引水隧洞爆破设计与振动监测测点布置图

图 4.34 给出了瀑布沟水电站主厂房中部拉槽爆破和锦屏二级水电站引水隧洞上半洞爆破时单段实测振动的幅值谱曲线(篇幅所限,图中只给出了每个测点实测振动中的两段振动波形的幅值谱)。

同样,为进行对比分析,图 4.35 给出了露天梯段爆破单段振动时程曲线的幅值谱。该实测振动资料为华能福州电厂三期灰库基础开挖工程的一次深孔爆破。该工程所开挖的山体高程在 5.7～15.4m,最大高差约 10m。场区岩体主要为花岗岩,且大部分完整、致密坚硬。相关钻爆参数为:炮孔直径 90mm,台阶高度 7～9m,间排距 3m×2m,炸药采用 2# 岩石乳化炸药;采用接力式起爆网路(塑料导爆管起爆网路),孔外接力雷管采用 MS7 段雷管,单孔单响分 10 段起爆[26]。

从图 4.34 可以看出,对于高地应力区爆破,两个工程各测点的单段振动均具

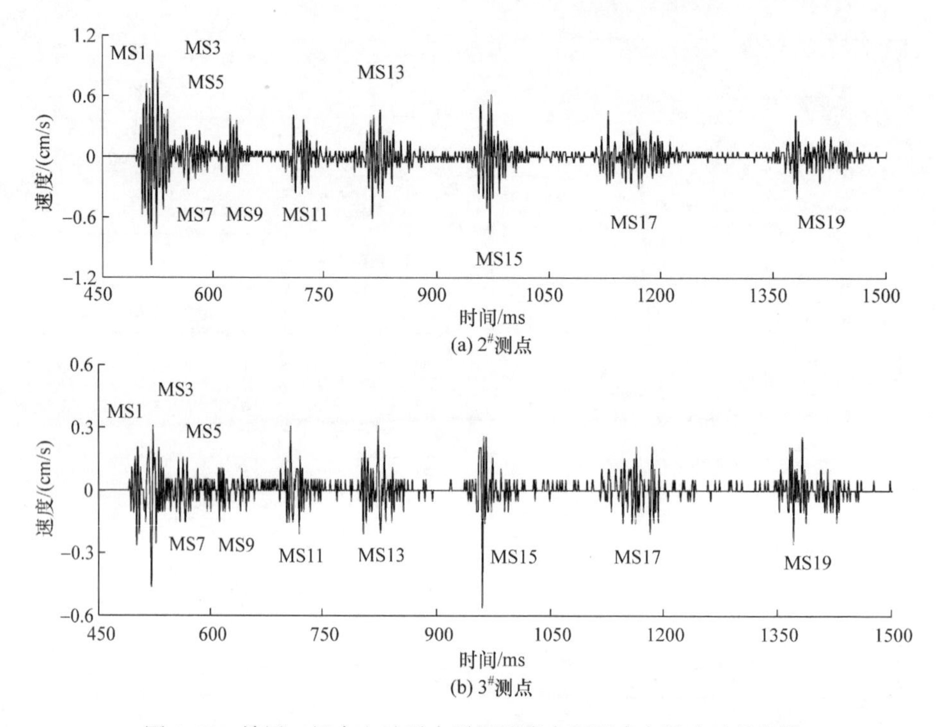

图 4.33　锦屏二级水电站引水隧洞围岩实测竖直向振动时程曲线

有两个优势频带;对于瀑布沟水电站中部拉槽爆破,优势频带的分界点无一例外地在 80～90Hz,而对于锦屏二级水电站引水隧洞上半洞爆破,优势频带的分界点均在 180～210Hz。这说明不同频带的振动不是由雷管误差等一些偶然因素产生的,而是分别由爆炸荷载和地应力瞬态卸荷这两个不同的激励源所引起的。从图 4.35 可以看出,对于露天梯段爆破,爆炸荷载激发振动的频率主要分布在 0～50Hz,且只有一个优势频率。

值得注意的是,对于图 4.29 所示的瀑布沟水电站主厂房第Ⅳ层中部拉槽爆破,相邻两段(如 MS1 段和 MS3 段、MS5 段和 MS7 段、MS9 段和 MS11 段、MS13 和 MS15 段)爆破时爆破条件基本一致,仅爆心距和开挖岩体的地应力大小存在差异。数值计算结果表明,离开爆区 30m 后,测点距相邻两段被爆岩体的爆心距对振动的影响极小。在厂房纵轴向,前排第一段和第二段被爆岩体开挖边界上的法向地应力分别为 7.6MPa 和 8.6MPa。在厂房水平横向,前排第一段炮孔在爆破侧向边界的法向地应力为 37.8MPa(靠近保护层)和 16.6MPa(靠近厂房中轴线);当前排第一段炮孔爆破后,前排第二段炮孔在爆破侧向边界的法向地应力为 33.0MPa(靠近保护层)和 0MPa(靠近厂房中轴线)。可以看出,相邻两段爆破条件的主要差异在于被爆岩体的水平横向地应力。因此,对相邻两段爆破产生的径向振动进行对比分析,有望对地应力瞬态卸荷引起的振动进行进一步识别。

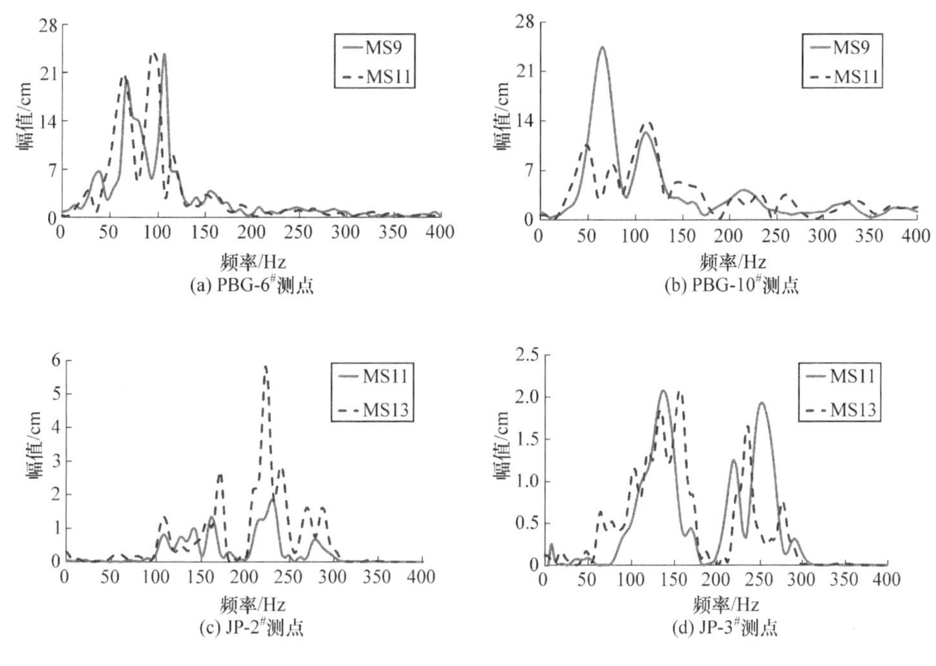

图 4.34 高地应力区爆破实测围岩单段振动幅值谱

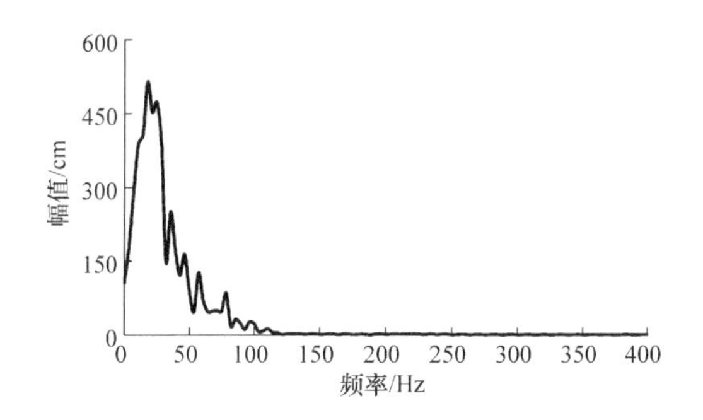

图 4.35 露天梯段爆破单段振动幅值谱

为表述方便，后面将 MS1、MS5、MS9 和 MS13 段的爆破称为 A 组爆破，将 MS3、MS7、MS11 和 MS15 段的爆破称为 B 组爆破。表 4.11 给出了相邻两段爆破时，PBG-6#、PBG-7#、PBG-9# 和 PBG-10# 测点实测振动幅值谱曲线的峰值。由于各测点的单段振动幅值谱曲线均具有两个优势频带，且优势频带的分界点无一例外地在 80～90Hz，如图 4.34(a)和(b)所示。因此，表 4.11 以 85Hz 为分界点，分别给出两个优势频带的幅值谱峰值。由于前 4 段(MS1、MS3、MS5 和 MS7 段)实测振动信号存在叠加，没有明显分开，因此仅对各测点的后 4 段(MS9、MS11、MS13 和 MS15 段)振动信号进行分析。

表 4.11 瀑布沟水电站中部拉槽爆破相邻两段振动幅值谱峰值比较

测点	雷管段别	幅值谱峰值/cm					
		0～85Hz			85～400Hz		
		A组	B组	差值百分比/%	A组	B组	差值百分比/%
6#	MS9/MS11	19.7	20.9	−6.1	23.7	24.1	−1.7
	MS13/MS15	21.1	25.7	−21.8	30.8	44.1	−43.2
7#	MS9/MS11	14.9	15.9	−6.7	16.5	12.6	23.6
	MS13/MS15	26.3	28.2	−7.2	14.4	26.8	−86.1
9#	MS9/MS11	62.3	40.8	34.5	32.0	35.9	−12.2
	MS13/MS15	70.0	49.4	29.4	38.9	24.2	37.8
10#	MS9/MS11	24.5	10.4	57.6	12.4	13.9	−12.1
	MS13/MS15	28.3	14.1	50.2	22.2	13.8	37.8

对于爆区后冲向的6#和7#测点，其水平径向振动平行于厂房纵轴线，此方向上相邻两段被爆岩体开挖边界上的法向地应力基本一致，仅相差13.2%；位于主变室的9#和10#测点，其水平径向振动垂直于厂房纵轴线，此方向上相邻两段被爆岩体开挖边界上的法向地应力相差39.3%。由表4.11可以看出，在0～85Hz低频范围内，6#和7#测点对比段别的幅值谱峰值差别较小，相差约10.5%(平均值)；而9#和10#测点幅值谱峰值差别较大，可达42.9%(平均值)。在厂房纵轴向，由于A组爆破时开挖面上的法向地应力小于B组，因此6#和7#测点各对比段别的幅值谱峰值的差值均为负值；相反，在水平横向，由于A组爆破时侧向开挖面上的法向地应力大于B组，因而9#和10#测点各对比段别的幅值谱峰值的差值均为正值。以上分析表明，在0～85Hz频带范围内的幅值谱峰值与开挖面上的地应力具有较好的相关性，因此，可以认为开挖面上地应力瞬态卸荷激发围岩振动的频率主要分布在0～85Hz范围内。在85～400Hz高频范围内，由于相邻两段爆破炮孔个数不同、装药量大的段别引起的振动幅值较大，装药量的不同只影响了高频范围的振动，这表明爆炸荷载主要影响高频振动。

以上对于高地应力区实测围岩振动的幅值谱定性和定量分析结论与前面的理论分析结果是一致的，这表明了深部岩体爆破开挖地应力瞬态卸荷动力效应的真实存在性。

4.3.3 开挖瞬态卸荷激发振动的分离

深部岩体爆破开挖过程中，实测的围岩振动均是由爆炸荷载和岩体开挖瞬态卸荷所产生的振动在时域上叠加而成。为了解开挖面上地应力瞬态卸荷激发振动的强度，在识别地应力瞬态卸荷振动的基础上，还需要进一步将其从耦合的振动速度时程曲线中分离出来。前面的理论分析以及高地应力区实测围岩振动资料分析均表明，爆炸荷载和地应力瞬态卸荷耦合作用引起振动的低频成分主要由地应力瞬态卸荷引起，而高频成分主要由爆炸荷载引起。基于这一结论，采用数字信号处理的滤波器从实测振动信号中分离出低频信号，便可以近似地得到地应力瞬态卸荷激发的振动速度时程曲线，剩余的振动信号便可以认为是爆炸荷载激发的振动速度时程曲线。

1. 数字滤波器

滤波是对时域信号进行处理使原信号谱的内容发生某种变化，这种变化通常是减少或去除某些不需要的输入谱的成分，即滤波器允许某些频率通过而衰减其他频率[6]。根据形式的不同，滤波器可以分为模拟滤波器和数字滤波器。模拟滤波器处理一个连续的信号，而数字滤波器处理一个离散的采样序列。数字滤波器是通过一定的运算关系改变输入信号所含频率成分的相对比例，或者滤除某些频率成分的器件，其输入、输出均为数字信号。相比模拟滤波器，数字滤波器具有精度、稳定性和灵活性高，不要求阻抗匹配和便于大规模集成的优点[27]。根据单位冲激响应函数的时域特性，数字滤波器分为无限冲击响应(infinite impulse response，IIR)数字滤波器和有限冲激响应(finite impulse response，FIR)数字滤波器。FIR 数字滤波器采用非递归结构，具有严格的线性相位特点，而数据传输、图像处理对线性相位要求高，因此 FIR 数字滤波器在数字信号处理中得到了广泛的应用。此处也采用 FIR 数字滤波器对地应力瞬态卸荷激发的振动进行滤波分离。

FIR 数字滤波器的设计方法主要有窗函数法、频域抽样法和切比雪夫逼近法，本节采用窗函数法。其设计的基本思想是选择有限长度的单位脉冲响应 $h(n)$，使其传递函数

$$H(\mathrm{e}^{\mathrm{j}\omega}) = \sum_{n=0}^{N-1} h(n)\mathrm{e}^{-\mathrm{j}\omega n} \tag{4.16}$$

满足技术要求。设计 FIR 数字滤波器要求所设计的滤波器的频率响应 $H(\mathrm{e}^{\mathrm{j}\omega})$ 逼近所要求的理想滤波器的响应 $H_{\mathrm{d}}(\mathrm{e}^{\mathrm{j}\omega})$。从单位采样序列来看，就是所设计滤波器的 $h(n)$ 逼近单位采样响应 $h_{\mathrm{d}}(n)$，而且

$$H_{\mathrm{d}}(\mathrm{e}^{\mathrm{j}\omega}) = \sum_{n=-\infty}^{\infty} h_{\mathrm{d}}(n)\mathrm{e}^{-\mathrm{j}\omega n} \tag{4.17}$$

$$h_{\mathrm{d}}(n) = \frac{1}{2\pi}\int_{-\pi}^{\pi} H_{\mathrm{d}}(\mathrm{e}^{\mathrm{j}\omega n})\mathrm{d}\omega \tag{4.18}$$

设截止频率为 ω_{c} 的理想低通滤波器的传递函数为 $H_{\mathrm{d}}(\mathrm{e}^{\mathrm{j}\omega})$，其表达式为

$$H_{\mathrm{d}}(\mathrm{e}^{\mathrm{j}\omega}) = \begin{cases} \mathrm{e}^{-\mathrm{j}\omega a}, & |\omega| \leqslant \omega_{\mathrm{c}} \\ 0, & \omega_{\mathrm{c}} < |\omega| \leqslant \pi \end{cases} \tag{4.19}$$

相应的理想低通滤波器的单位采样冲击响应为

$$h_{\mathrm{d}}(n)=\frac{1}{2\pi}\int_{-\omega_{\mathrm{c}}}^{\omega_{\mathrm{c}}}\mathrm{e}^{-\mathrm{j}\omega a}\mathrm{e}^{\mathrm{j}\omega n}\mathrm{d}\omega=\frac{\omega_{\mathrm{c}}\sin[\omega_{\mathrm{c}}(n-a)]}{\pi\omega_{\mathrm{c}}(n-a)} \tag{4.20}$$

从式(4.20)可以看出，理想低通滤波器的单位采样冲击响应 $h_{\mathrm{d}}(n)$ 是中心点在 a 的偶对称无限长非因果序列。要得到有限长的 $h(n)$，需要对 $h_{\mathrm{d}}(n)$ 截取一段，对 $h_{\mathrm{d}}(n)$ 截取的过程就是对其进行加窗处理，让其与一个窗函数 $R_N(n)$ 相乘，即

$$h(n)=h_{\mathrm{d}}(n)R_N(n) \tag{4.21}$$

由于要求 FIR 数字滤波器的相位是线性的，则 $h(n)$ 必须是对称的，且对称中心为窗长的 1/2，即 $a=(N-1)/2$。常用的窗函数有矩形窗、汉宁窗、巴特利特窗、海明窗等，本节选择汉宁窗，利用 MATLAB 信号处理工具箱函数设计 FIR 低通滤波器。根据实测振动幅值谱曲线优势频带的分界点(见图 4.34)，对于瀑布沟水电站主厂房中部拉槽爆破和锦屏二级水电站引水隧洞上半洞爆破，截止频率分别取为 85Hz 和 180Hz。

2. 地应力瞬态卸荷激发振动分离结果

图 4.36 给出了通过 FIR 低通滤波器滤波得到的地应力瞬态卸荷激发的围岩振动时程曲线，图中仅以 PBG-6# 和 PBG-10# 测点的 MS9 段和 MS11 段为例进行说明，其他测点各段分离得到的地应力瞬态卸荷振动峰值列于表 4.12。

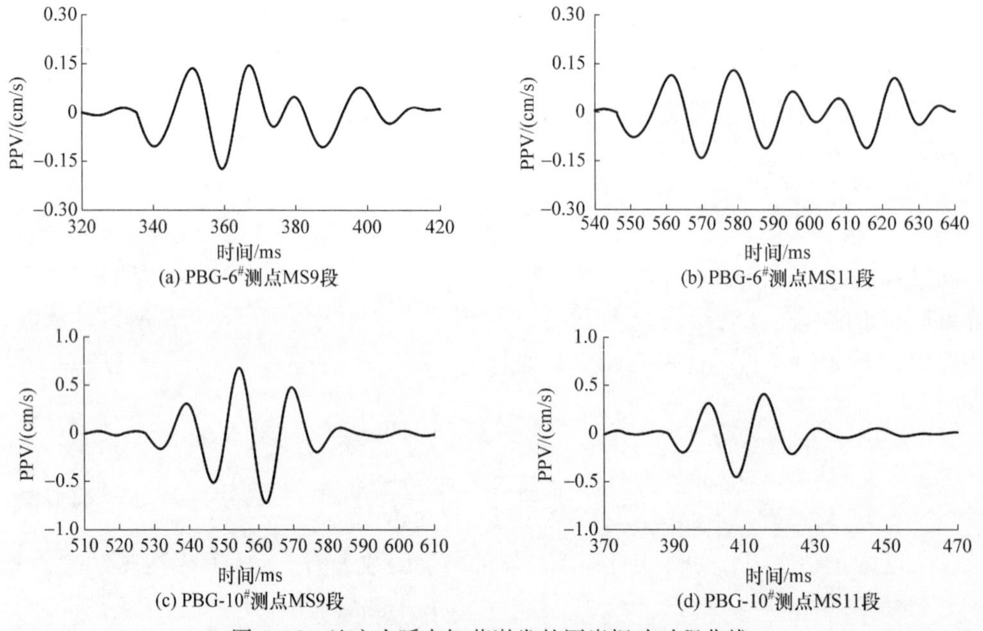

图 4.36 地应力瞬态卸荷激发的围岩振动时程曲线

对比图 4.36(a)和(b)可以发现,对于 PBG-6# 测点 MS9 段和 MS11 段水平径向振动,由于在厂房纵轴向相邻两段被爆岩体开挖边界上的法向地应力差别较小(仅相差 13.2%),因此地应力瞬态卸荷激发振动的质点峰值振动速度也相差不大;而对于 PBG-10# 测点 MS9 段和 MS11 段水平径向振动,地应力瞬态卸荷激发振动的质点峰值振动速度分别为 0.72cm/s 和 0.45cm/s,相差 37.5%,这与在厂房水平横向相邻两段被爆岩体开挖边界上的法向地应力差别较大(相差 39.3%)是一致的,详细对比如表 4.12 所示。

表 4.12 爆炸荷载与地应力瞬态卸荷激发的质点峰值振动速度

(单位:cm/s)

工程	段别	6# 测点			10# 测点		
		瞬态卸荷	爆炸荷载	瞬态卸荷/爆炸荷载	瞬态卸荷	爆炸荷载	瞬态卸荷/爆炸荷载
PBG	MS9	0.17	0.22	0.77	0.72	0.41	1.76
	MS11	0.14	0.16	0.88	0.45	0.52	0.87
	MS13	0.30	0.44	0.68	0.90	0.65	1.38
	MS15	0.37	0.48	0.77	0.45	0.44	1.02
工程	段别	2# 测点			3# 测点		
		瞬态卸荷	爆炸荷载	瞬态卸荷/爆炸荷载	瞬态卸荷	爆炸荷载	瞬态卸荷/爆炸荷载
JP	MS11	0.49	0.24	2.04	0.20	0.17	1.18
	MS13	0.45	0.36	1.25	0.22	0.20	1.10
	MS15	0.57	0.54	1.06	0.35	0.28	1.25
	MS17	0.46	0.28	1.64	0.25	0.18	1.39
	MS19	0.32	0.30	1.07	0.23	0.19	1.21

采用原始实测信号减去瞬态卸荷激发的振动时程曲线便可以得到爆炸荷载激发的振动时程曲线,如图 4.37 所示。从图 4.37 中可以发现,在相同测点,相邻两段岩体爆破爆炸荷载激发的峰值振动速度差别较小,详细对比如表 4.12 所示。对于 PBG-10#、JP-2# 和 JP-3# 测点,由于开挖边界上的地应力较大,地应力瞬态卸荷激发的质点峰值振动速度大于爆炸荷载激发的质点峰值振动速度,地应力瞬态卸荷是产生围岩振动的主要因素。

显然,地应力瞬态卸荷激发的振动也含有高频成分,爆炸荷载激发的振动也同样包含低频成分,因此上述以优势频带的分界点作为截止频率的滤波分离方法只是一种粗略的分离方法,不能完全分离得到地应力瞬态卸荷和爆炸荷载分别激发的振动。但对分离曲线的质点峰值振动速度分析所得到的结论与前面的分析结果

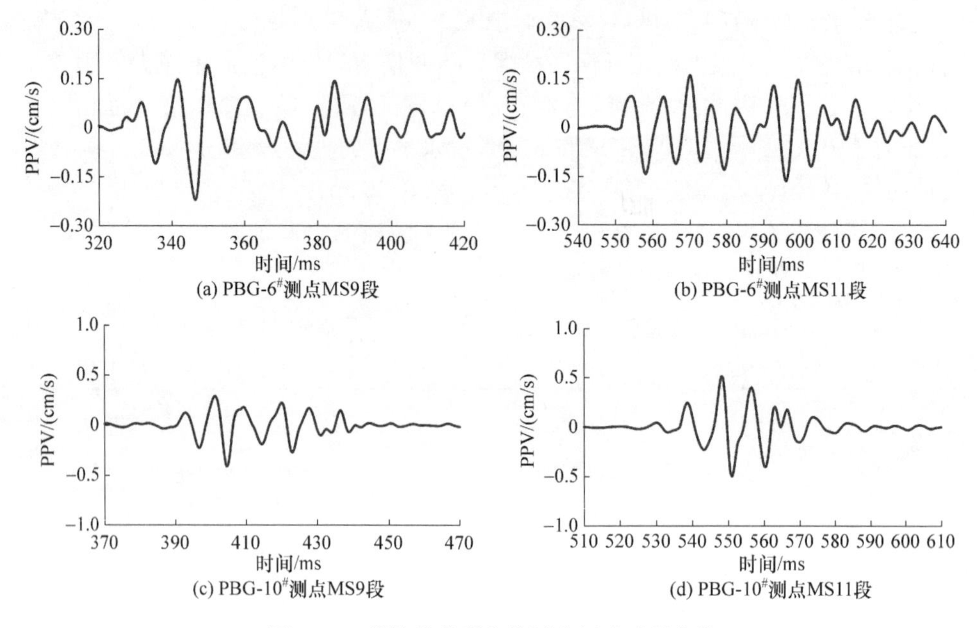

(a) PBG-6#测点MS9段 (b) PBG-6#测点MS11段 (c) PBG-10#测点MS9段 (d) PBG-10#测点MS11段

图 4.37 爆炸荷载激发的围岩振动时程曲线

是一致的，这表明以优势频带的分界点作为截止频率的滤波分离方法可以近似获得地应力瞬态卸荷和爆炸荷载分别激发振动的质点峰值振动速度。

4.4 开挖瞬态卸荷激发振动的传播规律

在弹性卸载假定条件下，开挖面上的地应力突然释放产生的应力扰动以弹性柱面波的形式向外传播，在波阵面上，质点峰值振动速度与应力存在如下关系：

$$\mathrm{PPV}=\frac{\sigma}{\rho c_{\mathrm{P}}} \tag{4.22}$$

式中，σ 为波阵面上的动应力；ρ 为岩体密度；c_{P}为岩体弹性纵波速度。

若开挖面上的径向质点峰值振动速度为 v_0，则

$$v_0=K\frac{P_{\mathrm{u0}}}{\rho c_{\mathrm{P}}} \tag{4.23}$$

式中，P_{u0}为开挖面上的地应力；K 为与地质、爆区场地条件、开挖面尺寸和卸荷持续时间有关的系数。

考虑到实际岩体非完全弹性的衰减作用后，开挖面上地应力瞬态卸荷在围岩中任一点激发的径向质点峰值振动速度可修正为[28]

$$\mathrm{PPV}=v_0\left(\frac{a_0}{r}\right)^{\alpha}=K\frac{P_{\mathrm{u0}}}{\rho c_{\mathrm{P}}}\left(\frac{a_0}{r}\right)^{\alpha} \tag{4.24}$$

式中，a_0 为开挖面半径；r 为到隧洞中心的距离；α 为振动衰减指数。

式(4.24)是根据柱面波理论提出的，适用于分析静水地应力场条件下圆形隧洞开挖地应力瞬态卸荷激发振动的衰减规律。但对于非静水地应力场、不规则开挖边界条件，该公式的应用受到限制，因此，有必要建立一个适用性更强的振动预测公式。

4.4.1　基于量纲分析推导的激发振动预测公式

上述分析表明，深部岩体开挖瞬态卸荷在围岩中产生了振动，是围岩爆破振动的主要组成部分。因此，类似于常用的萨道夫斯基公式预测爆炸荷载激发的质点峰值振动速度，有必要建立地应力瞬态卸荷激发振动的预测预报公式。

式(4.1)～式(4.3)表明，对于给定的岩体介质，岩体开挖瞬态卸荷激发的振动与开挖面上的地应力、开挖面半径和卸荷速率密切相关。从岩体应变能的视角来看，开挖面上的地应力大小可以体现在开挖岩体的应变能密度中，开挖面半径则可以体现在开挖岩体的体积中，因此开挖面上的地应力、开挖面半径这两个因素可同时在开挖岩体的应变能中得到体现。因此，从理论上讲，岩体开挖瞬态卸荷激发的质点峰值振动速度可采用开挖岩体的应变能表示。

第 3 章已经分析了深部岩体开挖过程中的围岩应变能调整过程，开挖面上地应力瞬态卸荷引起的围岩应变能调整是通过径向应力做功的方式与围岩动能相互传递转化。应变能先减小(释放)后增大(聚集)，释放的应变能转化为岩体振动动能，随后依靠径向应力对岩体做功聚集能量。由式(3.27)和式(3.29)可得，开挖完成后，单位厚度的围岩应变能增量 ΔE_s 为

$$\Delta E_s = \int_a^{+\infty} 2\pi \Delta e_s r \mathrm{d}r = \frac{\pi(1+\mu)}{E} a^2 p_0^2 \tag{4.25}$$

ΔE_s 恒大于 0，表明开挖完成后围岩的应变能是增加的。

深部岩体爆破过程中，开挖面上地应力瞬态卸荷在围岩中激发的振动速度为 $v(r)$，则围岩的动能 E_k 为

$$E_k = \int_a^{r_{+\infty}} \pi r \rho v^2(r) \mathrm{d}r \tag{4.26}$$

远场($r \to +\infty$)地应力 p_0 与径向位移 u 方向相同，则开挖面上地应力瞬态卸荷过程中远场地应力 p_0 对围岩做的正功为

$$W_1 = \frac{2\pi(1+\mu)}{E} a^2 p_0^2 \tag{4.27}$$

开挖过程中，开挖面上的径向应力从初始值 p_0 卸载为 0，卸荷持续时间为 t_{du}，卸荷过程中作用在开挖面上的径向应力为 $P_u(a,t)$ $(0 \leqslant t \leqslant t_{du})$，该荷载与围岩径向位移 u 方向相反，在 t_{du} 时间内对围岩所做的负功为

$$W_2 = -\int_0^{t_{du}} 2\pi a P_u(a,t) v(a,t) \mathrm{d}t \tag{4.28}$$

式中，$v(a,t)$为开挖面上质点运动速度。

假定围岩释放的能量完全转化为岩体振动，根据能量守恒定律，有

$$W_1 + W_2 = \Delta E_s + E_k \tag{4.29}$$

将式(4.25)～式(4.28)代入式(4.29)，可得围岩的动能 E_k为

$$E_k = \frac{\pi(1+\mu)}{E} a^2 p_0^2 - 2\pi a \int_0^{t_{du}} P_u(a,t) v(a,t) \mathrm{d}t \tag{4.30}$$

极限情况下，若开挖面上地应力瞬态卸荷持续时间 $t_{du}=0$，则 $W_2=0$，即式(4.30)等号右边第二项为 0，则式(4.30)变为

$$E_k = \frac{\pi(1+\mu)}{E} a^2 p_0^2 \tag{4.31}$$

从式(4.25)、式(4.27)和式(4.31)可知，在 $t_{du}=0$ 的极限情况下，围岩通过径向应力做功聚集的应变能是释放应变能的 2 倍，释放的应变能转化为围岩的动能，剩下的应变能则表现为围岩应变能的增加。

可以看出，开挖面上地应力瞬态卸荷激发的振动幅值与围岩应变能的调整密切相关。实际运用过程中，确定整个围岩的应变能动态调整过程、建立质点峰值振动速度与围岩应变能的关系显然不太方便，计算开挖岩体的应变能则要容易得多。开挖前后，随着开挖面上应力约束的卸除，拟开挖岩体的应变能从初始值变为 0。开挖前拟开挖岩体的应变能 E_s为

$$E_s = \int_0^a 2\pi e_{sb} r \mathrm{d}r = \frac{3\pi(1-2\mu)}{2E} a^2 p_0^2 \tag{4.32}$$

代入式(4.31)，可得

$$E_k = \frac{2(1+\mu)}{3(1-2\mu)} E_s \tag{4.33}$$

可以看出，在 $t_{du}=0$ 的极限情况下，围岩的动能与岩体泊松比和开挖岩体的应变能有关，对于给定的岩体介质，围岩动能与开挖岩体应变能成正比。爆破开挖过程中，开挖面上地应力一般在数毫秒内释放，$t_{du}\neq 0$，结合式(4.26)，则式(4.33)可以修正为

$$E_k = \int_a^{r_{+\infty}} \pi r \rho v^2(r) \mathrm{d}r = K E_s \tag{4.34}$$

式中，K 为与地应力瞬态卸荷持续时间、岩体泊松比相关的常量。

从式(4.34)可以看出，开挖面上地应力瞬态卸荷在围岩中激发的振动速度 v 与开挖岩体的应变能 E_s密切相关，对于单位厚度的岩体，E_s包含了开挖面上的地应力 P_{u0}、弹性模量 E、泊松比 μ 和开挖面半径 a 等因素。此外，质点峰值振动速度还与岩体密度 ρ、距离 r、开挖岩体体积 V、瞬态卸荷持续时间 t_{du}有关。t_{du}由开挖面

上的地应力和爆炸荷载衰减变化历程确定，在爆区场地和爆破装药结构已知的条件下，该值为常量，因而在此不作考虑。不失一般性，开挖面上地应力瞬态卸荷在围岩中激发的径向质点峰值振动速度可以表示为

$$\mathrm{PPV}=F(E_{\mathrm{s}},V,\rho,r) \tag{4.35}$$

下面采用量纲分析法进一步确定质点峰值振动速度的预测公式。式(4.35)中共有 5 个物理量，其量纲分别为：$[\mathrm{PPV}]=\mathrm{LT}^{-1}$、$[E_{\mathrm{s}}]=\mathrm{ML}^2\mathrm{T}^{-2}$、$[V]=\mathrm{L}^3$、$[\rho]=\mathrm{ML}^{-3}$、$[r]=\mathrm{L}$，所包含的基本量纲是 L、M 和 T。根据量纲分析的 π 定理，该物理量系统可采用 2 个 π 方程来描述，即

$$\begin{cases}\pi_1=E_{\mathrm{s}}^{\alpha_1}V^{\beta_1}\rho^{\gamma_1}r\\ \pi_2=E_{\mathrm{s}}^{\alpha_1}V^{\beta_2}\rho^{\gamma_2}\mathrm{PPV}\end{cases} \tag{4.36}$$

化成基本量纲的指数，可得

$$\begin{cases}\pi_1=\mathrm{M}^{\alpha_1+\gamma_1}\mathrm{L}^{2\alpha_1+3\beta_1-3\gamma_1+1}\mathrm{T}^{-2\alpha_1}\\ \pi_2=\mathrm{M}^{\alpha_2+\gamma_2}\mathrm{L}^{2\alpha_2+3\beta_2-3\gamma_2+1}\mathrm{T}^{-2\alpha_1-1}\end{cases} \tag{4.37}$$

由 π_1 和 π_2 是无量纲量可得

$$\begin{cases}\alpha_1+\gamma_1=0\\ 2\alpha_1+3\beta_1-3\gamma_1+1=0\\ -2\alpha_1=0\end{cases} \tag{4.38}$$

$$\begin{cases}\alpha_2+\gamma_2=0\\ 2\alpha_2+3\beta_2-3\gamma_2+1=0\\ -2\alpha_2-1=0\end{cases} \tag{4.39}$$

联立求解式(4.38)和式(4.39)，可得：$\alpha_1=0$，$\beta_1=-1/3$，$\gamma_1=0$，$\pi_1=r/V^{1/3}$；$\alpha_2=1/2$，$\beta_2=1/2$，$\gamma_2=1/2$，$\pi_2=(\rho V/U_{\mathrm{e}})^{1/2}\mathrm{PPV}$。无量纲量组成的函数关系可以表示为

$$\left(\frac{\rho V}{E_{\mathrm{s}}}\right)^{1/2}\mathrm{PPV}=F_1\left(\frac{r}{V_{1/3}}\right) \tag{4.40}$$

即

$$\mathrm{PPV}=\left(\frac{E_{\mathrm{s}}}{\rho V}\right)^{1/2}F_1\left(\frac{r}{V^{1/3}}\right) \tag{4.41}$$

开挖面上地应力瞬态卸荷激发的质点峰值振动速度随距离 r 的增大而不断衰减，则基于开挖岩体应变能的质点峰值振动速度衰减规律可以表示为[29]

$$\mathrm{PPV}=K\left(\frac{E_{\mathrm{s}}}{\rho V}\right)^{1/2}\left(\frac{V^{1/3}}{r}\right)^{\alpha} \tag{4.42}$$

式中，K 和 α 为未知参数，可以采用实测数据拟合得到。

定义开挖岩体应变能 E_{s} 与体积 V 之比为开挖岩体平均应变密度 $\overline{U}_{\mathrm{s}}$，即

$$\overline{U}_s=\frac{E_s}{V} \tag{4.43}$$

则式(4.42)可以改写为

$$\mathrm{PPV}=K\left(\frac{\overline{U}_s}{\rho}\right)^{1/2}\left(\frac{V^{1/3}}{r}\right)^{\alpha} \tag{4.44}$$

对于静水地应力场中的圆形隧洞开挖，将式(4.32)代入式(4.42)，可得

$$\mathrm{PPV}=K\left[\frac{3\pi^{\alpha}(1-\mu)}{2(1+\mu)}\right]^{1/2}\frac{p_0}{\rho c_{\mathrm{P}}}\left(\frac{a_0}{r}\right)^{\alpha} \tag{4.45}$$

对比式(4.24)和式(4.45)可以发现，两者形式相同，因此，可认为式(4.24)是式(4.42)的特例。本质上，预测公式(4.24)是基于柱面波波阵面上应力与质点速度关系推导的，对于非静水地应力场中的非圆形洞室开挖(如图4.38中的矩形洞室开挖)，四个开挖面AB、BC、AD、CD上地应力(包括x向和y向应力)的瞬态卸荷均会在质点H处产生振动，它们相互叠加构成了质点H的视振动。因此，采用单一开挖面(如AB轮廓面)上的地应力大小来预测瞬态卸荷在围岩中激发的振动峰值是不合理的，会大大降低预测精度。而基于开挖岩体应变能的预测公式(4.42)，可以避免这一缺陷。因此，对于静水应力场中的圆形开挖面，式(4.24)和式(4.42)都适用；而对于非静水应力场或不规则开挖轮廓面，式(4.42)或式(4.44)就具有明显的优越性。

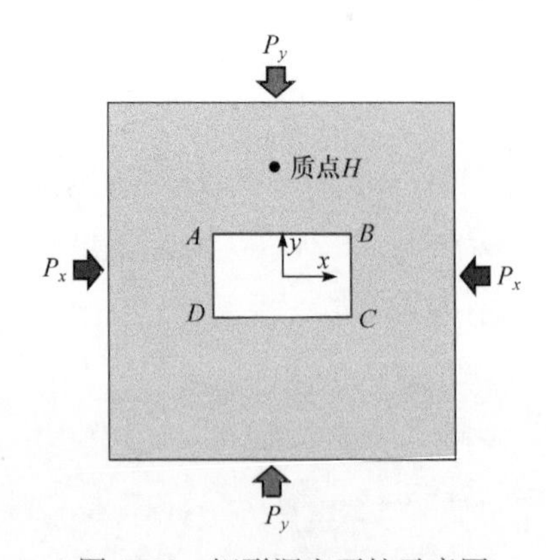

图4.38 矩形洞室开挖示意图

4.4.2 实测开挖卸荷激发围岩振动衰减规律

式(4.42)从理论上建立了岩体开挖瞬态卸荷激发的质点峰值振动速度(PPV)与开挖岩体应变能(E_s)之间的数学关系，工程实践中，若要实现瞬态卸荷激发振动峰值的预测，需利用实测振动资料及对应的开挖岩体应变能E_s、开挖岩体体积

V、岩体密度 ρ 和爆心距 r 等参数，通过非线性拟合，确定未知参数 K 和 α。

实际工程中，岩体往往处于非静水地应力场中，开挖边界也不规则，开挖岩体应变能的求解并不像圆形洞室开挖那么简单，需借助于数值计算的手段才可以获得。

根据瀑布沟水电站地下主厂房所处的地应力水平（见4.3.1节），采用ANSYS计算第Ⅳ层中部拉槽爆破时各段炮孔起爆前爆区的二次应力状态，进而获得各段炮孔起爆开挖岩体的应变能。岩体参数为：密度 $\rho=2610\text{kg/m}^3$、弹性模量 $E=20\text{GP}$、泊松比 $\mu=0.21$、黏聚力 $c=2\text{MPa}$、内摩擦角 $\theta=54°$，计算模型如图4.39所示。采用该模型计算的开挖面上法向平均应力和开挖岩体应变能列于表4.13。

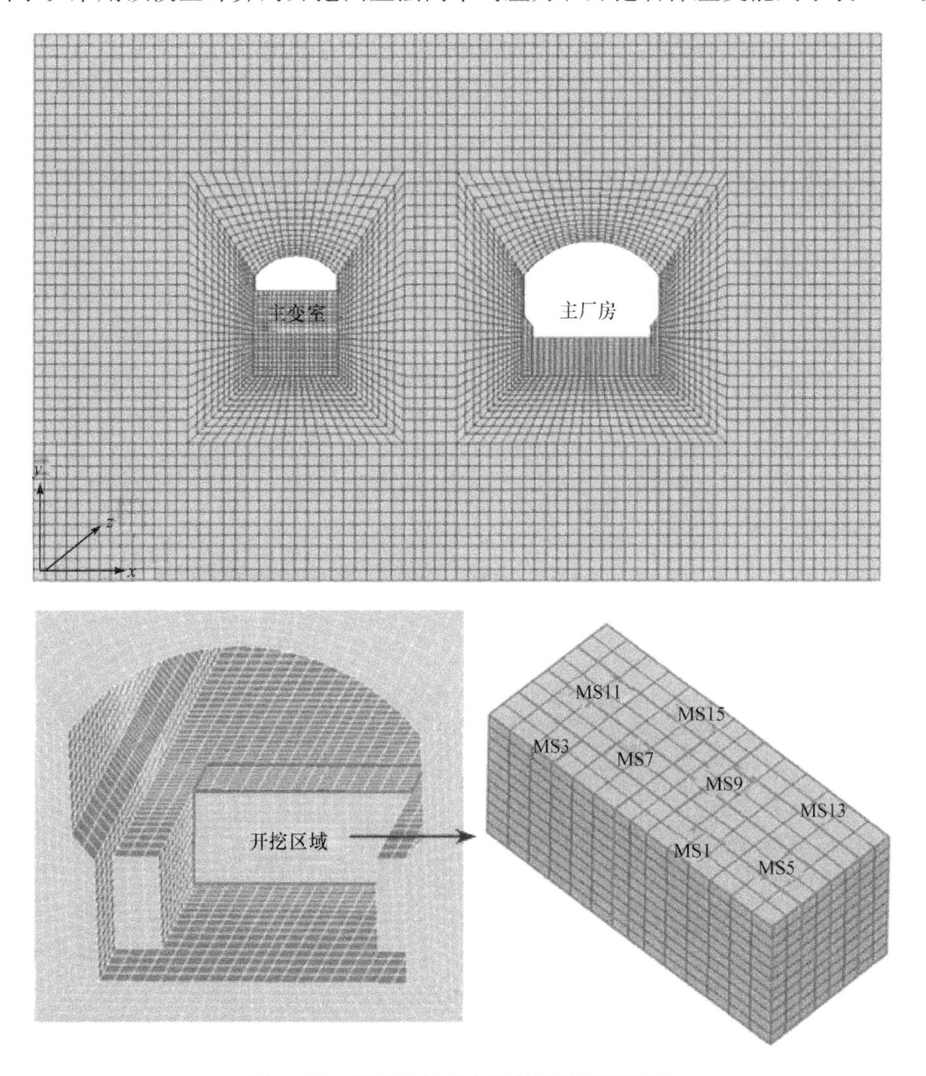

图4.39　开挖岩体应变能计算模型(PBG)

对于每段雷管起爆，开挖卸荷等效半径 a_0 可以通过式(4.46)计算：

$$a_0 = \frac{L_e}{2\pi} \tag{4.46}$$

式中，L_e 为开挖卸载边界的长度。

采用式(4.46)可计算开挖卸荷半径，根据起爆网路可以获得每段雷管起爆开挖的岩体体积 V，列于表 4.13。

表 4.13 每段雷管起爆对应的 a_0、P_{u0}、E_s 和 V(PBG)

段别	a_0/m	P_{u0}/MPa	E_s/kJ	V/m^3
MS1	5.88	2.52	2357	165
MS3	5.21	2.61	1678	132
MS5	5.21	2.52	2083	132
MS7	5.88	2.61	1826	165
MS9	5.88	2.52	2215	165
MS11	5.21	2.61	1676	132
MS13	5.21	2.52	2081	132
MS15	5.88	2.61	1827	165

锦屏二级水电站引水隧洞的远场地应力水平为：水平向(x 向)$\sigma_{xx}=49.2$MPa，竖直向(y 向)$\sigma_{yy}=56.9$MPa，隧洞轴向(z 向)$\sigma_{zz}=40.1$MPa。岩体弹性模量为 56.2GPa，泊松比为 0.25，密度为 2700kg/m^3。同样，采用数值计算(见图 4.40)获得起爆前爆区的二次应力状态，进而获得各段炮孔爆破开挖岩体的应变能，如表 4.14所示。

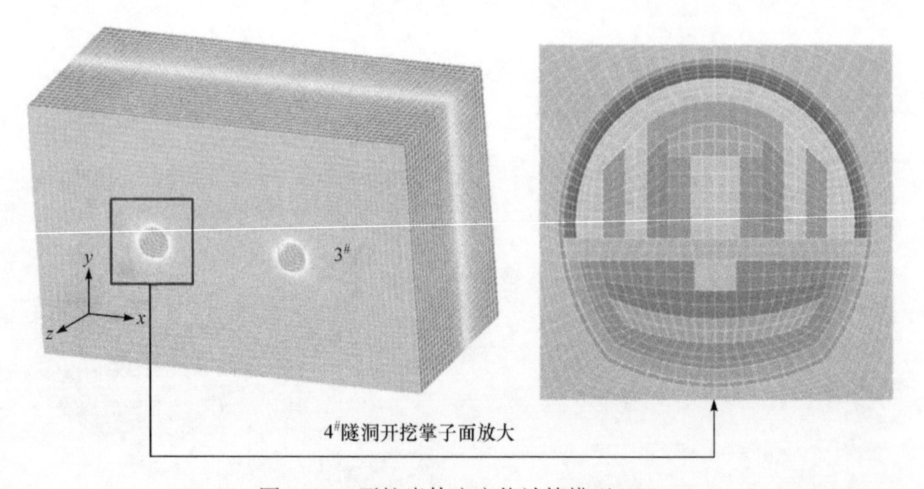

图 4.40 开挖岩体应变能计算模型(JP)

表 4.14　每段雷管起爆对应的 a_0、P_{u0}、E_s 和 V(JP)

	段别	a_0/m	P_{u0}/MPa			E_s/kJ	V/m^3
			轴向	竖直向	水平向		
上半洞	MS1	1.66	6.13	57.17	50.38	1028	25.6
	MS3	1.59	5.98	55.81	31.79	1181	23.0
	MS5	0.89	5.06	35.36	48.65	873	17.4
	MS7	1.69	5.86	54.32	29.64	1276	26.2
	MS9	1.37	5.72	36.21	49.83	1290	22.5
	MS11	1.84	6.01	53.93	28.67	1842	29.5
	MS13	1.55	5.84	52.13	29.98	1681	22.8
	MS15	3.39	6.05	55.81	43.83	4401	65.0
	MS17	3.67	5.97	55.71	44.73	4489	61.9
	MS19	2.30	6.31	28.31	41.32	1528	45.9
下半洞	MS1	0.63	6.06	27.37	48.97	148	7.8
	MS3	1.46	5.97	27.31	28.54	612	31.3
	MS5	1.64	5.93	28.59	46.12	1068	34.4
	MS7	1.59	5.89	29.38	45.31	1130	28.3
	MS9	2.52	5.94	52.56	43.24	1951	51.6
	MS11	2.88	5.82	53.21	45.20	1876	48.0

由表 4.14 可以看出，此次爆破前，洞轴向已经存在临空面，所以开挖面上的地应力在该方向较低；MS1 段（掏槽孔）爆破时，开挖面上的地应力在竖直向和水平向与远场地应力水平接近，此后每段起爆均会对后续起爆的卸荷地应力水平产生重要影响，其大小由临空面的位置而定；不规则的开挖面将导致应力集中，从而使得该次爆破时开挖面上的卸荷水平较高。

为了实现对瞬态卸荷激发质点峰值振动速度的预测，需结合收集到的实测振动数据采用非线性拟合的方法获得式(4.42)中的未知系数 K 和 α。

为了方便进行非线性拟合，同时为了便于比较新旧预测公式的使用精度，将式(4.24)和式(4.42)均以自然对数的形式表示，即

$$\ln\mathrm{PPV}-\ln\frac{P_{u0}}{\rho c_{\mathrm{P}}}=\ln K+\alpha\ln\frac{a_0}{r} \tag{4.47}$$

$$\ln\mathrm{PPV}-0.5\ln\frac{E_s}{\rho V}=\ln K+\alpha\ln\frac{V^{1/3}}{r} \tag{4.48}$$

根据分离得到的瞬态卸荷激发的振动峰值，并结合表 4.13 和表 4.14 收集到的数据，采用式(4.47)和式(4.48)进行非线性拟合，拟合结果如图 4.41 和图 4.42 所示。

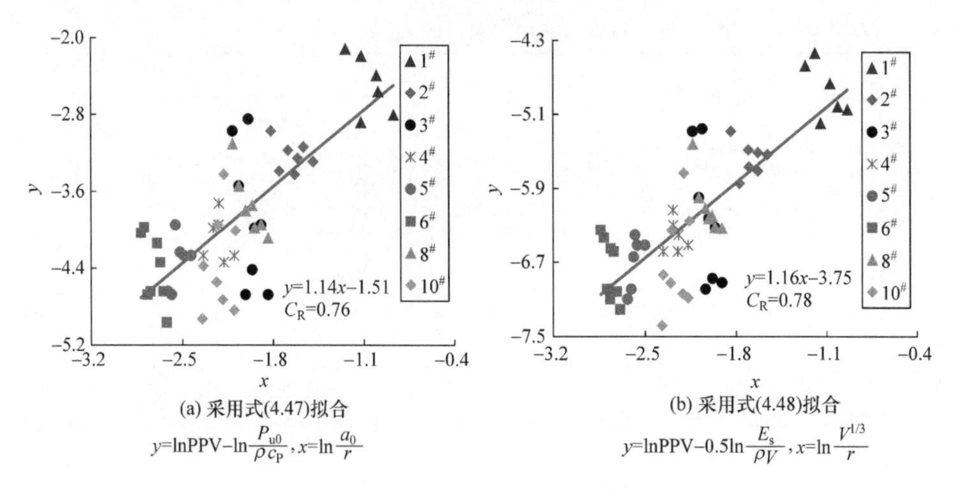

图 4.41 地应力瞬态卸荷激发围岩振动回归分析(PBG、水平径向)

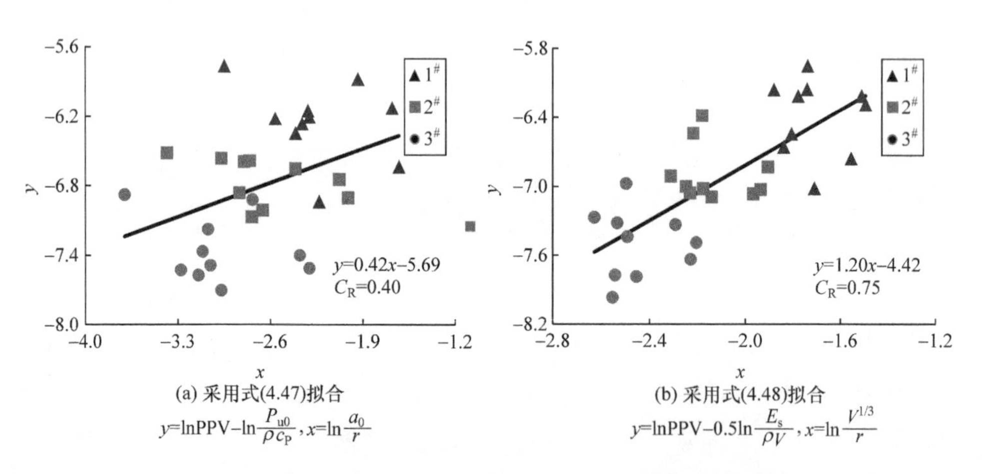

图 4.42 地应力瞬态卸荷激发围岩振动回归分析(JP、竖直向)

根据图 4.41 和图 4.42 的非线性拟合结果,可以得到采用不同预测公式对瞬态卸荷激发振动进行拟合的参数,如表 4.15 所示。可以看出,对于瀑布沟水电站主厂房爆破开挖,瞬态卸荷边界相对规则,且洞轴向开挖卸荷水平较低,相比基于开挖荷载的预测公式(4.24),采用基于开挖岩体应变能的预测公式(4.42)对振动 PPV 衰减规律进行分析时,拟合相关性系数仅提高 2.6%;而对于锦屏二级水电站引水隧洞爆破开挖,瞬态卸荷边界比较复杂且不规则,采用式(4.42)进行分析时,其拟合相关性系数提高了 54.2%~87.5%,拟合效果提升非常明显。这表明相比基于开挖荷载的瞬态卸荷振动预测公式(4.24),本书提出的基于开挖岩体应变能的瞬态卸荷振动预测公式(4.42)的分析精度更高、使用范围更广。

表 4.15 不同预测公式的拟合结果比较

参数		式(4.24)			式(4.42)			ΔP/%
		$K/10^{-3}$	α	C_R	$K/10^{-3}$	α	C_R	
PBG	水平径向	220.91	1.14	0.76	23.52	1.16	0.78	2.6
	竖直向	27.13	0.38	0.39	9.96	1.15	0.71	82.1
JP	水平切向	5.39	0.39	0.48	7.51	0.81	0.74	54.2
	竖直向	3.39	0.42	0.40	11.98	1.20	0.75	87.5

锦屏二级水电站引水隧洞爆破开挖时，在同一开挖断面，由于上半洞和下半洞的钻孔参数、地应力场、岩体参数均相同，因此可以通过上半洞实测数据拟合得到的公式来预测下半洞钻爆开挖时地应力瞬态卸荷激发的振动峰值，预测的 PPV 值如图 4.43 所示。为验证预测值的准确性，图 4.43 也给出了由下半洞爆破开挖实测数据分离得到的瞬态卸荷振动峰值，可以看出，预测值与实测值吻合较好。

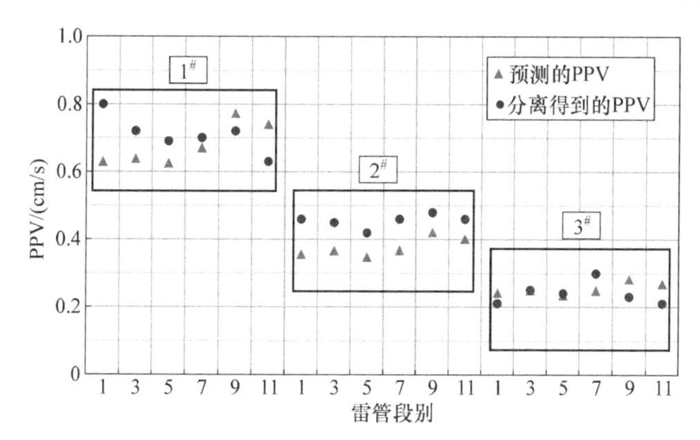

图 4.43 能量释放激发振动 PPV 预测值和实测分离值的对比

采用式(4.49)计算预测值和实测分离值之间的均方根误差(RMSE)：

$$\mathrm{RMSE}=\sqrt{\frac{\sum_{l}^{N_0}(P_i-T_i)^2}{N}} \tag{4.49}$$

式中，P_i、T_i、N_0分别表示瞬态卸荷激发振动 PPV 的预测值、实测分离值和样本数。计算结果列于表 4.16，相比基于开挖荷载的预测公式(4.24)，基于开挖岩体应变能的振动预测公式(4.42)预测误差更小。

表 4.16 不同模型预测值与实测分离值之间的均方根误差比较

预测模型	水平径向	竖直向	水平切向
式(4.24)	0.18	0.27	0.17
式(4.42)	0.09	0.08	0.08

4.5 小　　结

本章首先从理论上解释了深部岩体开挖瞬态卸荷激发振动的机制，介绍了开挖瞬态卸荷、爆炸荷载及两者耦合作用在围岩中激发振动的计算方法；然后比较分析了地应力瞬态卸荷激发振动和爆破振动的影响因素和频谱特性；接着基于高地应力区爆破开挖过程中实测的围岩振动的分析，论证了深部岩体爆破开挖过程地应力瞬态卸荷激发振动的存在性；最后建立了一种深部岩体开挖瞬态卸荷激发围岩振动的预测预报方法。

通过前面的计算分析和讨论，得到以下结论或认识：

(1) 深部岩体爆破开挖产生的围岩振动由爆炸荷载和开挖面上地应力瞬态卸荷共同作用引起。在爆源近区以爆炸荷载作用为主，但爆炸荷载加载速率快、激发振动的频率高，其质点峰值振动速度随距离衰减快；地应力瞬态卸荷激发的峰值振动速度与地应力大小成正比，随着地应力水平的提高，在爆源中远区，地应力瞬态卸荷激发的振动将超越爆炸荷载激发的振动，成为控制围岩振动响应的主要因素。

(2) 深部岩体爆破开挖过程中，开挖面上地应力瞬态卸荷激发的质点峰值振动速度与开挖面上地应力大小成正比，地应力越大、卸荷速率越快、开挖面越大，激发的振动速度越大；卸荷速率越慢、开挖面越大，激发的振动频率越低。爆破振动速度由爆炸荷载峰值、爆炸荷载上升时间和开挖面大小所确定，荷载越大、荷载上升时间越短、开挖面越大，爆破振动速度越大；荷载上升时间和持续作用时间越长、开挖面越大，振动频率越低。

(3) 高地应力区地下岩体爆破实测围岩振动信号的幅值谱具有两个优势频带，耦合振动的低频成分主要由开挖面上地应力瞬态卸荷引起，而高频成分主要由爆炸荷载引起，以优势频带的分界点作为截止频率的滤波方法可初步实现爆炸荷载与地应力瞬态卸荷激发振动的分离。

(4) 岩体开挖瞬态卸荷激发围岩振动的质点峰值振动速度取决于被开挖岩体积蓄的应变能大小，据此可建立基于开挖岩体应变能的瞬态卸荷振动预测公式。相比基于开挖荷载的振动预测公式，基于开挖岩体应变能的振动预测公式使用范围更广、预测精度更高。

(5) 开挖瞬态卸荷激发振动的频率明显低于爆炸荷载振动频率，由于围岩及其支护结构的自振频率一般较低，较之爆破振动，在两者质点峰值振动速度相当的情况下，地应力瞬态卸荷引起的围岩振动更加不利。因此，深部岩体开挖过程在重视爆破振动控制的同时，不能忽视开挖瞬态卸荷激发振动的不利影响。

参考文献

[1] Lu W B, Yan P, Zhou C B. Dynamic effect induced by the sudden unloading of initial stress during rock excavation by blasting//Proceedings of the 4th Asian Rock Mechanics Symposium, Singapore, 2006.

[2] Lu W B, Chen M, Yan P. Study on the characteristics of vibration induced by tunnel excavation under middle to high in-situ stress//Proceedings of the Asian-Pacific Symposium on Blasting Techniques. Beijing: Metallurgical Industry Press, 2007.

[3] 卢文波,陈明,严鹏,等. 高地应力条件下隧洞开挖诱发围岩振动特征研究. 岩石力学与工程学报,2007,26(增1):3329—3334.

[4] 严鹏. 岩体开挖动态卸载诱发振动机理研究[博士学位论文]. 武汉:武汉大学,2008.

[5] 严鹏,卢文波,许红涛. 高地应力条件下隧洞开挖动态卸载破坏机理初探. 爆炸与冲击,2007,27(3):283—288.

[6] 严鹏,卢文波,周创兵. 非均匀应力场中爆破开挖时地应力动态卸载所诱发的振动研究. 岩石力学与工程学报,2008,27(4):773—781.

[7] 严鹏,卢文波,陈明,等. 初始地应力场对钻爆开挖过程中围岩振动的影响研究. 岩石力学与工程学报,2008,27(5):1036—1045.

[8] 严鹏,卢文波,陈明,等. 隧洞开挖过程初始地应力动态卸载效应研究. 岩土工程学报,2009(12):1888—1894.

[9] 严鹏. 锦屏深埋隧洞开挖损伤区特性及岩爆研究[博士后研究报告]. 杭州:中国水电顾问集团华东勘测设计研究院,2010.

[10] 严鹏,卢文波,陈明,等. 深部岩体开挖方式对损伤区影响的试验研究. 岩石力学与工程学报,2011,30(6):1097—1106.

[11] 杨建华. 深部岩体开挖爆破与瞬态卸荷耦合作用效应[博士学位论文]. 武汉:武汉大学,2014.

[12] Lu W B, Yang J H, Yan P, et al. Dynamic response of rock mass induced by the transient release of in-situ stress. International Journal of Rock Mechanics and Mining Sciences, 2012, 53(9):129—141.

[13] Yang J H, Lu W B, Chen M, et al. Microseism induced by transient release of in situ stress during deep rock mass excavation by blasting. Rock Mechanics and Rock Engineering, 2013, 46(4):859—875.

[14] 吴世勇,周济芳. 锦屏二级水电站长引水隧洞高地应力下开敞式硬岩隧道掘进机安全快速掘进技术研究. 岩石力学与工程学报,2012,31(8):1657—1665.

[15] Lu W B, Li P, Chen M, et al. Comparison of vibrations induced by excavation of deep-buried cavern and open-pit with method of bench blasting. Journal of Central South University of Technology, 2011, 18(5):1709—1718.

[16] 赵振国. 深埋隧洞钻爆开挖引起的围岩振动及对喷射混凝土的影响[硕士学位论文]. 武汉:武汉大学,2015.

[17] 范勇．深部岩体开挖过程围岩能量调整机制与力学效应[博士学位论文]．武汉:武汉大学,2015.

[18] 卢文波,杨建华,陈明,等．深埋隧洞岩体开挖瞬态卸荷机制及等效数值模拟．岩石力学与工程学报,2011,30(6):1089－1096.

[19] 杨建华,卢文波,陈明,等．岩石爆破开挖激发振动的等效模拟方法．爆炸与冲击,2012,32(2):157－163.

[20] 严鹏,卢文波,罗忆,等．基于小波变换时-能密度分析的爆破开挖过程中地应力动态卸载振动到达时刻识别．岩石力学与工程学报,2009,28(增1):2836－2844.

[21] 杨建华,卢文波,陈明,等．深部岩体应力瞬态释放激发微地震机制与识别．地震学报,2012,34(5):581－592.

[22] 左双英,肖明,续建科,等．隧道爆破开挖围岩动力损伤效应数值模拟．岩土力学,2011,32(10):3171－3176.

[23] 苏鹏云．瀑布沟地下厂房优化设计和洞室群围岩稳定数值模拟分析[硕士学位论文]．武汉:武汉大学,2004.

[24] Li S J,Feng X T,Li Z H,et al. Evolution of fractures in the excavation damaged zone of a deeply buried tunnel during TBM construction. International Journal of Rock Mechanics and Mining Sciences,2012,55:125－138.

[25] 江权,冯夏庭,陈建林,等．锦屏二级水电站厂址区域三维地应力场非线性反演．岩土力学,2008,29(11):3003－3010.

[26] 李鹏,卢文波,陈明,等．高地应力环境下梯段爆破诱发振动特征的试验研究．工程爆破,2011,17(1):1－7.

[27] Richard G L. 数字信号处理．朱光明,程建远,刘保章译．北京:机械工业出版社,2006.

[28] 范勇,卢文波,杨建华,等．深埋洞室开挖瞬态卸荷诱发振动的衰减规律．岩土力学,2015,(2):541－549.

[29] Lu W B,Fan Y,Yang J H,et al. Development of a model to predict vibrations induced by transient release of in-situ stress. Journal of Vibration and Control,2015,23(11):1－16.

第 5 章　深部岩体爆破开挖引起的围岩开裂机制和岩爆效应

地下洞室爆破开挖改变了原始岩体的几何形状，引起开挖边界上岩体应力的突然释放，导致围岩应力场和应变能的瞬态调整。开挖卸荷引起的应力和能量剧烈调整常导致围岩发生片帮、板裂以及深部裂缝等开裂破坏现象，甚至诱发强烈的岩爆动力灾害[1~4]。例如，在我国西南峡谷地区的锦屏一级水电站、锦屏二级水电站、瀑布沟水电站和二滩水电站等工程的深埋地下厂房洞群岩体开挖过程中，大量出现了以应力控制为主导的片帮、板裂以及岩爆灾害现象，如图 5.1 所示[5]，给地下洞室围岩的稳定与变形控制和施工安全带来严峻挑战。

(a) 片帮

(b) 岩爆

图 5.1　深部岩体开挖卸荷引起的围岩破坏[5]

深部岩体爆破开挖过程中，伴随着岩体破碎及新开挖轮廓面的形成，开挖边界上被开挖岩体对保留岩体的地应力约束在岩体爆破破碎瞬间解除，打破围岩系统的初始应力和能量状态，引起局部应力集中和能量集聚，其中部分能量以表面能和塑性能的形式耗散，导致围岩开裂，剩余能量则以动能形式剧烈释放引起围岩动态失稳，造成岩块脱离母岩，高速向临空面弹射，从而发生岩爆。本质上，岩爆从孕育到灾变是能量耗散与释放的结果，能量耗散引起的围岩开裂过程是岩爆的孕育阶段，能量释放引起的围岩动力失稳是岩爆的灾变阶段[6]。因此，研究深部岩体爆破开挖过程围岩开裂机制与能量耗散、释放特征，将有助于揭示岩爆孕育规律、探明岩爆灾变机理，为地下洞室的施工安全与稳定控制提供理论支撑。

以往国内外对地下洞室围岩微裂纹开裂机制、开裂判据和岩爆机理的研究主要针对围岩应力重分布的准静态过程。本章将针对深埋圆形隧洞爆破开挖，采用双向受压条件下的裂纹扩展模型及应力强度因子计算公式，研究爆炸荷载和岩体开挖瞬态卸荷对围岩开裂过程的影响，分析围岩开裂过程中的能量耗散规律，并在此基础上揭示开挖瞬态卸荷扰动下岩爆孕育特征及灾变机理。

5.1 深埋隧洞爆破开挖过程的裂纹扩展模型

从深埋隧洞爆破开挖围岩应力场瞬态调整过程可以看出，爆炸荷载单独作用下，炮孔周围岩体先后处于双向受压、一向受压一向受拉以及双向受拉的应力状态(见图 3.12)；而深埋隧洞岩体开挖卸荷过程中，围岩处于双向受压的应力状态(见图 3.7)。不失一般性，爆炸应力波驱动的炮孔周围岩体裂缝扩展和深埋隧洞开挖卸荷引起的围岩裂纹扩展均采用双向受压作用下的平面应变模型进行分析，如图 5.2所示。

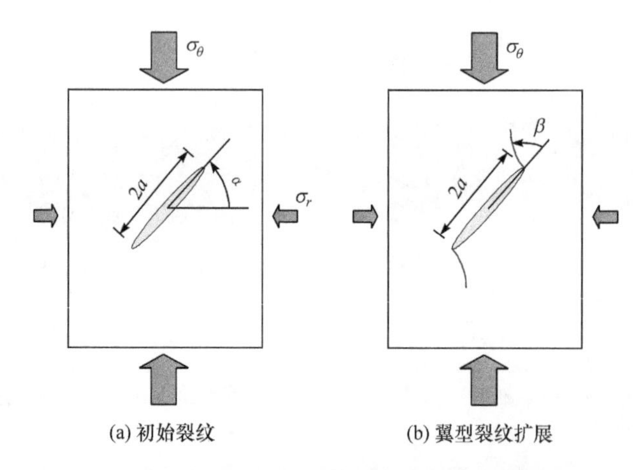

图 5.2 双向受压作用下裂纹扩展分析模型

针对炮孔附近和隧洞围岩中长度为 $2a$、与炮孔径向成 α 角的主裂纹，作用于裂纹平面的正应力 σ_{n}、剪应力 τ 分别为

$$\sigma_{\mathrm{n}}=\frac{1}{2}(\sigma_r+\sigma_\theta)+\frac{1}{2}(\sigma_r-\sigma_\theta)\cos(2\alpha) \tag{5.1}$$

$$\tau=\frac{1}{2}(\sigma_r-\sigma_\theta)\sin(2\alpha) \tag{5.2}$$

式中，σ_r、σ_θ分别为炮孔或者隧洞周围岩体的径向应力和环向应力。

当裂纹处于双向受压应力状态时，裂纹受压闭合，裂纹面间产生摩擦，并在有效剪应力 τ_{eff} 的作用下产生相对滑动，为Ⅱ型裂纹，裂纹尖端的应力强度因子 K_{II} 为

$$K_{\mathrm{II}}=\tau_{\mathrm{eff}}\sqrt{\pi a} \tag{5.3}$$

式中，$\tau_{\mathrm{eff}}=\tau-f_{\mathrm{r}}\sigma_{\mathrm{n}}$，$f_{\mathrm{r}}$ 为裂纹面滑动摩擦系数。

当 τ_{eff} 达到临界值时，裂纹开始扩展，初始裂纹尖端将产生翼型裂纹。翼型裂纹属Ⅰ型裂纹，其应力强度因子为[7]

$$K_{\mathrm{I}}(\beta)=\frac{3}{2}\sin\beta\cos\frac{\beta}{2}K_{\mathrm{II}} \tag{5.4}$$

由最大拉应力准则可知，翼型裂纹初始扩展方向为 $\beta=\pm70.5°$。将所得到的扩展方向角度 β 代入 K_{I} 表达式，得到压剪应力状态下翼型裂纹起裂时的应力强度因子为

$$K_{\mathrm{I}}=\frac{2}{\sqrt{3}}K_{\mathrm{II}} \tag{5.5}$$

当裂纹双向受拉或一向受压、一向受拉时，在剪应力的作用下，裂隙面将发生剪切滑动；同时，受法向拉应力的影响，裂隙面也会产生法向张拉。在拉剪应力状态下，裂隙是受剪应力 τ 和法向拉应力 σ_{n} 共同控制的复合型裂纹。

对于已知复合型裂纹，可求得其裂纹端部的应力场，扩展翼型裂纹处的应力 σ_β 可表示为

$$\sigma_\beta=\frac{1}{\sqrt{2\pi r}}\cos\frac{\beta}{2}\left(\sigma_{\mathrm{n}}\sqrt{\pi a}\cos^2\frac{\beta}{2}-\frac{3\tau\sqrt{\pi a}}{2}\sin\beta\right) \tag{5.6}$$

裂纹尖端的应力强度因子定义为

$$K_{\mathrm{I}}=\lim_{r\to0}\sqrt{2\pi r}\sigma_\beta \tag{5.7}$$

故有

$$K_{\mathrm{I}}(\beta)=\cos\frac{\beta}{2}\left(\sigma_{\mathrm{n}}\sqrt{\pi a}\cos^2\frac{\beta}{2}-\frac{3\tau\sqrt{\pi a}}{2}\sin\beta\right) \tag{5.8}$$

当应力强度因子达到某一临界值时，裂纹开始扩展。将式(5.6)对 β 求偏导，并令其为零，可得

$$2\tau\tan^2\frac{\beta}{2}-\sigma_{\mathrm{n}}\tan\frac{\beta}{2}-\tau=0 \tag{5.9}$$

由式(5.9)可以得到翼型裂纹的开裂角度 β_0。

5.2　爆炸应力波驱动的岩体开裂机制

岩体爆破开挖时，爆炸应力波所产生的径向应力、环向应力随时间和空间的变化而变化。随岩体应力状态改变，其开裂机制也会相应改变。3.2.1节已经介绍了岩石爆破动应力场的计算方法，本节基于爆破过程炮孔周围岩体动应力场的时

空演化和裂纹扩展类型分析，揭示爆炸应力波驱动的岩体开裂机制。

5.2.1 翼型裂纹扩展的临界条件

对于压剪应力状态，由式(5.1)～式(5.5)可知，应力强度因子 $K_{\rm I}$ 与裂纹所处的应力状态、裂纹长度 $2a$ 以及裂纹面滑动摩擦系数 $f_{\rm r}$ 等有关。其中爆炸荷载驱动下岩石的径向应力 σ_r 和环向应力 σ_θ 都与爆炸荷载 $P(t)$ 有关，令

$$\sigma_r = f(P(t)),\quad \sigma_\theta = k_1 f(P(t)) \tag{5.10}$$

式中，k_1 为系数，在波阵面上，$k_1=\mu/(1-\mu)$，μ 为泊松比。

由式(5.10)和式(5.1)～式(5.5)，可得 $K_{\rm I}$ 的表达式为

$$K_{\rm I} = \sqrt{\frac{\pi a}{3}} f(P(t))\{(1-k_1)[\sin(2\alpha) - f_{\rm r}\cos(2\alpha)] - f_{\rm r}(1+k_1)\} \tag{5.11}$$

令

$$K_{\rm r} = \frac{K_{\rm I}}{\sqrt{\dfrac{\pi a}{3}} f(P(t))} \tag{5.12}$$

则有

$$K_{\rm r} = (1-k_1)[\sin(2\alpha) - f_{\rm r}\cos(2\alpha)] - f_{\rm r}(1+k_1) \tag{5.13}$$

对于拉剪应力状态下，同理，由式(5.10)、式(5.1)和式(5.8)，可得 $K_{\rm I}$ 的表达式为

$$K_{\rm I} = \frac{\sqrt{\pi a}}{2} f(P(t))\left\{\cos^3\frac{\beta_0}{2}[(1+k_1)+(1-k_1)\cos(2\alpha)] - 3\cos^2\frac{\beta_0}{2}\sin\frac{\beta_0}{2}(1-k_1)\sin(2\alpha)\right\} \tag{5.14}$$

令

$$K_{\rm r} = \frac{K_{\rm I}}{\dfrac{1}{2}\sqrt{\pi a} f(p(t))} \tag{5.15}$$

则有

$$K_{\rm r} = \cos^3\frac{\beta_0}{2}[(1+k_1)+(1-k_1)\cos(2\alpha)] - 3\cos^2\frac{\beta_0}{2}\sin\frac{\beta_0}{2}(1-k_1)\sin(2\alpha) \tag{5.16}$$

无量纲系数 $K_{\rm r}$ 可以反映 k_1 以及裂纹倾角 α 对应力强度因子 $K_{\rm I}$ 的影响，$K_{\rm r}$ 越大，则 $K_{\rm I}$ 越大。当给定 k_1 和 α 时，即可以通过式(5.9)确定 β_0 的取值，进而得到 $K_{\rm r}$ 的取值。

5.2.2 岩体开裂特征

岩体抗压强度 $\sigma_{\rm c}$ 与裂纹止裂韧度 $K_{\rm Ic}$ 存在如下统计关系[8]：

$$\sigma_c = (55 \sim 82) K_{\mathrm{Ic}} \tag{5.17}$$

令 $K_{\mathrm{I}} = K_{\mathrm{Ic}}$，将式(5.17)代入式(5.5)和式(5.16)，并代入岩体物理力学参数以及爆炸荷载激发的应力场，根据相应情况使用压剪或拉剪状态下的应力强度因子，即可判断炮孔周围岩体中不同距离处的微裂纹是否扩展。为简化处理，取 $\sigma_c = 65K_{\mathrm{Ic}}$，取裂纹面摩擦系数 $f_r = 0.35$，相应计算结果如图 5.3 所示[9]，图中Ⅰ、Ⅱ和Ⅲ表示炮孔周围某一点随时间的推移先后所处的三种不同应力状态，其中Ⅰ表示径向压应力与环向压应力组合的压剪应力状态，Ⅱ表示径向压应力与环向拉应力组合的拉剪应力状态，Ⅲ表示径向拉应力与环向拉应力组合的拉剪应力状态。$r = 5R$ 处径向应力与环向应力随时间的变化关系如图 5.4 所示。

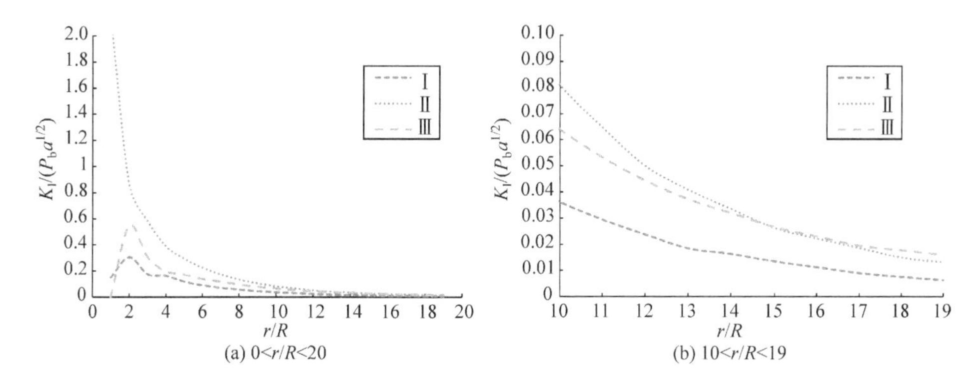

图 5.3　裂纹扩展判据[9]

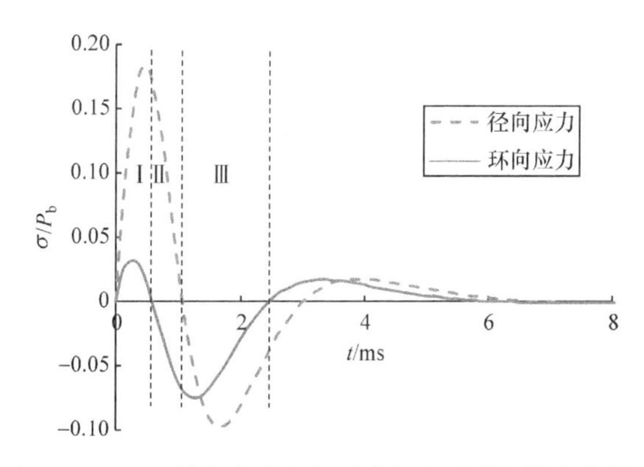

图 5.4　$r = 5R$ 处径向应力与环向应力随时间的变化关系

图 5.3 给出了不同距离处、岩体在爆炸应力波不同阶段时 $K_{\mathrm{I}}/(P_b a^{1/2})$ 的值。当 $K_{\mathrm{I}}/(P_b a^{1/2}) > K_{\mathrm{Ic}}/(P_b a^{1/2})$ 时，即认为岩体中的微裂纹能够扩展。从总的趋势来看，爆炸应力波各阶段激发的应力强度因子均随距离增大而衰减；在 $K_{\mathrm{I}}/(P_b a^{1/2})$ 的数值上，第Ⅱ阶段总大于第Ⅰ阶段。当 $r = 15R$（此时 R 为炮孔半径）时，第Ⅲ阶段等于第Ⅱ阶段，此时 $K_{\mathrm{I}}/(P_b a^{1/2}) = 0.027$；当 $r < 15R$ 时，第Ⅲ阶段小于第

Ⅱ阶段；当 $r>15R$ 时，第Ⅲ阶段大于第Ⅱ阶段。即在炮孔近区，岩体的开裂主要由爆炸应力波的第Ⅰ阶段控制，即压剪应力状态控制；当距离较大时，爆炸应力波第Ⅱ阶段的拉剪应力状态对岩体的开裂起主要作用；随着距离的进一步增大，岩石的开裂主要受爆炸应力波第Ⅲ阶段的拉剪应力状态控制。需要指出的是，由于在爆炸应力场的计算中采用了弹性模型，当处于不同阶段的几个应力状态下，岩体都能开裂时，岩体的开裂实际上由较早阶段的应力状态控制。

爆炸荷载作用下岩体能否开裂，取决于爆炸荷载峰值、微裂纹长度、应力强度因子以及裂纹止裂韧度 K_{Ic}。不同裂纹止裂韧度的岩体，其对应的岩体开裂机制不同，主要体现在爆炸应力波的第Ⅲ阶段能否使微裂纹扩展。当 $K_{\mathrm{Ic}}/(P_{\mathrm{b}}a^{1/2})<0.027$ 时，爆炸应力波驱动的岩体开裂范围如图 5.5 所示，当 $K_{\mathrm{Ic}}/(P_{\mathrm{b}}a^{1/2})>0.027$ 时，爆炸应力波驱动的岩体开裂范围如图 5.6 所示，图中 r_{I}、r_{II}、r_{III} 分别代表爆炸应力波的第Ⅰ、第Ⅱ和第Ⅲ阶段所能形成的开裂区的半径。

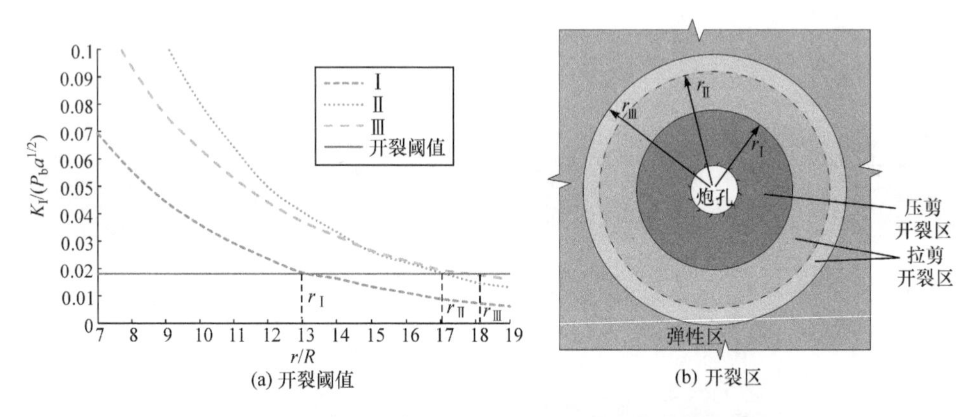

(a) 开裂阈值 (b) 开裂区

图 5.5 $K_{\mathrm{Ic}}/(P_{\mathrm{b}}a^{1/2})<0.027$ 时的岩体开裂范围示意图

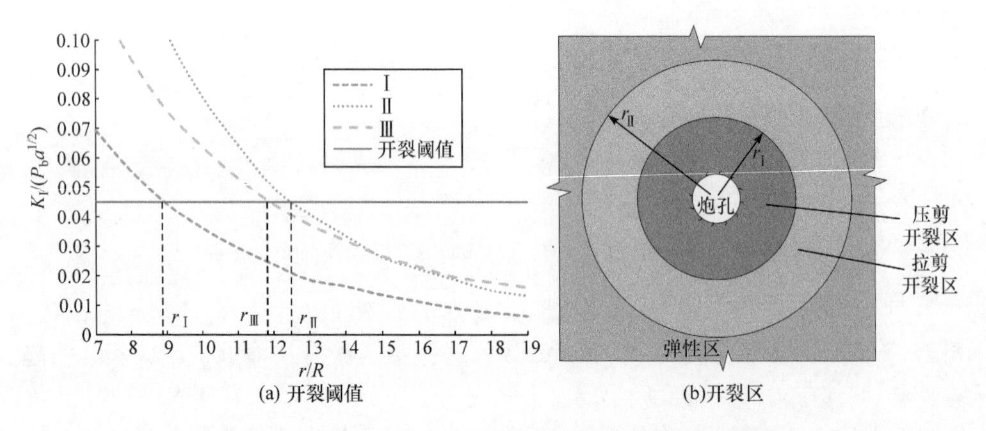

(a) 开裂阈值 (b)开裂区

图 5.6 $K_{\mathrm{Ic}}/(P_{\mathrm{b}}a^{1/2})>0.027$ 时的岩石开裂范围示意图

5.3 准静态卸荷引起的围岩开裂机制

对于深埋长圆形隧洞(见图 5.7),隧洞半径为 R,竖直向应力为 p_0,水平向地应力为 λp_0,λ 为侧压力系数。采用钻爆法全断面爆破开挖成型,应力调整完成后,围岩的应力场可近似采用受外压作用的厚壁圆筒弹性应力解:

$$\begin{cases}\sigma_r=\dfrac{p_0}{2}\left[(1+\lambda)\left(1-\dfrac{R^2}{r^2}\right)-(1-\lambda)\left(1-4\dfrac{R^2}{r^2}+3\dfrac{R^4}{r^4}\right)\cos(2\theta)\right]\\ \sigma_\theta=\dfrac{p_0}{2}\left[(1+\lambda)\left(1+\dfrac{R^2}{r^2}\right)+(1-\lambda)\left(1+3\dfrac{R^4}{r^4}\right)\cos(2\theta)\right]\\ \tau_{r\theta}=\dfrac{p_0}{2}(1-\lambda)\left(1+2\dfrac{R^2}{r^2}-3\dfrac{R^4}{r^4}\right)\sin(2\theta)\end{cases} \tag{5.18}$$

式中,σ_r、σ_θ分别为围岩径向应力和环向应力;R 为隧洞半径;r 为至隧洞中心的距离。

在静水压力条件下,$\lambda=1$,式(5.18)简化为

$$\begin{cases}\sigma_r=p_0\left(1-\dfrac{R^2}{r^2}\right)\\ \sigma_\theta=p_0\left(1+\dfrac{R^2}{r^2}\right)\end{cases} \tag{5.19}$$

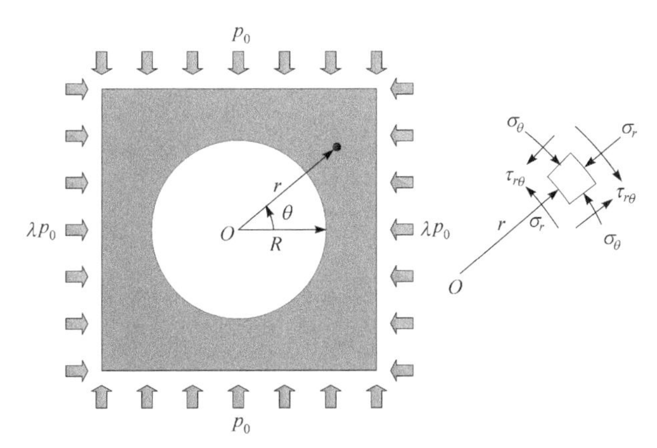

图 5.7 深埋圆形隧洞围岩准静态二次应力计算模型

5.3.1 翼型裂纹产生的临界条件

为考察围压 σ_r 对裂纹开裂模式和范围的影响,引入系数 $k=\sigma_r/\sigma_\theta$,静水压力条件下,裂纹面间的有效剪应力可改写为

$$\tau_{\mathrm{eff}}=\frac{\sigma_\theta}{2}\{(1-k)\sin(2\alpha)-f_{\mathrm{r}}[1+k+(1-k)\cos(2\alpha)]\} \tag{5.20}$$

则双向受压应力状态下翼型裂纹起裂时的应力强度因子(式(5.5))可表示为

$$K_{\mathrm{I}}=\sqrt{\frac{\pi a}{3}}\sigma_\theta\{(1-k)\sin(2\alpha)-f_{\mathrm{r}}[1+k+(1-k)\cos(2\alpha)]\} \tag{5.21}$$

翼型裂纹初始的应力强度因子 K_{I} 与裂纹所处的应力状态 σ_θ、k,裂纹长度 a 和摩擦系数 f_{r} 有关。围岩应力 σ_θ 是远场应力 p_0 的函数,将式(5.21)两边同时除以 $p_0\sqrt{\pi a}$,并引入无量纲数 $Y=K_{\mathrm{I}}/(p_0\sqrt{\pi a})$,则有

$$Y=\frac{K_{\mathrm{I}}}{p_0\sqrt{\pi a}}=\frac{2\sqrt{3}}{3}\left\{\frac{1-k}{1+k}\sin(2\alpha)-f_{\mathrm{r}}\left[1+\frac{1-k}{1+k}\cos(2\alpha)\right]\right\} \tag{5.22}$$

无量纲数 Y 反映了径向应力与环向应力之比 k、摩擦系数 f_{r} 和裂纹倾角 α 对 K_{I} 的影响。图 5.8 给出了 $f_{\mathrm{r}}=0.6$ 时不同 k 值条件下的 Y-α 曲线。当 $k=0$ 时,Y-α 曲线位于最上方,随着 k 增大,相应的 Y-α 曲线逐渐向下移动,这表明,围压 σ_r 对裂纹张拉扩展起着非常敏感的抑制作用,使得翼型裂纹尖端的应力强度因子 K_{I} 降低。在隧洞围岩中,随着裂纹的位置远离开挖轮廓面,k 增大,K_{I} 降低,当 $K_{\mathrm{I}}<K_{\mathrm{Ic}}$时,翼型张裂纹将不能发生。因此,存在一个临界距离 r_{c},在该距离范围内,翼型张裂纹扩展,当裂纹到隧洞中心的距离超过这一值时,翼型张裂纹将不能发生,r_{c}即为该模型条件下的围岩开裂范围。

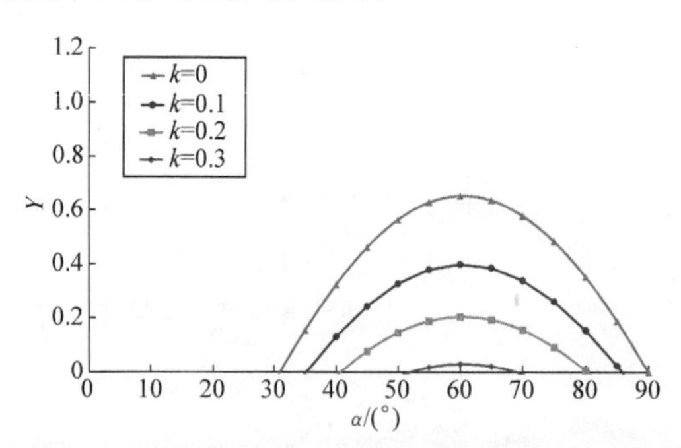

图 5.8 不同 k 值条件下 Y-α 曲线($f_{\mathrm{r}}=0.6$)

将式(5.17)和 $K_{\mathrm{I}}=K_{\mathrm{Ic}}$代入式(5.21),可以得到翼型张裂纹开裂的临界距离 r_{c}(围岩开裂范围)和相应的临界径向应力与环向应力之比 k_{c}:

$$r_{\mathrm{c}}=\left\{\frac{2(55\sim82)p_0\sqrt{\pi a}[\sin(2\alpha)-f_{\mathrm{r}}\cos(2\alpha)]}{\sqrt{3}\sigma_{\mathrm{c}}+2(55\sim82)f_{\mathrm{r}}p_0\sqrt{\pi a}}\right\}^{1/2}R \tag{5.23}$$

$$k_{\mathrm{c}}=\frac{r_{\mathrm{c}}^2-R^2}{r_{\mathrm{c}}^2+R^2} \tag{5.24}$$

围岩开裂范围与洞室所处的应力水平、岩体抗压强度、摩擦系数及主裂纹长度密切相关。对于抗压强度 $\sigma_c=80\text{MPa}$、$\sigma_c=82K_{\text{Ic}}$ 的岩体，若裂纹长度 $2a=0.004\text{m}$、摩擦系数 $f_r=0.6$，当圆形隧洞所处的静水压力 p_0 达到 19MPa 以上时，$r_c/R>1$，即上述计算条件下围岩中翼型裂纹开裂时的 p_0 临界值约为 20MPa[10]。

5.3.2　围岩开裂范围与翼型裂纹扩展方向

取 $p_0=30\text{MPa}$，不同摩擦系数时的围岩开裂范围如图 5.9 所示。可以看出，随着摩擦系数增大，开裂范围明显减小，在 $f_r=0.6$ 时，围岩开裂范围为 $r_c=1.1R$，相应的 $k_c=0.1$，由式(5.22)可得 Y 的临界值 $Y_c=0.4$。显然，主裂纹长度越大，翼型裂纹的应力强度因子越大，围岩开裂范围越大，开裂范围随裂纹长度的变化如图 5.10 所示。在 $a<0.1\text{m}$ 时，围岩开裂范围随裂纹长度的变化显著增加，之后增长速率变缓。

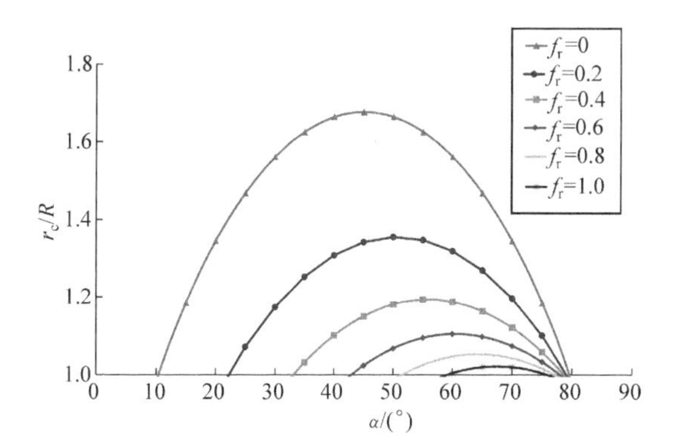

图 5.9　不同摩擦系数时的围岩开裂范围($\sigma_c=82K_{\text{Ic}}$)

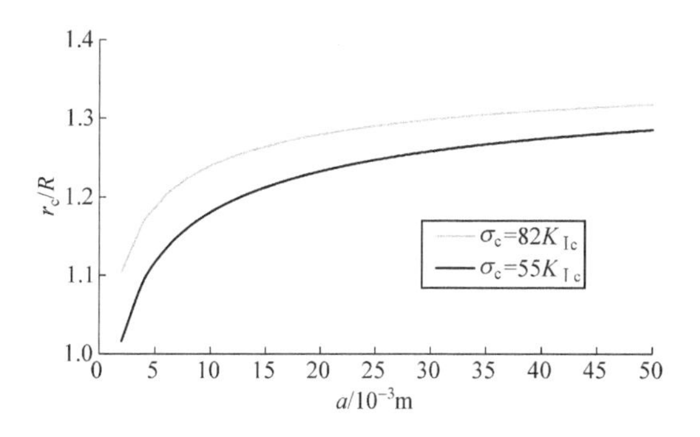

图 5.10　围岩开裂范围随裂纹长度变化曲线($f_r=0.6$)

翼型裂纹进一步扩展的方向由翼型裂纹尖端的最大应力强度因子确定，Ashby 和 Hallam[11]假定翼型裂纹扩展有一个不变的方向，即平行于最大主压应力方向。对初始扩展的短翼型裂纹，这个假定显然是不符合实际情况的。李浩和陶振宇[12]提出了连接主裂纹尖端与翼型裂纹尖端、用直裂纹来代替实际弯曲翼型裂纹的简化模型，该模型计算结果表明，当翼型裂纹长度 $l \gg a$ 时，翼型裂纹扩展将偏向于最大主压应力方向，此时 $\beta \approx \pi/2-\alpha$。可见，翼型裂纹扩展方向逐渐与最大主压应力方向平行。在深埋圆形隧洞围岩中，环向正应力 σ_θ 往往为最大主压应力，因此，翼型裂纹的扩展方向平行于隧洞自由面。当环向裂纹扩展形成圆环破裂带后，相当于在隧洞围岩中形成了新的自由面，在应力重分布调整过程中，岩体环向开裂向围岩深部发展。

5.4　瞬态卸荷诱导的围岩开裂机制及影响因素

岩体开挖瞬态卸荷会在围岩中引起附加动应力场，该附加动应力导致围岩径向卸载和环向加载效应放大，引起围岩径向应力与环向应力之比 k 降低，导致强度因子 $K_{\rm I}$ 增大(见图 5.8)，从而影响围岩的开裂机制和开裂范围。

5.4.1　围岩开裂范围

图 5.11 给出了地应力瞬态卸荷持续时间 $t_d=2$ms 条件下，岩体开挖瞬态卸荷和准静态卸荷时围岩 $r=2R$ 与 $r=5R$ 处的 Y 值时程曲线。与地应力准静态卸荷相比，开挖面上地应力瞬态卸荷产生了较大的 Y 值，加剧了深埋隧洞围岩的开裂效应，因此，将导致围岩开裂范围增大。

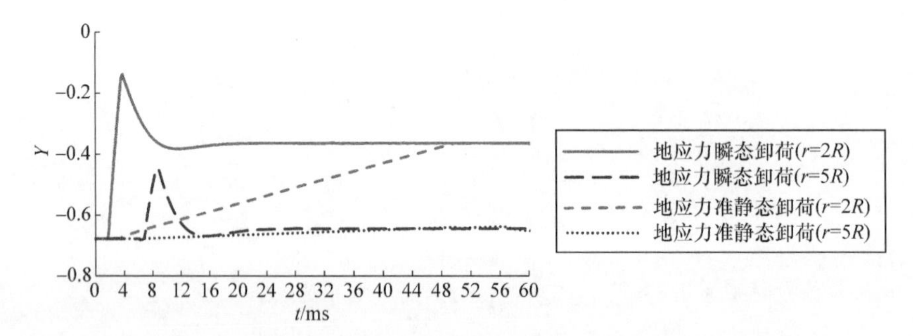

图 5.11　开挖面上地应力瞬态卸荷和准静态卸荷条件下 Y 值时程曲线($f_r=0.6$)

开挖面上地应力瞬态卸荷和准静态卸荷条件下围岩不同距离处的 Y 值如图 5.12 所示，抗压强度为 $\sigma_c=80$MPa、静水压力场 $p_0=30$MPa、裂纹长度 $2a=0.004$m 时，在 $f_r=0.6$ 时，取翼型裂纹扩展的阈值 $Y_c=0.4$。开挖面上地应力瞬态卸荷引起的围岩开裂范围比准静态卸荷时增加了 0.04R。在摩擦系数较小时，其开裂范围增加更大，当 $f_r=0$ 时，开挖面上应力瞬态释放引起的围岩开裂范围增加了 0.09R。

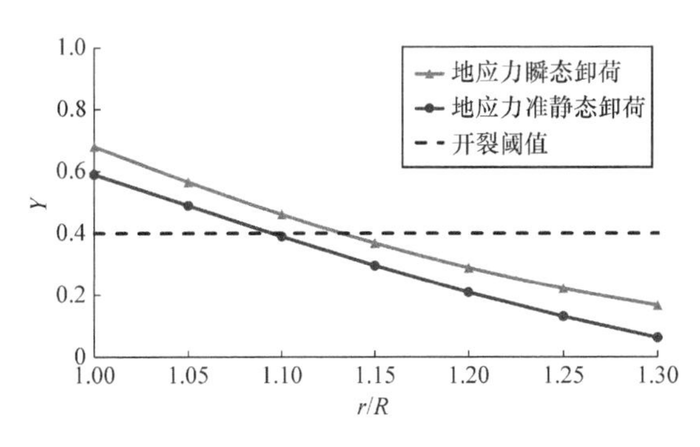

图5.12　开挖面上地应力瞬态卸荷和准静态卸荷条件下围岩开裂范围(f_r=0.6)

5.4.2　围岩开裂的影响因素

1. 地应力状态

取竖直向地应力$\sigma_v=p_0$=30MPa，围岩初裂纹倾角α=45°，不同侧压力系数($\lambda=\sigma_h/\sigma_v$=0.5、1.0、1.5、2.0)条件下的围岩开裂范围如图5.13所示[13]。静水地应力场(λ=1.0)中圆形隧洞的围岩应力均匀分布，其围岩开裂深度一致，呈圆形分布。非静水压力场中，由于围岩中各点的应力状态不尽相同，围岩中的某些部位可能发生开裂，而在其他部位可能不会发生开裂。例如，当λ=0.5时，仅在隧洞坐标角度为0°～31°、329°～360°和149°～211°区域内的裂纹会产生开裂，在开挖隧洞侧壁中部开裂深度最大，深度达0.04R；当λ=2.0时，在隧洞坐标角度为29°～151°和209°～330°区域内裂纹会产生不同程度开裂，在开挖隧洞底板和顶拱围岩开裂深度最大，最大深度可以达0.15R。静水应力场围岩最大开裂深度最小，这表明高地应力条件下剪应力在围岩开裂过程中起着重要作用。Martin和Christiansson[14]的地下硬岩实验室结果也表明，开挖边界附近围岩开裂方向平行于最大主应力方向，并在开挖边界形成V形槽，开裂破坏区与计算所得开裂区分布特征一致。

2. 瞬态卸荷持续时间

对于深埋洞室爆破开挖，开挖卸荷在炮孔贯穿后自由面形成的瞬间完成，为一典型的瞬态卸荷过程。竖直向地应力σ_v=30MPa，侧压力系数λ分别为0.5、1.0、1.5和2.0时，应力释放持续时间t_d分别为1ms、5ms和40ms条件下，瞬态卸荷引起的围岩开裂分布如图5.14和表5.1所示，图中用不同颜色反映卸荷持续时间不同引起的开裂增幅。可以看出，卸荷持续时间越短，引起的围岩开裂范围越大，最大开裂深度及开裂角度范围随卸荷时间减小而增加；当卸荷时间大于40ms后，岩

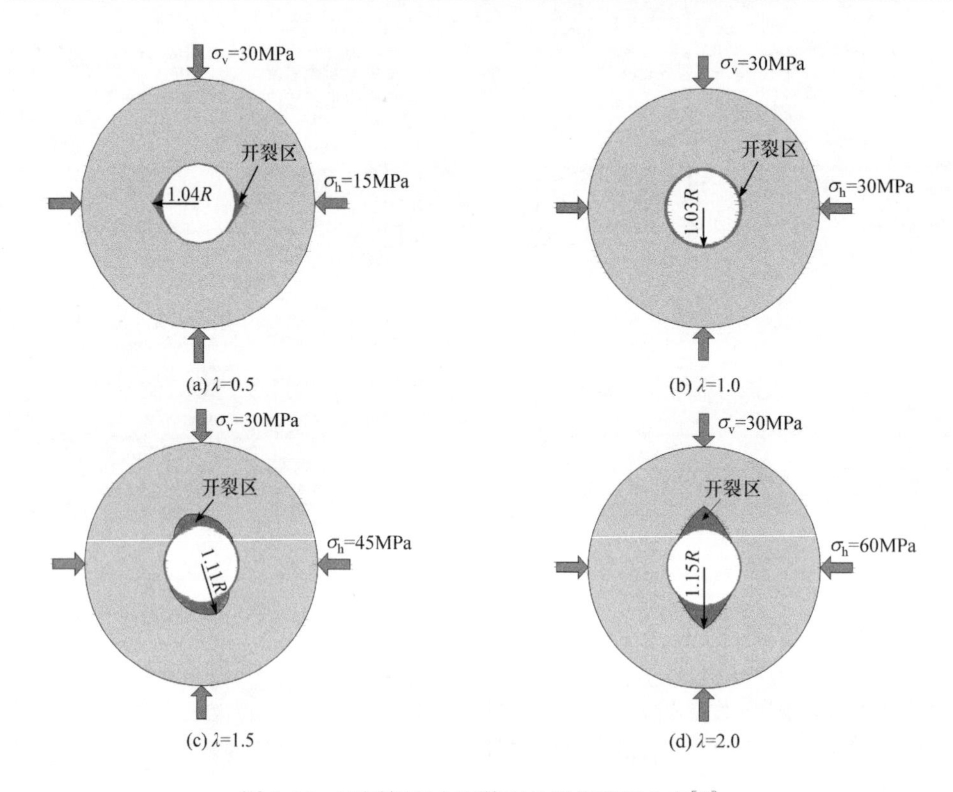

图 5.13　不同侧压力系数下的围岩开裂分布[13]

体开挖瞬态卸荷引起的附加动应力较小，已接近准静态卸荷过程，此时，围岩开裂范围与准静态卸荷时趋近一致（开裂范围与准静态卸荷相比增长小于 1%）。当 $\lambda=2.0$ 时，$t_d=1$ms 时围岩开裂范围与准静态卸荷相比显著增加（见图 5.14(d)），表明初始应力越高，应力释放时间对围岩开裂影响越大。

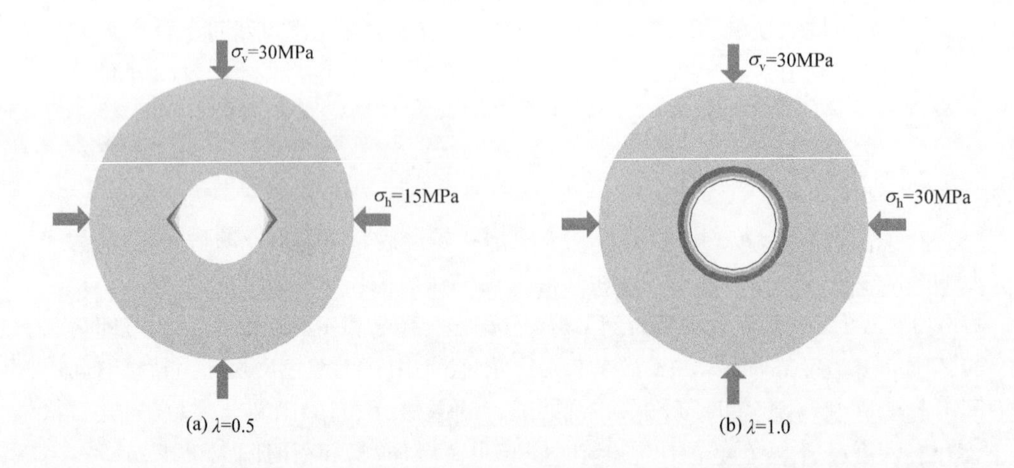

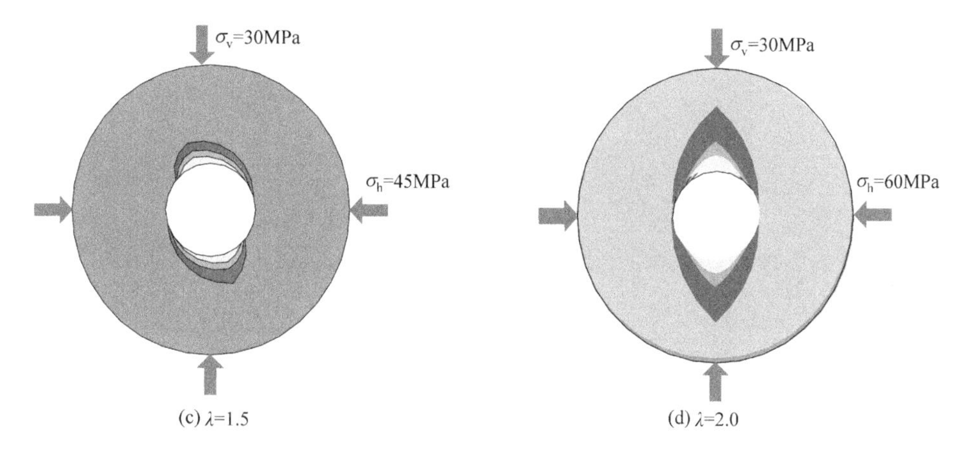

图 5.14　不同持续时间时瞬态卸荷引起的围岩开裂分布

表 5.1　不同持续时间时瞬态卸荷引起的围岩开裂深度及范围

侧压力系数	卸荷持续时间	围岩开裂深度及范围	
		开裂深度	角度范围
$\lambda=0.5$	1ms	$0.14R$	0°～37°、142°～217°、325°～360°
	5ms	$0.09R$	0°～33°、147°～213°、327°～360°
	40ms	$0.05R$	0°～31°、149°～211°、329°～360°
$\lambda=1.0$	1ms	$0.11R$	0°～360°
	5ms	$0.06R$	0°～360°
	40ms	$0.04R$	0°～360°
$\lambda=1.5$	1ms	$0.33R$	21°～159°、201°～341°
	5ms	$0.17R$	25°～156°、204°～337°
	40ms	$0.11R$	29°～150°、211°～333°
$\lambda=2.0$	1ms	$0.86R$	10°～171°、181°～356°
	5ms	$0.41R$	25°～156°、204°～337°
	40ms	$0.16R$	29°～151°、209°～331°

3. 裂纹角度

竖直向地应力 $\sigma_v=30$MPa，主裂纹倾角 $\alpha=0°$、15°、30°、45°、60°、75°和 90°时，围岩不同深度处的应力强度因子与裂纹倾角的关系如图 5.15 所示。在 $\alpha=0\sim45°$ 时应力强度因子随着裂纹倾角的增大而增大，在 $\alpha=45°$时达到最大，以后随之减小。当 $\alpha=45°$时裂纹尖端应力强度因子均最大，越容易发生开裂。当 α 趋近于 0°和 90°时，应力强度因子趋近于 0，说明主压应力作用方向垂直裂纹面时，受压裂纹不会发生开裂。

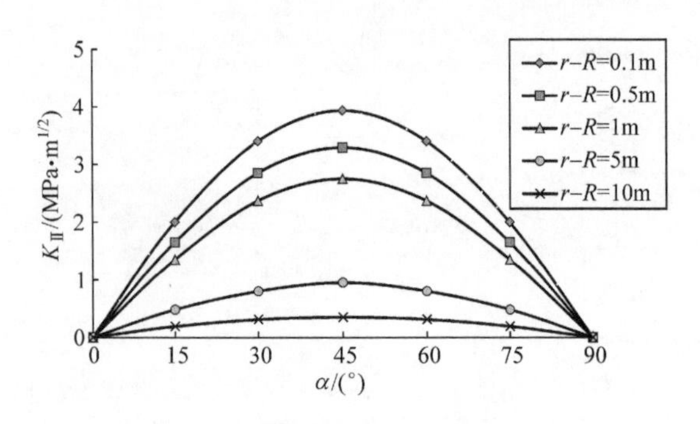

图 5.15　应力强度因子与主裂纹倾角的关系(f_r=0.5)

图 5.16 给出了不同地应力状态下主裂纹倾角 α 与围岩最大开裂深度的关系。可以看出,考虑剪应力作用及裂纹面间摩擦作用,α 不同,围岩最大开裂深度及开裂范围也不同。当 λ=0.5 时,α=41°～79°时围岩才会产生开裂,最大开裂深度达 0.12R;当 λ=1.0 时,α=45°～76°时围岩会产生开裂,最大开裂深度达 0.08R;当 λ=2.0 时,α=35°～85°时围岩都会产生开裂,最大开裂深度达 0.25R。静水应力场条件下,开挖能够引起 α 的范围及最大开裂深度均为最小。这也说明深埋地下岩体开挖引起的剪应力是围岩开裂的重要因素。另外,考虑深埋岩体裂纹闭合摩擦的影响,当 α 较小,即裂纹趋近平行于圆形隧洞径向时,无论侧压力系数为何值,裂纹都不会扩展。

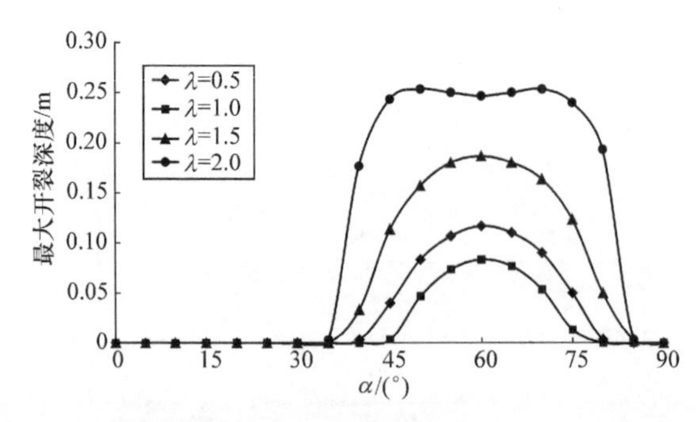

图 5.16　不同地应力状态下主裂纹倾角与最大开裂深度的关系

5.5　开挖卸荷诱导的岩爆效应

5.5.1　围岩开裂过程中的能量变化

数字钻孔摄像观察到的岩爆发生前裂纹的萌生、张开、扩展、闭合等现象表明岩爆的孕育是从岩体的破裂开始的[15]。考虑一个只存在微裂纹,不存在宏观裂

缝、节理的均质单位体积岩体，在外力的作用下产生变形，外力做功所产生的总输入能量为 U_w，根据能量守恒定律，可得

$$U_w = U_d + U_e \tag{5.25}$$

式中，U_d 为岩体单元耗散能；U_e 为岩体单元可释放弹性应变能。

图 5.17 为岩体单元的应力-应变曲线，图中，面积 U_d 为岩体单元中微裂纹扩展所耗散的能量，面积 U_e 为岩体单元中储存的可释放应变能，E 为弹性模量。在初始微裂纹扩展过程中，外力功一部分以不可逆的形式耗散掉，耗散能主要用于微裂纹的扩展，从而造成岩体内部损伤，导致岩体性质劣化和强度损失；另一部分以可释放弹性应变能的形式储存于岩体中，当该部分能量大于岩体的极限储存能时，就会产生岩爆。

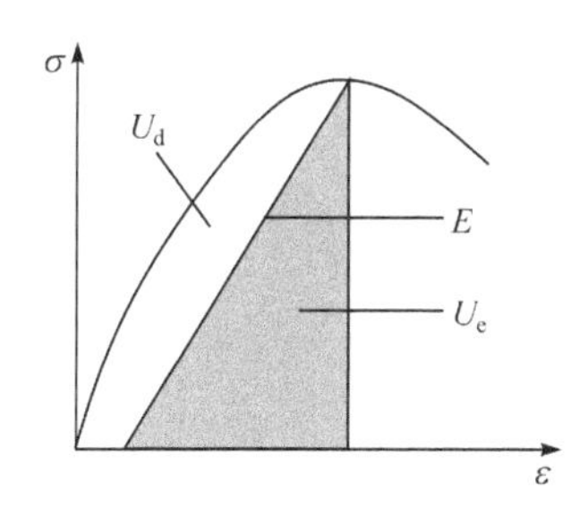

图 5.17　岩体单元应力-应变关系曲线

高地应力条件下，深部岩体的 TBM 开挖和钻爆开挖都会引起开挖面上地应力分别经历准静态卸荷与瞬态卸荷过程[16~18]。两种不同的卸荷方式势必在围岩中产生不同的应力效应，从而引起围岩的开裂范围及裂纹扩展长度有所不同，导致该过程的能量耗散和释放值的大小也有差异。因此，分析准静态卸荷和瞬态卸荷条件下能量的耗散和释放规律，有助于加深对不同开挖方式下岩爆孕育特征的认识。

1. 准静态卸荷诱发围岩开裂过程中的能量耗散

在静水压力场的条件下开挖一条无限长半径为 R 的圆形隧洞，远场地应力为 p_0。TBM 开挖引起的准静态卸荷情况下，围岩应力可采用式(5.19)计算。在径向正应力 σ_r 和环向正应力 σ_θ 作用下，初始裂纹面上的正应力 σ_n、剪应力 τ 可分别采用式(5.1)和式(5.2)计算。初始微裂纹受压而闭合，裂纹面间的有效剪应力 τ_{eff} 可采用式(5.20)求解。

当裂纹面间的有效剪应力达到临界阈值时，裂纹开始扩展，初始微裂纹的尖端将产生翼型裂纹。由于 5.1 节中在计算 Ⅰ 型应力强度因子 $K_Ⅰ$ 时忽略了翼型裂纹扩展长度的影响，这里采用式(5.26)进行计算[11,19]

$$K_{\mathrm{I}}=\frac{2a\tau_{\mathrm{eff}}\cos\alpha}{\sqrt{\pi(l+l^{*})}}-\sigma_{\mathrm{r}}\sqrt{\pi l} \tag{5.26}$$

式中，l 为翼型裂纹扩展长度；$l^{*}=0.27a$，是为了保证式(5.26)在翼型裂纹很短时依然适用。

假设围岩的开裂范围为 r_{c}，则在 $r=r_{\mathrm{c}}$ 处，翼型裂纹的长度 $l=0$，该处Ⅰ型应力强度因子等于裂纹止裂韧度 K_{Ic}。根据这一边界条件，再结合式(5.17)和式(5.26)，可以计算出围岩开裂范围：

$$r_{\mathrm{c}}=\sqrt{\frac{2a\xi p_{0}\cos\alpha[\sin(2\alpha)-f_{\mathrm{r}}\cos(2\alpha)]}{\sqrt{\pi l^{*}}\sigma_{\mathrm{c}}+2a\xi f_{\mathrm{r}}p_{0}\cos\alpha}}R \tag{5.27}$$

若岩体弹性模量 $E=20\mathrm{GPa}$、泊松比 $\mu=0.22$、密度 $\rho=2500\mathrm{kg/m^3}$、抗压强度 $\sigma_{\mathrm{c}}=80\mathrm{MPa}$，静水压力场 $p_{0}=30\mathrm{MPa}$，圆形洞室半径 $R=5\mathrm{m}$，初始微裂纹长度 $2a=0.004\mathrm{m}$，$K_{\mathrm{Ic}}=\sigma_{\mathrm{c}}/82$。图 5.18 给出了不同摩擦系数条件下围岩的开裂范围。可以看出，摩擦系数越大，围岩开裂范围越小。

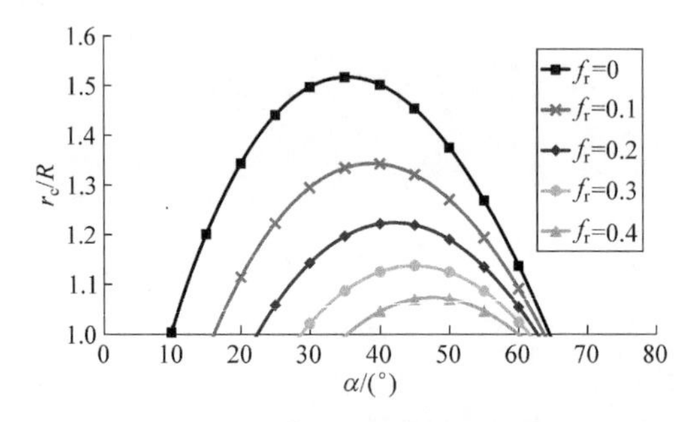

图 5.18　准静态卸荷诱发的围岩开裂范围

对于 $R\leqslant r\leqslant r_{\mathrm{c}}$ 的岩体，当 $K_{\mathrm{I}}>K_{\mathrm{Ic}}$ 时，该处产生翼型裂纹，翼型裂纹长度由 0 逐渐增大；当 $K_{\mathrm{I}}=K_{\mathrm{Ic}}$ 时，可认为该处的翼型裂纹不再扩展，长度达到最大值。根据这一边界条件，再结合式(5.26)，可以计算出开裂范围内不同距离处翼型裂纹的长度：

$$\frac{\sigma_{\mathrm{c}}}{\xi}=-p_{0}\left(1-\frac{R^{2}}{r^{2}}\right)\sqrt{\pi l}+\frac{2ap_{0}\left\{\frac{R^{2}}{r^{2}}\sin(2\alpha)-f_{\mathrm{r}}\left[1+\frac{R^{2}}{r^{2}}\cos(2\alpha)\right]\right\}\cos\alpha}{\sqrt{\pi(l+l^{*})}} \tag{5.28}$$

式(5.28)可以转化为翼型裂纹长度 l 关于距离 r 的一元四次方程，由于其求解过程过于繁杂，这里直接给出不同距离处的翼型裂纹长度($\alpha=40°$)的计算结果，如图 5.19 所示。可以看出，不同摩擦系数条件下，翼型裂纹长度均在开挖边界上取得最大值，然后随着距离的增大逐渐衰减，最终在开裂边界 $r=r_c$ 上等于0。

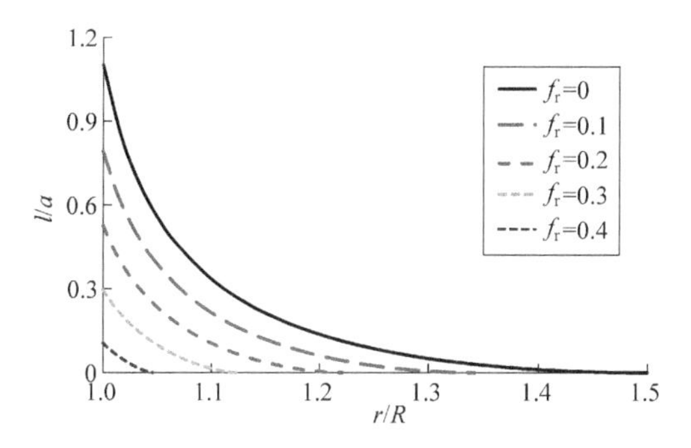

图5.19　准静态卸荷诱发的翼型裂纹扩展长度($\alpha=40°$)

高地应力赋予岩体较高的应变能，伴随着围岩中翼型裂纹的扩展，一部分应变能以热能的形式耗散掉，用于克服主裂纹面上摩擦力做功；一部分以表面能的形式耗散掉，用于驱动张拉裂纹的扩展；剩余的能量以弹性应变能的形式储存于围岩中，当这部分能量超过岩体的极限储存能时，将发生岩爆。裂纹扩展过程耗散的能量 U_d 为

$$U_d=2NU_t+NW_f \tag{5.29}$$

式中，U_t 为单个张拉裂纹扩展耗散的能量；W_f 为单个主裂纹面上的摩擦功；N 为单位体积岩体所含初始微裂纹的数量。

围岩中的应变能密度为

$$U_w=\frac{p_0^2[3(1-2\mu)+2(1+\mu)R^4/r^4]}{2E} \tag{5.30}$$

文献[20]给出了双向受压条件下主裂纹面上摩擦耗能及翼型裂纹扩展耗能的计算公式，本书引用这一计算方法，来求解圆形洞室开挖围岩开裂过程中摩擦耗能及翼型裂纹扩展耗能：

$$\begin{aligned}U_t=&\frac{8a^2(1-\mu^2)}{\pi E}\left\{\tau_{\text{eff}}^2\ln\left(1+\frac{l}{l_*}\right)+\frac{1}{8}\sigma_r^2\left(\frac{\pi l}{a}\right)^2\right.\\&\left.-\pi\tau_{\text{eff}}\sigma_r\cos\alpha\left(\frac{l_*}{a}\right)\left[\sqrt{\frac{l}{l_*}\left(1+\frac{l}{l_*}\right)}-\ln\left(\sqrt{\frac{l}{l_*}}+\sqrt{1+\frac{l}{l_*}}\right)\right]\right\}\end{aligned} \tag{5.31}$$

$$\begin{aligned}W_f=&\frac{4\sqrt{2}a^2f_r(1-\mu^2)}{E}\left[2(\tau_{\text{eff}}\sigma_\theta\cos^2\alpha+\tau_{\text{eff}}\sigma_r\sin^2\alpha)\sqrt{\frac{l+l_{**}}{l+l_*}}\right.\\&\left.-\frac{(\sqrt{2}-1)(\sigma_\theta\sigma_r\cos\alpha+\sigma_r^2\tan\alpha\sin\alpha)}{\sqrt{2}}\frac{\pi l_{**}}{a}\sqrt{\frac{l}{l_{**}}\left(1+\frac{l}{l_{**}}\right)}\right]\end{aligned} \tag{5.32}$$

式中，$l_{**}=0.083a$。

将式(5.19)和式(5.20)代入式(5.32)，并结合式(5.28)可以得到各部分能量随距离的变化曲线，如图 5.20 所示。可以看出，尽管部分能量以摩擦能和表面能的形式耗散掉，但在围岩近区，尤其是开裂范围内，仍聚集有较高的可释放弹性应变能。

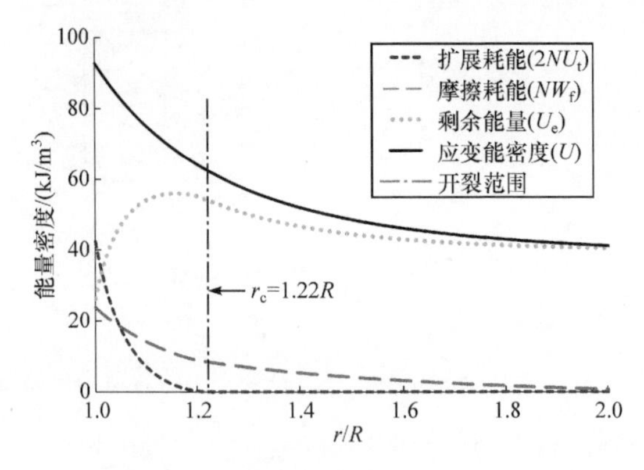

图 5.20 能量随距离变化曲线（$\alpha=40°$，$f_r=0.2$，准静态卸荷）

2. 瞬态卸荷诱发围岩开裂过程中的能量耗散

由 3.2 节和 3.3 节可以获得瞬态卸荷作用下围岩应力场及应变能动态的调整过程，以 $r=2R$ 处围岩为例，图 5.21 给出了围岩动态应力场及应变能密度的调整过程[21]。

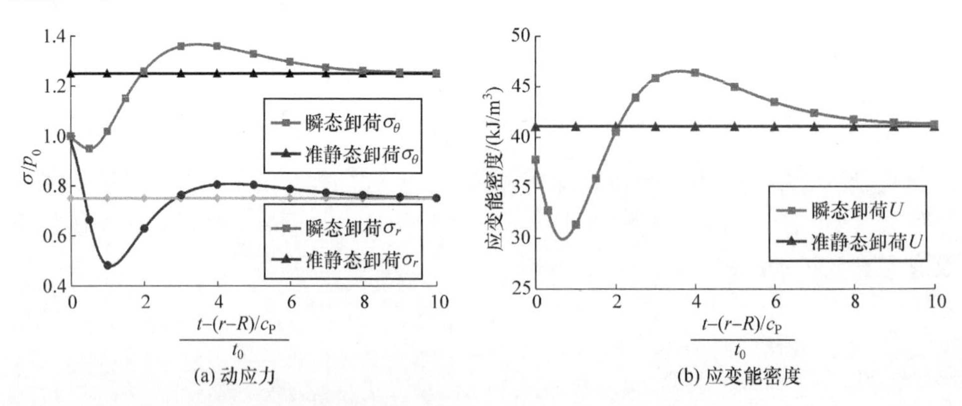

图 5.21 围岩动态应力场及应变能密度调整过程（$r=2R$）[21]

将瞬态卸荷诱发的径向动应力 $\sigma_r(r,t)$ 和环向动应力 $\sigma_\theta(r,t)$ 代入式(5.20)，并结合式(5.26)，可以计算出瞬态卸荷诱发的围岩开裂范围及翼型裂纹长度，分别如图 5.22 和图 5.23 所示。对比图 5.22 和图 5.18 以及图 5.23 和图 5.19，可以发现，相比准静态卸荷，瞬态卸荷诱发的围岩开裂范围和翼型裂纹长度明显增大。

以上研究表明，瞬态卸荷对围岩开裂有重要影响，这一影响势必会改变围岩开

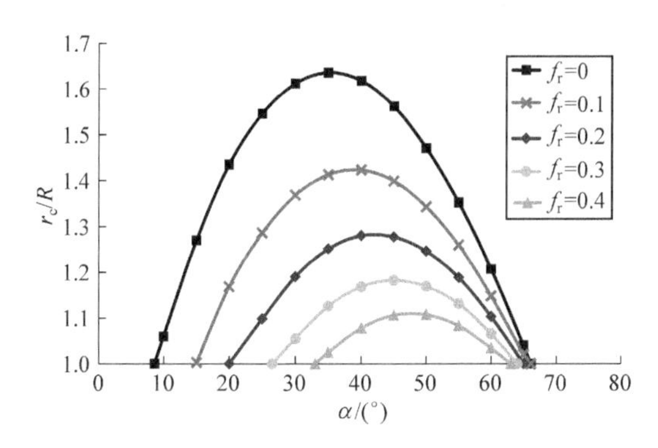

图 5.22　瞬态卸荷诱发的围岩开裂范围

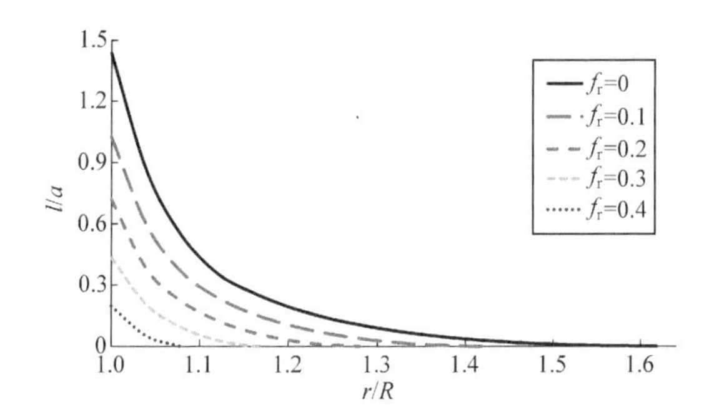

图 5.23　瞬态卸荷诱发的翼型裂纹扩展长度($\alpha=40°$)

裂过程中能量耗散值的大小，根据式(5.31)和式(5.32)，瞬态卸荷诱发围岩开裂过程中主裂纹摩擦耗能及翼型裂纹扩展耗能的计算结果如图 5.24 所示。对比图 5.24 和图 5.20 可以发现，相比准静态卸荷，围岩应变能密度、主裂纹摩擦耗能及翼型裂纹扩展耗能均明显增大；尽管部分能量以摩擦能和表面能的形式耗散掉，但剩余能量仍以弹性应变能的形式储存于围岩中，在围岩中由表及里呈现低→高→低驼峰状聚集形态，并且聚集峰值明显增大。

5.5.2　不同卸荷方式下应变型岩爆的特征

高地应力条件下深部岩体开挖过程中，开挖面上地应力卸荷引起围岩环向加载和径向卸载，诱发围岩开裂。在这一过程中，部分能量用于克服主裂纹面上摩擦力做功，以热能的形式耗散掉；部分能量用于驱动翼型裂纹的扩展，以表面能的形式耗散掉，剩余能量以可释放弹性应变能的形式储存于围岩中。微观翼型裂纹的扩展势必造成岩体内部损伤，导致岩体性质劣化与强度损失，从而增大了岩体中形成宏观裂缝的可能性。加之开裂区域内的岩体仍储存有较高的可释放弹性应变能，导致该区域出现岩爆的可能性极高。

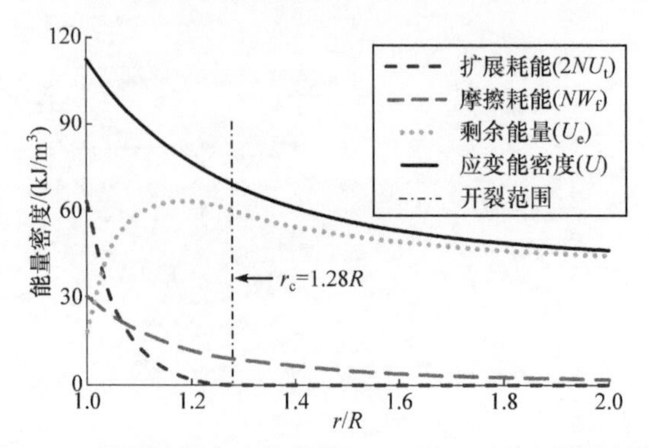

图 5.24 能量随距离变化曲线($\alpha=40°$, $f_r=0.2$,瞬态卸荷)

1. 即时型岩爆

根据是否受开挖卸荷的影响,应变型岩爆分为即时型和时滞型,前者是指开挖卸荷效应影响过程中坚硬、完整围岩中发生的岩爆[15],后者是指开挖卸荷结束、应力调整平衡以后围岩中发生的岩爆[22]。无论即时型岩爆还是时滞型岩爆,均是能量驱动下的一种动态失稳现象,陈卫忠等[23]从能量观点提出了一种新的岩爆判据:

$$\frac{U_e}{U_0}=\begin{cases}0.3, & \text{少量片帮,Ⅰ级,弱岩爆}\\ 0.4, & \text{严重片帮,Ⅱ级,中等岩爆}\\ 0.5, & \text{需要支护,Ⅲ级,强烈岩爆}\\ \geqslant 0.7, & \text{严重破坏,Ⅳ级,严重岩爆}\end{cases} \tag{5.33}$$

式中,U_e为岩体可释放弹性应变能;U_0为岩体的极限储存能。

根据 TBM 开挖(准静态卸荷)和钻爆法开挖(瞬态卸荷)诱发围岩开裂过程中储存的可释放弹性应变能,可以计算出能量指标 U_e/U_0(U_0 取 120kJ/m^3),如图 5.25 所示。

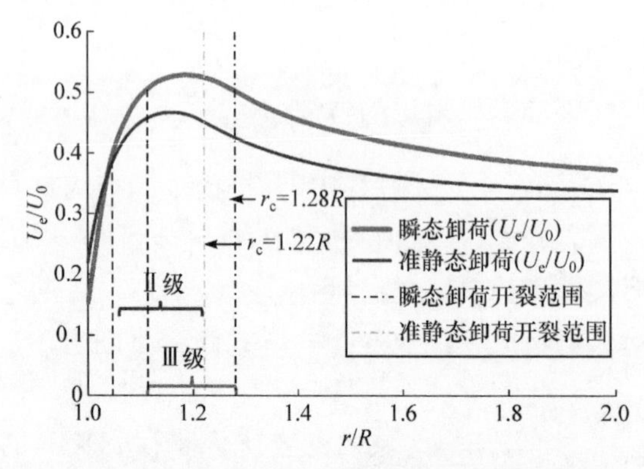

图 5.25 不同开挖方式下能量指标(卸荷过程中)

根据图5.25计算的围岩开裂过程中的能量指标，再结合岩爆判据式(5.33)，可以计算出即时型岩爆等级和位置：瞬态卸荷(钻爆法开挖)诱发强烈Ⅲ级岩爆，位置为$1.11R\sim1.28R$；准静态卸荷(TBM开挖)诱发中等Ⅱ级岩爆，位置为$1.05R\sim1.22R$。相比TBM开挖，钻爆法开挖诱发即时型岩爆的等级较高，破坏深度较大。

2. 时滞型岩爆

TBM开挖和钻爆法开挖在卸荷结束后，能量指标U_e/U_0(U_0取$120\mathrm{kJ/m^3}$)如图5.26所示。

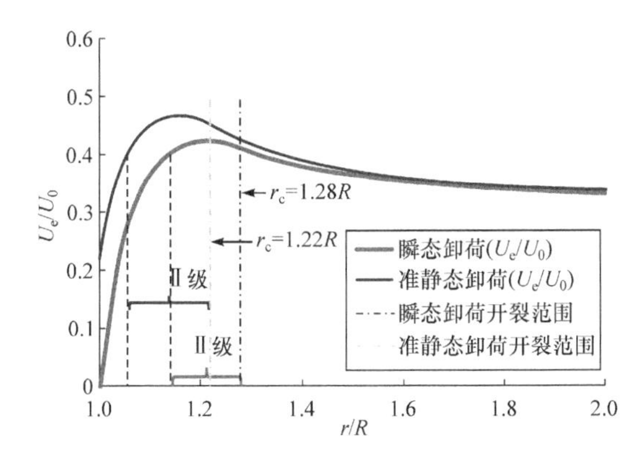

图5.26　不同开挖方式下能量指标(卸荷结束后)

结合岩爆判据式(5.33)，可以计算出时滞型岩爆等级和位置：瞬态卸荷(钻爆法开挖)诱发中等Ⅱ级岩爆，位置为$1.14R\sim1.28R$；准静态卸荷(TBM开挖)诱发中等Ⅱ级岩爆，位置为$1.06R\sim1.22R$。两种不同开挖方式下，岩爆等级和范围几乎一致。但相比TBM开挖，钻爆法开挖导致围岩开裂过程中耗散了较多的能量，卸荷结束后，围岩可释放弹性应变能减小，降低了发生岩爆的风险，有利于时滞型岩爆的控制。

5.5.3　岩爆碎块弹射速率

静水地应力场条件下，圆形隧洞开挖卸荷诱导围岩开裂过程中，岩体因开挖卸荷聚集的能量一部分用于克服主裂纹面上摩擦力做功，一部分以表面能的形式耗散掉，用于驱动张拉翼型裂纹扩展并形成宏观裂纹。剩余的能量以弹性应变能的形式储存于围岩中，当这部分能量超过岩体的极限储存能时将发生岩爆，这部分能量将转化为破碎岩块弹射动能，岩体碎块被快速弹射出。

假设开挖进尺为L_e，则围岩破裂过程中以表面能的形式耗散掉的能量Q_d为

$$Q_d=\int_{a_0}^{r_c}4\pi rL_eN_1U_t\mathrm{d}r \tag{5.34}$$

将式(5.31)代入式(5.34)可计算 Q_d。

为方便计算,将岩体碎块看成等体积的球体,则岩体破裂成碎块过程可表达为

$$Q_d = \left(\sum 4\pi r_d^2 - 2\pi a_0 L_e\right)\gamma_s \tag{5.35}$$

式中,γ_s为表面自由能,表示岩体每形成单位面积裂纹所需要的能量;r_d为等效球体碎块的半径。

岩体破碎前后的体积相等,则有

$$\sum \frac{4}{3}\pi r_d^3 = \pi(r_c^2 - a_0^2)L_e \tag{5.36}$$

假设围岩破裂后形成 N 个等体积球形碎块,联立式(5.35)和式(5.36),可得

$$N=\frac{\left(\dfrac{Q_d}{\gamma_s}+2\pi a_0 L_e\right)^3}{36\pi^3(r_c^2-a_0^2)^2 L_e^2} \tag{5.37}$$

除岩爆过程中的块度分布外,岩爆的剧烈程度在工程中尤为重要,强烈的岩爆不仅会威胁人身、施工设备安全,还会影响施工进度。岩爆的剧烈程度取决于岩体碎块的弹射动能的大小,对同等质量的岩块,取决于其飞溅的速率。由前面的分析可知,这部分弹射动能由围岩破裂后剩余的可释放弹性能转化而来,剩余的可释放弹性能越多,岩体碎块所获得的动能就越多,岩爆必然越剧烈。对于所讨论的静水地应力场中的圆形洞室,开挖卸荷诱导围岩破裂后破裂区中的剩余弹性应变能为

$$Q_e = \int_{a_0}^{r_c} 2\pi r L_e U_e \mathrm{d}r = \int_{a_0}^{r_c} 2\pi r L_e (U - 2N_1 U_t + N_1 W_f)\mathrm{d}r \tag{5.38}$$

根据能量守恒定律,有

$$Q_e = \sum \frac{2}{3}\rho\pi r_d^3 v^2 \tag{5.39}$$

式中,v 为岩块弹射速度。

联立式(5.36)、式(5.38)和式(5.39),可得

$$v = \sqrt{\frac{\displaystyle\int_{a_0}^{r_c} 4r(U - 2N_1 U_t + N_1 W_f)\mathrm{d}r}{\rho(r_c^2 - a_0^2)}} \tag{5.40}$$

5.5.4 锦屏二级水电站深埋隧洞开挖过程中的岩爆

深部岩体开挖过程中的多源信息观测试验是研究开挖卸荷诱发岩爆的一种直接手段。目前比较常用的观测手段主要包括微震监测、数字钻孔摄像、声发射、变形、声波检测等。在监测之前,需要采用数值分析和宏观地质判断等手段评估岩爆可能发生的位置,以便于监测设施的布置。

锦屏二级水电站地下洞群开挖对象多为质纯性脆的大理岩,具有较高的强度。

此外，隧洞一般埋深 1500～2000m，最大埋深达 2525m，大埋深使得岩体处于较高的地应力状态。这两者构成了岩爆发生的基本条件，在开挖扰动这一诱导因素的触发下，锦屏二级水电站深埋隧洞开挖过程中岩爆频发，现场观察到的岩爆爆坑如图 5.27所示[15]。

(a) V形爆坑　(b) 弧形凹坑

(c) 深窝形爆坑　(d) 浅窝形爆坑

图 5.27　锦屏二级水电站深埋隧洞开挖过程中的岩爆爆坑形态[15]

从现场观察来看，应变型岩爆多发生在完整、坚硬及无结构面的岩体中，爆坑表面非常新鲜，呈现形态主要包括浅窝形、深窝形和 V 形等[15]，崩落岩石后缘可见弧形凹坑。不同等级岩爆弹射的岩片大小不同，岩爆等级越高，爆坑深度越大，岩爆弹射的岩片越大，岩片弹射距离也越大，岩体破坏时产生的声响也越大[15]。

冯夏庭等[15]对锦屏水电站深埋隧洞开挖岩爆孕育过程中的微震信号进行了监测。图 5.28 给出了 2010 年 9 月 4 日～11 日 $3^{\#}$ 引水隧洞 TBM 开挖诱发的两次即时型岩爆的微震事件空间分布，图 5.29 给出了 $3^{\#}$ 引水隧洞 TBM 开挖诱发的两次即时型岩爆累积视体积和能量指数随时间的演化规律。图 5.30 给出了 2011 年 1 月 4 日～14 日排水洞爆破开挖诱发的两次即时型岩爆的微震事件空间分布，图 5.31 给出了排水洞爆破开挖诱发的两次即时型岩爆累积视体积和能量指数随时间的演化规律。

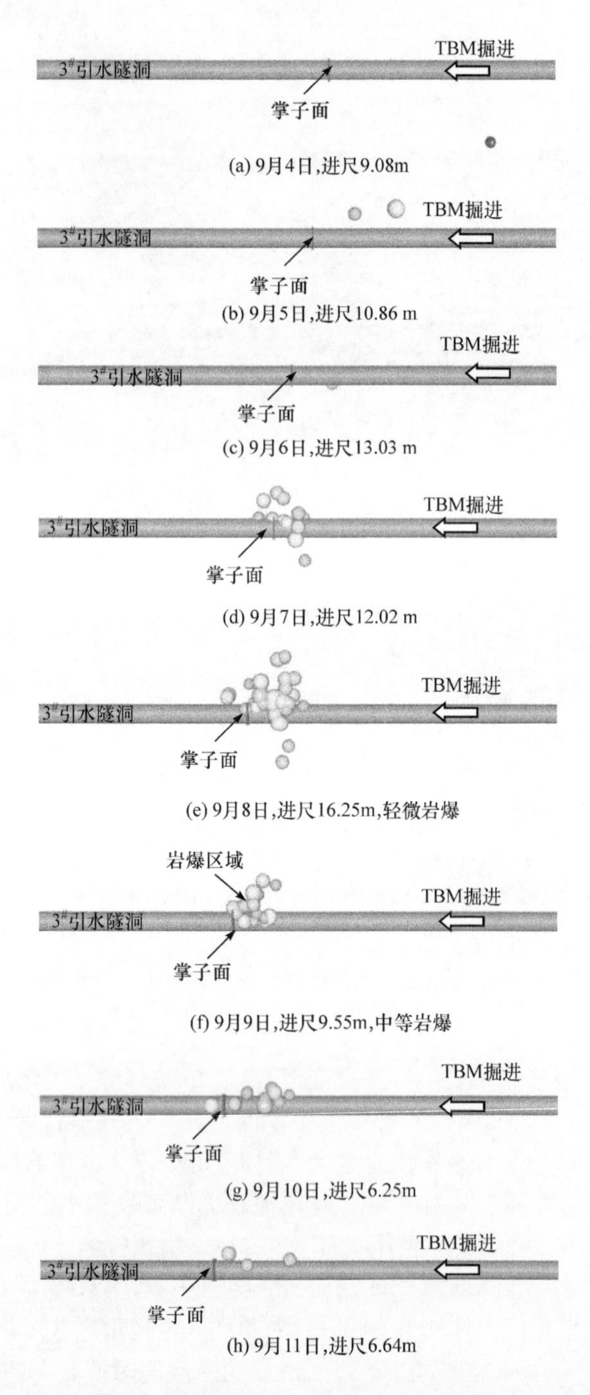

图 5.28　3#引水隧洞 TBM 开挖诱发即时型岩爆过程中微震事件空间分布(2010 年)[15]

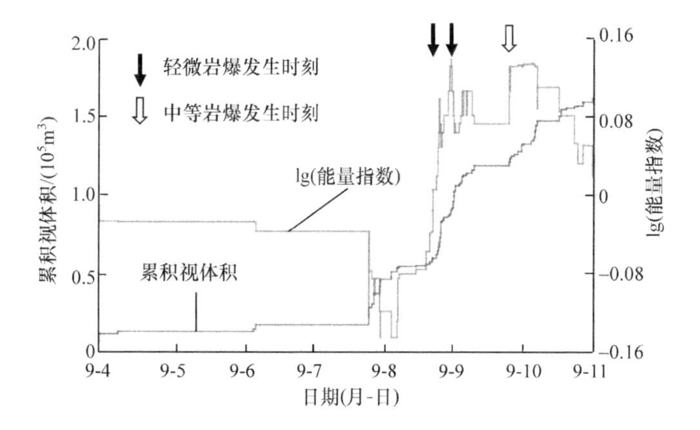

图5.29 3#引水隧洞TBM开挖诱发即时型岩爆孕育过程中累积视体积和能量指数演化规律(2010年)[15]

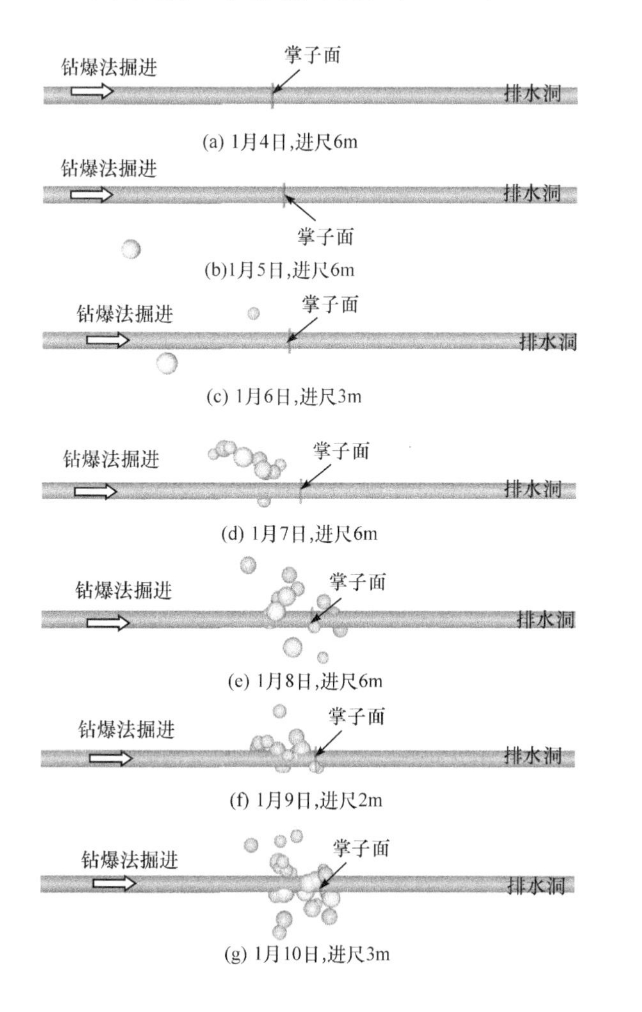

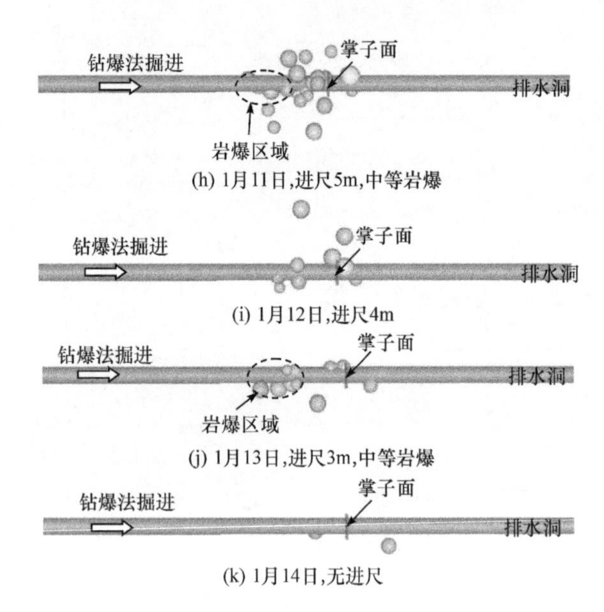

(h) 1月11日，进尺5m，中等岩爆

(i) 1月12日，进尺4m

(j) 1月13日，进尺3m，中等岩爆

(k) 1月14日，无进尺

图 5.30　排水洞爆破开挖诱发即时型岩爆过程中微震事件空间分布(2011 年)[15]

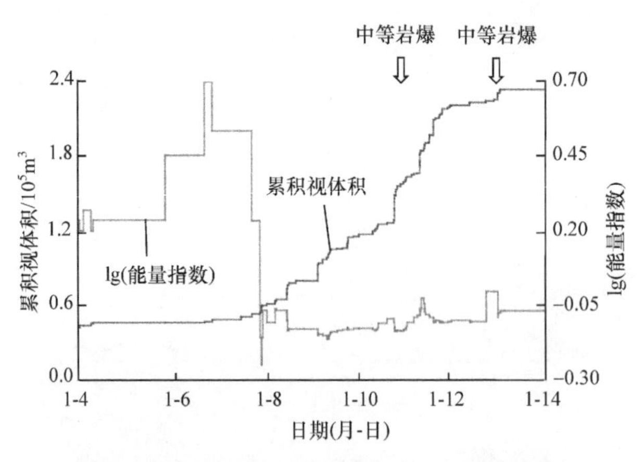

图 5.31　排水洞爆破开挖诱发即时型岩爆孕育过程中
累积视体积和能量指数演化规律(2011 年)[15]

对比图 5.28 和图 5.30 可以发现，两种不同开挖方式诱发岩爆的等级有差异，TBM 开挖诱发了一次轻微即时型岩爆和一次中等即时型岩爆，而钻爆法开挖诱发了两次中等即时型岩爆，岩爆等级要高于前者。虽然发生两次即时型岩爆的位置及环境均不相同，但更主要的原因是采用的开挖方式不同。此外，对比图 5.29 和图 5.31 可以发现，相比 TBM 开挖，钻爆法开挖诱发两次即时型岩爆过程的累积视体积明显高一些。这主要是因为钻爆法开挖会引起开挖面上地应力的瞬态卸荷，从而加剧围岩的破裂，使围岩非弹性变形增加，导致累积视体积增大。

为进一步比较两种不同开挖方式下的岩爆孕育特征，图5.32给出了锦屏二级水电站1#引水隧洞TBM开挖和2#引水隧洞爆破开挖诱发岩爆的统计情况(1#引水隧洞桩号12500以左洞段当时尚未开挖，其岩爆数据未统计)。可以看出，岩爆的烈度和等级虽然有随埋深增大而增强的趋势，但埋深不是唯一的影响因素。对比桩号12500以右洞段，钻爆法开挖诱发岩爆的次数和等级总体上高于TBM开挖，这表明，钻爆法开挖和TBM开挖所对应的不同卸荷路径对岩爆的烈度和等级也有重要影响。

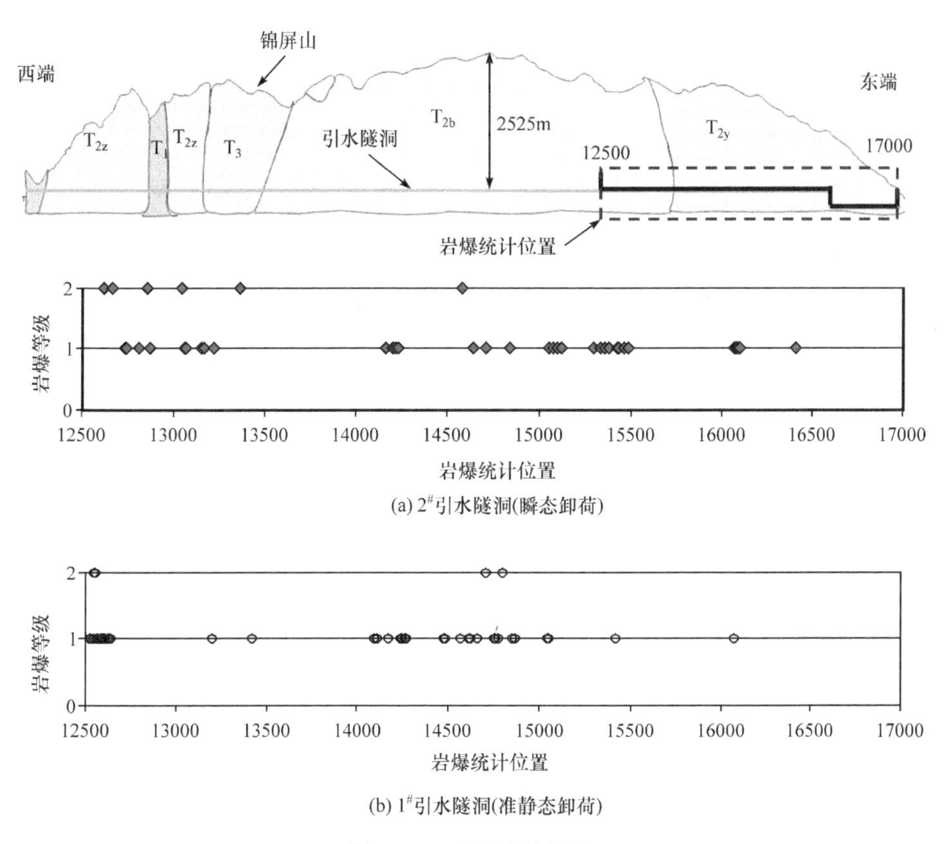

图5.32　岩爆统计情况

在图5.32局部区域(桩号12500、14500附近)，TBM开挖诱发岩爆的次数明显要高于钻爆法开挖诱发岩爆的次数。这是由于钻爆法开挖导致围岩开裂过程中耗散了较多的能量，卸荷结束后，围岩可释放弹性应变能减小，降低了发生岩爆的风险；而TBM开挖导致围岩开裂过程中耗散的能量小很多，卸荷结束后，围岩可释放弹性应变能较大，发生岩爆的风险比前者高。

5.6 小　　结

本章针对深埋圆形隧洞爆破开挖，比较了爆炸应力波和准静态开挖卸荷作用下的不同围岩开裂机制，分析了开挖瞬态卸荷对围岩开裂机制和范围的影响；基于围岩开裂过程中的能量耗散分析，揭示了开挖瞬态卸荷扰动下岩爆孕育特征及灾变机理，取得的主要认识和结论如下：

(1) 岩石爆破过程，在炮孔近区，岩体的开裂机制为压剪致裂；在炮孔中远区，岩体的主要开裂机制为拉剪致裂。

(2) 深埋隧洞准静态开挖卸荷条件下，从围岩往开挖轮廓面，围岩的开裂模式由压剪型向张拉型断裂转变；随着翼型裂纹的扩展，围岩扩展方向逐渐平行于隧洞自由面。

(3) 开挖瞬态卸荷引起的围岩开裂机制表现为开挖边界径向瞬间卸载引起的张开型断裂和围岩应力瞬态调整引起的拉剪型或压剪型断裂。

(4) 岩体开挖瞬态卸荷引起的围岩开裂范围及开裂分布特征与地应力水平，卸荷持续时间、应力路径、初始裂纹长度、裂纹倾角及分布等因素相关。地应力水平越高、卸荷持续时间越短，开挖瞬态卸荷引起的围岩开裂范围越大；围岩开裂深度及范围随侧压力系数的增加而增大，且开裂区域近似呈 V 形。

(5) 与 TBM 开挖引起的准静态卸荷相比，受瞬态卸荷的影响，钻爆法开挖条件下围岩可释放弹性应变能的聚集峰值更大，导致岩爆发生的等级及其破坏深度增大，不利于即时型岩爆的控制。但在开挖卸荷后，钻爆法开挖由于在开裂过程中耗散了较多的围岩应变能，导致围岩可释放弹性应变能的聚集峰值减小，反而使发生时滞型岩爆的风险降低。

参考文献

[1] 魏进兵，邓建辉，王俤剀，等．锦屏一级水电站地下厂房围岩变形与破坏特征分析．岩石力学与工程学报，2010，29(6)：1198－1207.

[2] Jiang Q，Feng X T，Xiang T B，et al. Rockburst characteristics and numerical simulation based on a new energy index：A case study of a tunnel at 2500m depth. Bulletin of Engineering Geology and the Environment，2010，69(3)：381－388.

[3] 张建海，胡著秀，杨永涛，等．地下厂房围岩松动圈声波拟合及监测反馈分析．岩石力学与工程学报，2011，30(6)：1191－1197.

[4] 吴文平，冯夏庭，张传庆，等．深埋硬岩隧洞围岩的破坏模式分类与调控策略．岩石力学与工程学报，2011，30(9)：1782－1802.

[5] 严鹏．锦屏深埋隧洞开挖损伤区特性及岩爆总结研究[博士后研究工作报告]．杭州：华东

勘测设计研究院，2010.

[6] 谢和平，鞠杨，黎立云．基于能量耗散与释放原理的岩石强度与整体破坏准则．岩石力学与工程学报，2005，24(17)：3003－3010.

[7] Cotterell B，Rice J R. Slightly curved or kinked cracks. International Journal of Fracture，1980，16(2)：155－169.

[8] Zhang Z X. An empirical relation between mode Ⅰ fracture toughness and the tensile strength of rock. International Journal of Rock Mechanics and Mining Sciences，2002，39(3)：401－406.

[9] 张玉柱，卢文波，陈明，等．爆炸应力波驱动的岩石开裂机制．岩石力学与工程学报，2014，33(增 1)：3144－3149.

[10] 杨建华，张文举，卢文波，等．深埋洞室岩体开挖卸荷诱导的围岩开裂机制．岩石力学与工程学报，2013，32(6)：1222－1228.

[11] Ashby M F，Hallam S D. The failure of brittle solids containing small cracks under compressive stress states. Acta Metallurgica，1986，34(3)：497－510.

[12] 李浩，陶振宇．岩石在压应力作用下的裂纹扩展模型．武汉水利电力大学学报，1999，32(6)：10－13.

[13] 张文举，卢文波，杨建华，等．深埋隧洞开挖卸荷引起的围岩开裂特征及影响因素．岩土力学，2013，(9)：2690－2698.

[14] Martin C D，Christiansson R. Estimating the potential for spalling around a deep nuclear waste repository in crystalline rock. International Journal of Rock Mechanics and Mining Sciences，2009，46(2)：219－228.

[15] 冯夏庭，陈炳瑞，明华军，等．深埋隧洞岩爆孕育规律与机制：即时型岩爆．岩石力学与工程学报，2012，31(3)：433－444.

[16] Li X B，Cao W Z，Zhou Z L，et al. Influence of stress path on excavation unloading response. Tunnelling and Underground Space Technology，2014，42：237－246.

[17] Zhu W C，Wei J，Zhao J，et al. 2D numerical simulation on excavation damaged zone induced by dynamic stress redistribution. Tunnelling and Underground Space Technology，2014，43(7)：315－326.

[18] 严鹏，卢文波，陈明，等．TBM 和钻爆开挖条件下隧洞围岩松动范围研究．土木工程学报，2009，42(11)：121－128.

[19] Fan Y，Lu W B，Zhou Y H，et al. Influence of tunneling methods on the strainburst characteristics during the excavation of deep rock masses. Engineering Geology，2016，201：85－95.

[20] Ravichandran G，Subhash G. A micromechanical model for high strain rate behavior of ceramics. International Journal of Solids Structures，1995，32(17-18)：2627－2646.

[21] Fan Y，Lu W B，Yan P，et al. Transient characters of energy changes induced by blasting excavation of deep-buried tunnels. Tunnelling and Underground Space Technology，2015，

49:9－17.

[22] 陈炳瑞,冯夏庭,明华军,等. 深埋隧洞岩爆孕育规律与机制:时滞型岩爆. 岩石力学与工程学报,2012,31(3):561－569.

[23] 陈卫忠,吕森鹏,郭小红,等. 基于能量原理的卸围压试验与岩爆判据研究. 岩石力学与工程学报,2009,28(8):1530－1540.

第6章 深部岩体爆破开挖过程中的围岩损伤演化机制

钻孔爆破目前仍然是深部岩体工程开挖的主要手段，其间炸药爆炸产生的爆炸应力波在破碎岩体和抛掷碎块的同时，也不可避免地导致保留岩体损伤破坏和强度降低。而对于赋存于高地应力条件下的深部岩体爆破开挖，伴随着炸药爆轰、岩体破碎及新开挖面的形成，开挖边界上的岩体地应力在岩体爆破破碎瞬间也随之突然释放，该过程为瞬态卸荷力学过程，在围岩中激发瞬态卸载应力波，引起近邻开挖面的围岩应力动态调整，并最终趋于重分布的静态二次应力。相对于围岩应力调整结束后的静态二次应力，开挖面上地应力瞬态卸荷产生的应力波导致围岩径向卸载和环向加载效应放大，从而加剧岩体的损伤破坏。爆破与开挖面上岩体地应力瞬态释放几乎同步发生，因此，深部岩体爆破开挖引起的围岩损伤破坏是爆炸荷载与岩体开挖瞬态卸荷（包括瞬态卸载应力波和静态二次应力）耦合作用的结果。深埋隧洞爆破开挖过程中，开挖掌子面循环向前推进，在每一个开挖循环进尺内多采用毫秒延迟爆破全断面开挖的起爆顺序，各圈炮孔由里向外依次起爆逐层爆除断面上的岩体，还存在爆破开挖反复扰动的问题。

本章针对深埋隧洞毫秒延迟爆破全断面开挖过程，分析爆炸荷载与瞬态卸荷耦合作用下的围岩损伤机理；建立相应的岩体损伤模型；采用数值计算方法并结合现场围岩损伤检测，揭示深埋隧洞钻爆开挖过程中围岩损伤时域内的演化历程和空间分布特征。

6.1 深部岩体钻爆开挖导致围岩损伤机理

6.1.1 岩体开挖瞬态卸荷诱发围岩损伤机理

深埋洞室岩体开挖卸荷过程中，围岩径向应力和环向应力一般均为压应力状态，如图6.1所示。对于双向受压下的深埋洞室围岩破坏，目前普遍接受的观点是：深埋洞室开挖过程中，开挖面上径向卸荷引起围岩环向应力加载，使得垂直于最小主应力方向发生压剪型裂纹扩展或翼型裂纹拉伸型扩展，并最终导致围岩损伤破坏[1]。部分学者认为，低围压高集中应力下，围岩破坏以拉伸破裂机制为主，随着围压的提高，逐渐转变为以剪切破坏机制为主[2]。与围岩应力调整后的二次应力相比，岩体开挖瞬态卸荷、开挖面上的地应力快速释放，在围岩中产生了附加动应力，导致围岩径向卸载和环向加载效应放大，加剧了深埋洞室围岩的压剪损伤

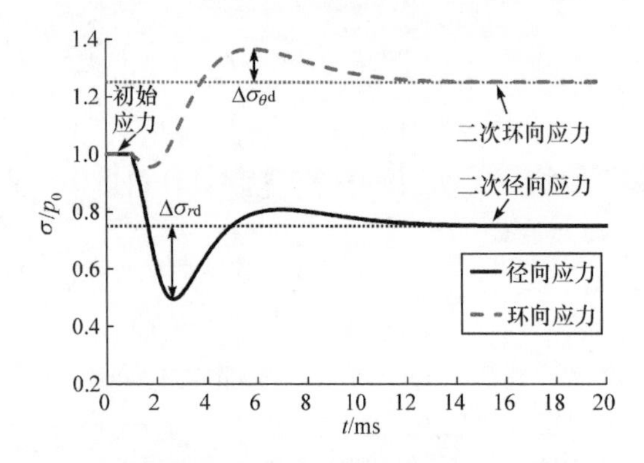

图 6.1 岩体开挖瞬态卸荷作用下的围岩应力状态示意图

破坏[3]。若开挖面上的地应力水平足够高、应力释放速率足够快,则岩体开挖瞬态卸荷甚至可在围岩中激发动拉应力,如图 3.10 所示;卸荷速率越快,激发的动拉应力幅值越大。当该拉应力超过岩体抗拉强度时可引起围岩发生张拉破坏。由于岩体抗拉强度远小于其抗压强度,开挖瞬态卸荷产生的拉应力也可能是引起围岩损伤的重要因素。此外,开挖瞬态卸荷引起的卸载应力波还是引起节理岩体开挖松动的重要原因[4]。

6.1.2 爆炸荷载作用下的围岩损伤机理

从爆炸荷载激发的动应力波形上看,围岩径向应力和环向应力均经历了先压后拉的作用过程。在不同时刻,围岩先后处于双向受压、一向受压一向受拉和双向受拉的应力状态[5],如图 6.2 所示。根据岩体所处的动应力状态,在爆炸荷载加载阶段,岩体可能会发生压剪破坏和张剪复合型破坏;在爆炸荷载衰减阶段,岩体则可能发生张拉破坏或张剪复合型破坏。由于岩体抗拉强度较低,爆炸荷载作用下的岩体损伤以拉损伤为主,仅在炮孔附近很小的区域内存在压剪损伤。

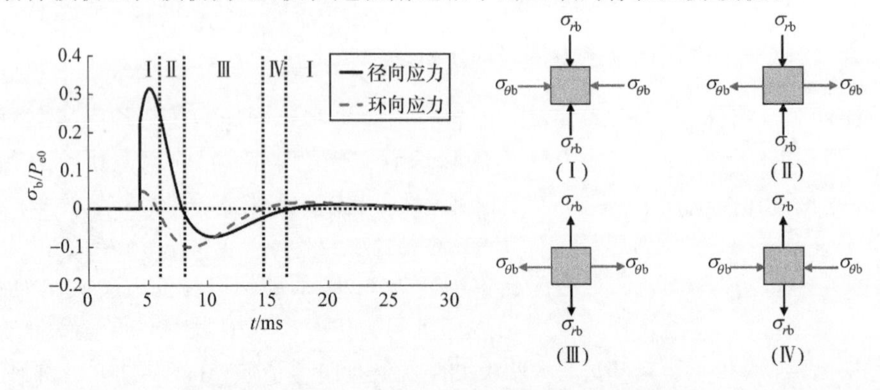

图 6.2 爆炸荷载作用下围岩应力状态示意图

地下工程都是赋存于一定的地应力环境中，地下岩体爆破将不同程度地受到地应力的影响。一般认为，岩体爆破是静态地应力和炸药爆炸产生的动态应力共同作用的结果，地应力的存在会影响爆破裂纹的起裂方向和扩展长度。事实上，地应力相当于提高了岩体抗拉强度，对爆破张拉效应起到非常明显的“抑制”作用，随着地应力水平的提高，爆生裂纹扩展范围减小，裂纹扩展的主方向趋于最大地应力方向[6]。

深部岩体钻爆开挖过程中，围岩首先受到爆炸荷载作用的扰动，紧接着受到开挖面上地应力瞬态卸荷作用产生的扰动。若爆炸荷载作用下围岩产生了损伤破坏，则地应力瞬态卸荷的二次扰动可能会加剧岩体破坏。

6.2　深部岩体钻爆开挖围岩损伤模型

实际工程中多采用围岩变形监测、声发射和微地震监测、声波检测以及钻孔电视等手段确定围岩损伤范围和损伤区内岩体力学特性等。但对于深部岩体爆破开挖，爆炸荷载产生的岩体损伤与岩体开挖卸荷产生的损伤相互作用，现场检测结果并不能完全揭示其内在的损伤机理与及其演化过程，而数值模拟为研究这一问题提供了有效的辅助手段。

6.2.1　损伤破坏准则

固体从连续状态转变到破坏状态的描述称为破坏模型，联系破坏模型参数之间关系的方程称为破坏准则。岩体作为固体材料，其破坏定义一直是唯象的，即当岩体中形成了主干裂纹时，就认为出现了破坏。岩体的破坏过程非常复杂，包括裂纹的产生、扩展、合并形成主干裂纹，研究岩体在不同变形阶段对应的应力阈值具有重要的现实意义。

不同的破坏准则分别适用于岩体不同应力状态的破坏模式。高地应力条件下地下洞室的爆破开挖、爆炸荷载和开挖瞬态卸荷作用下围岩的破坏表现形式主要为张拉破坏和剪切破坏。洞室围岩在拉应力作用下形成的损伤破坏可参照第一强度理论，即最大拉应力准则进行判别：

$$\sigma_1=\sigma_{td} \tag{6.1}$$

式中，σ_1 为最大主应力；σ_{td}为岩体动态抗拉强度。

对于深部围岩在压应力作用下的损伤破坏，Cai 等[7]提出了地下洞室开挖脆性岩体裂纹起裂和裂纹损伤的应力阈值，根据围岩中的应力重分布，可以判断损伤区的大小，其裂纹起裂和裂纹损伤应该分别对应于损伤区和破坏区。

$$\begin{cases}\sigma_1-\sigma_3=A\sigma_{cs}, & \text{裂纹起裂}\\ \sigma_1-\sigma_3=B\sigma_{cs}, & \text{裂纹损伤}\end{cases} \tag{6.2}$$

式中，σ_3 为最小主应力；σ_{cs}为岩体的单轴抗压强度；A、B 为材料相关常数，分别对应岩体的裂纹起裂和裂纹损伤。大量的试验表明，对于完整或轻度节理岩体，A、B 的取值范围分别为 0.4～0.5 和 0.8～0.9；对于中度或重度节理岩体，A、B 的取值范围分别为 0.5～0.6 和 0.9～1.0。

考虑开挖轮廓面近区岩体的应变率相关特性，式(6.2)可修正为

$$\begin{cases}\sigma_1-\sigma_3=A\sigma_{cd}, & \text{裂纹起裂}\\ \sigma_1-\sigma_3=B\sigma_{cd}, & \text{裂纹损伤}\end{cases} \tag{6.3}$$

式中，σ_{cd}为岩体的动态抗压强度。

6.2.2 损伤演化方程

合理的损伤演化法则是建立连续介质损伤模型的关键。现有的爆破损伤模型，如 GK 模型、TCK 模型、KUS 模型及相应的改进模型，大多是针对爆破破岩提出的，认为岩体仅在体积拉伸条件下存在损伤效应，其损伤变量定义为材料应变率的函数。因此，这些爆破损伤模型很难反映出岩体所受静荷载的影响，不能用于模拟岩体开挖卸荷引起的地应力重分布所造成的围岩损伤。1982 年，Krajcinovic 和 Silva[8]针对岩体材料所含缺陷分布的随机性，将统计强度理论与连续介质损伤理论结合起来，提出了岩体统计损伤模型。该损伤模型具有形式简单、参数易于获取的特点，能充分反映岩体强度随围压变化的特征[9]，且以应力判别准则定义材料损伤变量，适用性强，可用于模拟爆炸荷载和岩体开挖卸荷共同作用产生的岩体损伤。

Krajcinovic 和 Silva 假定岩体材料是由大量微元体组成的，荷载作用下岩体的损伤是这些微元体连续破坏引起的，且各岩体微元破坏服从 Weibull 分布。定义损伤变量 D 为已破坏的微元体数目与总微元体数目之比，由此可得到损伤变量的表达式为[8]

$$D=1-\exp\left[-\left(\frac{F}{F_0}\right)^m\right] \tag{6.4}$$

式中，F 为微元强度随机分布的分布变量；F_0 和 m 为 Weibull 分布参数，其中 F_0 反映了岩体宏观平均强度，m 反映了岩体微元强度分布的集中程度，F_0 和 m 可由岩体全应力-应变试验曲线拟合得到[9]。

岩体微元所处的应力状态反映了微元体破坏的危险程度，因此可采用与应力状态有关的函数 $f(\sigma)$ 作为微元强度随机分布的分布变量。岩体在拉应力作用下的损伤采用最大拉应力准则（式(6.1)）判别，岩体在压应力作用下的损伤可采用 Cai 等[7]提出的经验公式（式(6.3)）判别，则在主应力空间中，岩体微元强度随机分布的分布变量表示为

$$F_t=f(\sigma)=\sigma_1, \quad \varepsilon_V\geqslant 0 \tag{6.5a}$$

$$F_c=f(\sigma)=\sigma_1-\sigma_3,\quad \varepsilon_V<0 \tag{6.5b}$$

式中，ε_V为体积应变。

将式(6.5)代入式(6.4)，可得张拉或压剪损伤破坏时的损伤变量为

$$D=\begin{cases}1-\exp\left[-\left(\dfrac{F_t}{F_{0t}}\right)^{m_t}\right], & F_t\geqslant\sigma_t\\ 1-\exp\left[-\left(\dfrac{F_c}{F_{0c}}\right)^{m_c}\right], & F_c\geqslant A\sigma_{cd}\end{cases} \tag{6.6}$$

式中，下标 t、c 分别表示张拉和压剪应力状态。

由于岩体抗拉强度较低，围岩更易发生张拉损伤破坏。因此，在数值计算过程中，首先采用最大拉应力准则($F_t\geqslant\sigma_t$)判断岩体单元是否发生拉伸破坏；只有在岩体单元不发生拉伸破坏的情况下，才采用最大压应力准则($F_c\geqslant A\sigma_{cd}$)判断是否发生压剪损伤破坏。从而根据式(6.6)选择相应的损伤变量。

岩体损伤过程中，假定岩体泊松比保持不变，则损伤岩体的有效弹性模量 $\bar{E}$ 和有效剪切模量 $\bar{G}$ 分别为

$$\bar{E}=E(1-D) \tag{6.7}$$

$$\bar{G}=G(1-D) \tag{6.8}$$

式中，E、G 分别为未损伤岩体的弹性模量和剪切模量。

岩体损伤演化的本构关系式由增量型的胡克定律表示：

$$\mathrm{d}\sigma_{ij}=\bar{\lambda}\delta_{ij}\,\mathrm{d}\varepsilon_{ij}+2\bar{G}\mathrm{d}\varepsilon_{ij} \tag{6.9}$$

式中，$\mathrm{d}\sigma_{ij}$ 为应力增量；$\mathrm{d}\varepsilon_{ij}$ 为应变增量；$\bar{\lambda}$ 为损伤岩体拉梅常数；δ_{ij} 为 Kronecker 符号。

6.2.3　损伤变量阈值

连续介质损伤力学理论将岩体视为具有初始缺陷的连续材料，损伤是荷载作用下原有裂纹激活、扩展和贯穿，从而导致岩体宏观力学性能，如波速、弹性模量、渗透率等参数“劣化”的过程。如何通过细观损伤系数 D 来评判宏观上岩体是否损伤，即确定岩体损伤变量阈值 D_{cr}是现有的损伤模型中尚未解决的难题，且缺少试验数据。由于各损伤模型对损伤系数的定义不同，由此得到的岩体损伤变量阈值 D_{cr}也不尽相同。例如，在 GK 爆破损伤模型中，Grady 和 Kipp[10]通过数值模拟与试验数据的比较，确定岩体损伤变量阈值 $D_{cr}=0.20$；采用相同的方法，Yang 等[11]给出的 $D_{cr}=0.22$；而在 Thorne 等[12]所提出的爆破损伤模型中，$D_{cr}=0.693$；Liu 和 Katsabanis[13]认为微裂纹发生聚合时的损伤变量为岩体损伤变量阈值，得到 $D_{cr}=0.632$。

我国水电部门通常采用爆前爆后岩体纵波速度变化率 η 作为爆破损伤范围的判据。Kawamaoto 等[14]根据损伤材料弹性模量的变化，从宏观尺度上给出了损

伤变量 D 的经典定义：

$$D=1-\frac{\bar{E}}{E} \tag{6.10}$$

式中，E 为爆破前未损伤岩体的弹性模量；$\bar{E}$ 为爆破后损伤岩体的有效弹性模量。

根据弹性应力波理论，爆破开挖前后岩体弹性模量和纵波速度存在如下关系：

$$E=\rho c_{\mathrm{P}}^{2}\frac{(1+\mu)(1-2\mu)}{1-\mu} \tag{6.11}$$

$$\bar{E}=\bar{\rho}\bar{c}_{\mathrm{P}}^{2}\frac{(1+\bar{\mu})(1-2\bar{\mu})}{1-\bar{\mu}} \tag{6.12}$$

式中，ρ 和 $\bar{\rho}$ 分别为爆破开挖前后岩体的密度；c_{P} 和 $\bar{c}_{\mathrm{P}}$ 分别为爆破开挖前后岩体的纵波速度；μ 和 $\bar{\mu}$ 分别为爆破开挖前后岩体的泊松比。

采用预裂或光面爆破等控制爆破技术开挖的地下洞室，保留岩体在爆破前后并没有发生质的改变。因此，可以假定爆破前后岩体的密度和泊松比没有改变，即 $\rho=\bar{\rho}$、$\mu=\bar{\mu}$。则由式(6.10)～式(6.12)可得

$$D=1-\left(\frac{\bar{c}_{\mathrm{P}}}{c_{\mathrm{P}}}\right)^{2} \tag{6.13}$$

爆破前后岩体纵波速度变化率 η 可表示为

$$\eta=\frac{c_{\mathrm{P}}-\bar{c}_{\mathrm{P}}}{c_{\mathrm{P}}}=1-\frac{\bar{c}_{\mathrm{P}}}{c_{\mathrm{P}}} \tag{6.14}$$

损伤变量可以进一步表示为

$$D=1-(1-\eta)^{2} \tag{6.15}$$

我国《水工建筑物岩石基础开挖工程施工技术规范》(DL/T 5389—2007)中规定，当岩体纵波速度变化率 $\eta>10\%$ 时，即判定岩体发生损伤破坏，其对应的岩体损伤变量阈值 $D_{\mathrm{cr}}=0.19$。本章 $D_{\mathrm{cr}}=0.19$ 来判断围岩损伤范围及损伤程度。

6.3 深部岩体钻爆开挖围岩损伤演化过程

深埋地下洞室爆破作业往往是推进式的频繁爆破，在每一个进尺内又多采用毫秒延迟爆破。与单次爆破相比，多次反复爆破动力扰动(包括爆炸荷载扰动和岩体开挖瞬态卸荷扰动)所造成的岩体损伤范围和损伤程度更大，反复动力扰动在峰值振动速度较小的情况下就可以达到与较大的单次爆破质点峰值振动速度相同的损伤效果。因此，揭示爆炸荷载与瞬态卸荷耦合作用反复扰动下的围岩损伤演化历程和空间分布特征，对深部岩体工程爆破开挖设计及安全评价具有十分重要的意义。本节首先针对图 2.11 中的圆形隧洞全断面毫秒爆破，分析开挖岩体逐层剥落过程中开挖面上地应力瞬态卸荷、爆炸荷载及两者耦合作用下的围岩损伤演化

与分布规律；而后结合具体的工程实例展开进一步的分析讨论。

6.3.1　瞬态卸荷作用下的围岩损伤演化过程

与重分布的静态二次应力相比，开挖面上地应力瞬态卸荷在围岩中产生了附加动应力，导致围岩径向卸载和环向加载效应放大，主应力差值亦出现了动力扰动。根据开挖面上地应力卸荷速率的不同，开挖卸荷诱导的围岩损伤可以分为准静态卸荷损伤和瞬态卸荷损伤，准静态卸荷不考虑爆破过程中开挖面上地应力卸荷的时间效应，只针对开挖完成后围岩应力场重分布结束条件，围岩损伤由重分布的静态二次应力引起；瞬态卸荷损伤由岩体开挖瞬态卸荷过程中产生的附加动应力和静态的应力重分布共同引起。

1. 全断面毫秒爆破下的隧洞围岩损伤演化过程

针对图 2.11 所示的深埋圆形隧洞全断面毫秒延迟爆破模型，取爆区远场地应力 σ_v =30MPa。静水应力场条件下，各圈炮孔爆破过程中开挖面上地应力瞬态卸荷在围岩中产生的损伤演化过程如图 6.3 所示。可以看出，MS1～MS7 段爆破开挖卸荷时，由于开挖面距隧洞轮廓面较远，隧洞围岩并没有产生损伤，直到缓冲孔(MS9 段)爆破时，隧洞围岩中才出现损伤。静水应力场条件下，准静态卸荷应力

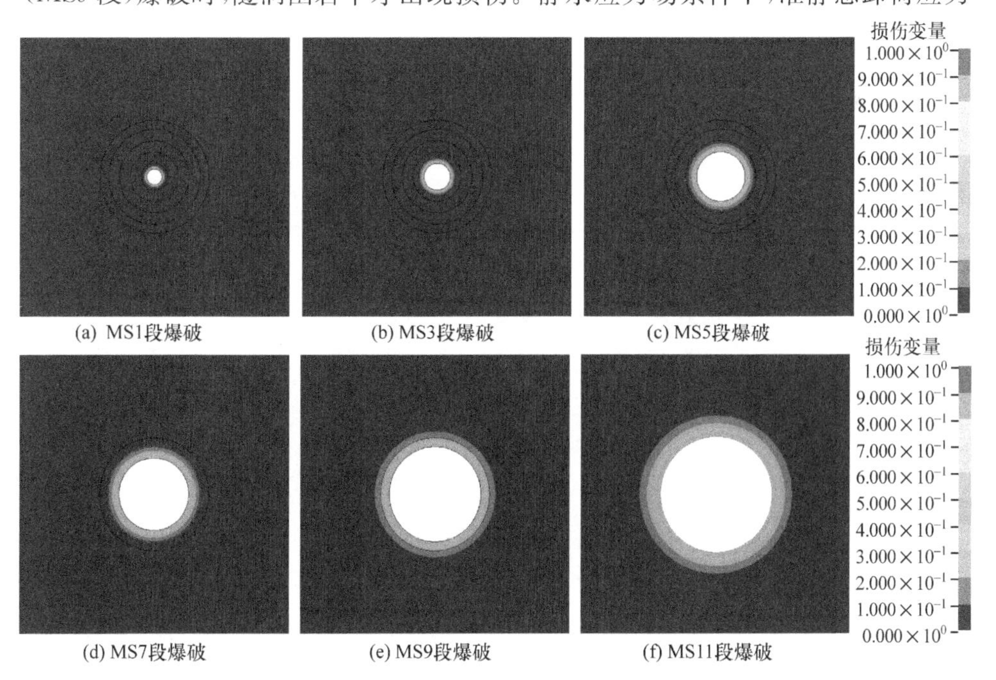

图 6.3　全断面毫秒延迟爆破瞬态卸荷围岩损伤变化过程($\lambda=\sigma_h/\sigma_v=1$)

重分布导致的围岩最终损伤深度为 0.98m，而瞬态卸荷条件下围岩最终损伤深度为 1.20m，比前者增加了 22.4%(见图 6.4)。非静水应力场($\lambda=\sigma_h/\sigma_v=2$)条件下，准静态卸荷与瞬态卸荷围岩损伤分布对比如图 6.5 所示(图中仅给出爆破完成后的最终损伤分布)。可以看出，损伤区主要分布在最小地应力方向，相比准静态卸荷损伤，瞬态卸荷产生的最大损伤深度增加了 26.5%。

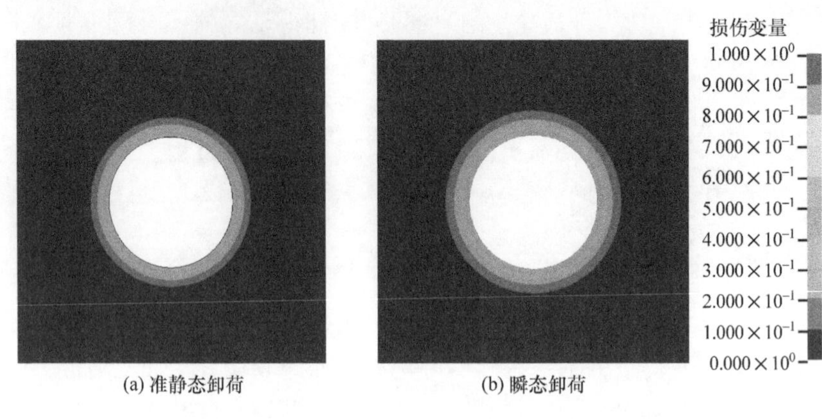

图 6.4 静水应力场条件下瞬态卸荷与准静态卸荷围岩损伤比较

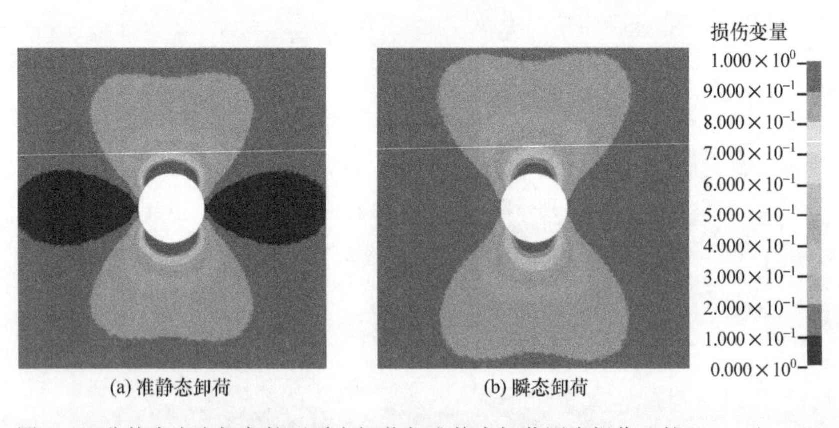

图 6.5 非静水应力场条件下瞬态卸荷与准静态卸荷围岩损伤比较($\lambda=\sigma_h/\sigma_v=2$)

由以上计算结果可以看出，深部岩体爆破开挖过程中，开挖卸荷产生的围岩损伤主要由静态的应力重分布引起，瞬态卸荷产生的附加动应力加剧了岩体的损伤，导致围岩损伤范围增大、损伤程度加深，开挖卸荷的瞬态特性及其动力效应也同样不容忽视。

2. 瞬态卸荷诱发围岩损伤的影响因素

前面研究表明，地应力瞬态卸荷产生的附加动应力受地应力水平、瞬态卸荷持续时间及开挖面半径等因素的影响，本节分析这些因素对瞬态卸荷围岩损伤的影响。

1）地应力水平

图6.6给出了卸荷持续时间t_{du}=1.5ms和开挖面半径a=5m时，不同远场地应力($\sigma_v=\sigma_h$=30MPa、40MPa、50MPa)条件下瞬态卸荷产生的围岩损伤。三个不同地应力水平下围岩损伤深度分别为1.20m、2.74m和5.86m，可以看出，随着地应力水平的提高，开挖面上地应力瞬态卸荷在围岩中产生的损伤深度显著增加。相比准静态卸荷(围岩应力重分布)产生的损伤，三个不同地应力水平下瞬态卸荷围岩损伤深度分别增加了22.4%、28.3%和31.3%。可见，地应力水平越高，开挖瞬态卸荷产生的附加动应力越大，对围岩损伤的扰动越明显。

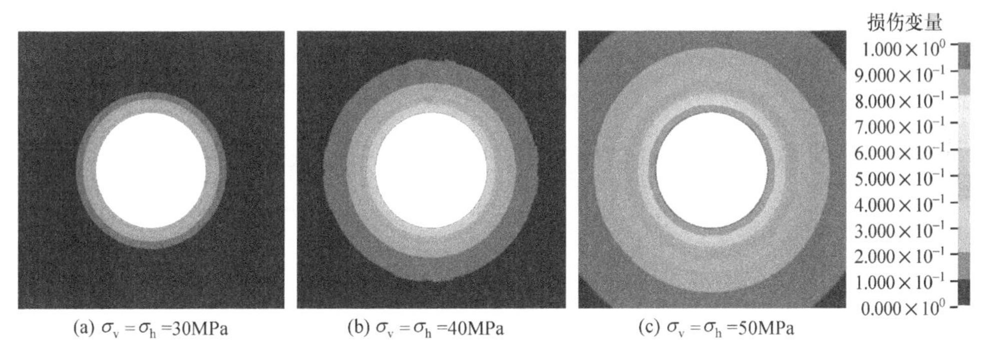

图6.6　不同地应力水平下瞬态卸荷产生的围岩损伤

2）卸荷持续时间

图6.7给出了远场地应力$\sigma_v=\sigma_h$=30MPa、开挖面半径a=5m时，不同卸荷持续时间(t_{du}=1.5ms、3.0ms、6.0ms)条件下地应力瞬态卸荷产生的围岩损伤。三个不同卸荷持续时间下围岩损伤深度分别为1.20m、1.12m和1.05m，比准静态卸荷(围岩应力重分布)分别增长了22.4%、14.3%和7.1%。可见，开挖卸荷持续时间越短，围岩损伤深度越大。

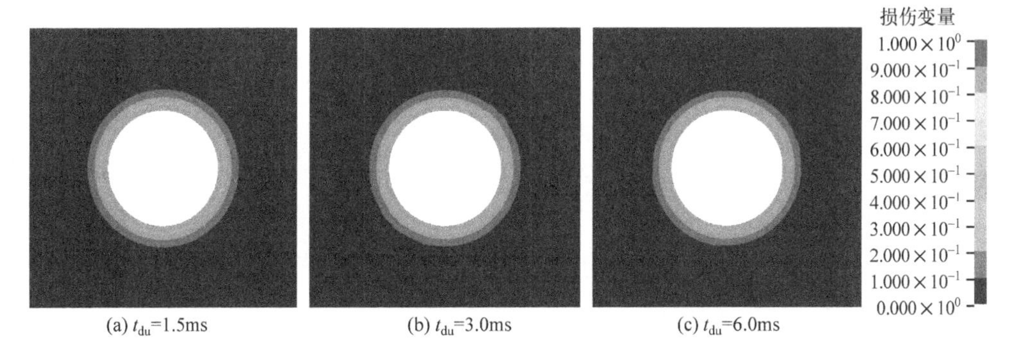

图6.7　不同持续时间下地应力瞬态卸荷产生的围岩损伤

3）开挖面半径

图 6.8 给出了远场地应力 $\sigma_v=\sigma_h=30\text{MPa}$、瞬态卸荷持续时间 $t_{du}=1.5\text{ms}$ 时，不同开挖面半径（$a=1\text{m}$、2m、5m）条件下地应力瞬态卸荷产生的围岩损伤。三个不同大小开挖面对应的围岩损伤深度分别为 0.29m、0.52m 和 1.20m，可以看出，随着开挖面半径的增大，开挖面上地应力瞬态卸荷在围岩中产生的损伤深度明显增加。相比准静态卸荷（围岩应力重分布）产生的损伤，三个不同开挖面大小条件下瞬态卸荷围岩损伤深度分别增加了 19.7%、21.9%和 22.4%。可见，开挖面越大，开挖瞬态卸荷产生的附加动应力越大，对围岩损伤的扰动越显著。

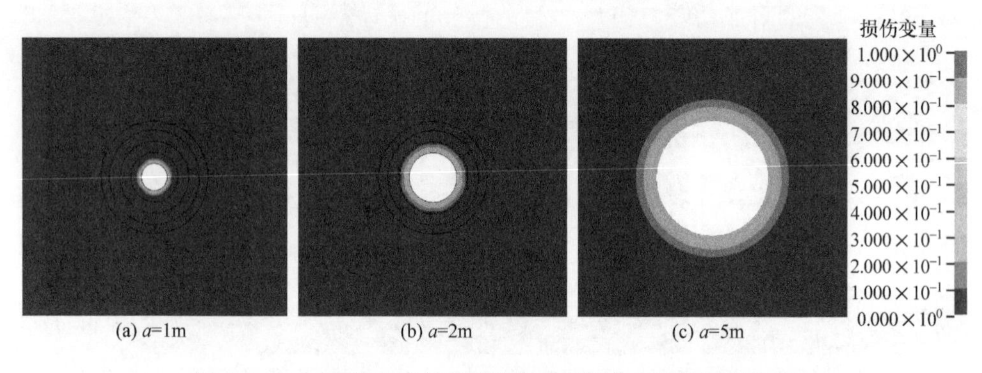

图 6.8 不同开挖面半径下地应力瞬态卸荷产生的围岩损伤

6.3.2 爆炸荷载与瞬态卸荷耦合作用下的围岩损伤演化过程

1. 爆炸荷载引起的围岩损伤

暂不考虑围岩地应力及开挖面上地应力瞬态卸荷力学过程，在全断面毫秒延迟爆破过程的反复爆炸荷载作用下，围岩损伤演化过程如图 6.9 所示，围岩的损伤深度变化如图 6.10 所示。掏槽孔（MS1 段）爆破时虽然爆炸荷载较大，但由于距洞壁较远，在洞壁以外保留岩体中没有产生损伤。第一圈崩落孔（MS3 段）爆破时，洞壁以外岩体开始出现损伤，但损伤深度较小，仅 0.11m；随着起爆炮孔逐渐靠近洞壁，崩落孔 MS5 段和 MS7 段爆破时，围岩损伤深度从 0.11m 增加到 4.32m；缓冲孔（MS9 段）和光爆孔（MS11 段）爆破时，由于爆炸荷载较小，并没有在岩体中形成拉损伤，围岩损伤深度基本不变。累积损伤变量的大小可以表征岩体损伤程度，洞壁表面处的累积损伤变量变化如图 6.10 所示，可见，其变化趋势与损伤深度变化关系一致。全断面毫秒延迟爆破爆炸荷载反复作用下，围岩损伤范围和损伤程度均有明显的增长过程，累积损伤效应显著。

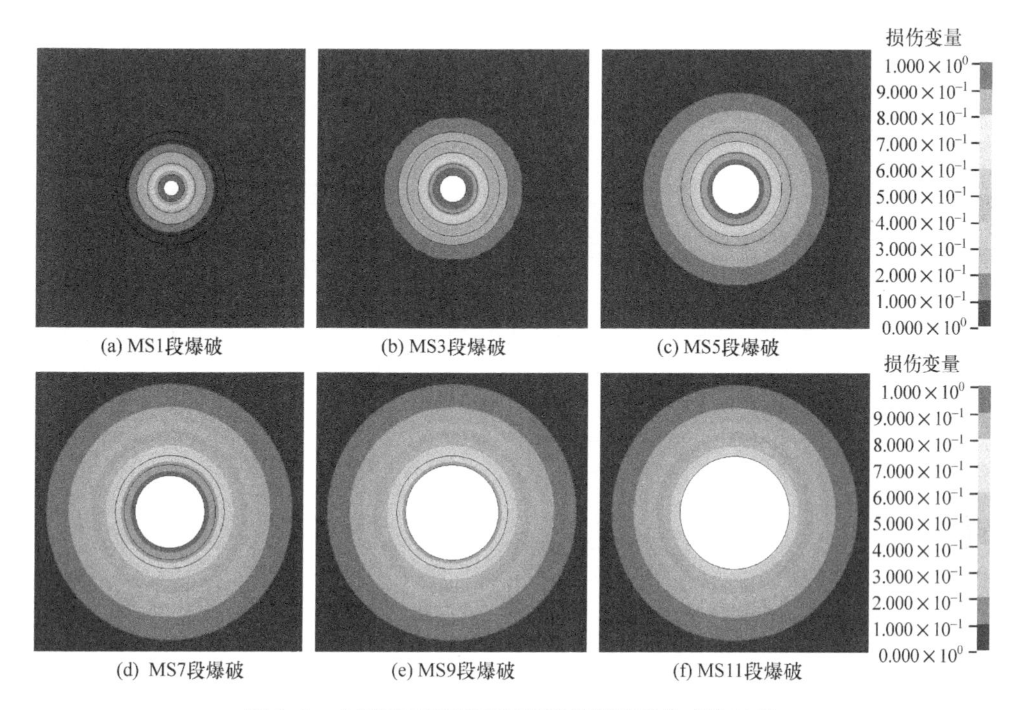

图 6.9 全断面毫秒延迟爆破围岩累积损伤变化过程

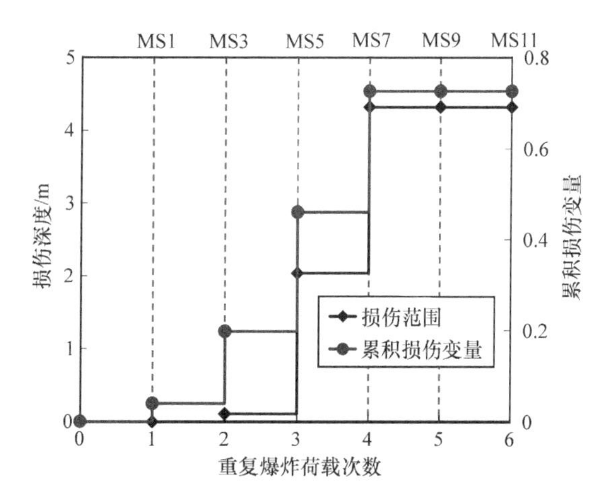

图 6.10 围岩损伤深度和累积损伤变量与爆炸荷载次数关系曲线

损伤变量阈值 $D_{cr}=0.19$ 对应的质点峰值振动速度(PPV)为围岩爆破损伤的质点峰值振动速度阈值 V_{cr}。6次反复爆炸荷载和单次爆炸荷载作用下,围岩PPV随距离衰减曲线如图6.11所示(由于MS9段和MS11段爆破时围岩累积损伤没有增加,因此以MS7段爆破时的PPV衰减曲线进行说明)。多次反复爆炸荷载作用下，围岩的损伤深度为 4.32m，此处的 PPV 为 52.3cm/s；而不考虑反复爆炸荷载下的围岩损伤累积效应，仅 MS7 段单独爆破时，围岩损伤深度为 3.66m，此处的 PPV 为 59.8cm/s。考虑全断面毫秒延迟爆破累积损伤效应后，岩体爆破损伤的 PPV 阈值 V_{cr} 降低了 12.5%。随着反复爆炸荷载次数的继续增加，岩体爆破损伤 PPV 阈值将会更小[15]。例如，Ramulu 等[16]的现场实测结果表明，45～50 次反复爆炸加载后，岩体损伤破坏的 PPV 阈值降低了近 80%。

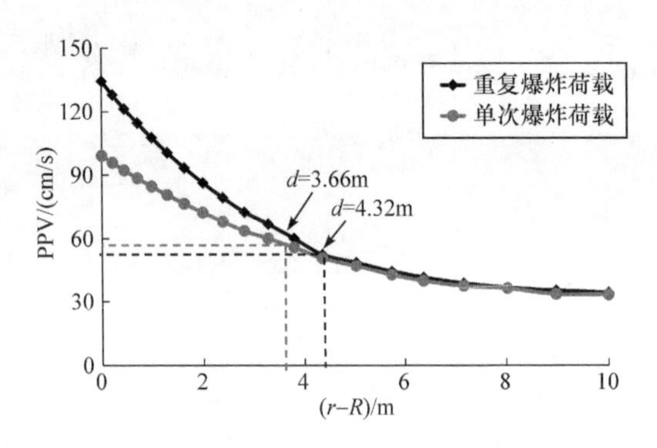

图 6.11　质点峰值振动速度随距离衰减曲线

2. 爆炸荷载与瞬态卸荷耦合作用引起的围岩损伤

地下工程都是赋存于一定的地应力环境中，地下岩体爆破将不同程度地受到地应力的影响。若将岩体开挖卸荷视为准静态过程，即开挖面上地应力释放持续时间足够长，不同静水地应力场条件下（$\sigma_v = 0$MPa、2MPa、5MPa、20MPa、30MPa），隧洞全断面毫秒延迟爆破围岩累积损伤如图 6.12 所示。可以看出，在一定的应力水平范围内，随着地应力的提高，围岩损伤深度显著减小。岩体爆破损伤以拉损伤为主，而岩体抗拉强度较小，因而地应力对爆炸荷载的张拉效应起着非常敏感的“抑制”作用。但当地应力达到较高水平后，随着地应力的提高，围岩损伤深度又开始逐渐增大。这是由于开挖后围岩应力重分布产生了新的压剪损伤，在此基础上爆炸荷载加剧了围岩损伤。可见，对于深部高地应力岩体爆破开挖，高地应力的存在使爆破拉损伤受到抑制，仅在紧邻炮孔附近的区域内存在爆炸荷载产生的压剪损伤区，而围岩应力重分布产生的压剪破坏对围岩损伤起主导作用。

非静水应力场条件下（$\lambda = \sigma_h/\sigma_v = 2$），不同远场地应力（$\sigma_v = 0$MPa、2MPa、5MPa、20MPa、30MPa）水平时，隧洞全断面毫秒延迟爆破后围岩累积损伤如图 6.13 所示。可以看出，在地应力水平较低时，在竖直向地应力重分布导致环向压应力集中，致使该区域内爆破环向拉损伤深度大幅度减小，围岩损伤主要分布在水平向，即最大地应力方向。而当地应力水平较高时，地应力重分布导致的压剪损伤主要分布在最小地应力方向。

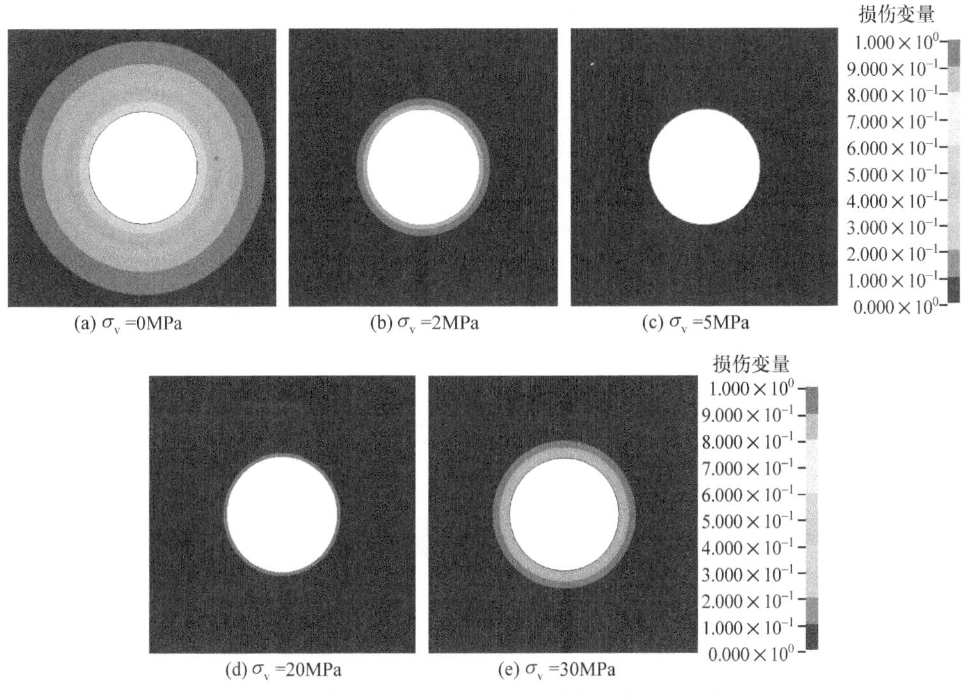

图 6.12　不同地应力水平下的围岩累积损伤($\lambda=\sigma_h/\sigma_v=1$)

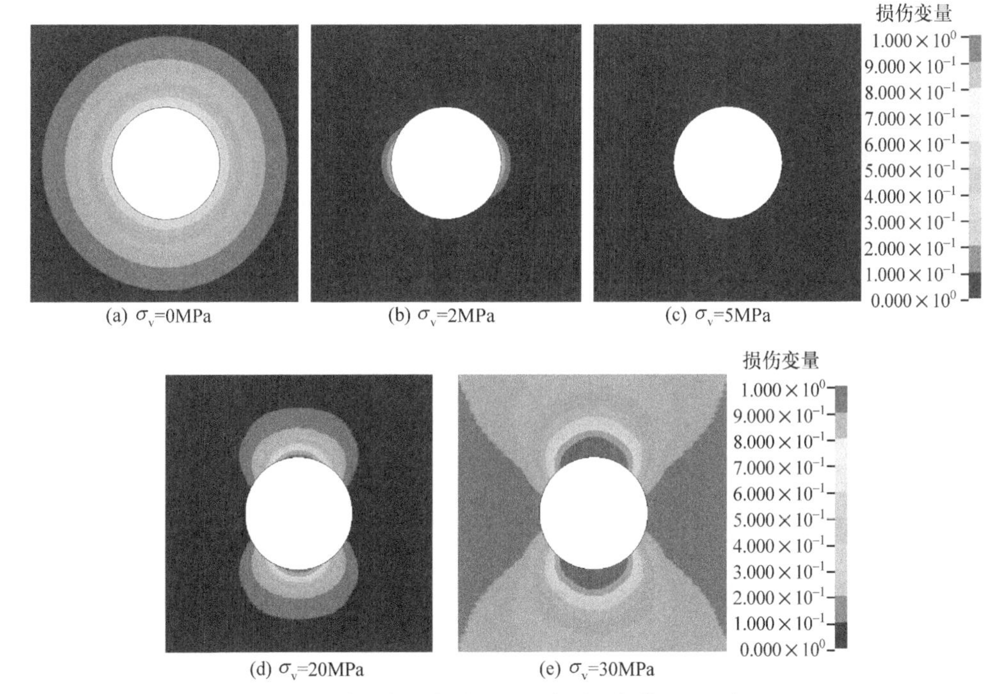

图 6.13　不同地应力水平下的围岩累积损伤($\lambda=\sigma_h/\sigma_v=2$)

以上分析了准静态卸荷条件下、爆炸荷载与静态二次应力共同作用下的围岩损伤分布规律。若将开挖面上的地应力释放视为一个瞬态卸荷力学过程，考虑其产生的附加动应力，$\sigma_v=\sigma_h=30$MPa 时，瞬态卸荷与爆炸荷载共同作用产生的围岩累积损伤如图 6.14(a)所示，围岩损伤深度为 1.24m。而准静态卸荷时，其与爆炸荷载共同作用产生的围岩损伤深度为 1.08m(见图 6.14(b))。考虑瞬态卸荷在围岩中引起的附加动应力后，岩体损伤深度增加了 15%。可见，开挖卸荷持续时间越短，围岩损伤深度越大，需考虑爆破开挖过程中开挖面上地应力快速释放所产生的动力效应。

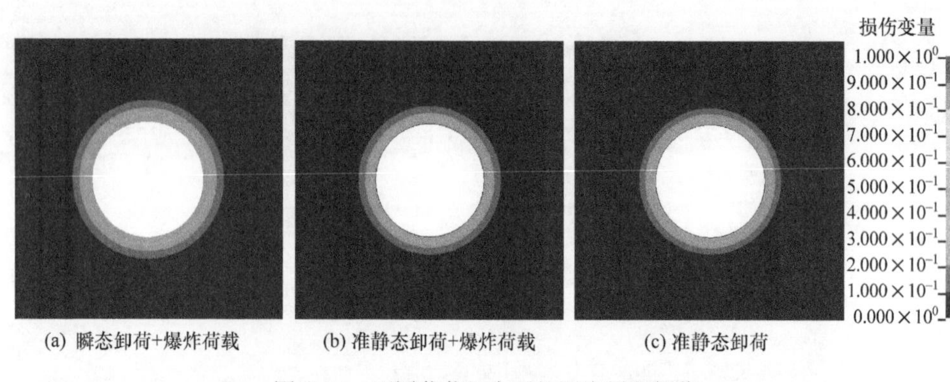

(a) 瞬态卸荷+爆炸荷载　(b) 准静态卸荷+爆炸荷载　(c) 准静态卸荷

图 6.14　不同荷载组合下的围岩累积损伤

若仅考虑准静态卸荷完成后的静态二次应力，则围岩损伤分布如图 6.14(c)所示，此时围岩损伤深度为 0.98m，占围岩最终损伤深度的 80%。这表明，深埋隧洞爆破开挖过程中，爆炸荷载与瞬态卸荷耦合作用下的围岩损伤主要由重分布的静态二次地应力引起，爆炸荷载动应力和瞬态卸荷所产生的附加动应力对围岩损伤的影响相对较小，但动力扰动加剧了岩体的损伤，致使损伤范围向围岩深部转移。

目前国内外大多以 PPV 作为爆破安全控制的指标。由于地应力影响了岩体爆破开挖诱发围岩损伤的演化过程和空间分布，势必也会影响到岩体爆破开挖损伤的 PPV 阈值。以静水压力场条件下岩体爆破损伤为例，不同地应力水平下围岩 PPV 随距离衰减曲线如图 6.15 所示。动荷载在岩体中产生的振动速度与岩体的初始损伤程度有关，岩体损伤越严重，质点振动速度越大且衰减越快。为排除爆破累积损伤对分析结果的影响，此处不考虑损伤累积效应，以掏槽孔 MS1 段爆破为例进行说明。

按照上述同样的方法，确定不同地应力水平下围岩损伤深度及岩体损伤 PPV 阈值，如表 6.1 所示。值得注意的是，深部岩体爆破开挖产生的围岩振动除爆炸荷载激发的振动外，还包括岩体开挖瞬态卸荷激发的振动。由于地应力对爆炸荷载

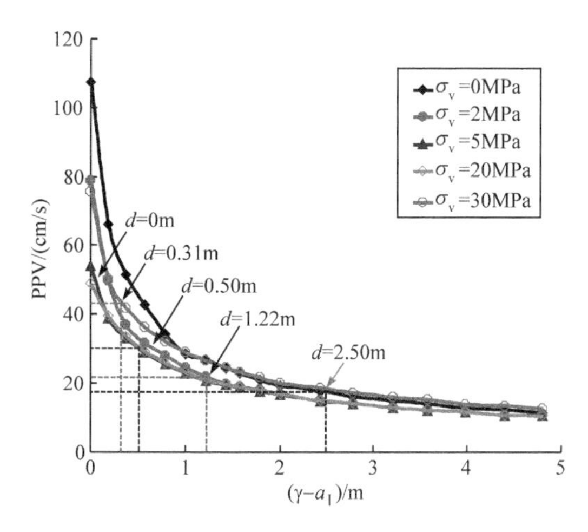

图 6.15　不同应力水平下 PPV 随距离衰减曲线($\lambda=\sigma_h/\sigma_v=1$，MS1 段爆破)

张拉损伤起“抑制”作用，相当于提高了岩体的抗拉强度，因此岩体损伤的 PPV 阈值在一定范围内随地应力水平的提高而增大，例如，当 $\sigma_v=2$MPa 和 5MPa 时，岩体损伤 PPV 阈值分别提高了 23.7%和 75.1%。而当地应力达到较高水平后，开挖卸荷引起的地应力重分布导致岩体产生损伤，爆炸荷载产生的损伤与岩体开挖瞬态卸荷产生的损伤互相作用、相互叠加，因此岩体损伤的 PPV 阈值随地应力的进一步提高而出现降低的趋势。从表 6.1 可以看出，$\sigma_v=30$MPa 时的 PPV 阈值比 $\sigma_v=20$MPa 时低。整体上看，岩体爆破开挖损伤的 PPV 阈值随地应力的提高呈现先增大后减小的变化过程。由此可见，根据一维应力波理论、由岩体抗拉强度确定 PPV 阈值的方法因没有考虑岩体的初始应力状态，对地下洞室爆破安全控制是不合适的。

表 6.1　不同地应力水平下岩体损伤深度及 PPV 阈值($\lambda=\sigma_h/\sigma_v=1$，MS1 段爆破)

σ_v/MPa	损伤范围/m	PPV 阈值/(cm/s)	PPV 阈值变化率/%
0	2.50	17.7	—
2	1.22	21.9	23.7
5	0.50	31.0	75.1
20	0.00	>48.9	>176.3
30	0.31	41.8	136.2

6.3.3　工程实例分析

为了更详尽地揭示深部岩体爆破开挖过程中的围岩损伤演化机制，本节针对锦屏二级水电站深埋引水隧洞爆破开挖，采用更接近工程实际的三维有限元模型研究爆炸荷载与瞬态卸荷耦合作用反复扰动下的围岩损伤演化历程与空间分布。锦屏二级水电站引水隧洞埋深大、地应力水平高，开挖断面大、毫秒延迟爆破采用的起爆段数多，为反复动力扰动作用下的围岩损伤演化研究提供了一个很好的工程实例。

1. 计算模型与参数

锦屏二级水电站深埋引水隧洞的工程岩体物理力学特性、地应力及爆破参数已在第 4 章进行了介绍，此处不再赘述。根据图 4.32 所示的锦屏二级水电站引水隧洞断面尺寸及爆破设计参数，建立如图 6.16 所示的 1/2 三维实体模型，模型尺寸为 50m×50m×100m（长×宽×高），马蹄形引水隧洞处于模型正中央。采用 8 节点的 Solid164 单元划分网格，共含有 437748 个节点和 418428 个单元。岩体力学参数采用室内试验获得的锦屏二级水电站引水隧洞盐塘组大理岩Ⅲ类围岩参数，如表 6.2 所示[17]。地应力采用 1900m 埋深条件下的地应力场：水平向（x 向）σ_h=49.2MPa，竖直向（y 向）σ_v=56.9MPa，隧洞轴向（z 向）σ_l=40.1MPa[17]。

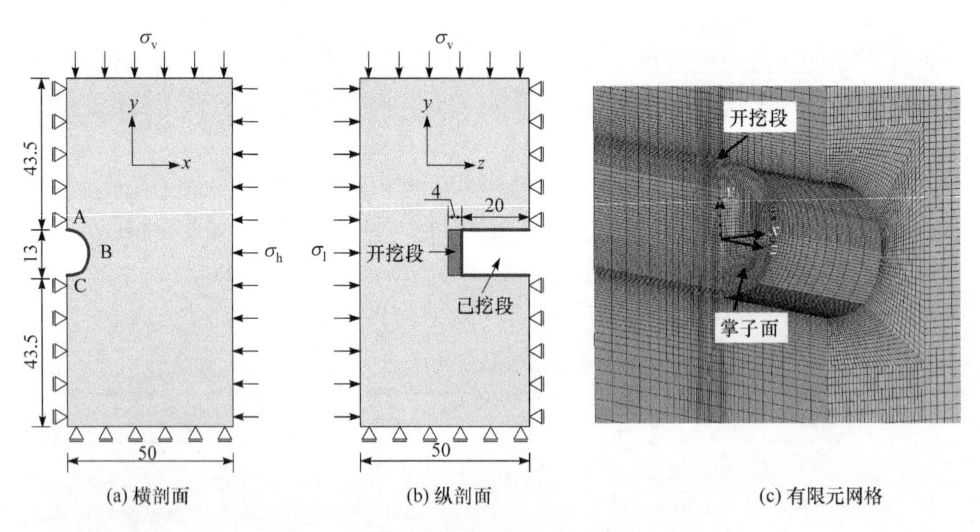

图 6.16 计算模型与有限元网格划分（单位：m）

表 6.2 岩体力学参数[17]

密度 /(kg/m³)	弹性模量 /GPa	剪切模量 /GPa	泊松比	抗压强度 /MPa	抗拉强度 /MPa	参数 A
2700	32.5	19.5	0.23	100	4.5	0.5

实际高地应力深埋隧洞爆破开挖过程中，某一开挖进尺的岩体爆破前，由于已

挖洞段的应力重分布，围岩已经出现初始损伤。这一进尺的岩体开挖爆破时，在爆炸荷载和开挖瞬态卸荷的扰动下，已有的岩体损伤向围岩深部转移，并产生新的岩体损伤，导致岩体力学性能进一步劣化。因此，在三维数值模拟中，首先在模型四周施加地应力场，计算已挖洞段重分布的静态二次应力产生的围岩初始损伤(前面计算表明，爆炸荷载与瞬态卸荷附加动应力对高地应力岩体的损伤影响较小，因此在只计算一个开挖进尺的条件下，暂不考虑爆炸荷载和瞬态卸荷附加动应力在围岩中产生的初始损伤)。待计算平衡稳定后，模拟开挖进尺的岩体爆破开挖。整个爆破作业分16段起爆，计算中通过挖除每段对应的岩体单元、爆炸加载、开挖面上应力释放，以及LS-DYNA重启动技术将前一段爆破的计算结果作为后一段爆破的初始条件实现连续的毫秒延迟爆破。由于计算工作量大，只计算一个爆破开挖进尺过程中的围岩损伤演化过程。

由于炮孔数量多，且本节研究的是开挖轮廓面以外保留岩体的损伤，不考虑炮孔周围岩体的开裂破碎过程，因此采用前面介绍的爆炸荷载等效施加方法，将荷载等效施加在同段炮孔中心连线与炮孔轴线所确定的开挖面上，压力作用范围与炮孔内装药段长度相等。计算中取炸药密度$\rho_e=1100\text{kg/m}^3$、爆轰波速$D_e=4000\text{m/s}$，根据2.3节的计算模型，实现爆炸荷载与岩体开挖瞬态卸荷耦合作用过程的模拟。

2. 围岩初始损伤

在某一进尺的岩体爆破开挖前，已开挖洞段的围岩应力重分布已导致岩体产生初始损伤，以掌子面后2m处的断面为例，其初始损伤分布如图6.17(a)所示。可以看出，隧洞边墙损伤深度最大，洞顶其次，底板最小；围岩损伤最严重的部位出现在边墙下部与底板的交界处。在洞顶、边墙和底板围岩距洞壁2m处，岩体损伤变量沿隧洞轴线变化曲线如图6.17(b)所示。从图中可以看出，随着远离掌子面，岩体损伤变量即围岩损伤程度逐渐增大，在掌子面后方15m处，损伤程度基本不再增加，应力重分布引起的围岩损伤趋于稳定。在掌子面边缘出现的应力集中导致该处的围岩损伤程度略大于附近围岩，因此，在曲线$z=0\text{m}$附近出现了损伤变量先减小后增大的局部现象。

3. 围岩损伤演化历程与空间分布

本进尺岩体开挖，上半洞(MS1～MS19段)和下半洞(MS1～MS11段)爆破时，在每一段对应的开挖面上作用爆炸荷载和岩体开挖瞬态卸荷，掌子面后2m断面的损伤演化过程如图6.18所示。可以看出，在上半洞爆破过程中，损伤区逐渐向围岩深部转移，围岩损伤深度增大，与此同时，围岩最大损伤的部位也逐渐从边墙下部向边墙中部扩散。下半洞爆破过程中，底板损伤区的深度显著增大，边墙围岩的损伤区略有增加，而洞顶的损伤基本不变。随着各段炮孔爆破，围岩损伤变量

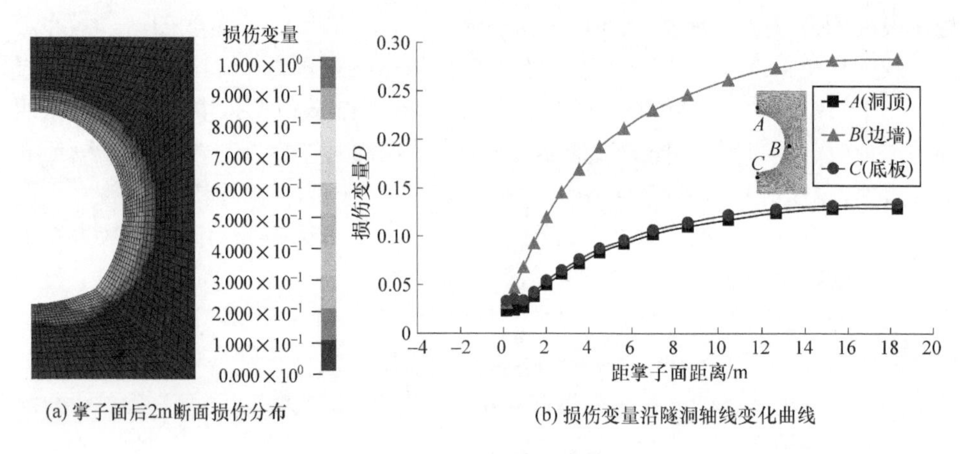

(a) 掌子面后2m断面损伤分布

(b) 损伤变量沿隧洞轴线变化曲线

图 6.17 围岩初始损伤分布

随动荷载次数的变化曲线如图 6.19 所示(以掌子面后 2m 处的断面为例),图中 A、B 和 C 三点位于洞壁以外 2m 处。可以看出,围岩损伤变量随动荷载次数的增加呈非线性增长,上半洞 MS1～MS13 段爆破时,损伤变量增长较为缓慢,保留岩体损伤略有增大。而上半洞 MS15 和 MS17 段爆破时,由于形成的开挖边界紧邻隧洞洞壁,洞顶和边墙的围岩损伤程度显著增大。同样,在下半洞 MS9 和 MS11 段爆破时,隧洞底板的损伤出现明显的增大。可见,在前面各段炮孔爆破累积损伤的基础上,靠近洞室轮廓面的炮孔爆破产生的动荷载对围岩损伤影响较大[18]。

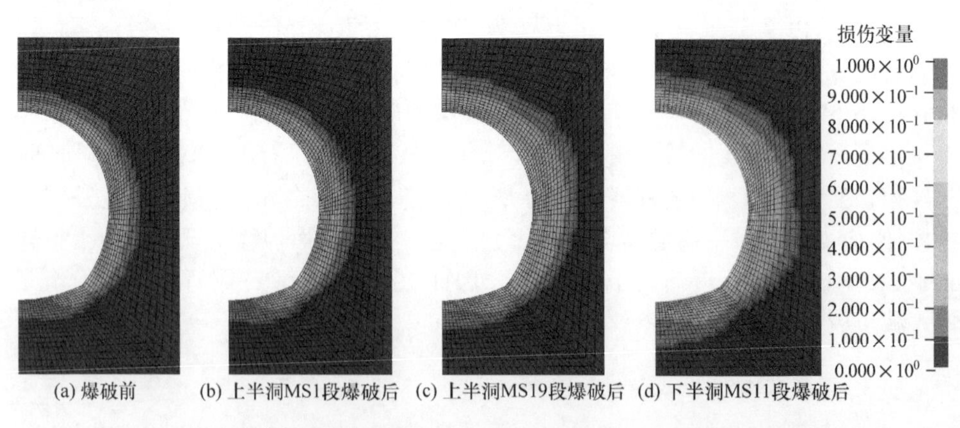

(a) 爆破前 (b) 上半洞MS1段爆破后 (c) 上半洞MS19段爆破后 (d) 下半洞MS11段爆破后

图 6.18 爆炸荷载与瞬态卸荷耦合作用下掌子面后 2m 断面围岩损伤演化过程

若不考虑爆破过程中开挖面上地应力卸荷的瞬态特性,将其视为准静态过程处理(开挖卸荷引起的围岩损伤仅由重分布的静态二次应力所致),爆破完成后,瞬态卸荷与准静态卸荷过程中围岩横断面损伤对比如图 6.20(a)所示,沿隧洞轴向,围岩最大损伤深度对比如图 6.20(b)所示。可以看出,开挖面上地应力

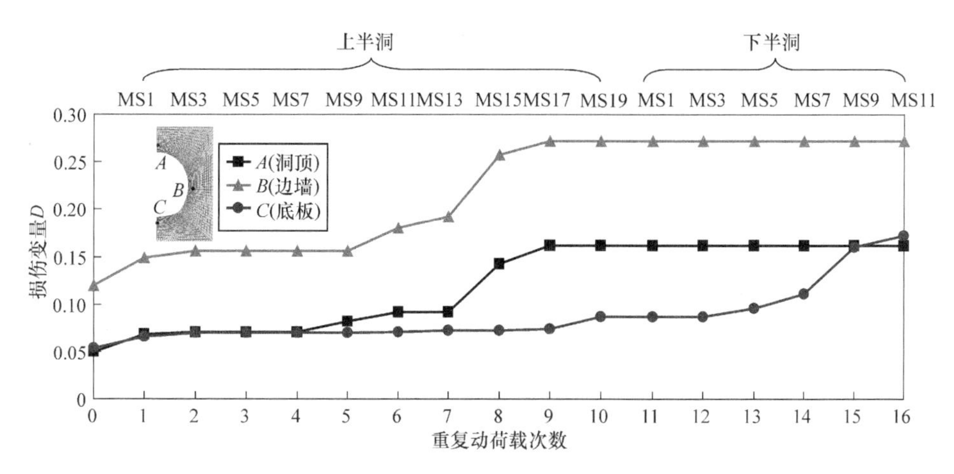

图6.19　掌子面后2m断面围岩损伤变量随动荷载次数变化曲线

瞬态卸荷产生的附加动应力加剧了岩体的损伤，致使围岩损伤深度更大。越靠近掌子面，开挖瞬态卸荷附加动应力对围岩损伤的影响越显著，在掌子面所在的断面，相比准静态卸荷，围岩最大损伤深度增加了42.3%。因此，对于深部高地应力岩体钻爆开挖，开挖面上地应力卸荷的瞬态特性及其对围岩损伤的影响不容忽视。

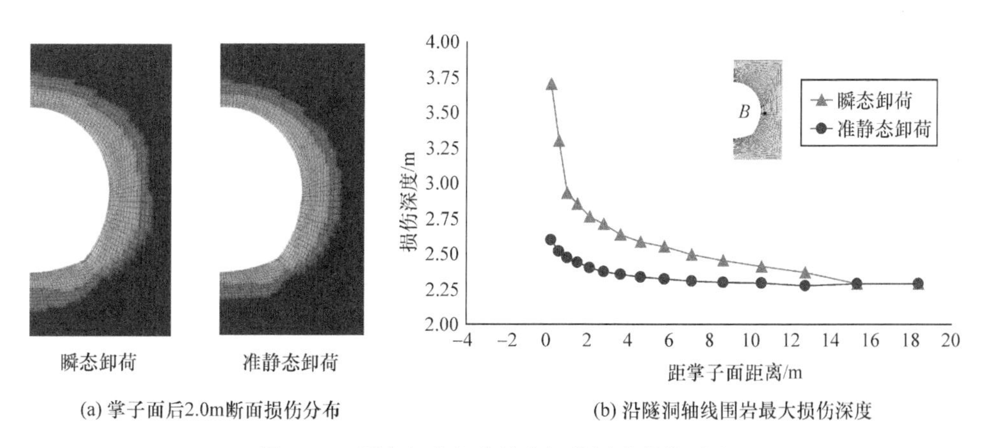

图6.20　瞬态卸荷与准静态卸荷围岩损伤对比

为分析本进尺爆破开挖过程中爆炸荷载和开挖瞬态卸荷对围岩总体损伤的影响程度，图6.21给出了爆破前后围岩损伤的对比。在本进尺爆炸荷载和开挖瞬态卸荷反复动力扰动作用下，在掌子面所在断面的边墙处，围岩损伤深度从爆破前0.6m增加至爆破后3.7m。在掌子面后1.8m范围以内，爆炸荷载和开挖瞬态卸荷耦合作用扰动效应强烈，爆破后围岩损伤深度显著变大，增长率超过100%。爆炸荷载和开挖瞬态卸荷扰动效应随着远离开挖掌子面而不断衰减，在掌子面后1.8～15.3m范围内，爆破过程中围岩损伤深度有所增加，但增长率小于100%，可见，在这一范围内已挖洞段的静态二次应力对围岩损伤起主导作用。超过15.3m以后，本进尺爆破开挖过程的扰动大幅衰减，爆破前后围岩损伤基本不变，岩体损伤仅由已挖洞段的静态二次应力引起。

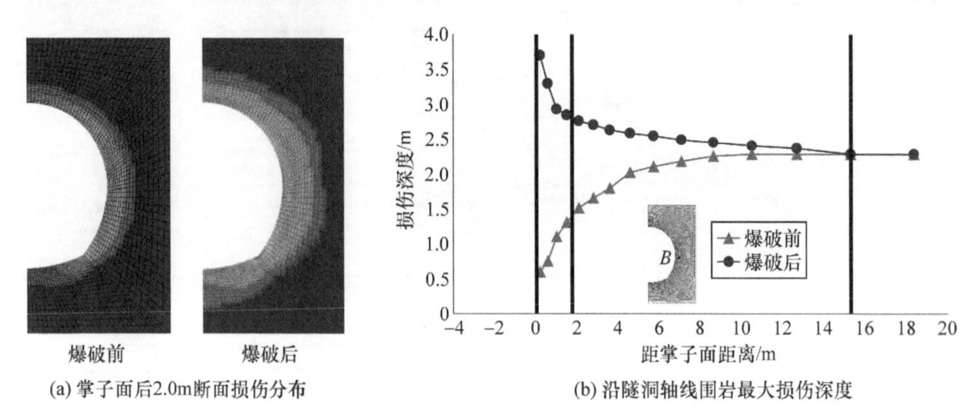

图 6.21　爆破前后围岩损伤对比

严鹏等[17]曾采用单孔声波测试的方法对锦屏二级水电站1#和2#引水隧洞围岩损伤深度进行了现场检测，两条隧洞测试部位的岩性及应力水平等条件相似，1#引水隧洞采用TBM开挖，其围岩损伤主要由静态的二次应力所致；2#引水隧洞采用钻爆法开挖，其围岩损伤由静态二次应力、爆炸荷载及开挖瞬态卸荷附加动应力所致。检测结果表明，1#引水隧洞围岩最大损伤深度约3.0m，2#引水隧洞围岩最大损伤深度约4.2m。而本节计算得到的爆破前二次应力所产生的最大损伤深度为2.3m，考虑爆炸荷载和地应力瞬态卸荷动力扰动作用后，围岩最大损伤深度为3.7m，数值模拟与现场检测结果基本一致。可见，爆炸荷载和地应力瞬态卸荷附加动应力作用显著地增大了损伤区范围，是导致围岩损伤的重要因素。

6.4　锦屏二级水电站深埋隧洞爆破开挖围岩损伤区检测及特性研究

6.4.1　工程概况

锦屏二级水电站位于四川省凉山彝族自治州木里、盐源、冕宁三县交界处的雅砻江干流锦屏大河弯上，利用雅砻江150km长的大河弯，截弯取直，开挖隧洞集中水头引水发电（见图6.22），总装机容量4800MW。该电站设有埋深和单洞长度均为世界首屈一指的深埋隧洞群，由 4 条单洞长约 16.67km 的引水隧洞、与之平行的 2 条长 17.5km 的辅助洞和 1 条施工排水洞共 7 条隧洞组成。隧洞群横穿地质条件复杂的锦屏山，沿线主要地层为三叠系大理岩，其次为砂板岩，以及数百米洞段的泥片岩。隧洞一般埋深 1500～2000m，最大埋深 2525m。由于地形地质条件复杂，隧洞埋深大，再加上构造作用，隧洞群开挖过程中高地应力作用非常强烈。与引水隧洞线平行的 5km 长探洞内实测地应力值已达 42MPa，地应力反演结果表明引水隧洞轴线上的最大主应力约为 72MPa，中间主应力约为 34MPa，最小主应力约为 26MPa。

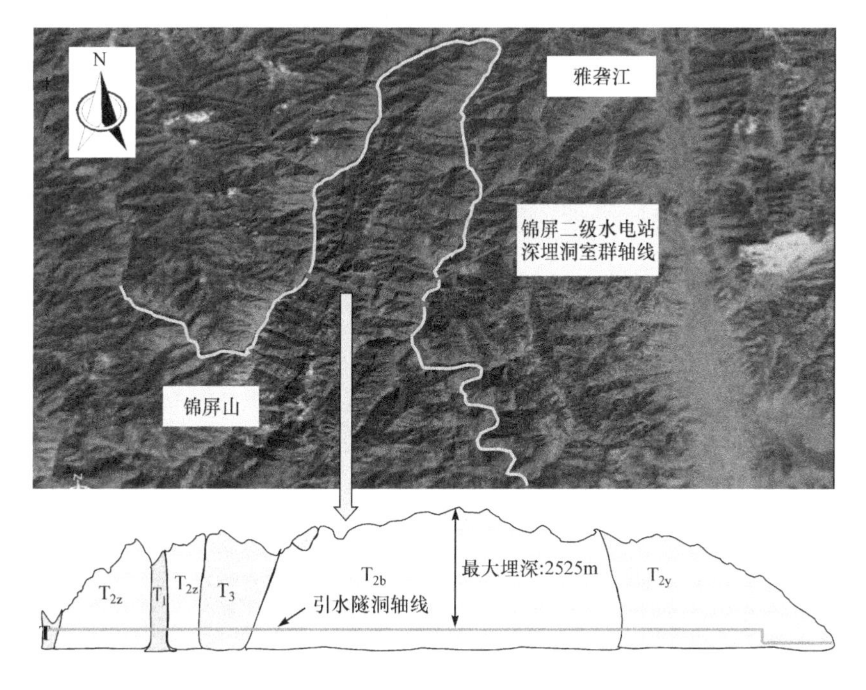

图 6.22　锦屏二级水电站深埋隧洞群布置示意图

辅助洞开挖洞径 5.5～6.3m，采用钻爆法施工。4 条引水隧洞采用钻爆法(2#、4# 引水隧洞和 1#、3# 引水隧洞东西端洞段)和 TBM 开挖法(1#、3# 引水隧洞中部洞段)相结合的施工方案。钻爆法施工洞段为马蹄形断面，开挖直径 13m，混凝土衬砌段洞径 11.8m；TBM 开挖法施工洞段的开挖直径为 12.4m，衬砌后洞径为 11.2m。下面利用辅助洞和引水隧洞的现场围岩损伤检测数据分析深埋隧洞爆破开挖围岩损伤区的特性。

6.4.2　损伤区检测方法

岩体爆破开挖损伤区的工程检测方法有直接判断、岩体力学参数(地震波速、声波、弹性模量、透水率)爆破前后对比检测、钻孔电视扫描等。其中,声波检测方法由于测试精度高,在工程界得到了广泛的应用。

岩体损伤可以看成是由于荷载作用导致岩体中的裂隙张开、扩展从而导致岩体的波速降低。我国《水工建筑物岩石基础开挖工程施工技术规范》(DL/T 5389—2007)中对岩体的爆破损伤也做了相应的规定,采用爆破前后岩体的纵波速度变化率 η 作为爆破损伤影响范围的判据。一般认为,当 $\eta>10\%$时即判定岩体损伤。

锦屏二级水电站深埋隧洞群开挖损伤区检测主要采用单孔声波测试方法,个别部位也采用跨孔检测方法进行校验,测孔方向垂直于自由面方向布置。测试仪器为武汉岩海公司所产的RS-ST01C型声波仪,如图6.23所示,单孔测试采用一发双收,由下而上沿孔壁连续观测,移动步距为0.2m。

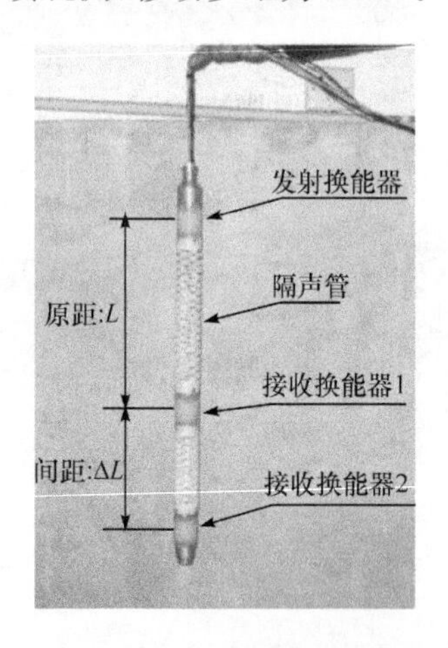

图6.23　单孔一发双收声波仪构造

6.4.3　损伤区检测结果

1. 辅助洞开挖损伤区检测结果

从隧洞断面形态、隧洞轴线方向及开挖方式等方面考虑,在辅助洞东端布置了两个损伤区检测断面,分别位于5#横通洞内(检测断面Ⅰ)和A洞桩号AK13+595(检测断面Ⅱ)处。每个断面各布置19个钻孔,孔深25m,孔径76mm,钻孔方向与断面方向一致;除底板布置1个钻孔外,其余18个钻孔分成9组,设计每组2只钻孔相互平行,以用于声波对穿测试。每个断面9组钻孔沿断面呈扇形分布,松动圈断面位置及钻孔布置如图6.24所示。

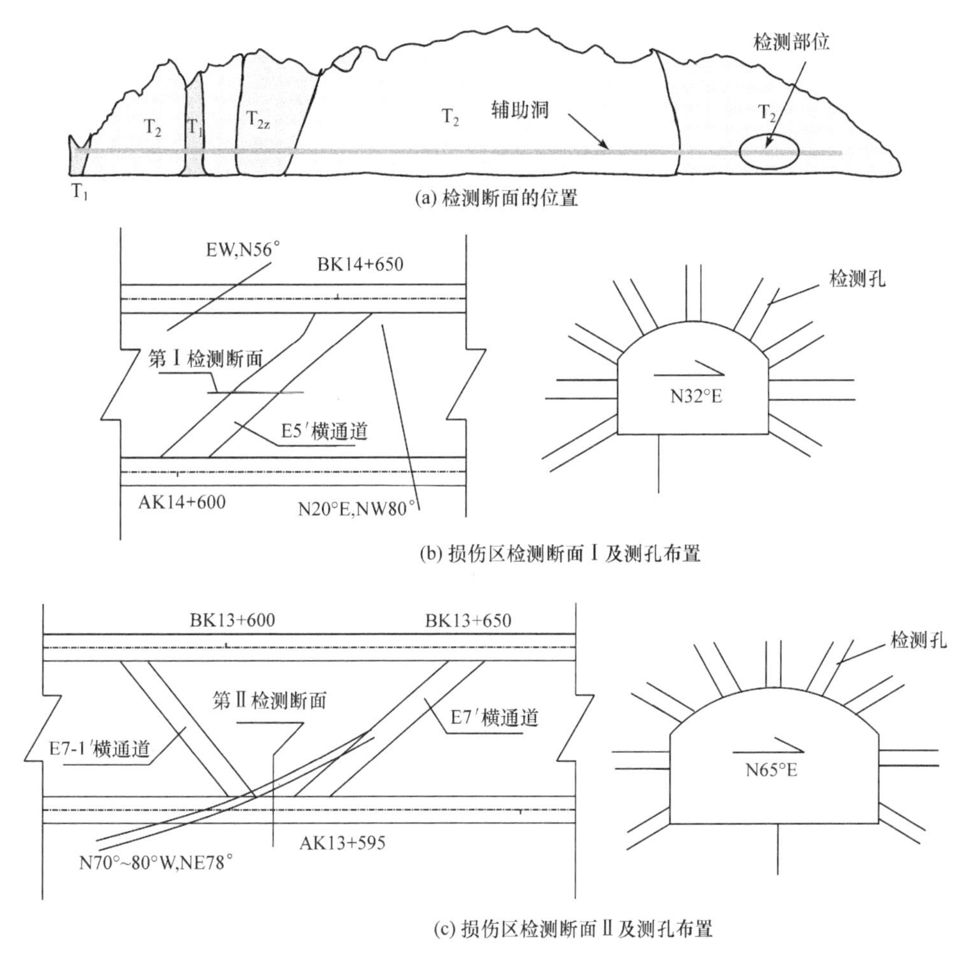

(a) 检测断面的位置

(b) 损伤区检测断面Ⅰ及测孔布置

(c) 损伤区检测断面Ⅱ及测孔布置

图 6.24　辅助洞开挖损伤检测断面示意图

检测断面Ⅰ位置岩性为 T_{2y}^5 黑白大理岩，岩体较完整，断面尺寸为 8.0m×5.77m；检测断面Ⅱ位置岩性为 T_{2y}^5 白色厚层状大理岩，岩体完整，断面尺寸为 11.0m×6.86m(辅助洞加宽带)。两个检测断面各取得 17 个钻孔单孔声波记录，断面Ⅰ另外取得 3 组穿跨孔声波有效记录，断面Ⅱ取得 6 组穿跨孔声波有效记录，具体测试成果如图 6.25 所示[19]。

检测断面Ⅰ各部位围岩损伤深度范围为 1.4～3.9m，其中断面两侧及底板损伤深度较大，顶拱损伤深度较小，以左及左下侧损伤深度最大；检测断面Ⅱ各部位围岩损伤深度范围为 0.6～1.8m，断面左右侧壁损伤深度大致相当，拱顶略小，底板略大。各部位围岩损伤深度如表 6.3 所示。

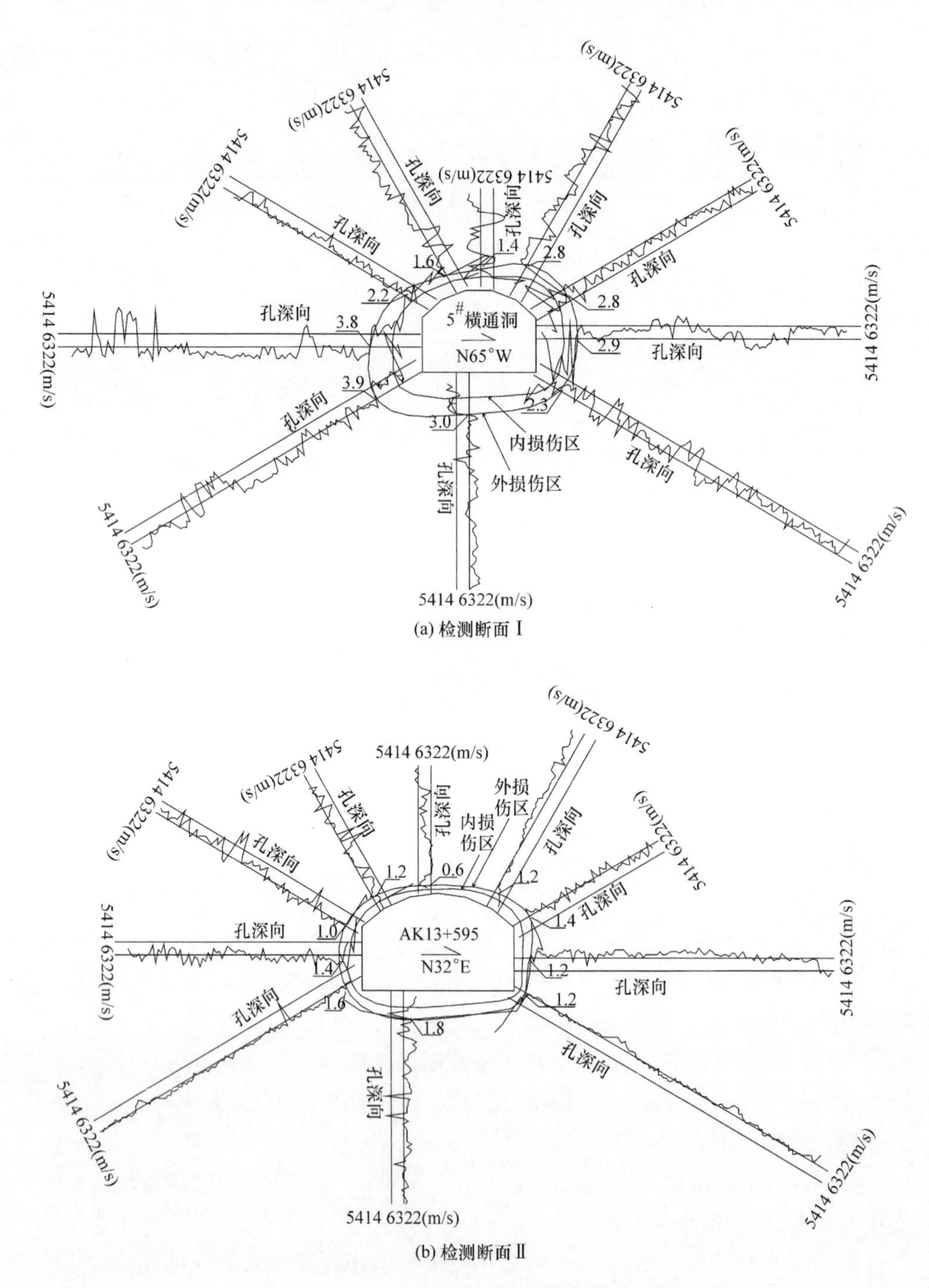

(a) 检测断面 Ⅰ

(b) 检测断面 Ⅱ

图 6.25　辅助洞开挖损伤检测结果(单位:m)[19]

表 6.3 辅助洞围岩损伤检测断面各部位损伤深度

部位	损伤深度/m									
	右下	右侧	右肩	右拱	顶拱	左拱	左肩	左侧	左下	底板
断面Ⅰ	2.32	2.89	2.78	2.81	1.40	1.63	2.21	3.76	3.92	2.96
断面Ⅱ	1.24	1.21	1.44	1.17	0.64	1.18	1.02	1.43	1.60	1.82

2. 引水隧洞开挖损伤区检测结果

引水隧洞围岩损伤检测断面选择在2#引水隧洞的15+505和15+700断面，如图6.26所示。隧洞断面为马蹄形，开挖洞径13.0m，采用钻爆法分部开挖，首先开挖上半洞，开挖高度7.5m，然后开挖下半洞，开挖高度5.5m。每个检测断面布置5个检测孔，每个检测孔孔深10m，孔径76mm。检测孔按顺时针方向从左至右依次编号，左侧为顺水流方向左手侧（北侧），右侧为顺水流方向右手侧（南侧）。

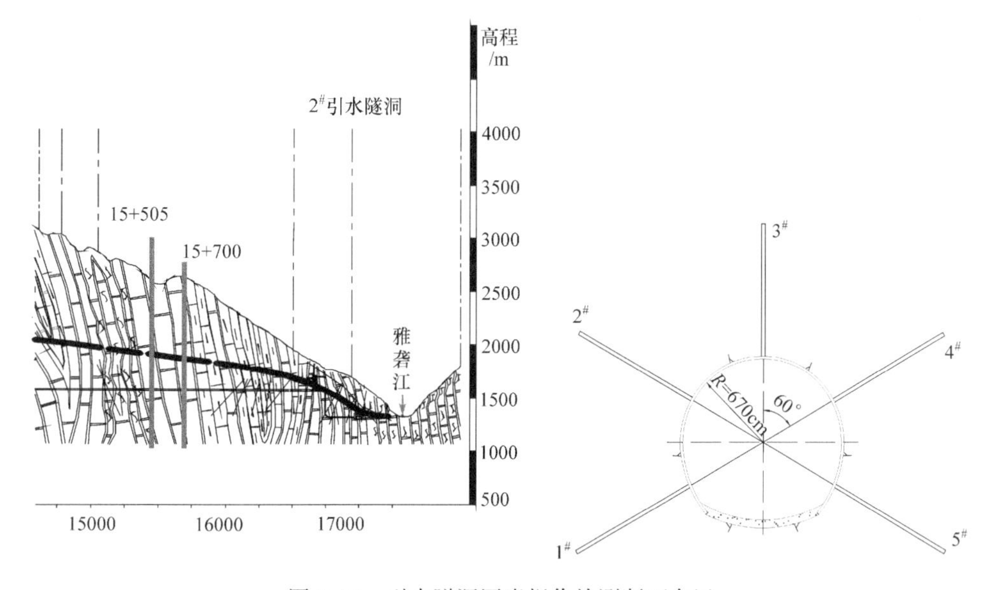

图6.26 引水隧洞围岩损伤检测断面布置

15+700检测断面各部位围岩损伤深度范围为2.8～4.2m，其中断面右上侧损伤深度较大，左侧损伤深度较小；15+505检测断面各部位围岩损伤深度范围为1.6～2.8m，其中断面左上侧损伤深度较大，端面底部损伤深度较小。各部位损伤深度如表6.4所示。

表 6.4 引水隧洞围岩损伤检测断面各部位损伤深度

断面桩号	损伤深度/m				
	1#孔	2#孔	3#孔	4#孔	5#孔
15+700	2.8	2.8	3.6	4.2	3.0
15+505	1.6	2.8	2.8	2.0	1.8

6.4.4 深埋隧洞爆破开挖围岩损伤特性

锦屏二级水电站辅助洞工程中两个检测断面相距约 1000m,岩性相似,均为 T_{2y}^{5}大理岩,开挖所采用的炸药类型相同,钻爆设计类似,最大的差别是断面的方位有所不同,断面Ⅰ测孔的方位为 N65°W,基本与辅助洞轴线(N58°W)平行,断面Ⅱ测孔的方位为 N32°E,与洞轴线垂直。

由于锦屏二级水电站辅助洞工程区的最大主应力为 NW—NWW 向,与隧洞轴线基本平行,或呈小交角;中间主应力基本与隧洞轴线垂直,倾角约为 40°;最小主应力为竖直方向。因此,断面Ⅰ所在的横通道与最大主应力大角度相交,这种情况对围岩稳定不利,且检测结果表明其开挖损伤区也较大,而断面Ⅱ基本与最大主应力垂直,所以在同样的开挖条件下,其开挖损伤区较小。从图 6.25 及表 6.3 可以看出,尽管检测断面Ⅰ的尺寸稍小于检测断面Ⅱ,但断面Ⅰ开挖损伤区的范围要明显大于断面Ⅱ。此检测结果证实了地应力场的大小和方向对围岩开挖损伤区分布的控制作用。

Martino 和 Chandler[20]曾将深埋隧洞爆破开挖损伤区大致分为内损伤区(inner damage zone)和外损伤区(outer damage zone),内损伤区特征是岩体声波速度急剧下降,岩体渗透性急剧增加;而外损伤区则表现为岩体声波速度和岩体渗透系数缓慢下降,最终接近未扰动岩体的水平。对锦屏二级水电站辅助洞开挖损伤区检测的结果进行细分,也发现了类似的规律。图 6.27 给出了检测断面Ⅰ中的右拱和左下部位(损伤区范围最大区域)和断面Ⅱ左下部位三组检测孔的声波检测数据及内外损伤区的界限,其余各组检测孔所测得的内外损伤区深度如表 6.5 所示,同时也反映在图 6.27 中。

从图 6.27 和表 6.5 可以看出,锦屏二级水电站辅助洞开挖损伤区可分为内损伤区和外损伤区,内损伤区深度大于外损伤区深度;对于地应力值较大的断面Ⅰ,内、外损伤区均大于断面Ⅱ的检测结果;损伤区在断面上并不是均匀分布的,在洞室围岩的应力集中区域,损伤范围明显偏大。

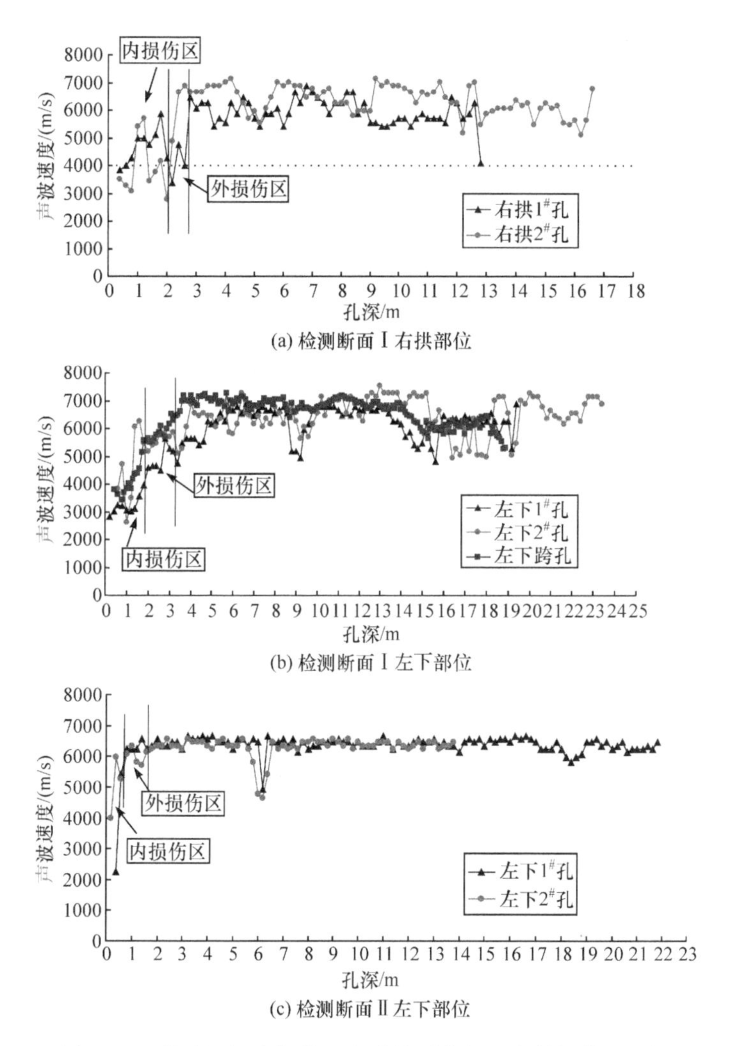

图 6.27　辅助洞围岩损伤区声波检测数据及内外损伤区界限

表 6.5　辅助洞开挖内、外损伤区分析结果　(单位:m)

部位		右下	右侧	右肩	右拱	顶拱	左拱	左肩	左侧	左下	底板
内损伤区	断面Ⅰ	1.80	2.13	1.96	2.05	0.68	0.81	1.04	2.23	1.90	1.47
	断面Ⅱ	0.53	0.61	0.60	0.56	0.24	0.47	0.52	0.81	0.58	0.96
外损伤区	断面Ⅰ	0.52	0.76	0.82	0.76	0.72	0.82	1.17	1.53	2.02	1.49
	断面Ⅱ	0.71	0.60	0.84	0.61	0.40	0.71	0.50	0.62	1.02	0.86

锦屏二级水电站辅助洞的检测结果表明,内、外损伤区均受到围岩二次应力场的控制,由于爆破损伤仅限于表层岩体,因此可以推测,内损伤区是爆炸荷载和重分布二次应力引起的,外损伤区则是开挖卸荷引起的。同时,内损伤区岩体

的声波速度显著降低，岩体损伤剧烈；外损伤区岩体的声波速度缓慢降低，岩体的损伤程度较轻。在内损伤区，应力重分布作用所形成的二次应力场大于岩体的损伤阈值，且作用时间长，岩体内的裂纹可以充分扩展，损伤剧烈；而在外损伤区，由于地应力瞬态卸荷的作用，围岩的应力曲线存在明显的动态效应，应力状态可能超过岩体的损伤阈值，从而导致裂纹扩展、岩体损伤，但是随着应力场的快速调整，一部分裂纹还来不及扩展，应力值就降低到岩体的损伤阈值以下，故损伤程度相对较轻。

图 6.28 给出了 2# 引水隧洞 15＋700 检测断面和 15＋505 检测断面的声波检测数据。可以看出，钻爆开挖条件下损伤区内岩体的声波速度从隧洞表面往内部的过渡缓慢，在表面附近存在显著的低波速带，说明伴随爆破过程的动力效应对表层围岩损伤的贡献是显著的。根据 Martino 和 Chandler[20] 的研究结果，给出 2# 引水隧洞检测断面损伤区的细分结果，如表 6.6 所示。

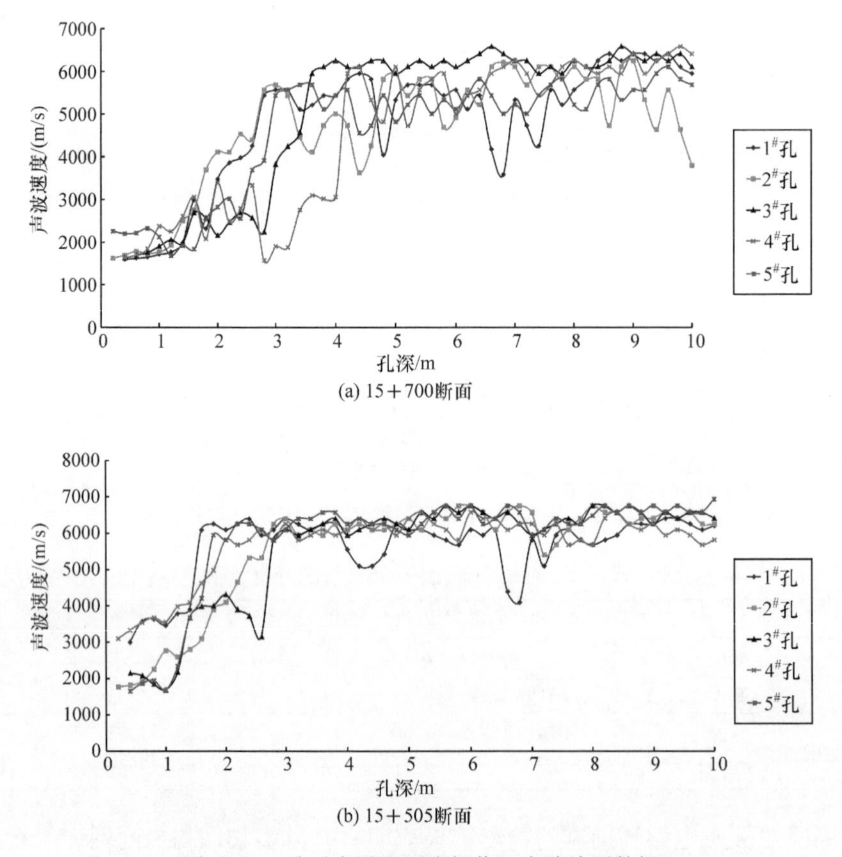

图 6.28　2# 引水隧洞围岩损伤区声波检测数据

表 6.6　2# 引水隧洞开挖内、外损伤区分析结果

孔的编号	内/外损伤区深度/m		内损伤区占总损伤深度的比例/%	
	15+700 断面	15+505 断面	15+700 断面	15+505 断面
1#	1.6/1.2	1.1/0.5	57	69
2#	1.4/1.4	1.6/1.2	50	57
3#	1.4/2.2	1.4/1.4	39	50
4#	1.2/3.0	1.1/0.9	29	55
5#	1.3/1.7	1.3/0.5	43	72

从图 6.28 和表 6.6 可以看出，对于 2# 引水隧洞，围岩的内损伤区深度基本在 1.0m 以上，绝大多数占到总体损伤区深度的 50%以上，据加拿大白壳地下实验室的研究结论，如果内损伤区的形成原因仅仅是爆炸荷载，那么该区域应该在隧洞横断面上均匀分布，而事实是内损伤区在隧洞横断面上的分布也在一定程度上受到二次应力场调整分布的影响，在左侧拱肩(即北侧拱肩)较大，这充分说明了爆破开挖过程中地应力的瞬态调整对内损伤区形成的贡献。这一结论与锦屏二级水电站辅助洞围岩开挖损伤区检测结果相一致。

6.5　小　　结

本章首先基于应力判别准则的统计损伤模型，采用数值模拟方法对深部岩体爆破开挖围岩损伤机理，以及毫秒延迟爆破过程中爆炸荷载与瞬态卸荷耦合作用反复扰动下的围岩损伤演化历程和空间分布进行了分析研究。接着通过对锦屏二级水电站深埋隧洞爆破开挖损伤区的检测分析，研究了不同损伤区的分布特征与形成机理。通过计算分析，得到如下初步结论：

(1) 深部岩体爆破开挖过程中的围岩损伤由重分布的静态二次应力、爆炸荷载以及开挖面上应力瞬态卸荷产生的附加动应力共同作用引起。静态二次应力是导致围岩损伤的主要原因，爆炸荷载和地应力瞬态卸荷附加动应力增加了围岩损伤范围，加剧了岩体损伤程度。相比准静态卸荷，开挖面上地应力瞬态卸荷产生的损伤范围更大，且随地应力水平、开挖面半径和卸荷速率的增大而增长。

(2) 爆炸荷载作用下，围岩主要表现为张拉损伤破坏，地应力相当于提高了岩体的抗拉强度，对爆破张拉效应起抑制作用。随着地应力水平的提高，开挖卸荷导致岩体产生压剪损伤破坏，爆炸荷载产生的岩体损伤仅限于围岩表层，开挖卸荷是围岩中大范围损伤区形成的主要原因。整体上看，随着地应力水平的提高，围岩爆破开挖损伤深度呈现先减小后增大的变化规律，岩体损伤的 PPV 阈值呈现先增大后减小的变化过程。

(3) 深埋隧洞毫秒延迟爆破开挖过程中,在爆炸荷载与岩体开挖瞬态卸荷耦合作用反复扰动下,围岩累积损伤范围和损伤程度随动荷载次数的增加呈非线性增长,岩体损伤的 PPV 阈值降低;靠近隧洞轮廓面的炮孔爆破对围岩损伤的影响较为显著。

(4) 深埋洞室爆破开挖导致的围岩损伤区可以分为内损伤区和外损伤区,前者主要由爆炸荷载和重分布二次应力引起,其主要特征是岩体声波速度显著降低,而后者主要由地应力瞬态卸荷附加动应力引起,其特征是岩体声波速度缓慢降低,逐渐过渡到未扰动岩体的水平。

参考文献

[1] Kaiser P K, Diederichs M S, Eberhardt E. Damage initiation and propagation in hard rock during tunnelling and the influence of near-face stress rotation. International Journal of Rock Mechanics and Mining Sciences, 2004, 41(5): 785－812.

[2] Martin C D, Christiansson R. Estimating the potential for spalling around a deep nuclear waste repository in crystalline rock. International Journal of Rock Mechanics and Mining Sciences, 2009, 46(2): 219－228.

[3] 杨建华,张文举,卢文波,等. 深埋洞室岩体开挖卸荷诱导的围岩开裂机制. 岩石力学与工程学报, 2013, 32(6): 1222－1228.

[4] 卢文波,周创兵,陈明,等. 开挖卸荷的瞬态特性研究. 岩石力学与工程学报, 2008, 27(11): 2184－2192.

[5] 张玉柱,卢文波,陈明,等. 爆炸应力波驱动的岩石开裂机制. 岩石力学与工程学报, 2014, 33(增 1): 3144－3149.

[6] Donze F V, Bouchez J, Magnier S A. Modeling fractures in rock blasting. International Journal of Rock Mechanics and Mining Sciences, 1997, 34(8): 1153－1163.

[7] Cai M, Kaiser P K, Tasaka Y, et al. Generalized crack initiation and crack damage stress thresholds of brittle rock masses near underground excavations. International Journal of Rock Mechanics and Mining Sciences, 2004, 41(5): 833－847.

[8] Krajcinovic D, Silva M A G. Statistical aspects of the continuous damage theory. International Journal of Solids and Structures, 1982, 18(7): 551－562.

[9] 曹文贵,方祖烈,唐学军. 岩石损伤软化统计本构模型之研究. 岩石力学与工程学报, 1998, 17(6): 628－633.

[10] Grady D E, Kipp M E. Continuum modelling of explosive fracture in oil shale. International Journal of Rock Mechanics and Mining Sciences & Geomechanics Abstracts, 1980, 17(3): 147－157.

[11] Yang R, Bawden W F, Katsabanis P D. A new constitutive model for blast damage. International Journal of Rock Mechanics and Mining Sciences & Geomechanics Abstracts, 1996, 33(3): 245－254.

[12] Thorne B J, Hommer P J, Brown B. Experimental and computational investigation of the fundamental mechanisms of cratering//Proceedings of the 3rd International Symposium on Rock Fragmentation by Blasting, Brisbane, 1990: 26－31.

[13] Liu L, Katsabanis P D. Development of a continuum damage model for blasting analysis. International Journal of Rock Mechanics and Mining Sciences, 1997, 34(2): 217－231.

[14] Kawamoto T, Ichikawa Y, Kyoya T. Deformation and fracturing behaviour of discontinuous rock mass and damage mechanics theory. International Journal for Numerical and Analytical Methods in Geomechanics, 1988, 12(1): 1－30.

[15] 杨建华，卢文波，胡英国，等．隧洞开挖重复爆炸荷载作用下围岩累积损伤特性．岩土力学，2014，35(2)：511－518.

[16] Ramulu M, Chakraborty A K, Sitharam T G. Damage assessment of basaltic rock mass due to repeated blasting in a railway tunnelling project—A case study. Tunnelling and Underground Space Technology, 2009, 24(2): 208－221.

[17] 严鹏，卢文波，陈明，等．深部岩体开挖方式对损伤区影响的试验研究．岩石力学与工程学报，2011，30(6)：1097－1106.

[18] Yang J H, Lu W B, Hu Y G, et al. Numerical simulation of rock mass damage evolution during deep-buried tunnel excavation by drill and blast. Rock Mechanics and Rock Engineering, 2015, 48(5): 2045－2059.

[19] 严鹏，卢文波，单治钢，等．深埋隧洞爆破开挖损伤区检测及特性研究．岩石力学与工程，2009，28(8)：1552－1561.

[20] Martino J B, Chandler N A. Excavation-induced damage studies at the underground research laboratory. International Journal of Rock Mechanics and Mining Sciences, 2004, 41(8): 1413－1426.

第7章　开挖瞬态卸荷引起的围岩松动与变形机制

在深埋地下厂房洞群岩体开挖过程中，由于开挖强卸荷和围岩应力场剧烈调整的作用，对于完整硬岩洞段，大量出现以应力控制为主导的片帮、板裂和岩爆等岩体破坏现象[1~3]；而对于有断层出露或者受节理切割的围岩，在开挖强卸荷和爆破振动的耦合作用下，展现出了应力和结构面协同控制的变形破坏特征，如包括二滩水电站、瀑布沟水电站和锦屏二级水电站等在内的一批工程，均遇到了局部围岩松动和突变大变形控制等技术难题[4~9]。

本章基于对开挖卸载波和爆炸应力波与节理岩体相互作用的分析[10,11]，结合室内模型试验和深埋地下厂房高边墙开挖过程位移突变实例[12,13]，研究并揭示高地应力条件下节理岩体的开挖松动机理和变形机制[14~16]，为高地应力条件下地下厂房施工过程的围岩松动和突发大变形控制提供分析方法和计算模型。

7.1　节理岩体开挖瞬态卸荷松动机理

7.1.1　开挖瞬态卸荷松动的能量模型

大型地下洞室岩石高边墙开挖过程，经常遇到被组合结构面切割所形成的不稳定块体的变形与稳定控制难题。高地应力赋存环境下，深部岩体开挖前储存了大量的应变能。在爆破开挖过程中，由于开挖瞬态卸荷的作用，岩体中储存的能量会快速释放，导致局部岩体（可动块体）沿结构面运动产生大位移，出现围岩松动甚至局部滑塌[13,14]。

本节仅考虑平面应变状态下水平向开挖瞬态卸荷引起的块体松动，如图7.1所示。图中BDH为待开挖形成的直立墙面，$ACDB$为由AB、AC和CD三组节理面切割形成的可动块体。由于岩块松动滑移过程边界AB与母岩脱离，可将上边界作为自由面处理。为了简化分析过程，将节理面AC、AB分别取为垂直和水平节理面；同时不失一般性，将块体的底滑面分为水平、顺坡和反坡底滑面三种情况。

假设开挖前岩体中的水平向初始地应力为σ_h，节理面上没有黏结强度。另外，与切割成块状的岩块$ACDB$相比，假设母岩的刚度很大，可忽略其弹性回复变形的影响。岩块的弹性模量为E，岩块的水平向长度为l。

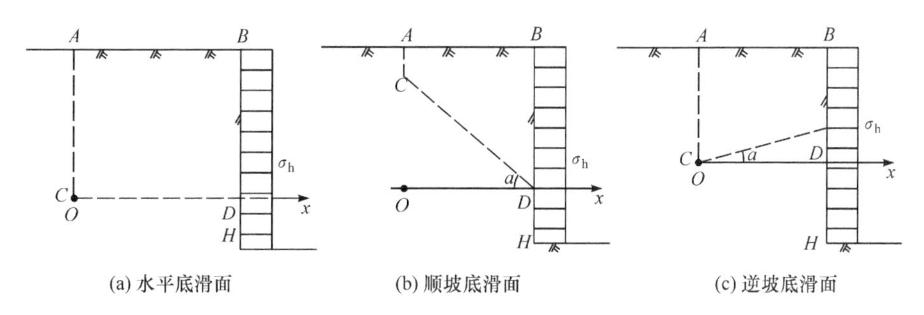

图 7.1　典型可动块体示意图

1. 准静态卸荷

现分析图 7.1(a)所示岩块的运动。假设直立坡面 BH 上的水平向初始地应力 σ_h 以准静态的方式卸荷,若不考虑摩擦阻力的作用,则岩块在直立坡面 BD 处的最大水平位移为 $\sigma_h l/E$;而在岩块的左侧垂直面 AC 处,其水平位移为 0。

若水平节理面 CD 存在摩擦阻力,则根据能量守恒原理,有

$$\frac{1}{2}\frac{\sigma_h^2}{E}l=\frac{1}{2}\sigma_h u+\frac{1}{2}\rho g l f u \tag{7.1}$$

式中,u 为岩块在直立坡面 BD 处的水平位移;ρ 为岩体密度;g 为重力加速度;f 为摩擦系数。等式左边项代表岩块中积累的应变能,右边的第一项和第二项分别代表克服未卸应力和摩阻力所做的功。

由式(7.1)可得

$$u=\frac{\sigma_h^2 l}{E(\sigma_h+\rho g l f)} \tag{7.2}$$

显然,此时的岩块在直立坡处的最大水平位移小于 $\sigma_h l/E$;而在岩块的左侧边界,即结构面 AC 部位,其水平位移为 0。

这表明,在准静态卸荷条件下,节理岩块 $ACDB$ 仅产生弹性回复位移;对岩体结构面 AC 而言,不会发生结构面的拉开现象,即不会出现岩体松动。

2. 瞬间卸荷

考虑瞬间卸荷条件,即假设在初始时刻($t=0$),水平向初始地应力 σ_h 瞬间释放至 0。如果初始水平应力足够大,卸荷后岩块中弹性应变能的释放能够使岩块产生向右的运动,此时岩块中积累的弹性应变能一部分转变为岩块的动能,一部分用于克服摩擦力做功;当卸载波到达岩块左端 AC 面后,岩块脱离母岩向右运动,结构面 AC 拉开;此后岩块的动能全部用于克服摩擦阻力做功,直至岩块的运动过程结束。

岩块 $ACDB$ 的刚体位移，即结构面 AC 的水平向张开位移 Δ，可直接由能量守恒方程求得

$$\frac{1}{2}\frac{\sigma_h^2}{E}=\rho g f\Delta+\frac{1}{2}\rho g f\frac{\sigma_h l}{E} \tag{7.3}$$

式中，Δ 为岩块的水平向刚体位移；等式右边为克服摩阻力所做的功。可得

$$\Delta=\frac{1}{2}\frac{\sigma_h^2}{E\rho g f}-\frac{1}{2}\frac{\sigma_h l}{E} \tag{7.4}$$

对于底滑面为非水平的图 7.1(b)和(c)所示情况，同样由能量守恒方程可得到结构面 AC 的张开位移为

$$\Delta=\frac{\sigma_h^2-\rho g f\sigma_h l}{2E\rho g(f-\tan\alpha)} \tag{7.5}$$

为了更好地了解因岩体开挖过程初始应力场的瞬态卸荷而导致的岩体松动现象，下面以简单的算例进行说明。假设岩体水平向初始应力 $\sigma_h=2.0$MPa，岩块密度 $\rho=2700\text{kg/m}^3$，弹性模量 $E=40$GPa，岩块长度 $l=6.0$m，节理面的摩擦系数 $f_r=1.0$。则由式(7.2)和式(7.4)计算得到的准静态卸荷条件下和瞬间卸荷条件下结构面 AC 处的张开位移和直立边坡坡面 BD 的水平位移值如表 7.1 所示。

表 7.1 瞬间卸荷条件下的节理岩体位移

σ_h/MPa	岩块弹性回复长度/mm	岩块水平位移/mm	
		直立坡面 BD	结构面 AC
2.0	0.3	2.0	1.7

由前面的分析和计算可以认识到：①在准静态卸荷条件下，岩块 $ACDB$ 仅有弹性回复位移产生，没有刚体位移出现，在岩体结构面 AC 处不会出现结构面的拉开现象；②瞬间卸荷条件下，岩块 $ACDB$ 除了有弹性回复位移产生，还会出现水平向的刚体位移，导致岩体结构面 AC 被拉开，产生通常所谓的松动现象；③若滑动面为顺层面，此时结构面 AC 的张开位移将大于水平底滑面的情况，对于逆坡底滑面，只要岩体初始应力足够大，在结构面 AC 处仍然可产生张开位移，显然此时的张开位移比水平底滑面要小。

节理岩体的松动位移包括岩块的弹性回复位移和结构面张开位移的认识与 Hibino 和 Motojima[17] 及邓建辉等[18] 的研究结论相一致。在深埋地下洞室围岩变形监测工程实践中，多个工程观测到过地下洞室边墙岩体出现与重力方向相反的位移，传统的准静态开挖卸荷模型很难解释这种变形现象。

7.1.2 开挖瞬态卸荷松动的应力波模型

前面 7.1.1 节利用能量守恒原理，计算了准静态卸荷和瞬间卸荷条件下结构

面 AC 的最终张开位移,但上述方法无法给出岩块的运动过程及轨迹。另外,实际岩体开挖卸荷过程具有一定卸荷持续时间和具体卸荷路径,要确定岩块的运动过程,宜采用波动模型。

1. 瞬间卸荷

初始时刻($t=0$),水平向初始地应力 σ_h 瞬间释放至0,此时将在岩块 $ACDB$ 中产生向左传播的卸载波,计算模型如图7.2所示。若初始水平应力足够大,则岩块 $ACDB$ 在卸载波作用下的运动可以划分为两个阶段:一是卸载应力波到达岩块左端 AC 面之前的弹性回复变形阶段;二是卸载波到达 AC 结构面及结构面拉开之后的刚体运动阶段。

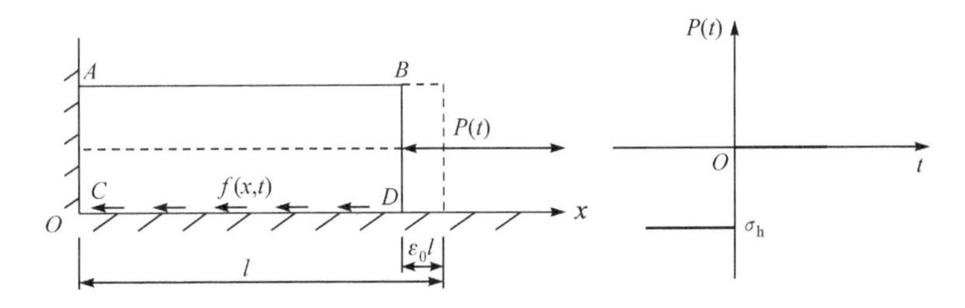

图7.2 节理岩体瞬间卸荷松动计算的波动模型

瞬间卸荷后,岩块的运动方程为

$$\frac{\partial^2 u}{\partial t^2}=c_{\mathrm{P}}^2\frac{\partial^2 u}{\partial x^2}+gf(x,t) \tag{7.6}$$

式中,c_{P}为岩块的纵波传播速度。在一维条件下,有

$$c_{\mathrm{P}}=\sqrt{\frac{E}{\rho}} \tag{7.7}$$

对于第一阶段,边界条件和初始条件分别为

$$\begin{cases} u\big|_{x=0}=0 \\ \left.\dfrac{\partial u}{\partial x}\right|_{x=l}=0 \end{cases} \tag{7.8}$$

$$\begin{cases} u(x,0)=-\dfrac{\sigma_h}{E}x, \quad 0\leqslant x\leqslant l \\ \left.\dfrac{\partial u}{\partial t}\right|_{t=0}=0, \end{cases} \tag{7.9}$$

对于第二阶段,边界条件和初始条件分别为

$$\begin{cases}\left.\dfrac{\partial u}{\partial x}\right|_{x=0}=0\\[2mm]\left.\dfrac{\partial u}{\partial x}\right|_{x=l}=0\end{cases}\tag{7.10}$$

$$\begin{cases}u\big|_{t=\frac{l}{c_{\mathrm{P}}}}=u\left(x,\dfrac{l}{c_{\mathrm{P}}}\right)\\[2mm]\left.\dfrac{\partial u}{\partial t}\right|_{t=\frac{l}{c_{\mathrm{P}}}}=\left.\dfrac{\partial u(x,t)}{\partial t}\right|_{t=\frac{l}{c_{\mathrm{P}}}}\end{cases}\tag{7.11}$$

采用特征函数法,可得该问题的解为

$$u(x,t)=\begin{cases}\displaystyle\sum_{n=1,3,\cdots}^{\infty}\left[-\frac{8\sigma_{\mathrm{h}}l}{E\pi^2}\frac{\sin\frac{n\pi}{2}}{n^2}\cos\frac{c_{\mathrm{P}}n\pi t}{2l}-\frac{16gfl^2}{c_{\mathrm{P}}^2\pi^3}\frac{1}{n^3}\left(1-\cos\frac{c_{\mathrm{P}}n\pi t}{2l}\right)\right]\sin\frac{n\pi x}{2l}, & 0<t\leqslant\dfrac{l}{c_{\mathrm{P}}}\\[4mm]\displaystyle\frac{gf}{2}\bar{t}^2+\psi_0\bar{t}+\varphi_0+\sum_{n=1,2,\cdots}^{\infty}\left(\varphi_n\cos\frac{c_{\mathrm{P}}n\pi\bar{t}}{l}+\frac{l}{c_{\mathrm{P}}n\pi}\psi_n\sin\frac{c_{\mathrm{P}}n\pi\bar{t}}{l}\right)\cos\frac{n\pi x}{l}, & 0<\bar{t}=t-\dfrac{l}{c_{\mathrm{P}}}<t_{\mathrm{s}}\end{cases}\tag{7.12}$$

式中,t_{s}代表岩块停止运动的时间;其他系数如下:

$$\begin{cases}\varphi_0=\dfrac{1}{l}\displaystyle\int_0^l u\left(x,\frac{l}{c_{\mathrm{P}}}\right)\mathrm{d}x\\[2mm]\psi_0=\dfrac{1}{l}\displaystyle\int_0^l\left.\frac{\partial u(x,t)}{\partial t}\right|_{x=\frac{l}{c_{\mathrm{P}}}}\mathrm{d}x\end{cases}\tag{7.13}$$

$$\begin{cases}\varphi_n=\dfrac{2}{l}\displaystyle\int_0^l u\left(x,\frac{l}{c_{\mathrm{P}}}\right)\cos\frac{n\pi x}{l}\mathrm{d}x\\[2mm]\psi_n=\dfrac{2}{l}\displaystyle\int_0^l\left.\frac{\partial u(x,t)}{\partial t}\right|_{t=\frac{l}{c_{\mathrm{P}}}}\cos\frac{n\pi x}{l}\mathrm{d}x\end{cases},\quad n=1,2,3,\cdots\tag{7.14}$$

2. 瞬态卸荷

在右端施加初始荷载 σ_{h},荷载通过不同的路径快速卸除,卸荷路径用函数$P(t)$表示。分析瞬态卸荷作用下节理岩体的动态响应和松动情况,计算模型如图 7.3所示。

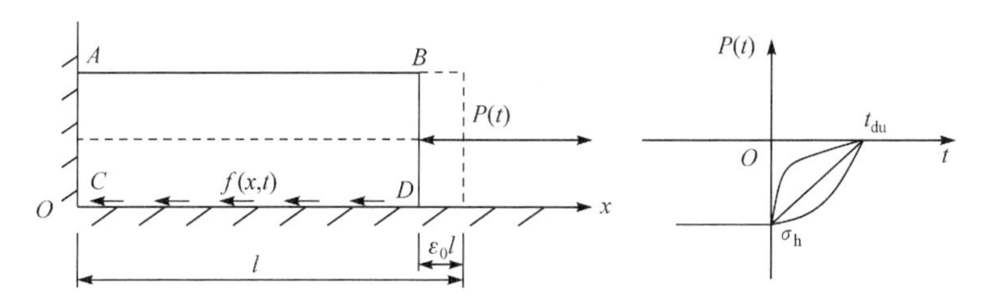

图 7.3　节理岩体瞬态卸荷松动计算的波动模型

瞬态卸荷持续时间记为 t_{du}，应力波传至左端（$x=0$ 处）的时间为 t_1，将问题分为两种情况：$t_{du}\leqslant t_1$ 和 $t_{du}>t_1$。无论哪种情况，都可以归结到分解下面 4 个定解问题上。

$$\begin{cases}\dfrac{\partial^2 u}{\partial t^2}=c_{\mathrm{P}}^2\dfrac{\partial^2 u}{\partial x^2}+\dfrac{1}{\rho A}f(x,t)\\ u(0,t)=0,\quad E\left.\dfrac{\partial u}{\partial x}\right|_{x=l}=P(t)\\ u(x,0)=\dfrac{\sigma_{\mathrm{h}}}{E}x,\quad \left.\dfrac{\partial u}{\partial t}\right|_{t=0}=0\end{cases}\tag{7.15}$$

$$\begin{cases}\dfrac{\partial^2 u}{\partial \bar{t}^2}=c_{\mathrm{P}}^2\dfrac{\partial^2 u}{\partial x^2}+\dfrac{1}{\rho A}f(x,\bar{t})\\ u(0,\bar{t})=0,\quad \left.\dfrac{\partial u}{\partial x}\right|_{x=l}=0\\ u(x,0)=u_1(x),\quad \left.\dfrac{\partial u}{\partial \bar{t}}\right|_{\bar{t}=0}=v_1(x)\end{cases}\tag{7.16}$$

$$\begin{cases}\dfrac{\partial^2 u}{\partial \bar{t}^2}=c_{\mathrm{P}}^2\dfrac{\partial^2 u}{\partial x^2}+\dfrac{1}{\rho A}f(x,\bar{t})\\ \left.\dfrac{\partial u}{\partial x}\right|_{x=0}=0,\quad E\left.\dfrac{\partial u}{\partial x}\right|_{x=l}=P(\bar{t})\\ u(x,0)=u_1(x),\quad \left.\dfrac{\partial u}{\partial t}\right|_{\bar{t}=0}=v_1(x)\end{cases}\tag{7.17}$$

$$\begin{cases}\dfrac{\partial^2 u}{\partial \tilde{t}^2}=c_{\mathrm{P}}^2\dfrac{\partial^2 u}{\partial x^2}+\dfrac{1}{\rho A}f(x,\tilde{t})\\ \left.\dfrac{\partial u}{\partial x}\right|_{x=0}=0,\quad \left.\dfrac{\partial u}{\partial x}\right|_{x=l}=0\\ u(x,0)=u_2(x),\quad \left.\dfrac{\partial u}{\partial \tilde{t}}\right|_{\tilde{t}=0}=v_2(x)\end{cases}\tag{7.18}$$

式中，$\bar{t}=t-t_1$，$\tilde{t}=t-t_1-t_{du}$。

$t_{du} \leqslant t_1$表示应力波尚未传到岩块左端，右端卸荷过程就已经结束。随着运动阶段的不同，边界条件发生了改变。根据时间先后将运动过程划分为 3 个阶段：①$0<t\leqslant t_{du}$；②$t_{du}<t\leqslant t_{du}+t_1$；③$t>t_{du}+t_1$，这 3 个阶段分别对应定解式(7.15)、式(7.16)和式(7.18)。

$t_{du}>t_1$表示应力波会在左端发生反射，此时对应定解式(7.15)～式(7.18)。

通过边界条件齐次化以及特征函数法分别对以上 4 个方程进行求解。式(7.15)的解为

$$u(x,t)=\sum_{n=1,3,\cdots}^{\infty}\left[-\frac{16l^2}{Ec_P\pi^3}\frac{\mathrm{d}P}{\mathrm{d}t}\bigg|_{t=0}\frac{\sin\frac{n\pi}{2}}{n^3}\sin\frac{c_Pn\pi t}{2l}+\frac{2l}{c_Pn\pi}\int_0^t F_n(\tau)\sin\frac{c_Pn\pi(t-\tau)}{2l}\mathrm{d}\tau\right]\sin\frac{n\pi x}{2l}+\frac{P(t)x}{E} \tag{7.19}$$

式中，

$$F_n(t)=\frac{2}{\rho Al}\int_0^l f(x,t)\sin\frac{n\pi x}{2l}\mathrm{d}x-\frac{8l}{E\pi^2}\frac{\mathrm{d}^2P}{\mathrm{d}t^2}\frac{\sin\frac{n\pi}{2}}{n^2},\quad n=1,3,5,\cdots \tag{7.20}$$

式(7.16)的解为

$$u(x,\bar{t})=\sum_{n=1,3,\cdots}^{\infty}\left[\varphi_n\cos\frac{c_Pn\pi\bar{t}}{2l}+\frac{2l}{c_Pn\pi}\psi_n\sin\frac{c_Pn\pi\bar{t}}{2l}+\frac{2l}{\rho Ac_Pn\pi}\int_0^{\bar{t}} f_n(\tau)\sin\frac{c_Pn\pi(\bar{t}-\tau)}{2l}\mathrm{d}\tau\right]\sin\frac{n\pi x}{2l} \tag{7.21}$$

式中，

$$\begin{cases}\varphi_n=T_n(0)=\dfrac{2}{l}\displaystyle\int_0^l u_1(x)\sin\frac{n\pi x}{2l}\mathrm{d}x\\ \psi_n=T_n'(0)=\dfrac{2}{l}\displaystyle\int_0^l v_1(x)\sin\frac{n\pi x}{2l}\mathrm{d}x\\ f_n(\bar{t})=\dfrac{2}{l}\displaystyle\int_0^l f(x,\bar{t})\sin\frac{n\pi x}{2l}\mathrm{d}x\end{cases}$$

式(7.17)的解为

$$u(x,\bar{t})=T_0(\bar{t})+\sum_{n=1,2,\cdots}^{\infty}\left[\varphi_n\cos\frac{c_Pn\pi\bar{t}}{l}+\frac{l}{c_Pn\pi}\psi_n\sin\frac{c_Pn\pi\bar{t}}{l}+\frac{l}{c_Pn\pi}\int_0^{\bar{t}} F_n(\tau)\sin\frac{c_Pn\pi(\bar{t}-\tau)}{l}\mathrm{d}\tau\right]\cos\frac{n\pi x}{l}+\frac{P(\bar{t})}{2El}x^2 \tag{7.22}$$

式中，

$$\begin{cases} T_0''(\bar{t}) = F_0(\bar{t}) \\ T_0(0) = \dfrac{1}{l}\displaystyle\int_0^l u_1(x)\mathrm{d}x - \dfrac{P(0)l}{6E} \\ T_0'(0) = \dfrac{1}{l}\displaystyle\int_0^l v_1(x)\mathrm{d}x - \dfrac{l}{6E}\dfrac{\mathrm{d}P}{\mathrm{d}\bar{t}}\bigg|_{\bar{t}=0} \\ F_0(\bar{t}) = \dfrac{1}{\rho Al}\displaystyle\int_0^l f(x,\bar{t})\mathrm{d}x - \dfrac{1}{6El}\dfrac{\mathrm{d}^2P}{\mathrm{d}\bar{t}^2} + \dfrac{c_{\mathrm{P}}^2P(\bar{t})}{El} \end{cases} \tag{7.23}$$

$$\begin{cases} F_n(\bar{t}) = \dfrac{2}{\rho Al}\displaystyle\int_0^l f(x,\bar{t})\cos\dfrac{n\pi x}{l}\mathrm{d}x - \dfrac{2l}{E\pi^2}\dfrac{\mathrm{d}^2P}{\mathrm{d}\bar{t}^2}\dfrac{\cos(n\pi)}{n^2} \\ \varphi_n = T_n(0) = \dfrac{2}{l}\displaystyle\int_0^l u_1(x)\cos\dfrac{n\pi x}{l}\mathrm{d}x - \dfrac{4P(0)}{E\pi^2}\dfrac{\cos(n\pi)}{n^2} \qquad , \quad n = 1,2,3,\cdots \\ \psi_n = T_n'(0) = \dfrac{2}{l}\displaystyle\int_0^l v_1(x)\cos\dfrac{n\pi x}{l}\mathrm{d}x - \dfrac{2l}{E\pi^2}\dfrac{\mathrm{d}P}{\mathrm{d}\bar{t}}\bigg|_{\bar{t}=0}\dfrac{\cos(n\pi)}{n^2} \end{cases} \tag{7.24}$$

式(7.18)的解为

$$u(x,\tilde{t}) = T_0(\tilde{t}) + \sum_{n=1,2,\cdots}^{\infty}\left[\varphi_n\cos\frac{c_{\mathrm{P}}n\pi\tilde{t}}{l} + \frac{l}{c_{\mathrm{P}}n\pi}\psi_n\sin\frac{c_{\mathrm{P}}n\pi\tilde{t}}{l} + \frac{l}{\rho Ac_{\mathrm{P}}n\pi}\int_0^{\tilde{t}} f_n(\tau)\sin\frac{c_{\mathrm{P}}n\pi(\tilde{t}-\tau)}{l}\mathrm{d}\tau\right]\cos\frac{n\pi x}{l} \tag{7.25}$$

式中，

$$\begin{cases} T_0''(\tilde{t}) = \dfrac{1}{\rho A}f_0(\tilde{t}) \\ T_0(0) = \dfrac{1}{l}\displaystyle\int_0^l u_2(x)\mathrm{d}x \\ T_0'(0) = \dfrac{1}{l}\displaystyle\int_0^l v_2(x)\mathrm{d}x \\ f_0(\tilde{t}) = \dfrac{1}{l}\displaystyle\int_0^l f(x,\tilde{t})\mathrm{d}x \end{cases} \tag{7.26}$$

$$\begin{cases} \varphi_n = T_n(0) = \dfrac{2}{l}\displaystyle\int_0^l u_2(x)\cos\dfrac{n\pi x}{l}\mathrm{d}x \\ \psi_n = T_n'(0) = \dfrac{2}{l}\displaystyle\int_0^l v_2(x)\cos\dfrac{n\pi x}{l}\mathrm{d}x, \qquad n = 1,2,3,\cdots \\ f_n(\tau) = \dfrac{2}{l}\displaystyle\int_0^l f(x,\tilde{t})\cos\dfrac{n\pi x}{l}\mathrm{d}x \end{cases} \tag{7.27}$$

式中，ρ 为岩体密度；A 为横截面面积；E 为岩体材料的弹性模量。

从解的形式可以看出，凡是力边界条件引起的非齐次问题的解中，均增加了与

卸荷过程 $P(t)$有关的一项。

以 $t_{du} \leqslant t_1$ 情况为例进行简单的算例分析。取岩体密度 $\rho=2700\text{kg/m}^3$，$l=6\text{m}$，$A=0.01\text{m}^2$，弹性模量 $E=40\text{GPa}$，摩擦系数 $f_r=1.0$。取水平向初始地应力 $\sigma_h=2\text{MPa}$，初始地应力按直线型方式卸荷，则 $P(t)=\sigma_h(1-t/t_{du})$。此时，一维卸载应力波传播速度 $c_P=3849\text{m/s}$，卸载应力波到达岩块左端的时间 $t_1=1.56\text{ms}$。考虑瞬态卸荷持续时间 $t_{du}=0.2\text{ms}$、0.4ms 和 1.2ms 三种情况，位移计算结果如表 7.2 所示。为比较卸荷持续时间对节理岩体松动位移的影响，将瞬间卸荷和静态卸荷工况一并列入。计算结果表明，荷载卸除持续的时间越长，松动位移越小。

表 7.2　瞬态卸荷条件下节理岩体松动位移计算结果

t_{du}/ms	卸荷方式	位移/mm	
		$x=0$ 端	$x=6\text{m}$ 端
0.2	瞬态直线型	1.5	1.8
0.4	瞬态直线型	1.3	1.6
1.2	瞬态直线型	0.9	1.2
0	瞬间	1.7	2.0
∞	静态	0.0	0.3

7.1.3　开挖瞬态卸荷松动的影响因素

1. 初始地应力

首先考虑瞬间卸荷情况下不同初始地应力作用的情况，考虑 5 种不同大小的地应力水平。岩体左右两端的位移计算结果列于表 7.3 中。

表 7.3　不同地应力下节理岩体松动位移计算结果

σ_h/MPa	岩块弹性回复长度/mm	位移 u/mm	
		$x=0$ 端	$x=6\text{m}$ 端
2	0.3	1.7	2.0
5	0.8	11.4	12.2
10	1.5	46.4	47.9
15	2.3	105.1	107.4
20	3.0	187.4	190.4

从计算结果可以看出，随着 σ_h 的增大，结构面的松动位移也随之增大。由表 7.3 并结合式(7.4)和式(7.5)可以看出，在瞬间卸荷条件下，若岩体初始应力足够大，则岩块的水平刚体位移远大于弹性回复变形值，那么岩体结构面的张开位移值近似与初始应力的平方成正比。

2. 卸荷路径和卸荷持续时间

假定σ_h的卸荷方式有三种：指数型卸荷路径 $P(t)=\sigma_h e^{-\beta t}$、简谐型卸荷路径 $P(t)=\sigma_h\cos(\omega t)$和直线型卸荷路径 $P(t)=\sigma_h(1-t/t_{du})$，如图 7.4 所示。水平向初始地应力 $\sigma_h=2MPa$，卸荷持续时间 t_{du}分别为 0.2ms、0.4ms 和 1.2ms 时，不同卸荷方式下节理岩体卸荷松动位移列于表 7.4。

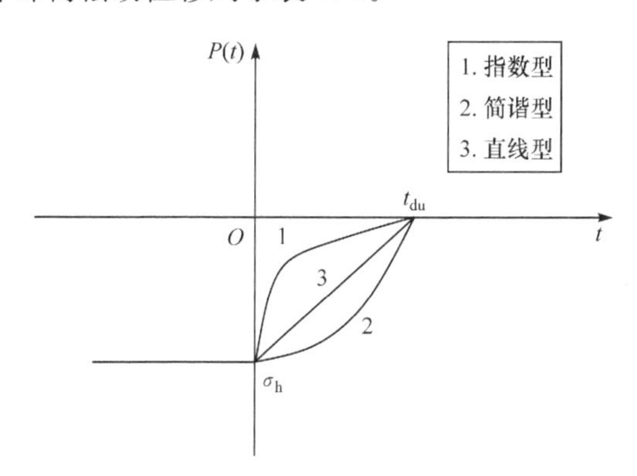

图 7.4　荷载 $P(t)$随时间变化曲线

表 7.4　不同卸荷方式时节理岩体松动位移计算结果

t_{du}/ms	卸荷方式	位移 u/mm	
		$x=0$ 端	$x=6m$ 端
0.2	指数型	1.3	1.6
	简谐型	1.5	1.8
	直线型	1.5	1.8
0.4	指数型	1.0	1.3
	简谐型	1.4	1.7
	直线型	1.3	1.6
1.2	指数型	0.7	1.0
	简谐型	1.0	1.3
	直线型	0.9	1.2

由表 7.4 可知，相同卸荷持续时间情况下，不同卸荷方式引起的右端断面的松动位移不同，指数型卸荷方式引起的松动效应最小，直线型卸荷方式引起的松动位移居中，简谐型卸荷方式引起的松动位移最大。在相同卸荷路径下，瞬态卸荷持续的时间越短，松动位移越大。

7.1.4　平行节理组切割岩体的卸荷松动模型

对平行的垂直节理组和水平节理切割的直立边坡，右端为开挖形成的直立边坡，水平节理组将岩体切割成 N 块。分析时假定节理面无黏结强度，同时假设第 N 个岩块后的母岩刚度很大，近似认为回复位移为 0。平行节理组切割岩体的卸荷松动分析模型如图 7.5 所示。下面解析求解瞬间卸荷条件下的岩块运动。

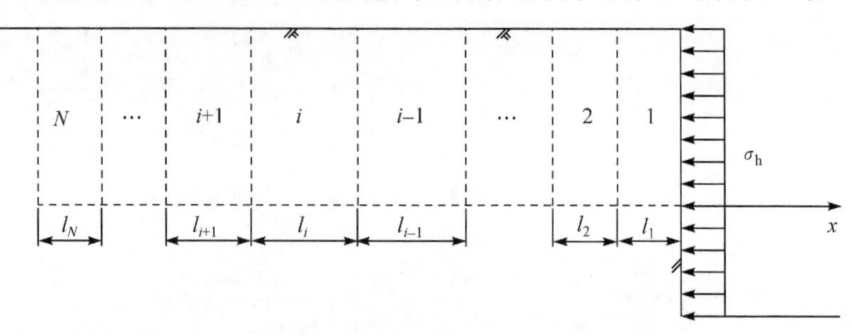

图 7.5 平行节理组切割岩体的卸荷松动分析模型

岩块卸荷经历弹性变形回复阶段和整体刚体运动阶段。对于节理组切割的平行岩块，在卸荷波传到节理面时，要考虑节理面是否张开的情况，若节理面未张开，仅发生第一阶段的运动，节理面张开则进入第二阶段。第二阶段为减速运动，因此不会发生追赶碰撞的情况，这样就将求解节理组的情形按时间顺序分解成了求解单个节理的情形。为了正确判断节理面张开的情况，首先计算各个块体的大致位移，然后通过考察岩块两端位移的大小，就可确定节理面是否张开。

单个岩块的运动采用式(7.6)计算，岩块的刚体位移由式(7.4)计算。参照图 7.5 所示的模型，设第 i 个岩块长度为 l_i，第 $i+1$ 个岩块长度为 l_{i+1}。作时间坐标变换 $\bar{t}=t-(l_1+l_2+\cdots+l_{i-1})/c_{\mathrm{P}}$，张开的时刻为 $\bar{t}_{\mathrm{o}}=l_i/c_{\mathrm{P}}$，$c_{\mathrm{P}}$ 为岩体纵波波速。以岩块左端为坐标原点建立坐标系，则第 i 个岩块的位移通过求解式(7.6)得到

$$u(x,\bar{t})=\begin{cases}\displaystyle\sum_{n=1,3,\cdots}^{\infty}\left[-\frac{8\sigma_{\mathrm{h}}l_i}{E\pi^2}\frac{\sin\dfrac{n\pi}{2}}{n^2}\cos\frac{c_{\mathrm{P}}n\pi\bar{t}}{2l_i}\right.\\ \displaystyle\left.-\frac{16gfl_i^2}{c_{\mathrm{P}}^2\pi^3}\frac{1}{n^3}\left(1-\cos\frac{c_{\mathrm{P}}n\pi\bar{t}}{2l_i}\right)\right]\sin\frac{n\pi x}{2l_i}, \quad 0<\bar{t}\leqslant\bar{t}_{\mathrm{o}}\\ \displaystyle\frac{gf}{2}\left(\bar{t}-\frac{l_i}{c_{\mathrm{P}}}\right)^2+\psi_0\left(\bar{t}-\frac{l_i}{c_{\mathrm{P}}}\right)+\varphi_0+\sum_{n=1,2,\cdots}^{\infty}\left[\varphi_n\cos\frac{c_{\mathrm{P}}n\pi\left(\bar{t}-\dfrac{l_i}{c_{\mathrm{P}}}\right)}{l_i}\right.\\ \displaystyle\left.+\frac{l_i}{c_{\mathrm{P}}n\pi}\psi_n\sin\frac{c_{\mathrm{P}}n\pi\left(\bar{t}-\dfrac{l_i}{c_{\mathrm{P}}}\right)}{l_i}\right]\cos\frac{n\pi x}{l_i}, \quad \bar{t}_{\mathrm{o}}<\bar{t}<t_{\mathrm{s}}\end{cases} \tag{7.28}$$

式中，t_s 代表岩块停止运动的时间。其中的系数分别为

$$\begin{cases}\varphi_0=\dfrac{1}{l_i}\displaystyle\int_0^{l_i}u(x,\bar{t}_o)\mathrm{d}x\\ \psi_0=\dfrac{1}{l_i}\displaystyle\int_0^{l_i}v(x,\bar{t}_o)\mathrm{d}x\\ \varphi_n=\dfrac{2}{l_i}\displaystyle\int_0^{l_i}u(x,\bar{t}_o)\cos\dfrac{n\pi x}{l_i}\mathrm{d}x\\ \psi_n=\dfrac{2}{l_i}\displaystyle\int_0^{l_i}v(x,\bar{t}_o)\cos\dfrac{n\pi x}{l_i}\mathrm{d}x\end{cases}\tag{7.29}$$

若两者之间的节理面不张开，则将第 i 个岩块和第 $i+1$ 个岩块合并成一个整体岩块 Ⅰ 考虑，长度 $l_{\mathrm{I}}=l_i+l_{i+1}$，再比较长度分别为 l_{I} 和 l_{i+2} 的岩块是否张开，张开则利用式(7.4)求解；否则继续将第 $i+2$ 个岩块与其合并，依此类推。利用式(7.4)，可以求出 1～N 个岩块的位移，再利用各个岩块端部的位移做差值，就可以得到节理面的开度。

为考察节理岩块组的开挖卸荷松动分布特征，现以简单算例进行说明(见图 7.6)。岩块密度 $\rho=2700\mathrm{kg/m^3}$，卸荷应力 $\sigma_{\mathrm{h}}=20\mathrm{MPa}$，摩擦系数 $f_{\mathrm{r}}=1.0$。计算分两种工况：①岩块长度由外向里逐渐增大，分别考虑弹性模量 E 无变化和弹性模量变化(弹性模量由外向内逐步增大，参见表 7.5)两种情形；②岩块长度保持不变($l=5\mathrm{m}$)，分别考虑弹性模量无变化和弹性模量变化(弹性模量由外向内逐步增大，参见表 7.6)两种情形。节理面开度的计算结果如表 7.5 和表 7.6 所示。对于表 7.6 中只考虑弹性模量变化的计算结果进行乘幂拟合，结果如图 7.7 所示。

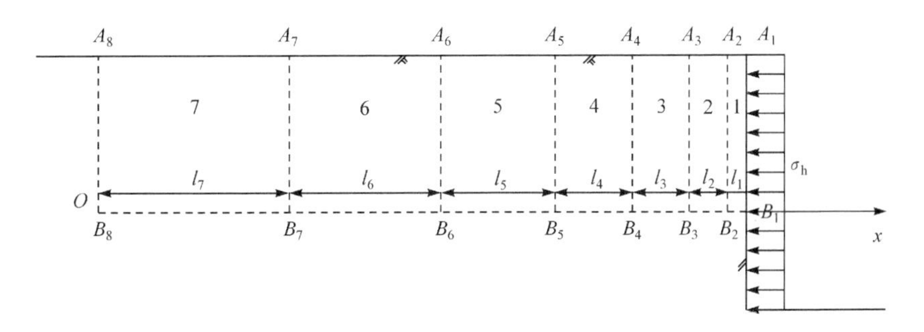

图 7.6　平行节理组切割岩体的卸荷松动数值计算模型

表 7.5　工况①计算结果

岩块								节理面开度/mm		
编号	长度/m	不考虑 E 变化			考虑 E 变化			编号	不考虑 E 变化	考虑 E 变化
		E/GPa	位置	位移/mm	E/GPa	位置	位移/mm			
1	5	40	右端	187.9	10	右端	751.5	A_1B_1	—	—
			左端	187.9		左端	751.4	A_2B_2	1.4	254.0
2	10		右端	186.5	15	右端	497.4			
			左端	186.4		左端	497.3	A_3B_3	1.2	127.2
3	15		右端	185.3	20	右端	370.0			
			左端	185.2		左端	370.1	A_4B_4	1.3	75.5
4	20		右端	183.9	25	右端	294.6			
			左端	183.9		左端	294.4	A_5B_5	2.6	52.7
5	30		右端	181.3	30	右端	241.7			
			左端	181.0		左端	241.2	A_6B_6	2.1	62.5
6	40		右端	178.9	35	右端	178.7			
			左端	178.2		左端	178.4	A_7B_7	1.8	1.9
7	50		右端	176.4	40	右端	176.4			
			左端	175.7		左端	175.7	A_8B_8	175.7	175.7

表 7.6　工况②计算结果

岩块								节理面开度/mm		
编号	长度/m	不考虑 E 变化			考虑 E 变化			编号	不考虑 E 变化	考虑 E 变化
		E/GPa	位置	位移/mm	E/GPa	位置	位移/mm			
1	5	40	右端	180.1	10	右端	751.5	A_1B_1		
			左端	180.0		左端	751.4	A_2B_2	0	250.9
2	5		右端	180.0	15	右端	500.5			
			左端	180.0		左端	500.5	A_3B_3	0	125.7
3	5		右端	180.0	20	右端	374.8			
			左端	179.9		左端	374.7	A_4B_4	0	74.1
4	5		右端	179.9	25	右端	300.6			
			左端	179.9		左端	300.7	A_5B_5	0	50.1
5	5		右端	179.9	30	右端	250.6			
			左端	179.8		左端	250.5	A_6B_6	0	35.7
6	5		右端	179.8	35	右端	214.8			
			左端	179.8		左端	214.7	A_7B_7	0	26.8
7	5		右端	179.8	40	右端	187.9			
			左端	179.8		左端	187.9	A_8B_8	179.8	187.9

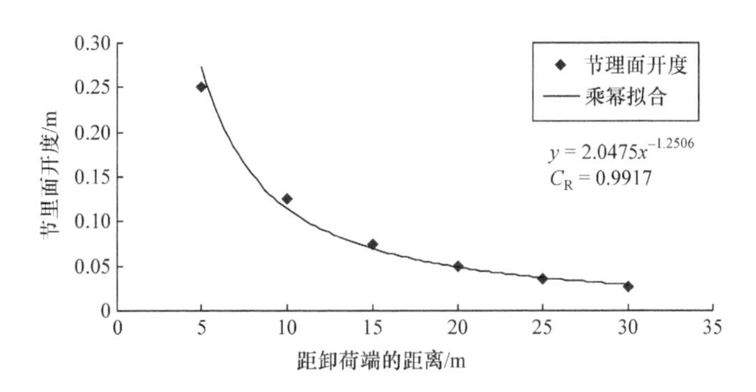

图 7.7　工况②中考虑弹性模量变化的节理开度沿距离变化(未计入节理 A_8B_8)

从表 7.5 可以看出,岩体弹性模量对卸荷松动有重要影响,在相同块度大小和地应力水平下,弹性模量越低,卸荷松动位移越大。另外,由于假设母岩刚度很大,在节理面 A_8B_8 处出现了较大开度(松动位移)。

表 7.6 和图 7.7 的结果表明,保持岩块长度不变,在弹性模量向内逐渐增大的情况下,节理开度随距卸荷端距离的增大而变小(剔除节理 A_8B_8),且变化规律符合幂函数关系;在弹性模量不变的条件下,岩块松动位移仅发生在 A_8B_8 节理面,不同岩块间的节理面并未张开。由前面的分析讨论可知,高地应力条件下节理岩体开挖瞬态卸荷松动机制为:岩体中储存弹性应变能的快速释放引起岩块的刚体运动,从而导致岩体节理面张开而产生松动位移。在高地应力条件下,节理岩体不仅沿顺坡结构面发生松动滑移,只要岩体的初始地应力足够高、岩体中积聚的弹性应变能足够大,节理岩体的松动滑移也可沿逆坡底滑面结构面发生。

开挖瞬态卸荷引起的节理岩体松动位移包括两部分:第一部分为岩块开挖卸荷后的弹性回复位移,即通常意义上的应变位移;第二部分为岩块储存应变能的快速释放引起的刚体运动,从而导致节理面张开而产生位移。高地应力条件下,节理岩体的结构面张开位移量要远大于岩块开挖卸荷后的弹性回复位移。

地应力场水平、岩体开挖卸荷持续时间和卸荷路径等均是影响节理岩体卸荷松动的重要因素。地应力越高、岩体开挖卸荷持续时间越短,岩体的卸荷松动位移越大。在高地应力条件下,岩体开挖卸荷松动位移值近似与初始地应力值的平方成正比。

岩体弹性模量和节理分布间距等因素也会对节理岩体的卸荷松动产生影响。岩体中完整母岩与节理岩体的结合部位往往是开挖卸荷松动较大的部位,岩体开挖瞬态卸荷可导致该部位节理面明显张开。

7.2　开挖瞬态卸荷引起节理岩体松动模拟试验

前面采用理论分析方法研究了节理岩体爆破过程中开挖瞬态卸荷引起的松动效应，本节将介绍岩体开挖瞬态卸荷引起岩体松动的室内模拟试验过程和结果，以进一步揭示并验证开挖瞬态卸荷引起的节理岩体松动变形机制和分布规律。

7.2.1　松动模拟试验系统设计

7.1节已介绍了节理岩体开挖卸荷松动的计算模型和松动位移影响因素。为了验证上述模型的正确性和计算结果的可靠性，我们专门设计了一套节理岩体开挖瞬态卸荷松动模拟试验系统，其基本设想是通过预制传力块（过渡块）对节理岩体施加压应力来模拟地应力，而后进一步加压，通过过渡块岩样的快速压溃，达到对节理岩体瞬态卸荷的目的。通过观测节理岩体加载和卸荷过程中的位移，验证节理岩体开挖瞬态卸荷松动过程及其松动位移与初始地应力的关系。

如图7.8所示，模拟试验系统包括反力墩、加载装置、加载装置支撑台、节理岩体模型、设置有位移刻度标记的试验台、过渡块。两个反力墩分别固定在加载系统支撑台与试验台的外侧，为整个系统提供反力。其中，加载装置包括前置油缸、后置油缸、承压板和液压站，前置油缸与后置油缸均为双作用油缸，且水平放置于加载系统支撑台上，以保证加载装置中承压法兰的中心与节理岩体中心在同一水平

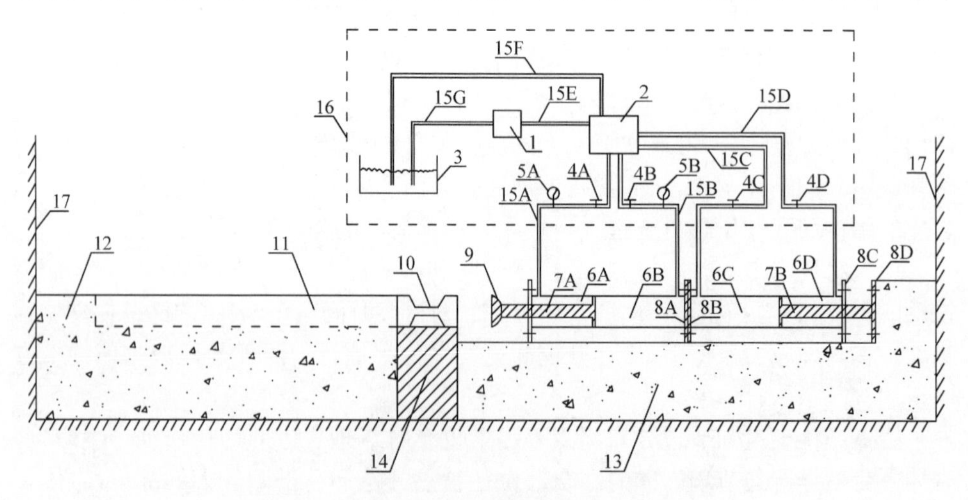

图7.8　节理岩体开挖瞬态卸荷松动模拟系统

1.油泵；2.液压站控制系统；3.油箱；4.阀门；5.压力表；6.油缸；7.活塞；8.连接板；9.承压板；10.过渡块；11.节理岩体模型槽；12.试验台；13.加载装置支撑台；14.过渡块垫盒；15.高压油管；16.液压站；17.反力墩

直线上；前置油缸加载端接承压板用以对过渡块施加压力，其另一端与后置油缸的加载端固定连接，后置油缸的另一端则固定在加载系统支撑台上，可用来调节前置油缸的位置；试验台采用混凝土浇筑制成，尺寸为 1.2m×0.5m×0.4m(长×宽×高)，表面设置节理岩体模型槽，尺寸为 1.0m×0.1m×0.1m；过渡块放置于过渡块垫盒上。

试验中对比了如图 7.9(a)和(b)所示的两种工况，图(a)是尺寸为 0.9m×0.1m×0.1m 的长块体和尺寸为 0.1m×0.1m×0.1m 的短块体组合；图(b)是 1 个尺寸为 0.5m×0.1m×0.1m 的长块体和 5 个尺寸为 0.1m×0.1m×0.1m 的短块体组合。岩块试件前面放置一块过渡块，以传递和卸除轴向压力，防止试件受到直接破坏，同时通过该过渡块的压溃实现应力的快速卸荷。

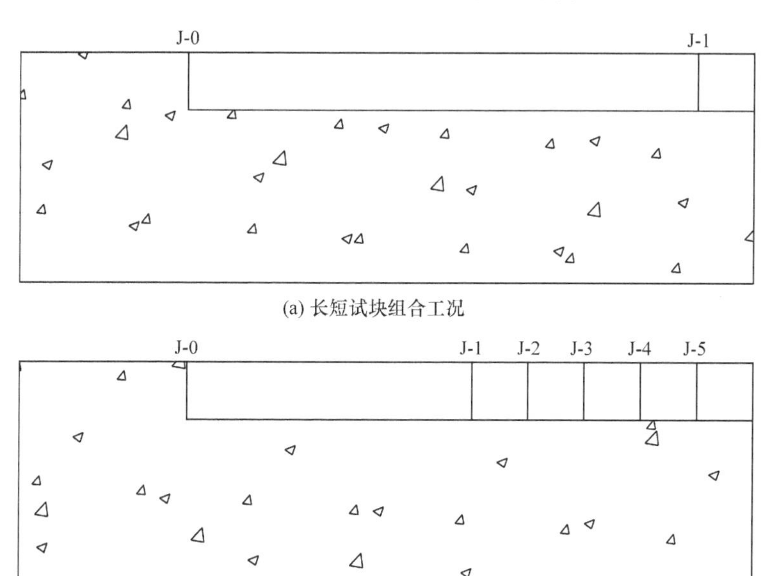

(a) 长短试块组合工况

(b) 长试块和短试块组组合工况

图 7.9　试验工况

7.2.2　模型材料的选择与相似分析

1. 模型材料及其性能参数

本次试验原型为花岗岩，弹性模量 $E=40\text{GPa}$，水平向地应力 $\sigma_h=30\text{MPa}$，密度 $\rho=2700\text{kg/m}^3$，尺寸为 1.0m×1.0m×1.0m。母岩试件的材料与岩块试件相同，从而能更好地模拟实际工程中岩体的力学性能。取水膏比为 4∶9 的石膏作为相似材料，材料特性如表 7.7 所示，尺寸为 0.1m×0.1m×0.1m，放置在预制混凝土的槽内,侧面受到预制混凝土体的约束,以确保模型试件卸荷后仅沿水平轴向运动。试验前,测定试件材料的强度、密度、动弹性模量和泊松比等参数,如表 7.7 所示。试块的声波速度由如下公式计算。

纵波速度为

$$c_{\mathrm{P}}=\left[\frac{E(1-\mu)}{\rho(1+\mu)(1-2\mu)}\right]^{1/2} \tag{7.30}$$

横波速度为

$$c_{\mathrm{S}}=\left[\frac{E}{2\rho(1+\mu)}\right]^{1/2} \tag{7.31}$$

测得模型在槽内水平运动的摩擦系数为 0.397,模型材料的其他力学参数如表 7.7 所示。

表 7.7　模型与原型材料力学参数

参数	弹性模量 E /GPa	泊松比 μ	密度 ρ /(kg/m³)	纵波速度 c_{P} /(m/s)	横波速度 c_{S} /(m/s)	摩擦系数
原型	40.00	0.200	2700	4057	2485	1.200
模型	1.39	0.203	1653	968	591	0.397

2. 相似分析

由前可知,瞬间卸荷过程中水平位移 Δ 可由式(7.4)来描述,即模型和原型方程都满足式(7.4),现把模型与原型中各物理量分别以下标 m 和 p 标出,可写出它们各物理量之间的函数关系。

$$\Delta_{\mathrm{m}}=\frac{1}{2}\frac{\sigma_{\mathrm{hm}}^{2}}{E_{\mathrm{m}}\rho_{\mathrm{m}}g_{\mathrm{m}}f_{\mathrm{m}}}-\frac{1}{2}\frac{\sigma_{\mathrm{hm}}l_{\mathrm{m}}}{E_{\mathrm{m}}} \tag{7.32}$$

$$\Delta_{\mathrm{p}}=\frac{1}{2}\frac{\sigma_{\mathrm{hp}}^{2}}{E_{\mathrm{p}}\rho_{\mathrm{p}}g_{\mathrm{p}}f_{\mathrm{p}}}-\frac{1}{2}\frac{\sigma_{\mathrm{hp}}l_{\mathrm{p}}}{E_{\mathrm{p}}} \tag{7.33}$$

原型与模型的相似常数为

$$C_{\sigma}=\frac{\sigma_{\mathrm{p}}}{\sigma_{\mathrm{m}}},\quad C_{l}=\frac{l_{\mathrm{p}}}{l_{\mathrm{m}}},\quad C_{E}=\frac{E_{\mathrm{p}}}{E_{\mathrm{m}}},\quad C_{\Delta}=\frac{\Delta_{\mathrm{p}}}{\Delta_{\mathrm{m}}},\quad C_{\rho}=\frac{\rho_{\mathrm{p}}}{\rho_{\mathrm{m}}},\quad C_{f}=\frac{f_{\mathrm{p}}}{f_{\mathrm{m}}},\quad C_{g}=\frac{g_{\mathrm{p}}}{g_{\mathrm{m}}}$$

将相似常数代入式(7.33),借助相似转换可将式(7.33)改写为

$$C_{\Delta}\Delta_{\mathrm{m}}=\frac{1}{2}\frac{C_{\sigma}^{2}}{C_{E}C_{\rho}C_{g}C_{f}}\frac{\sigma_{\mathrm{hm}}^{2}}{E_{\mathrm{m}}\rho_{\mathrm{m}}g_{\mathrm{m}}f_{\mathrm{m}}}-\frac{1}{2}\frac{C_{\sigma}C_{l}}{C_{E}}\frac{\sigma_{\mathrm{hm}}l_{\mathrm{m}}}{E_{\mathrm{m}}} \tag{7.34}$$

比较式(7.32)与式(7.34),可知

$$C_{\Delta}=\frac{C_{\sigma}^{2}}{C_{E}C_{\rho}C_{g}C_{f}}=\frac{C_{\sigma}C_{l}}{C_{E}} \tag{7.35}$$

由式(7.35)可得出相似关系

$$\frac{C_\sigma C_l}{C_E C_\Delta}=1 \tag{7.36}$$

$$\frac{C_\sigma}{C_\rho C_g C_l C_f}=1 \tag{7.37}$$

根据原型和模型的尺寸和材料参数,由式(7.36)和式(7.37)计算可得模型相似常数,如表7.8所示。

表7.8 模型相似常数计算结果

C_ρ	C_g	C_l	C_f	C_E	C_σ	C_Δ
1.63	1.00	10.00	3.10	28.74	50.63	17.62

试验时所施加的初始应力与卸荷所得张开位移值乘以相似常数即得到所模拟原型的初始地应力大小和张开位移大小。

7.2.3 松动模拟试验过程

试验中,为了实现受高压应力的岩体试件的快速卸荷,根据不同的力学机理,设计了两种过渡块形式,分别为预制变截面石膏过渡块和长条形岩石过渡块。

1) 预制变截面石膏过渡块

变截面的石膏过渡块外形尺寸如图7.10所示,采用石膏材料和预制模具制作。采用变截面过渡块,根据材料强度与所模拟的地应力大小,计算试件具体尺寸,利用千斤顶加压或者液压方法加载,加载到预定值时试件中部断裂破碎,从而达到应力的快速释放。这种过渡块的好处在于石膏材料易于制作和加工,可以一次大量制作来满足试验需要。然而,在实际加载过程中,这种过渡块在大多数时候仅产生非弹性的压缩变形而不能达到快速卸荷的效果,如图7.11所示。

2) 长条形岩石过渡块

长条形岩石过渡块采用岩石长条两端安装加载板的方式,使荷载均匀分布到试件上(见图7.12),利用向加载板加压使岩条压断的方式达到快速卸荷的效果。图7.13为试验过程中的岩条断裂形态,图7.14和图7.15为某次试验中岩条式过渡块瞬态卸荷引起的岩块运动及结构面张开情况对比。

如图7.14所示,对摄影资料的事后分析表明,在实际加载过程中,岩条受压后首先产生压缩变形,但继续加载后则突然发生断裂,两端的加载板相向碰撞掉落,试件前的垫块则快速弹出掉落,整个过程持续时间不到300ms,其中岩条断裂的过程不足40ms。从图7.15中可以看出,结构面的张开非常明显,证明长条形岩石过渡块不但可以达到快速卸荷的效果,而且卸荷后试件间节理面的松动位移明显。

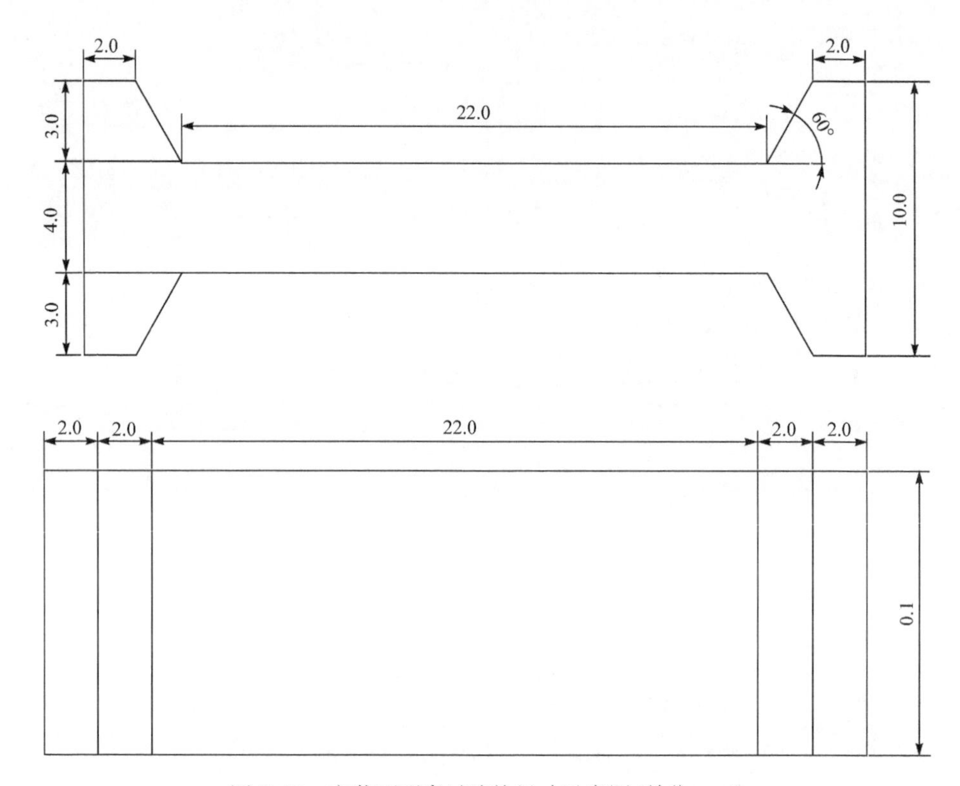

图 7.10　变截面石膏过渡块尺寸示意图(单位:cm)

图 7.11　快速卸荷后变截面石膏过渡块的断裂形态

试验中,通过选择不同长度和截面积的岩条,结合岩条过渡块的受力破碎,可改变试件卸荷时的初始荷载大小,从而模拟不同地应力条件的卸荷情况。将相应工况中的石膏试件放入混凝土槽中,在试件与加载端之间放置过渡块,并确保各试件、过渡块与加载油缸在同一轴线上,记录节理岩体模型试件各端部的初始位置。利用加载系统对试件加压直至过渡块破碎,荷载瞬间卸荷,记录卸荷瞬间液压站上液压表读数,并换算成节理岩体试件中相应的卸荷应力大小,利用游标卡尺分别对各试件端部的位置变化进行测量。

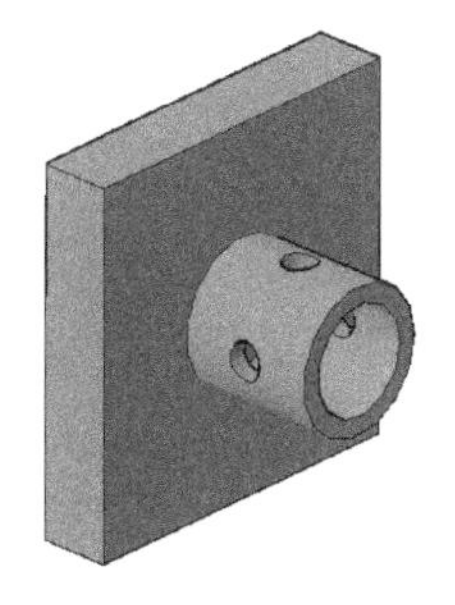
(a) 单个加载板概念图

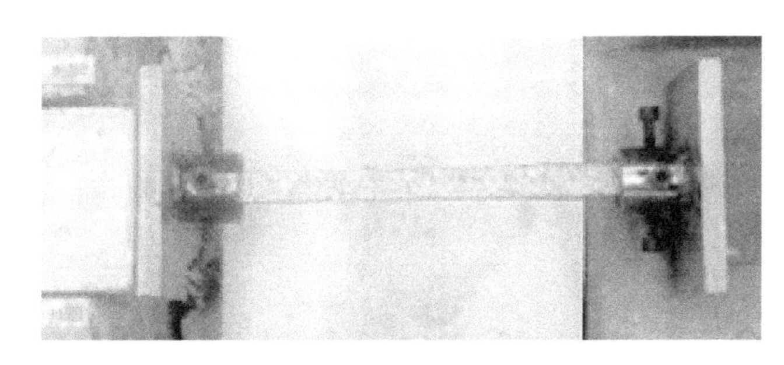
(b) 实物照片

图 7.12　长条形岩石过渡块及加载板

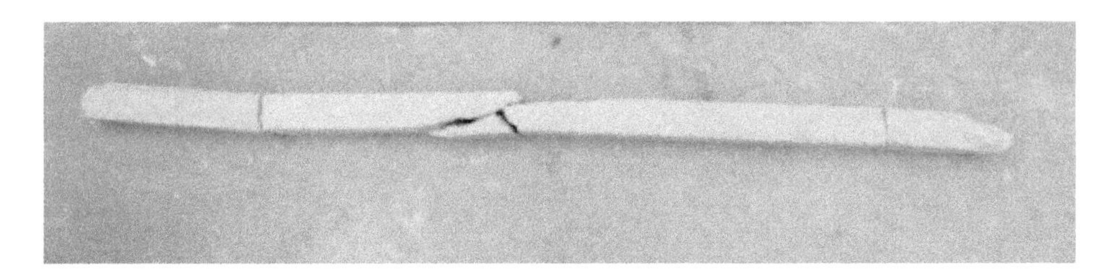

图 7.13　岩条断裂形态

(a) t=0ms

(b) t=40ms

(c) t=80ms

(d) t=120ms

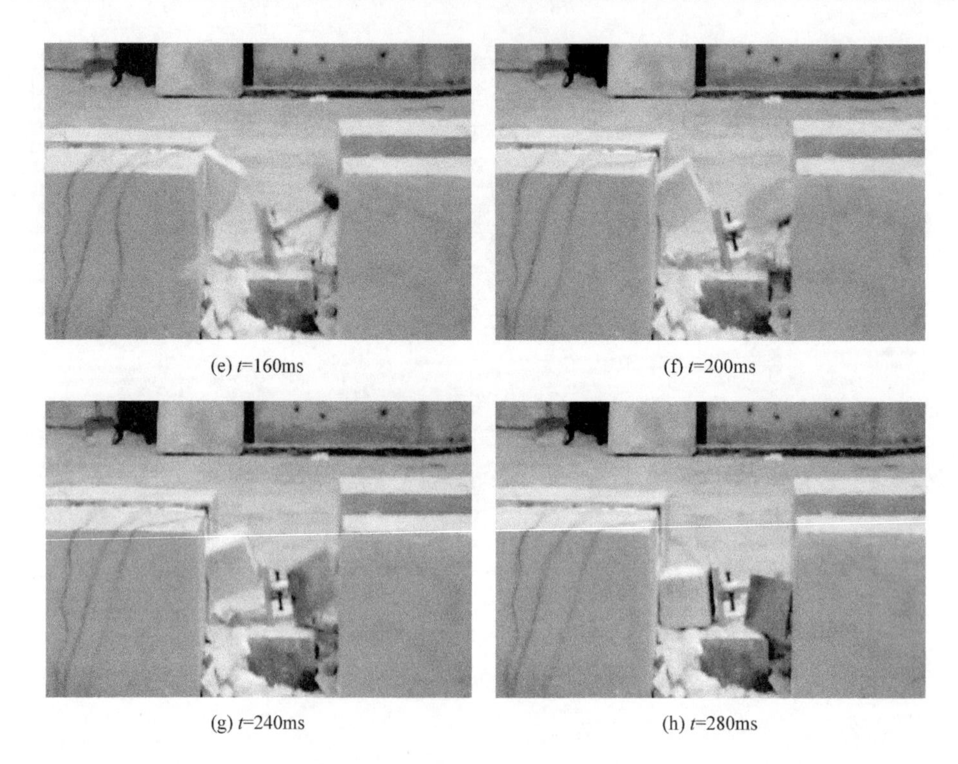

(e) t=160ms　(f) t=200ms

(g) t=240ms　(h) t=280ms

图 7.14　瞬态卸荷引起的岩块运动

(a) 卸荷试验前

(b) 卸荷试验后

图 7.15　瞬态卸荷前后结构面的张开情况对比

7.2.4　试验结果分析

1. 长短试块组合工况

不同应力水平下模拟试验得到的节理面张开位移结果如表7.9所示。

表7.9　长短试块组合工况观测数据

编号	岩条尺寸		卸荷应力/MPa	试件张开宽度/mm	
	长度/mm	截面积/mm²		节理面J-0	节理面J-1
1	166.00	421.51	0.63	4.96	15.21
2	178.00	410.38	0.70	5.74	15.43
3	200.87	197.59	0.36	1.38	10.39
4	202.30	303.64	0.40	1.02	3.53
5	210.47	198.58	0.35	0.78	9.26
6	213.67	247.13	0.36	1.05	13.56
7	224.00	416.09	0.74	5.90	26.03
8	228.70	247.04	0.45	1.01	2.77
9	257.35	204.73	0.48	0.79	8.12

由7.1节可知，节理面张开位移近似与初始地应力的平方成正比，因此，对试验中试件的卸荷应力大小的平方值与所测得节理面张开位移结果进行线性回归分析。为了更为直观地了解实际工程中卸荷的初始地应力大小和节理面张开位移之间的关系，在回归分析前将试验结果通过相似计算换算成原型中的荷载大小和位移值，然后对其进行回归分析，回归分析结果如图7.16所示。依据回归分析结果，当初始地应力为5MPa、10MPa、20MPa和40MPa时，预测瞬态卸荷引起的节理开度如表7.10所示。

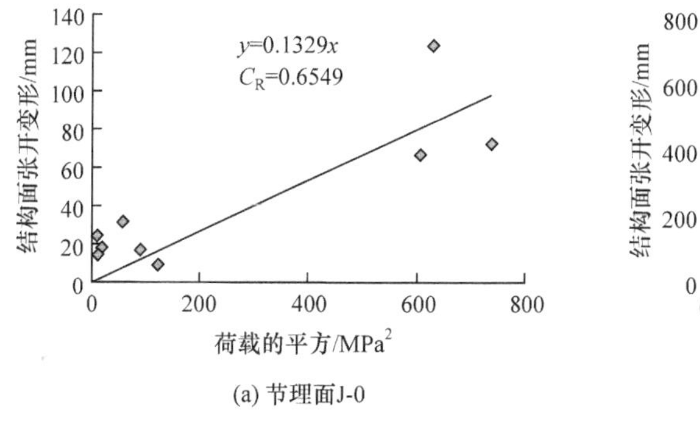

(a) 节理面J-0

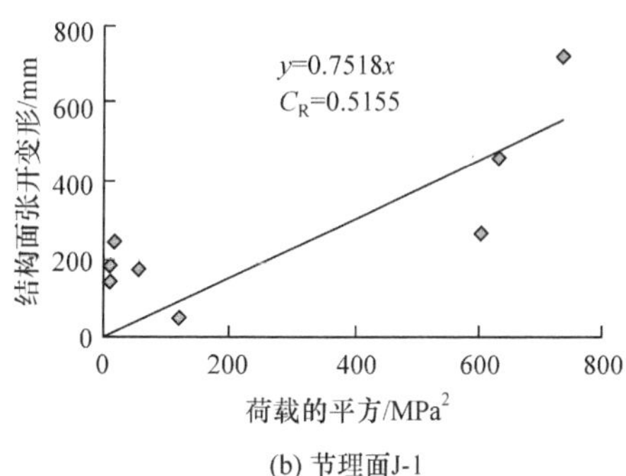

(b) 节理面J-1

图7.16　长短试块组合工况试验结果回归分析

从图 7.16 和表 7.10 中不难看出，地应力瞬态卸荷产生的节理面张开变形大小与初始应力平方值的拟合关系较好，相关系数在 0.7～0.8。在内侧节理面 J-0，节理面的张开位移约为荷载平方值的 0.13 倍，在外侧节理面 J-1，其张开位移约为荷载平方值的 0.75 倍。试验中，由于岩块长度不一样，远离卸荷边界的结构面产生的张开位移要明显小于临近卸荷边界的结构面，与式(7.4)相符。

表 7.10　长短试块组合工况瞬态卸荷引起的节理开度预测（单位：mm）

节理部位	初始地应力大小/MPa			
	5	10	20	40
J-0	3.32	13.29	53.16	212.64
J-1	18.80	75.18	300.72	1202.88

2. 长试块和短试块组组合工况

试验过程中，最外侧试块因运动位移过大而滑出矩形槽，模拟试验得到的节理面 J-0～J-4 张开位移实测结果如表 7.11 所示。

表 7.11　长试块和短试块组组合工况观测数据

岩条尺寸		卸荷应力/MPa	试件张开宽度/mm				
长度/mm	截面积/mm^2		节理面 J-0	节理面 J-1	节理面 J-2	节理面 J-3	节理面 J-4
217.55	187.17	0.18	0.58	4.06	1.17	3.62	2.57
217.88	296.23	0.54	18.45	18.09	5.22	14.57	30.50
226.60	211.75	0.16	0.09	5.00	1.76	6.49	3.48
227.12	220.83	0.15	1.30	4.46	1.31	4.02	3.28
234.87	313.59	0.39	2.83	9.33	3.84	10.10	13.06
241.15	234.13	0.23	0.13	5.00	1.97	7.18	5.99
241.46	252.62	0.12	1.18	5.00	2.50	7.50	6.05
245.89	259.21	0.21	0.87	4.76	1.51	5.47	3.47
247.12	276.83	0.13	2.72	8.61	2.98	8.67	8.56
247.25	281.50	0.13	2.34	5.07	2.61	8.53	6.44
248.95	323.09	0.48	18.24	12.63	4.18	12.67	18.14
249.41	214.73	0.18	1.09	4.09	0.98	3.54	2.13
262.11	231.48	0.07	0.93	0.91	0.07	1.05	1.03
271.62	214.34	0.13	1.14	2.40	0.22	2.57	1.94
286.48	250.32	0.07	0.74	2.32	0.03	1.98	1.32
298.13	264.17	0.19	1.03	0.07	0.00	0.89	0.29
323.42	429.17	0.20	0.53	3.00	0.89	3.59	1.94

图 7.17 给出了卸荷应力大小的平方值与所测节理面张开位移线性回归分析的结果。表 7.12 给出了利用回归分析结果预测地应力为 5MPa、10MPa、20MPa 和 40MPa 时瞬态卸荷引起的节理岩体开度。

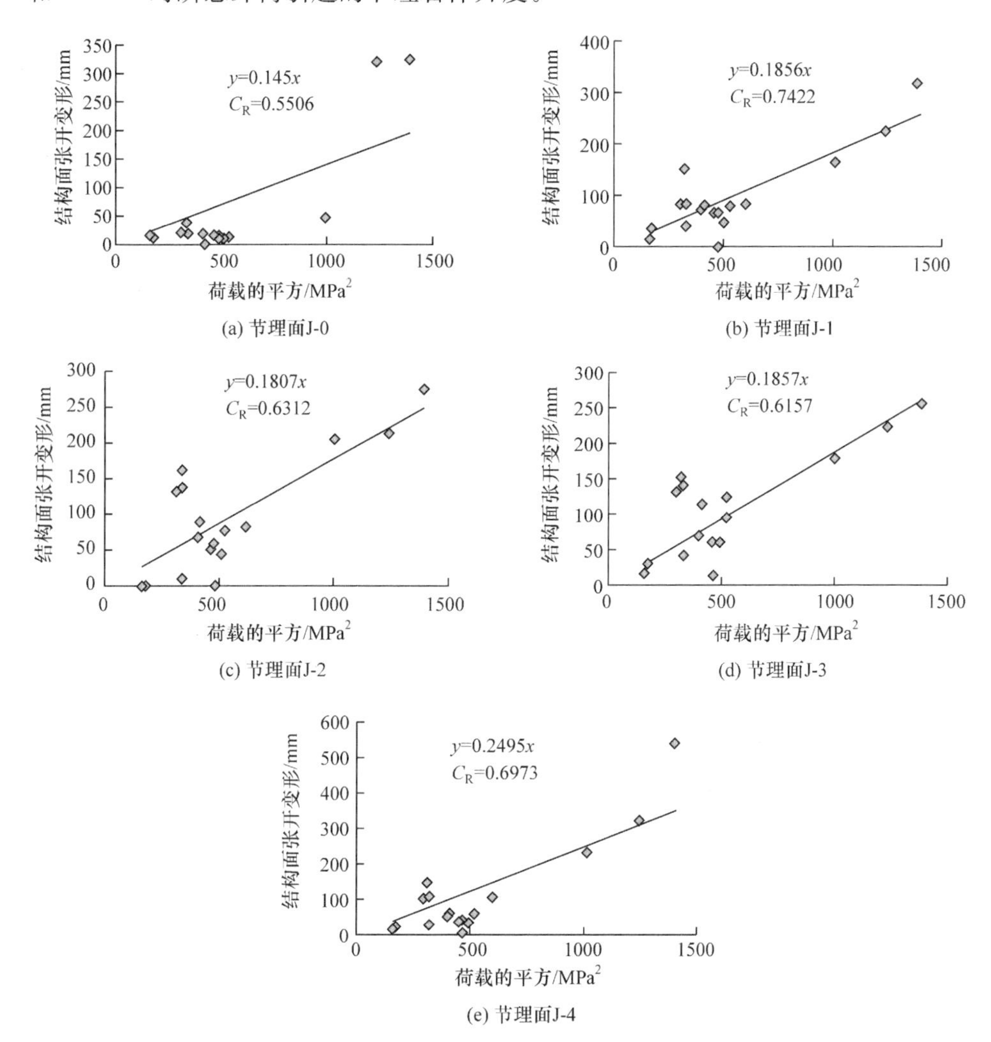

图 7.17　长试块和短试块组组合工况试验结果回归分析

表 7.12　长试块和短试块组组合工况瞬态卸荷引起的节理开度预测

（单位：mm）

节理部位	初始地应力大小/MPa			
	5	10	20	40
J-0	3.63	14.50	58.00	232.00
J-1	4.64	18.56	74.24	296.96

续表

节理部位	初始地应力大小/MPa			
	5	10	20	40
J-2	4.52	18.07	72.28	289.12
J-3	4.64	18.57	74.28	297.12
J-4	6.24	24.95	99.80	399.20
J-1～J-4 合计	20.04	80.15	320.60	1282.40

由图 7.17 和表 7.12 可知，J-0～J-4 这 5 个节理面在瞬态卸荷条件下的张开位移有如下规律：

(1) 5 个节理面的瞬态卸荷张开位移大小与卸荷应力平方的拟合关系较好，其相关系数在 0.78～0.86。

(2) 在 5 组节理中，节理面 J-0 的张开位移最小。这主要是由于试块的长度越大，用于克服摩擦阻力做功消耗的能量越多，试块的动能减小，从而导致试块的运动位移减小。

(3) 由于试验中短试块的长度相等，节理面 J-1～J-3 的张开位移基本一致。但节理面 J-4 的张开位移比节理面 J-1～J-3 偏大，这是由于在卸荷应力水平较高的试验中外侧试块部分滑出了矩形槽，导致外侧试块与矩形槽的接触面积减小，用于克服摩擦阻力做功消耗的能量减小，从而使得外侧试块的动能和位移增大。

在长短试块组合工况中，利用回归分析结果计算得到的节理面 J-1 的张开变形大小与长试块和短试块组组合工况中节理面 J-1～J-4 的张开变形之和的大小十分接近。这说明，在单向开挖卸荷过程中，若结构面的性质相似，规模大小相同，则同一方向上平行结构面的数量多少对岩体总位移的影响较小。总张开位移量的分布与平行结构面间岩块的长度即结构面间距有关，结构面间距越小，其张开位移越大，反之越小。

7.3 节理岩体爆破松动机理

岩石爆破过程中，爆炸应力波和爆生气体的联合作用使炮孔周围岩石破碎、抛掷并堆积，在实现岩体开挖这一工程目的的同时，不可避免地对保留承载岩体产生损伤和松动等不利影响。下面将讨论节理岩体的爆破松动机制并介绍其分析模型。

7.3.1 爆破松动的应力波模型

分析爆炸荷载作用下上边界为自由面的块体 $ACDB$ 的爆破松动，如图 7.18 所示。图中，岩体被垂直节理面①和水平节理面②两组正交节理所切割，右端为爆破开挖形成的直立墙。分析时假定节理面无黏结强度，岩体为线弹性材料，同时假设母岩刚度很大，近似认为回复位移为0。

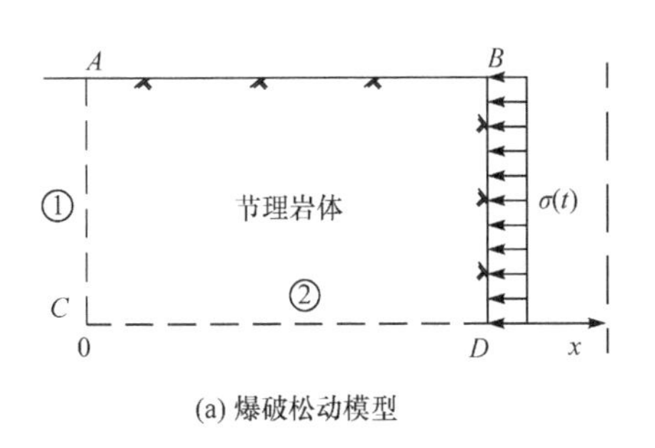

(a) 爆破松动模型

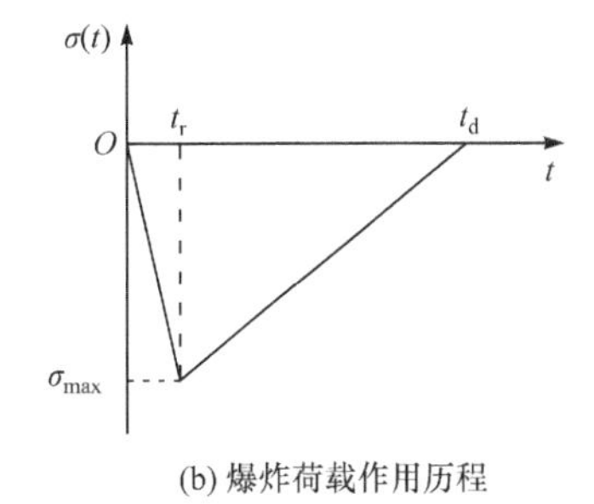

(b) 爆炸荷载作用历程

图7.18　节理岩体爆破松动计算示意图

爆炸荷载作用下，岩块 $ACDB$ 的爆破松动计算与7.1.2节开挖瞬态卸荷松动求解类似，岩块的运动方程为

$$\frac{\partial^2 u}{\partial t^2}=c_{\mathrm{P}}^2\frac{\partial^2 u}{\partial x^2}+gf_{\mathrm{r}} \tag{7.38}$$

设爆炸应力波由 BD 面传至 AC 端的时间为 t_{s}，运动结束的时间为 t_{o}。根据 AC 面接触边界条件的改变，将运动过程分成3个阶段求解：①$0\leqslant t<t_{\mathrm{d}}$；②$t_{\mathrm{d}}\leqslant t<t_1+t_{\mathrm{d}}$；③$t_1+t_{\mathrm{d}}\leqslant t\leqslant t_{\mathrm{o}}$。

阶段①：荷载持续施加于 BD 端，由于假设母岩刚度很大，因此左端没有位移产生，其边界条件为左端 AC 固定、右端 BD 为爆炸荷载应力作用边界，因此该阶段的边界条件和初始条件为

$$\begin{cases}u\big|_{x=0}=0, & \left.\dfrac{\partial u}{\partial x}\right|_{x=l}=\dfrac{\sigma(t)}{E}\\ u(x,0)=\dfrac{\sigma(0)}{E}x, & \left.\dfrac{\partial u}{\partial t}\right|_{t=0}=0\end{cases} \tag{7.39}$$

阶段②：右端 BD 变为自由边界，开挖卸载波自右向左传播，到达左端 AC 后该阶段结束。假设阶段①结束时，块体的位移 $u(x,t_{\mathrm{d}})=u_1(x)$，速度为 $\left.\dfrac{\partial u}{\partial t}\right|_{t=t_{\mathrm{d}}}=v_1(x)$，则此阶段的边界条件和初始条件为

$$\begin{cases}u\big|_{x=0}=0, & \left.\dfrac{\partial u}{\partial x}\right|_{x=l}=0\\ u(x,t_{\mathrm{d}})=u_1(x), & \left.\dfrac{\partial u}{\partial t}\right|_{t=t_{\mathrm{d}}}=v_1(x)\end{cases} \tag{7.40}$$

阶段③：开挖卸载波在岩块左端 AC 处反射后，左端 AC 也获得向右的速度，左端节理面张开，边界条件转变为两端自由。此后，岩块在摩擦力的作用下做减速运动，直至停止。设阶段②末的位移 $u(x,t_s)=u_2(x)$，速度为 $\left.\dfrac{\partial u}{\partial t}\right|_{t=t_s}=v_2(x)$，则该

阶段的边界条件和初始条件为

$$\begin{cases}\left.\dfrac{\partial u}{\partial x}\right|_{x=0}=0, \quad \left.\dfrac{\partial u}{\partial x}\right|_{x=l}=0 \\ u(x,t_s+t_d)=u_2(x), \quad \left.\dfrac{\partial u}{\partial t}\right|_{t=t_s+t_d}=v_2(x)\end{cases} \tag{7.41}$$

可得到阶段①的解为

$$u(x,t)=\sum_{n=1,3,\cdots}^{\infty}\left[-\frac{16\sigma l^2}{Ec_P\pi^3}\left.\frac{\mathrm{d}\sigma(t)}{\mathrm{d}t}\right|_{t=0}\frac{\sin\dfrac{n\pi}{2}}{n^3}\sin\frac{c_Pn\pi t}{2l}\right.$$
$$\left.+\frac{2l}{c_Pn\pi}\int_0^t F_n(\tau)\sin\frac{c_Pn\pi(t-\tau)}{2l}\mathrm{d}\tau\right]\sin\frac{n\pi x}{2l}+\frac{\sigma(t)}{E}x, \quad 0<t\leqslant t_d \tag{7.42}$$

式中，

$$F_n(\tau)=\frac{2f_rg}{l}\int_0^l\sin\frac{n\pi x}{2l}\mathrm{d}x-\frac{8l}{E\pi^2}\frac{\mathrm{d}^2\sigma}{\mathrm{d}t^2}\frac{\sin\dfrac{n\pi}{2}}{n^2}$$

做时间变换 $\bar{t}=t-t_d$，得到阶段②的解为

$$u(x,\bar{t})=\sum_{n=1,3,\cdots}^{\infty}\left[\varphi_n\cos\frac{c_Pn\pi\bar{t}}{2l}+\frac{2l}{c_Pn\pi}\psi_n\sin\frac{c_Pn\pi\bar{t}}{2l}\right.$$
$$\left.+\frac{2l}{c_Pn\pi}\int_0^{\bar{t}}f_n(\tau)\sin\frac{c_Pn\pi(\bar{t}-\tau)}{2l}\mathrm{d}\tau\right]\sin\frac{n\pi x}{2l}, \quad 0<\bar{t}\leqslant t_d \tag{7.43}$$

式中，

$$\varphi_n=\frac{2}{l}\int_0^l u_1(x)\sin\frac{n\pi x}{2l}\mathrm{d}x$$
$$\psi_n=\frac{2}{l}\int_0^l v_1(x)\sin\frac{n\pi x}{2l}\mathrm{d}x$$
$$f_n(t)=\frac{2f_rg}{l}\int_0^l\sin\frac{n\pi x}{2l}\mathrm{d}x$$

做时间变换 $\tilde{t}=t-t_1-t_e$，得到阶段③的解为

$$u(x,\tilde{t})=\frac{fg}{2}\tilde{t}^2+\psi_0\tilde{t}+\varphi_0+\sum_{n=1,2,\cdots}^{\infty}\left[\varphi_n\cos\frac{c_Pn\pi\tilde{t}}{l}+\frac{l}{c_Pn\pi}\psi_n\sin\frac{c_Pn\pi\tilde{t}}{l}\right.$$
$$\left.+\frac{l}{c_Pn\pi}\int_0^{\tilde{t}}f_n(\tau)\sin\frac{c_Pn\pi(\tilde{t}-\tau)}{l}\mathrm{d}\tau\right]\cos\frac{n\pi x}{l}, \quad 0<\tilde{t}\leqslant t_o-t_s-t_e \tag{7.44}$$

式中，

$$\varphi_0 = \frac{1}{l}\int_0^l u_2(x)\mathrm{d}x, \quad \psi_0 = \frac{1}{l}\int_0^l v_2(x)\mathrm{d}x$$

$$\varphi_n = \frac{2}{l}\int_0^l u_2(x)\cos\frac{n\pi x}{l}\mathrm{d}x,$$

$$\psi_n = \frac{2}{l}\int_0^l v_2(x)\cos\frac{n\pi x}{l}\mathrm{d}x$$

$$f_n(\tilde{t}) = \frac{2f_{\mathrm{r}}g}{l}\int_0^l \cos\frac{n\pi x}{l}\mathrm{d}x$$

利用式(7.42)～式(7.44)，可以求出岩块在爆炸荷载作用下的具体运动过程。取岩体密度 $\rho=2700\mathrm{kg/m^3}$、弹性模量 $E=40\mathrm{GPa}$、岩块长度 $l=6.0\mathrm{m}$、摩擦系数 $f_{\mathrm{r}}=1.0$，取直立墙 BD 面上的等效爆炸荷载峰值 $\sigma_{\max}=16\mathrm{MPa}$，荷载上升时间 $t_{\mathrm{r}}=2.5\mathrm{ms}$，荷载持续时间 $t_{\mathrm{d}}=12.5\mathrm{ms}$。计算得到节理岩体在左右两端($AC$ 和 BD 处)的位移分别为 20.4mm 和 20.6mm。BD 端($x=6.0\mathrm{m}$)x 方向位移时程曲线如图 7.19所示。可以看出，岩块 $ACDB$ 的变形经历了挤压压缩和卸荷回弹两个阶段；在 $t=7.0\mathrm{ms}$ 时，BD 面的压缩位移达到最大值，为 7.8mm；在 $t=60\mathrm{ms}$ 后，岩块 $ACDB$ 的运动趋向停止，BD 面的位移趋向稳定，岩块 $ACDB$ 的最终水平向刚体位移达 20.6mm。

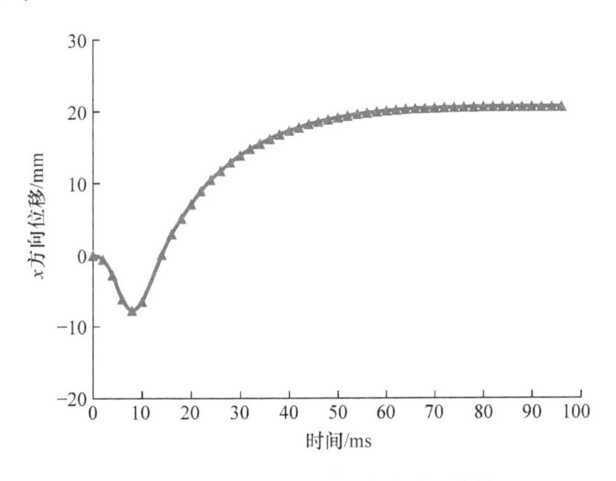

图 7.19　BD 端 x 方向位移时程曲线

7.3.2　爆破松动的动力有限元分析

前面关于爆破松动的讨论都是局限于一维情况的简单模型，对于真实的节理岩体爆破松动过程，需采用三维动力有限元方法进行数值计算。

1. 计算模型及参数

为简化分析，计算采用直立边坡模型，不考虑初始地应力场，仅考虑岩体自重。如图 7.20 所示，模型的总体尺寸为 50m×30m×50m，开挖后形成两级台阶，中间平台宽度为 5m，上层台阶高度为 5m，下层台阶高度为 10m，网格最小尺寸为 1m，计算边界采用透射边界。假设下层台阶中存在一被节理面切割的块体，岩块尺寸为 10m×6m×10m。采用深孔台阶爆破形成下层边坡直立面，仅在下层台阶中间被切割的块体上施加爆炸荷载，从而对岩体松动过程进行分析，岩体力学参数如表 7.13 所示。

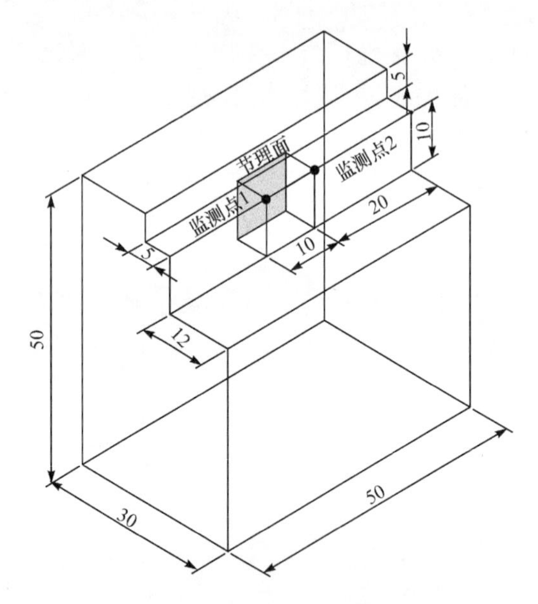

图 7.20　计算模型(单位:m)

表 7.13　岩体力学参数

密度 ρ/(kg/m³)	弹性模量 E/GPa	泊松比 μ	纵波速度 c_P/(m/s)	横波速度 c_S/(m/s)
2700	40	0.25	4216	2434

爆炸荷载采用三角形荷载，施加于开挖轮廓面上的等效爆炸荷载峰值 σ_{max} = 16MPa，爆炸荷载上升时间 t_r = 2.5ms，荷载作用持续时间 t_d = 12.5ms，计算时间为 100ms。

对于岩体节理面，采用 LS-DYNA 软件中自动接触的 surface-to-surface 单元进行模拟，分析时假定节理面无黏结强度，动摩擦系数取为 1.0。节理的法向刚度和切向刚度由程序自动计算，计算公式为

$$
\begin{cases}
k_{\mathrm{n}}=\dfrac{f_{\mathrm{s}}A^{2}K}{V}\\[2ex]
k_{\mathrm{s}}=\dfrac{f_{\mathrm{s}}A^{2}G}{V}
\end{cases}
\tag{7.45}
$$

式中，k_{n}、k_{s} 分别为接触的法向刚度和切向刚度；f_{s} 为罚系数，取 $f_{\mathrm{s}}=0.1$；A 为接触面积；V 为接触体积；K 为岩体的体积模量；G 为岩体的剪切模量。K 和 G 由表 7.13 中的 E 和 μ 计算得到。

2. 岩块松动特征

节理面切割形成可动岩块的松动状态如图 7.21 所示，松动位移矢量图如图 7.22所示，岩块临空面监测点 1 和内侧监测点 2 的 x 方向位移和速度时程曲线如图 7.23 和图 7.24 所示。

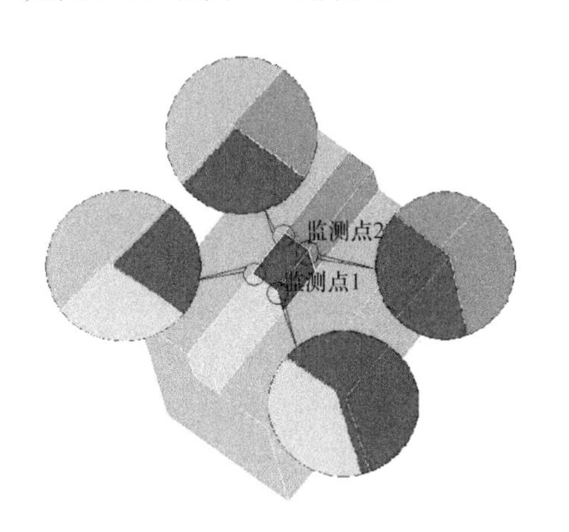

图 7.21　岩体松动情形

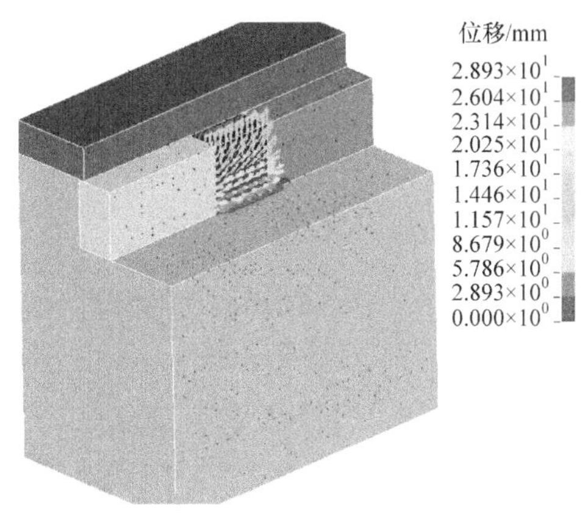

图 7.22　岩体松动位移矢量图

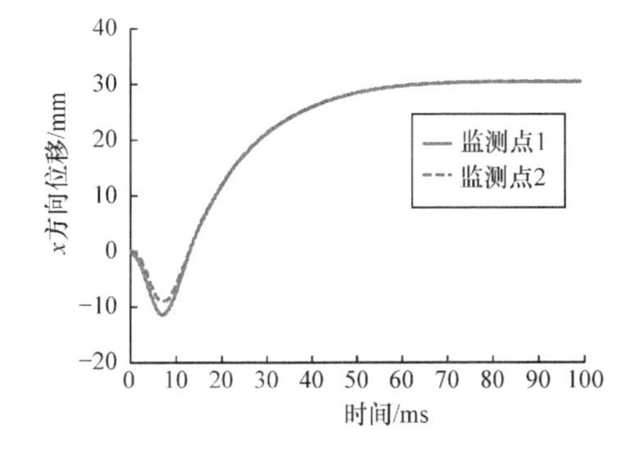

图 7.23　监测点 x 方向位移时程曲线

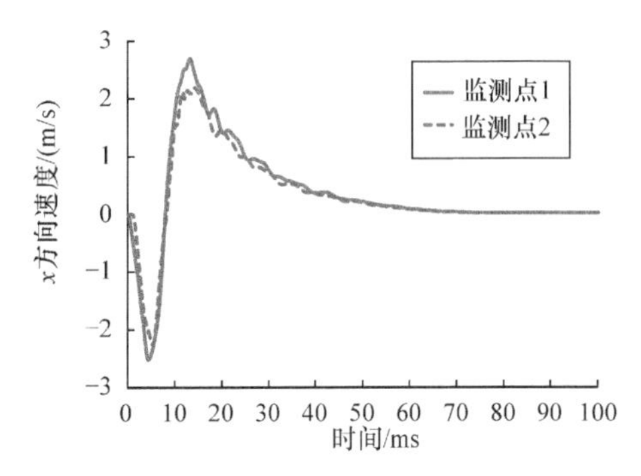

图 7.24　监测点 x 方向速度时程曲线

从图 7.21 和图 7.22 可见，岩块松动(刚体位移)明显，爆破开挖松动在开挖面的法向方向表现为岩体的剪切错动(产生水平位移)，在开挖面平行方向表现为弱结构面张开。从图 7.23 和图 7.24 的结果来看，岩块内外侧两监测点的位移和速度时程变化十分相似。三维数值模拟中岩块的爆破松动位移达 30.4mm，表明岩块受爆炸冲击荷载作用后可产生松动位移。

前面的理论分析和数值模拟均表明，由于爆炸荷载的冲击作用，岩块经历冲击挤压(蓄能)、卸荷回弹和刚体运动等过程，爆炸荷载作用可引起节理岩体的松动。

在爆炸荷载的加载阶段，岩块积蓄弹性应变能，当爆炸荷载降至一定程度后，岩块开始卸荷回弹，释放应变能。若岩块在爆炸冲击挤压作用阶段积蓄的弹性应变能超过后续岩块运动克服摩擦力做的功，剩余能量驱使岩块产生刚体运动，进而出现松动位移，导致节理岩体爆破松动现象的产生。

综合 7.1 节和 7.3 节的讨论可知，高地应力条件下节理岩体爆破开挖引起的岩体松动包含卸荷松动和爆破松动两种不同机制。

7.4 含结构面地下厂房高边墙开挖卸荷松动变形实例分析

我国西南峡谷地区大型水电工程建设过程中，地下厂房岩体开挖引起强卸荷作用和围岩应力重分布，导致出现岩爆、塌方和大变形等围岩变形与稳定控制难题。伴随地下厂房岩体爆破开挖，多个地下厂房围岩出现了阶梯式位移突变现象，如表 7.14 所示。

表 7.14 水电站地下厂房围岩突发大变形实例

水电站名称	初始地应力最大主应力/MPa	结构面情况	变形情况
二滩水电站	32～52	发育两组节理，1# 尾调室出露断层较大	变形主要发生在开挖施工期，多呈台阶状突变，与开挖爆破及岩爆的对应关系明显。曾在 2# 尾调室南端和 2# 机窝一次贯穿过程中分别引起主厂房 30～60mm 和 24～41mm 的突发大变形[19]
锦屏一级水电站	20～36	发育 4 组节理裂隙，3 条主要断层和煌斑岩脉，小断层发育	$f_{(14)}$ 断层通过部位存在结构面“张开位移”，在开挖期间，监测结果多出现突变[6]
锦屏二级水电站	10～23	发育 5 组裂隙，1 条较大规模断层，小型断层及破碎带发育	围岩变形存在明显的突变。厂房右 R_0+263 安装间上游边墙部位曾监测到多达 8.13mm 的位移突变[20]
瀑布沟水电站	21～27	围岩中小断层发育，包括多条辉绿岩脉断层	变形曲线呈现台阶状突变，高强度开挖对应变形的明显“跃升”[21～23]

续表

水电站名称	初始地应力最大主应力/MPa	结构面情况	变形情况
溪洛渡水电站（左岸）	16～18	未发育较大规模的断层，层间错动带总体上不发育	围岩变形受施工影响较大，变化曲线呈阶跃式发展。主厂房顶拱厂横 0＋068.00 上下游半幅同时扩挖，该多点位移计孔口测点向临空面变形量为 4.32mm[24]

下面以瀑布沟水电站地下厂房岩体开挖为例，分析高地应力条件下开挖瞬态卸荷引起的岩体松动变形发展过程，揭示含结构面地下厂房高边墙开挖卸荷松动变形机制。

7.4.1　瀑布沟水电站工程概况

瀑布沟水电站地下厂房系统主要由 6 条有压引水隧洞、厂房、主变室、尾闸室和 2 条无压尾水隧洞组成，如图 7.25 所示[25]。瀑布沟水电站地下厂房区围岩岩性为澄江期中粗粒花岗岩，围岩中无大的断层分布，但小断层发育，包括 $f_{(18)}$（βμ）

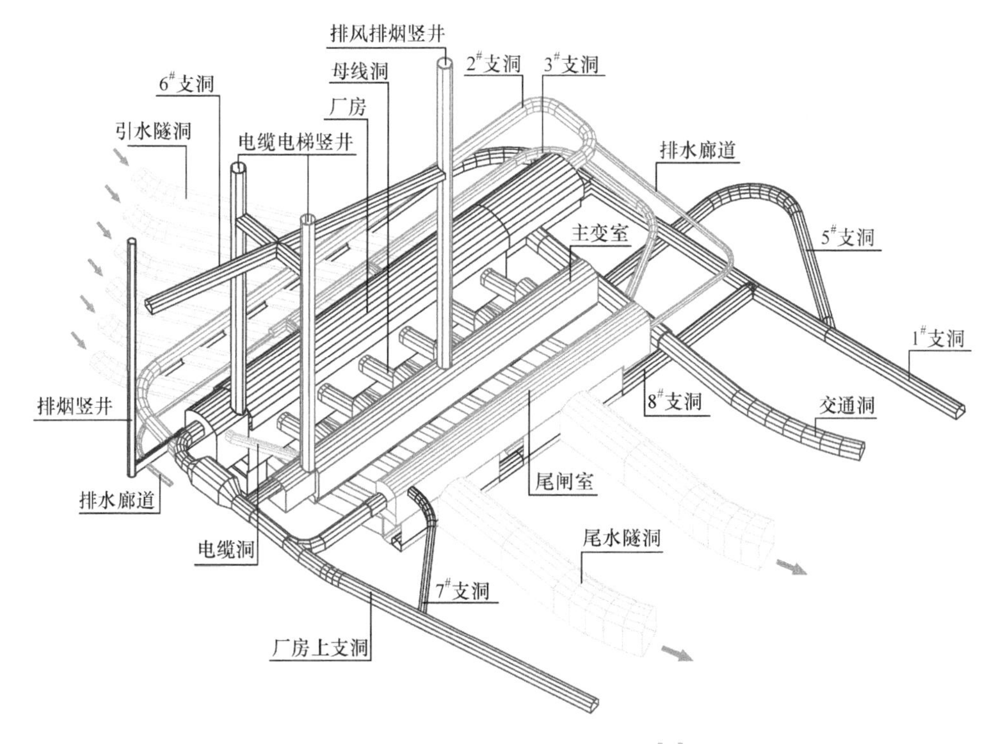

图 7.25　瀑布沟水电站地下洞群[25]

辉绿岩脉断层(产状 N40°～50°E/SE∠65°～75°)、$f_{(14)}$($\beta\mu$)辉绿岩脉断层(产状 N80°～85°W/SW∠80°～85°,与洞轴线夹角 55°左右)、$f_{(9)}$($\beta\mu$)辉绿岩脉断层(产状 N80°～85°E/SE∠80°～85°,与洞轴线夹角 40°左右)和 $f_{(1)}$($\beta\mu$)断层(产状 N40°～50°W/SW∠35°～45°,与洞轴线近于垂直),断层产状如图 7.26 和图 7.27 所示。厂区围岩质量总体较好、新鲜完整、强度高,洞室围岩以Ⅱ、Ⅲ类为主,岩石单轴抗压强度为 80～200MPa,纵波波速为 4500～5500m/s。地下厂房部位岩体地应力值相对较高,经钻孔应力解除法实测,其最大主应力 σ_1=21.1～27.3MPa,方向为 N45°E～N84°E,倾角一般小于 20°,$\sigma_1:\sigma_2:\sigma_3=1:0.65:0.27$。

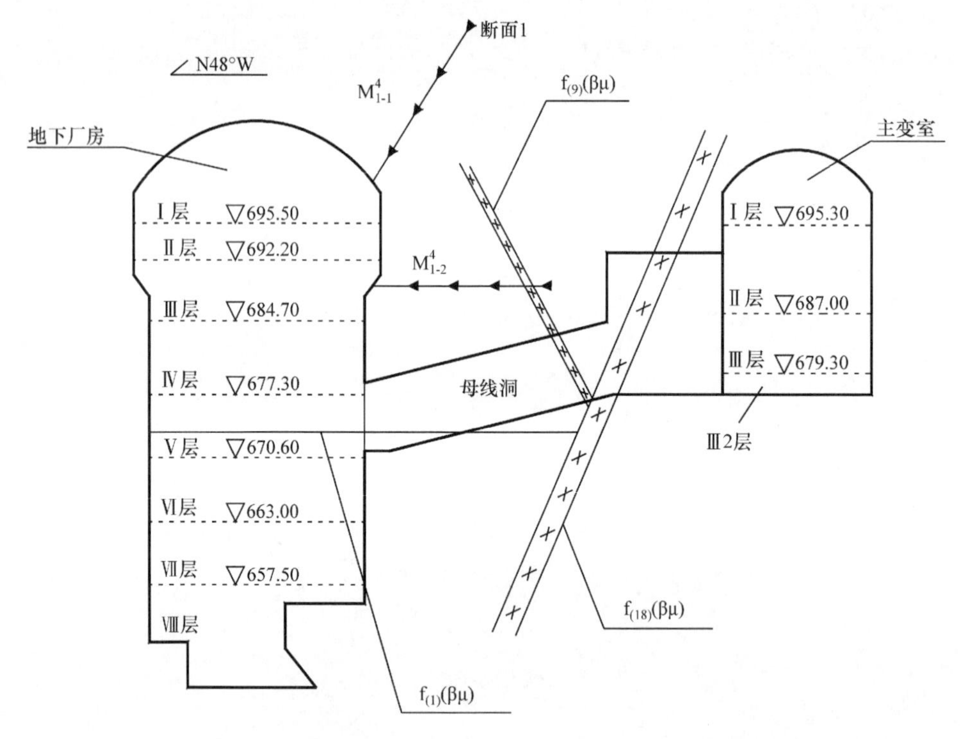

图 7.26　瀑布沟水电站地下厂房断面 1 开挖程序示意图

7.4.2　开挖过程地下厂房实测变形

为监控地下厂房开挖和运行期的岩体变形,分别在 6 台机组中心线各布置 1 个监测断面;同时,将各监测断面向下游延伸到主变室,构成上、下游对应的观测断面;尾闸室布置了 4 个监测断面,其中在 2# 和 4# 机组中心线也相应布置了 2 个监测断面,使得主厂房-主变室-尾闸室形成 2 个统一的监测断面,有利于监测洞群之间岩柱的变形情况。

地下厂房内监测断面 1 处跨越断层 $f_{(9)}$ 的多点位移计 M^4_{1-2} 的布置如图 7.26 和

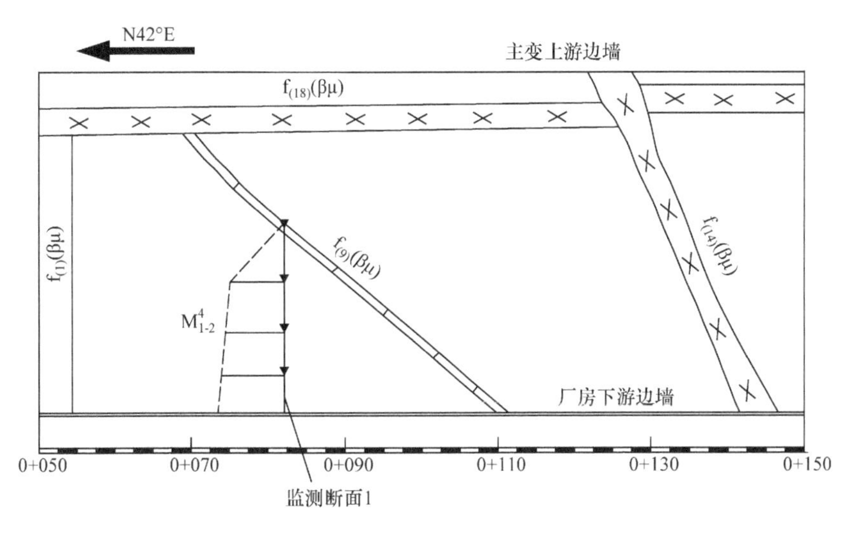

图 7.27　下游边墙高程 688m 处主要结构面分布

图 7.27 所示，M 代表多点位移计，上标数字“4”表示为四点式，下标数字分别表示仪器所在监测断面和仪器编号。

该多点位移计 4 个测点的埋设深度分别为 5m、11m、17.5m 和 24.5m，其中最里面测点跨越 $f_{(9)}(\beta\mu)$ 辉绿岩脉断层。图 7.28 为开挖过程孔口 5m、11m 和 17.5m 测点相对于 24.5m 测点的累积位移变化曲线。图中 4 点之间的相对位移变化并不大，而相对跨越断层 $f_{(9)}$ 辉绿岩脉断层、埋深为 24.5m 测点的位移不断增长，表明在 $f_{(9)}(\beta\mu)$ 辉绿岩脉断层上，岩体发生了明显的松动。

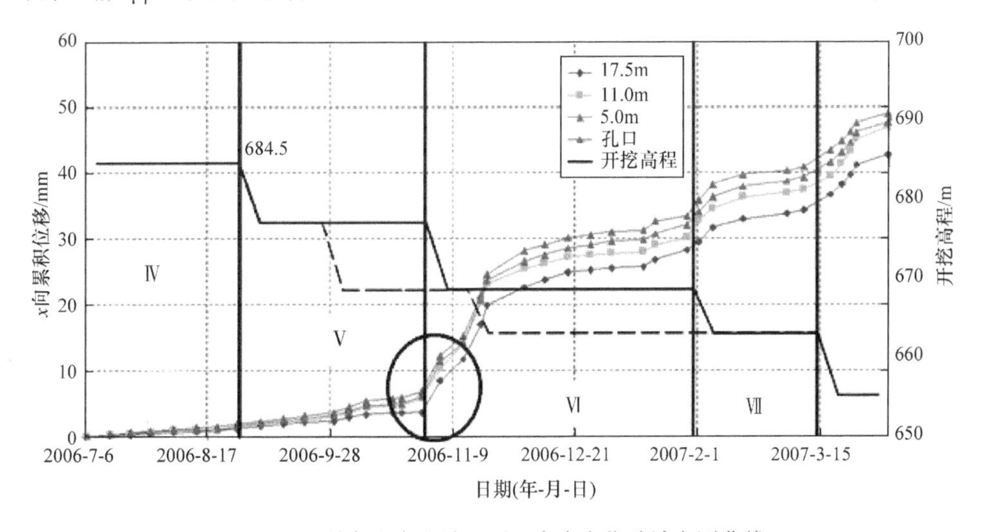

图 7.28　瀑布沟水电站地下厂房多点位移计实测曲线

由图 7.28 同时可发现，各测点的累积位移变化曲线存在若干个明显的位移突变点，这些位移突变点与厂房每一层的开挖进程具有很好的对应关系。

下面拟用动力有限元软件 LS-DYNA，开展准静态卸荷和开挖瞬态卸荷对比分析，从而揭示此类含结构面地下厂房高边墙开挖卸荷松动变形机制[16]。

7.4.3 高边墙开挖卸荷松动变形数值分析

1. 计算模型与参数

厂房监测断面 1 的计算模型网格划分如图 7.29 所示。计算范围为 200m×200m，共离散为 92427 个节点、45904 个单元，静力计算采用 Solid185 单元。动力计算时仅将单元类型转化为 Solid164 单元，网格划分与材料参数均相同。

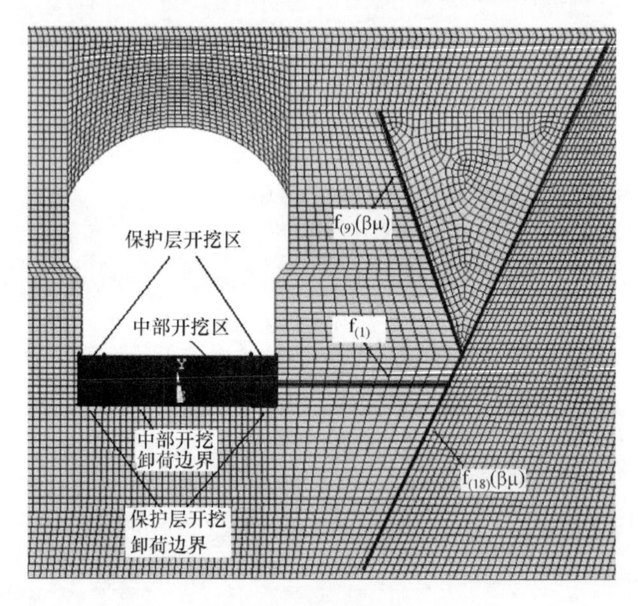

图 7.29 非连续结构计算模型(含节理)

计算中，围岩密度取为 2840kg/m^3，弹性模量为 18GPa，泊松比为 0.2。采用 LS-DYNA 软件中的 surface-to-surface 接触模拟岩体结构面，分析时假定节理面无黏结强度，动摩擦系数为 1.0，节理的法向刚度和切向刚度由程序自动计算，见式(7.45)。

地下厂房的各步开挖对应的开挖边界原本都处于一定的初始应力状态，开挖过程使这些边界上的应力“卸除”，从而引起围岩应力场的重分布。模拟这一开挖效果，首先需要计算此步开挖前的围岩应力场和轮廓面上节点应力，然后计算轮廓面上节点的“等效释放荷载”(开挖荷载)，并施加于开挖面上。

假设开挖荷载的卸荷为线性荷载过程，考虑到该开挖部位，装药段长度为6m，岩体的纵波速度 c_P 为4500m/s，取卸荷时间为5.3ms。

2. 计算结果分析

1)准静态卸荷计算结果

针对监测断面1第Ⅴ层中部拉槽爆破和保护层开挖，在准静态卸荷假设条件下计算得到的高边墙水平向位移矢量图如图7.30所示。

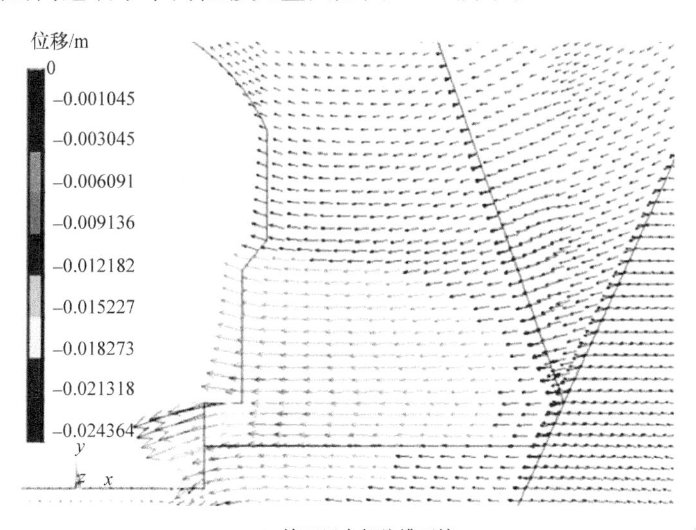

(a) 第Ⅴ层中部拉槽开挖

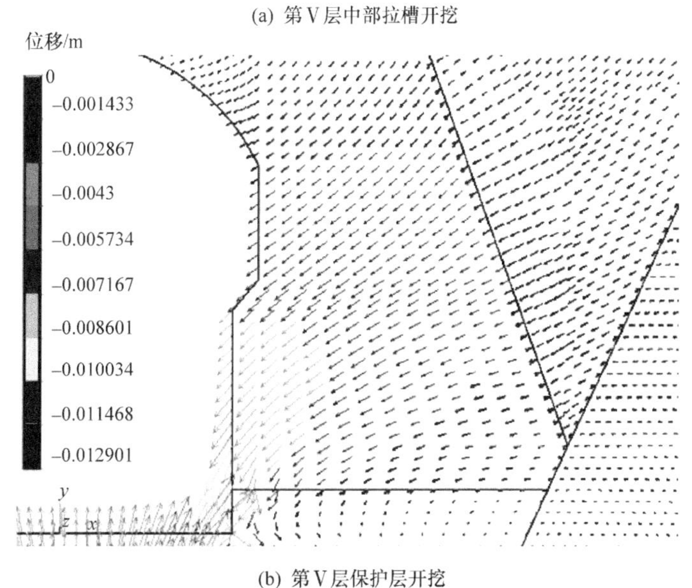

(b) 第Ⅴ层保护层开挖

图7.30　开挖准静态卸荷引起的位移矢量图

中部拉槽爆破和保护层准静态开挖条件下，不同深部的高边墙岩体水平向位移如图 7.31所示。

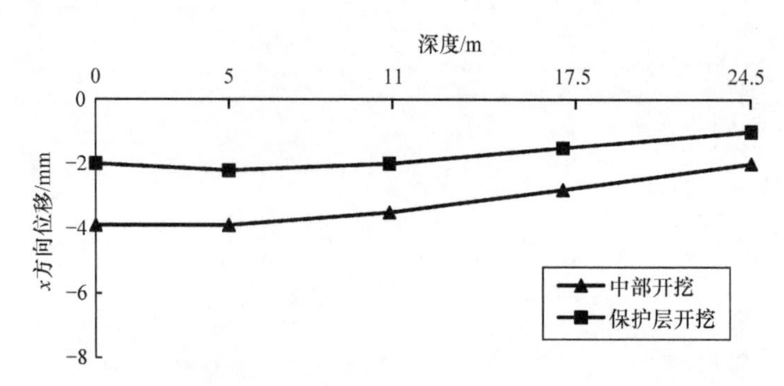

图 7.31　准静态开挖条件下不同埋深测点的水平向位移分布

可以发现，中部拉槽开挖和保护层准静态开挖引起的岩体最大水平向位移均出现在高边墙表面，并随着测点深度的增加而逐步减小。考虑到埋深为 24.5m 测点位于 $f_{(9)}$（βμ）辉绿岩脉断层的内侧，从不同埋深测点的水平向位移变化趋势分析，埋深为 24.5m 测点的位移并没有发生突变。因此可以判断，$f_{(9)}$（βμ）辉绿岩脉断层两侧岩层间没有发生明显的张开位移。

2）瞬态卸荷计算结果

针对监测断面 1 第Ⅴ层中部拉槽爆破和保护层开挖，在瞬态卸荷假设条件下计算得到不同埋深测点的高边墙水平向位移时程曲线如图 7.32 所示，图中 1# ～5# 分别对应埋深为 24.5m、17.5m、11m、5m 和 0m 测点。不同埋深测点的高边墙水平向位移分布如图 7.33 所示。

从图中可以明显看出，伴随瞬态卸荷过程，各测点水平向位移均出现明显波动现象，在计算时间达到 0.5s 左右后，各测点的位移开始趋向稳定。不同测点的峰值位移与稳定位移的比值在 30%～50%，表明岩体应力的瞬态卸荷引起的围岩动态响应效应不容忽视。

同时，从对比中明显可以看出，各测点中，x 方向最大位移产生于高边墙表面，且随着测点深度的增大而减小，且保护层开挖产生的 x 向位移约为中槽开挖的 50%。1# ～4# 测点水平向位移值基本处于同一量级，5# 测点的水平向位移值明显偏小，说明 4# 与 5# 测点之间的结构面产生了较大的张开位移。同时可以注意到，在中槽开挖和保护层开挖中，孔口绝对位移值分别为 5.89mm 和 3.11mm，4# 测点相对 5# 测点的位移分别为 3.54mm 和 1.91mm，分别为孔口绝对位移值的 60.10%和 61.41%。

为分析围岩在 $f_{(1)}$ 断层两侧的相对滑动，设置了如图 7.34 所示的 6# ～10# 测点。

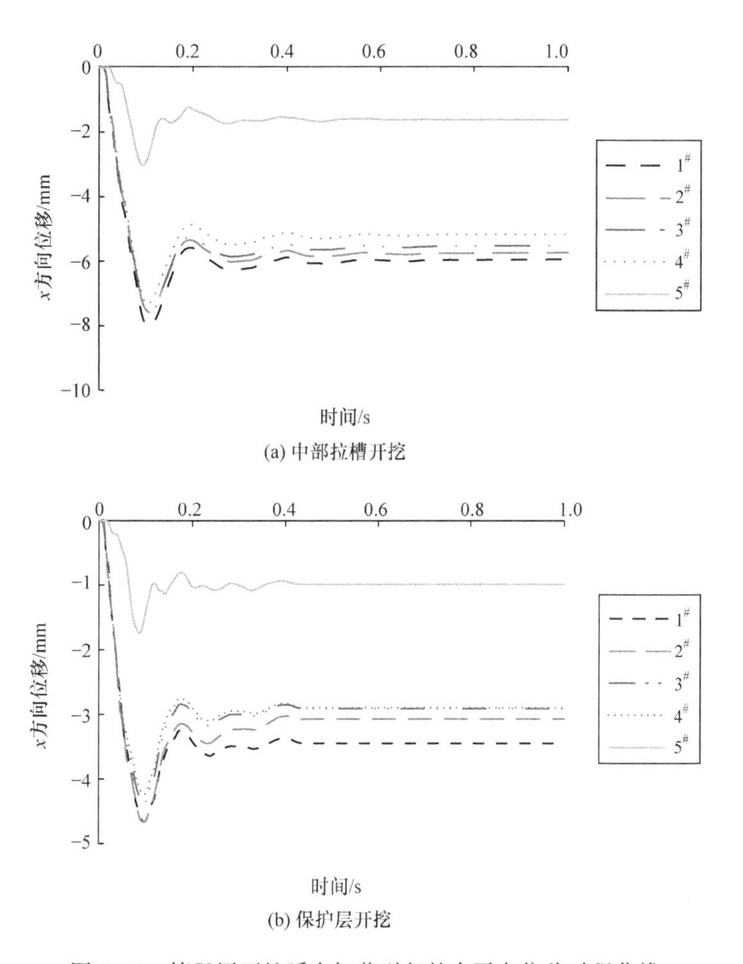

(a) 中部拉槽开挖

(b) 保护层开挖

图 7.32 第Ⅴ层开挖瞬态卸荷引起的水平向位移时程曲线

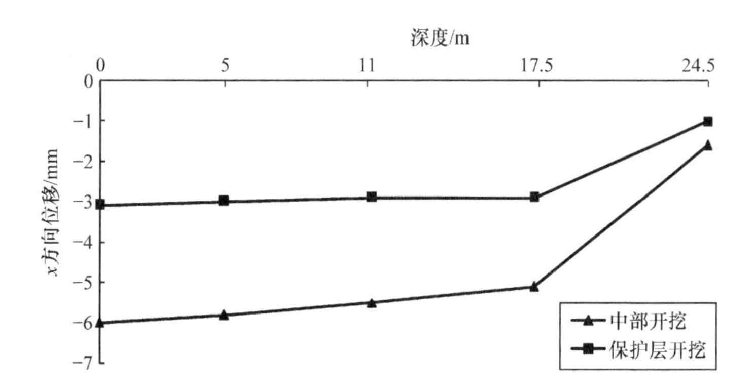

图 7.33 瞬态卸荷条件下不同埋深测点的水平向位移分布

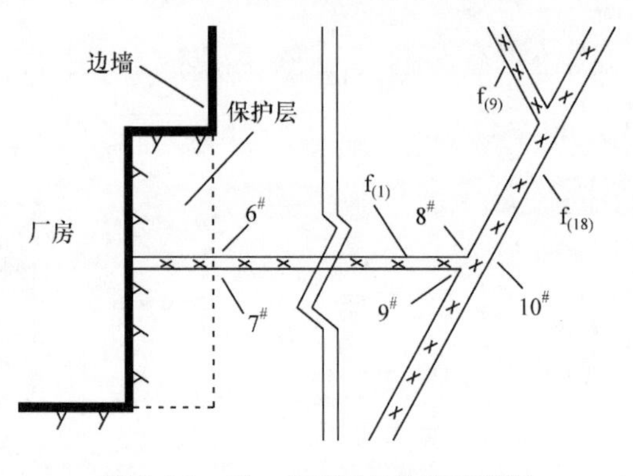

图 7.34　6# ～10# 测点位置示意图

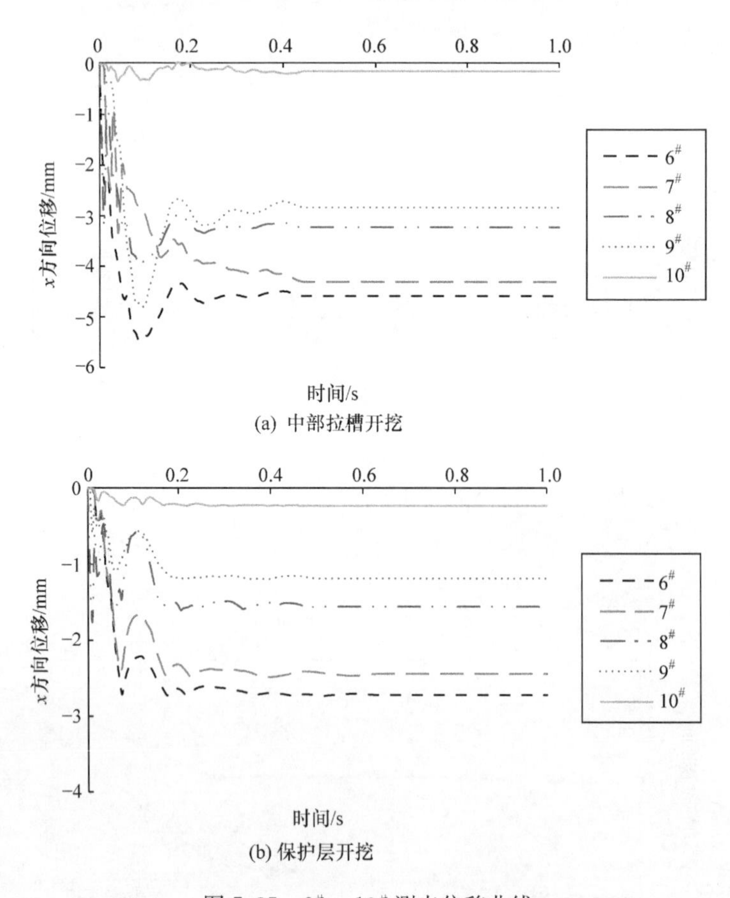

图 7.35　6# ～10# 测点位移曲线

从这 5 个测点的水平向位移曲线(见图 7.35)可以看出,开挖过程对结构面 $f_{(18)}$ 内侧的 10# 测点影响并不明显,在中部拉槽开挖中,10# 测点与 $f_{(18)}$ 外侧的 8# 、9# 测点产生约 3mm 的张开位移,而在保护层开挖中产生约 1.5mm 的张开位移。

另外，在结构面 $f_{(1)}$ 下侧的 7# 和 9# 测点分别与 $f_{(1)}$ 上侧对应的 6# 和 8# 测点发生明显的相对滑动，其相对位移值约为 0.4mm。正是开挖过程中 $f_{(18)}$ 结构面的张开与 $f_{(1)}$ 的滑移相互影响，从而导致了边墙水平向的变形突变。

3）准静态卸荷和瞬态卸荷计算结果对比

通过对以上计算和对比分析可知：

（1）两种工况下，中槽开挖产生的水平方向最大位移均出现在保护层的顶部，保护层开挖产生的水平方向最大位移均出现在原保护层位置的底部，且瞬态卸荷产生的位移大于准静态卸荷，中槽开挖产生的位移值大于保护层开挖产生的位移值，1# ～5# 测点处的水平方向最大位移出现在高边墙表面（见图 7.30）。

（2）在准静态卸荷条件下，围岩深部的近竖直向结构面并未发生明显的张开，而在瞬态卸荷条件下有明显的张开现象，导致瞬态卸荷条件下产生的水平向位移大于准静态卸荷。同时，存在于第Ⅴ层的水平结构面 $f_{(1)}$ 两侧岩体产生了明显的相对滑动，进一步引起深部近竖直向结构面 $f_{(18)}$ 的张开。

7.4.4　计算结果与实测数据的对比

在主厂房实际开挖施工中，平面和立面上均安排了多工序平行交叉作业，因此，各断面间和各层之间均存在一定程度的影响。第Ⅴ层开挖前，首先对中槽边线主机间左端墙轮廓线采用潜孔钻进行预裂；中槽开挖采用潜孔钻垂直钻孔，梯段爆破；上、下游边墙 3m 保护层采用三臂台车钻孔，水平光面爆破跟进。边墙预裂超前于梯段开挖 20m，与梯段开挖平行作业。梯段爆破出渣与钻孔平行作业；保护层开挖滞后中槽开挖 20～30m，与中槽梯段开挖平行作业，如图 7.36 所示。

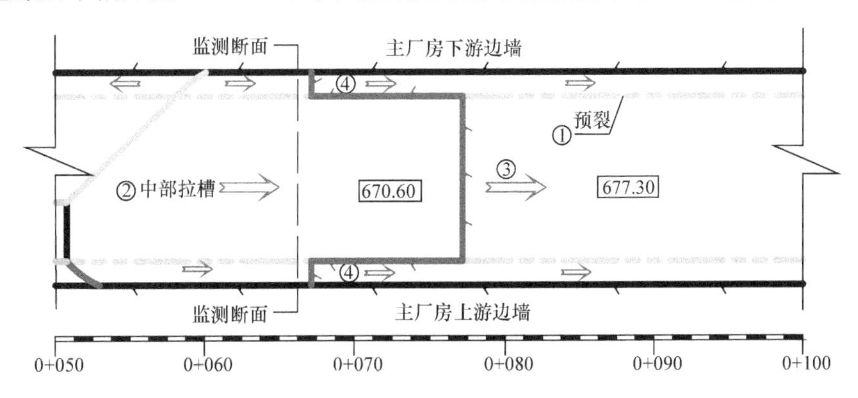

图 7.36　第Ⅴ层开挖程序示意图

伴随第Ⅴ层开挖，地下厂房内监测断面 1 处跨越断层 $f_{(9)}$ 的多点位移计 M_{1-2}^{4} 的累积位移时程曲线如图 7.28 所示，局部放大后的累积位移时程曲线如图 7.37 所示。可以看出，该曲线存在位移突变时段，即 2006 年 10 月 29 日～11 月 2 日和

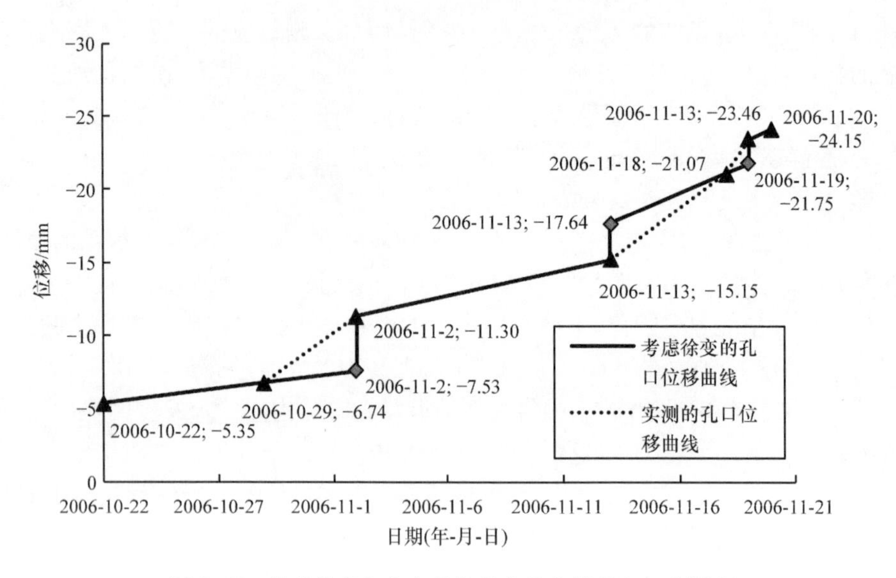

图 7.37 考虑徐变和突变的位移变化曲线(相对 5# 测点)

11 月 13～18 日，两者分别对应第Ⅴ层的中部拉槽爆破和保护层开挖。

实测位移累积曲线中反映出的测点位移包含开挖瞬态卸荷引起的位移突变(含开挖卸荷引起的岩体弹性回复位移和结构面张开位移)以及与时间相关的徐变。考虑到各实测位移点的监测间隔时间不同，一般为 3～7 天观测一次，因此对实测位移累积曲线按照监测数据表现出的徐变规律进行修正，可确定岩体真实的变形过程曲线。

图 7.37 中的虚线部分为两测点间的直接连线(假定位移均匀变化)，实线为按照徐变规律修正后的位移时程曲线。第Ⅴ层开挖引起的各测点相对 5# 测点的位移增量如表 7.15 所示。

表 7.15 第Ⅴ层开挖各测点相对 5# 测点的位移增量

卸荷条件	开挖部位	各测点相对 5# 测点的位移增量/mm			
		1# 测点	2# 测点	3# 测点	4# 测点
准静态卸荷	中槽开挖	−1.93	−1.90	−1.55	−0.85
	保护层开挖	−0.96	−1.02	−0.77	−0.38
	第Ⅴ层累积	−2.89	−2.92	−2.31	−1.24
瞬态卸荷	中槽开挖	−4.32	−4.12	−3.89	−3.54
	保护层开挖	−2.08	−2.04	−1.92	−1.91
	第Ⅴ层累积	−6.41	−6.16	−5.81	−5.45

续表

卸荷条件	开挖部位	各测点相对5#测点的位移增量/mm			
		1#测点	2#测点	3#测点	4#测点
实测值	中槽开挖	−4.56	−4.35	−4.11	−3.53
	保护层开挖	−5.92	−5.88	−5.90	−5.66
	第Ⅴ层累积	−10.48	−10.23	−10.01	−9.18
扣除徐变后的实测值	中槽开挖	−3.77	−3.61	−3.41	−2.94
	保护层开挖	−2.49	−2.50	−2.59	−2.31
	第Ⅴ层累积	−6.26	−6.12	−5.99	−5.26

注：1#测点深度为0，2#测点深度为5m，3#测点深度为11m，4#测点深度为17.5m。

由表7.15可知，在准静态卸荷条件下，计算得到的各测点位移增量均远小于实测位移增量值，也远小于扣除徐变后的实测位移增量；在瞬态卸荷条件下，计算得到的各测点位移增量小于实测位移增量值，但与扣除徐变后的实测位移增量非常接近。结合7.4.3节的分析与讨论可知，瞬态卸荷模型比准静态卸荷模型能更好地揭示高地应力条件下含结构面岩体的卸荷松动机制。

高地应力条件下，水电站地下厂房的开挖卸荷引起的变形突变已成为同类工程中的突出问题，严重影响着整个工程的质量和安全。通过对高地应力条件下含结构面岩体开挖卸荷变形特性的分析与计算，结合实际工程中的监测数据，进一步说明了高地应力条件下的岩体开挖卸荷具备瞬态特性，而且这种特性正是导致岩体松动、变形突变的重要原因之一。因此，对高地应力条件下的地下厂房进行稳定性分析应考虑开挖引起的地应力瞬态卸荷效应，并对各种规模的结构面产生的动态松动进行分析。

7.5 小 结

本章采用理论分析、模拟方法、室内试验和原位监测资料验证等综合手段，研究揭示了节理岩体开挖松动机理，表明高地应力条件下节理岩体爆破开挖引起的岩体松动包含卸荷松动和爆破松动两种不同机制，主要结论如下：

(1) 高地应力条件下节理岩体储存弹性应变能的快速释放引起岩块的刚体运动，从而导致岩体节理面张开而产生松动位移。地应力越高，岩体开挖卸荷持续时间越短，岩体的卸荷松动位移越大。在高地应力条件下，岩体开挖卸荷松动位移值近似与初始地应力值的平方成正比；节理岩体不仅沿顺坡结构面发生松动滑移，只要岩体的初始地应力足够高、岩体中积聚的弹性应变能足够大，节理岩体也可沿逆坡底滑面结构面发生松动滑移。

(2) 在爆炸荷载的作用下，节理岩体经历冲击挤压(蓄能)、卸荷回弹和刚体运动等过程。在爆炸荷载的加载阶段，岩块积蓄弹性应变能，当爆炸荷载降至一定程度后，岩块开始卸荷回弹，释放应变能。若岩块在爆炸冲击挤压作用阶段积蓄的弹性应变能超过后续岩块运动克服摩擦力做的功，剩余能量驱使岩块产生刚体运动，进而出现松动位移，导致节理岩体爆破松动现象的产生。

(3) 高地应力下节理岩体卸荷松动模拟试验，验证了高地应力条件下地应力瞬态卸荷引起的节理岩体松动变形与初始应力平方成正比的近似关系。在相同应力水平下，节理岩体的松动位移与结构面间距有关，结构面间距越小，其松动移越大。

(4) 瀑布沟水电站地下主厂房爆破开挖过程中的位移监测数据分析结果表明，高地应力条件下，地应力瞬态卸荷作用会引起节理岩体的松动作用和位移突变。瞬态卸荷模型比准静态卸荷模型能更好地揭示高地应力条件下含结构面岩体的卸荷松动机制。

参考文献

[1] 吴世勇，王鸽．锦屏二级水电站深埋长隧洞群的建设和工程中的挑战性问题．岩石力学与工程学报，2010，29(11)：2152－2171.

[2] 张勇，肖平西，丁秀丽，等．高地应力条件下地下厂房洞室群围岩的变形破坏特征及对策研究．岩石力学与工程学报，2012，31(2)：228－245.

[3] Jiang Q, Feng X T, Xiang T B, et al. Rockburst characteristics and numerical simulation based on a new energy index: A case study of a tunnel at 2,500 m depth. Bulletin of Engineering Geology and the Environment, 2010, 69(3): 381－388.

[4] 蔡德文．二滩地下厂房围岩的变形特征．水电站设计，2000，16(4)：54－61.

[5] 黄秋香，邓建辉，苏鹏云，等．瀑布沟水电站地下厂房洞室群施工期围岩位移特征分析．岩石力学与工程学报，2011，(增 1)：3032－3042.

[6] 魏进兵，邓建辉，王悌剀，等．锦屏一级水电站地下厂房围岩变形与破坏特征分析．岩石力学与工程学报，2010，29(6)：1198－1205.

[7] 李仲奎，周钟，汤雪峰，等．锦屏一级水电站地下厂房洞室群稳定性分析与思考．岩石力学与工程学报，2009，28(11)：2167－2175.

[8] Wu F, Hu X, Gong M. Unloading deformation during layered excavation for the underground powerhouse of Jinping Ⅰ Hydropower Station, Southwest China. Bulletin of Engineering Geology and the Environment, 2010, 69(3): 343－351.

[9] 张勇，肖平西，丁秀丽，等．高地应力条件下地下厂房洞室群围岩的变形破坏特征及对策研究．岩石力学与工程学报，2012，31(2)：228－245.

[10] 金李．节理岩体开挖瞬态卸荷松动机理研究[博士学位论文]．武汉：武汉大学，2009.

[11] 罗忆．深部岩体开挖引起的围岩位移突变机理[博士学位论文]．武汉：武汉大学，2012.

[12] 罗忆，卢文波，陈明，等．开挖瞬态卸荷引起的节理岩体松动模拟试验．岩石力学与工程

学报,2015,34(增1):2941—2947.

[13] Lu W B, Yang J H, Yan P, et al. Dynamic response of rock mass induced by the transient release of in-situ stress. International Journal of Rock Mechanics and Mining Sciences, 2012,53(9):129—141.

[14] 卢文波,金李,陈明,等. 节理岩体爆破开挖过程的瞬态卸荷松动机理研究. 岩石力学与工程学报,2005,24(增1):4653—4657.

[15] 金李,卢文波,陈明,等. 节理岩体的爆破松动机理. 爆炸与冲击,2009,29(5):474—480.

[16] 罗忆,卢文波,周创兵,等. 高地应力条件下地下厂房开挖瞬态卸荷引起的变形突变机制研究. 岩土力学,2011,32(5):1553—1560.

[17] Hibino S, Motojima M. Characteristic behavior of rock mass during excavation of large scale caverns//Proceedings of the 8th ISRM Congress, Tokyo, 1995:583—586.

[18] 邓建辉,李焯芬,葛修润. 岩石边坡松动区与位移反分析. 岩石力学与工程学报,2001,20(2):171—174.

[19] 李正刚. 二滩水电站地下厂房系统洞室围岩变形研究. 四川水力发电,2004,23(1):43—47.

[20] 江权,侯靖,冯夏庭,等. 锦屏二级水电站地下厂房围岩局部不稳定问题的实时动态反馈分析与工程调控研究. 岩石力学与工程学报,2008,27(9):1899—1907.

[21] 王悌訚,彭琦,汤荣,等. 地下厂房岩锚梁裂缝成因分析. 岩石力学与工程学报,2007,26(10):2125—2129.

[22] 彭琦,王悌訚,邓建辉,等. 地下厂房围岩变形特征分析. 岩石力学与工程学报,2007,26(12):2583—2587.

[23] 黄秋香,邓建辉,苏鹏云,等. 瀑布沟水电站地下厂房洞室群施工期围岩位移特征分析. 岩石力学与工程学报,2011,(增1):3032—3042.

[24] 冯小磊,施云江,易丹. 溪洛渡水电站左岸地下洞室群安全监测与分析. 人民长江,2010,41(20):28—31.

[25] 郑俊,邓建辉,谭升魁,等. 瀑布沟电站地下厂房洞室群施工期监测分析. 地下空间与工程学报,2011,7(2):346—353.

第 8 章　深部岩体开挖瞬态卸荷动力效应控制技术

由前面几章的介绍和讨论可知，深部岩体开挖瞬态卸荷诱发的围岩动力效应包括激发振动、围岩开裂、损伤和突发大变形、岩爆和应力型坍塌等几种主要形式。因此，深埋地下洞室施工过程中，研究岩体开挖瞬态卸荷动力效应的控制技术，对优化深部岩体工程爆破设计和保障施工安全具有重要意义。

本章主要介绍深埋地下厂房洞群开挖程序的优化，深埋洞室轮廓爆破方式比选，激发振动、围岩损伤以及岩爆主动防治方法等内容。

8.1　深埋洞室开挖程序优化

我国约 70%的水力资源分布在西南地区的崇山峻岭、深山峡谷之中，如金沙江、雅砻江、大渡河、澜沧江、乌江、红水河和黄河上游，以及未来可能开发的怒江和雅鲁藏布江。由于受地形和地貌条件的制约，20 世纪 90 年代以后，我国在高山峡谷地区已修建或正在建设的大型水电站基本上采用地下厂房设计方案，如表 8.1 所示。

表 8.1　我国部分已建和在建水电站地下厂房统计

水电站名称	河流	装机/MW	埋深/m	最大主地应力/MPa	主厂房开挖尺寸(长×宽×高)/m	开挖时间(年-月)
二滩水电站	雅砻江	3300	250～300	18.0～26.0	280.3×25.5×63.9	1993-12～1995-12
龙滩水电站	红水河	5400	207～258	6.0～19.8	388.5×30.7×77.3	2001-11～2004-07
小湾水电站	澜沧江	4200	300～500	16.4～26.7	298.1×30.6×82.0	2003-12～2006-05
瀑布沟水电站	大渡河	3300	220～360	21.1～27.3	294.1×30.7×70.2	2003-12～2007-07
溪洛渡水电站	金沙江	12600	340～480	15.0～20.0	443.3×31.9×75.6	2006-06～2008-12
拉西瓦水电站	黄河	4200	225～447	14.6～29.7	311.75×30×75	2003-11～2006-10
锦屏一级水电站	雅砻江	3600	110～380	20.0～35.7	276.9×25.9×68.8	2007-01～2009-12
锦屏二级水电站	雅砻江	4400	300～470	10.1～22.9	352.4×28.3×72.2	2007-06～2009-11
乌东德水电站	金沙江	10200	260～500	7.0～13.5	333.0×32.5×89.8	正在施工
白鹤滩水电站	金沙江	16000	420～540	22.0～26.0	453.0×34.0×88.7	正在施工

水电站地下厂房开挖规模巨大，一般埋深达数百米，开挖区域的最大主应力可达 20～30MPa，施工过程中地应力卸荷诱发的围岩高应力破坏现象十分普遍，如

二滩水电站、溪洛渡水电站、拉西瓦水电站、大岗山水电站、瀑布沟水电站、锦屏水电站和白鹤滩水电站等地下厂房高边墙发生过劈裂、片帮、岩爆、应力型塌方、突发大变形和松动圈深度过大等局部破坏现象[1~6]，给地下洞室围岩的稳定与变形控制和施工安全带来严峻挑战。

深埋洞室开挖过程中，洞室围岩中所储存的巨大的应变能将随着爆破破岩过程高速释放，可能导致围岩损伤，甚至诱发岩爆和围岩振动[7~9]。深埋洞室高边墙中二次应力场瞬态调整与爆破开挖过程诱发围岩振动的耦合作用可能引起围岩渐进式的变形与破坏。高边墙、洞室交叉口等部位在分期开挖的重复卸荷作用下，围岩逐渐松弛，易产生局部破坏或大变形[8~11]。可见，高应力条件下爆破开挖扰动及围岩应变能的瞬态释放对大型地下洞室局部失稳破坏的孕育过程具有重要影响。

8.1.1 典型水电站地下厂房洞群开挖程序

水电站地下厂房具有断面和跨度大、边墙高的特点，而且结构复杂、交叉洞室多。地下厂房开挖都采用竖直向分层钻爆方案，分层的高度一般为8～10m，开挖顺序一般都是从上往下，顶拱开挖采用水平孔爆破开挖，下层则采用垂直台阶梯段爆破；在水平方向则可能存在多工作面相向或背向同时开挖，多工序交替同步进行。下面以瀑布沟水电站、龙滩水电站地下厂房开挖为例，介绍地下厂房开挖的一般程序[5,11~13]。

1. 瀑布沟水电站

瀑布沟水电站左岸地下厂房系统由主副厂房、主变室、尾水闸门室、6条压力管道和2条无压尾水隧洞等组成，如图8.1所示。其中，主厂房开挖尺寸为294.1m×30.7m×70.2m（长×宽×高，下同），石方开挖量为423900m^3；主变室开挖尺寸为250.3m×18.3m×25.6m，石方开挖量为118300m^3；尾水闸门室开挖尺寸为178.9m×17.4m×54.2m，石方开挖量为174200m^3。三大洞室平行布置，主厂房与主变室之间的岩柱厚41.9m，有6条母线洞、连接洞、交通洞相连；主变室与尾闸室之间的岩柱厚32.7m，有6条尾水管及连接洞相连。包括引水隧洞、尾水隧洞、通风洞、排风竖井、排水洞、施工支洞等在内的各种不同功能的大小洞室纵横相贯，形成一个庞大而复杂的洞群。因此，地下洞群开挖过程中的围岩稳定控制是瀑布沟水电站工程建设的关键技术问题之一。

主厂房、主变室及尾水闸门室均位于微风化～新鲜中粗粒花岗岩中，围岩以Ⅱ、Ⅲ类岩体为主，岩体纵波波速在4500m/s以上；局部辉绿岩脉、裂隙密集带、小断层带及影响破碎带为Ⅳ、Ⅴ类围岩。岩体中无大的断层分布，揭露的小断层主要有9条。瀑布沟水电站地下厂房区域地应力场是一个以构造应力为主的中等偏高

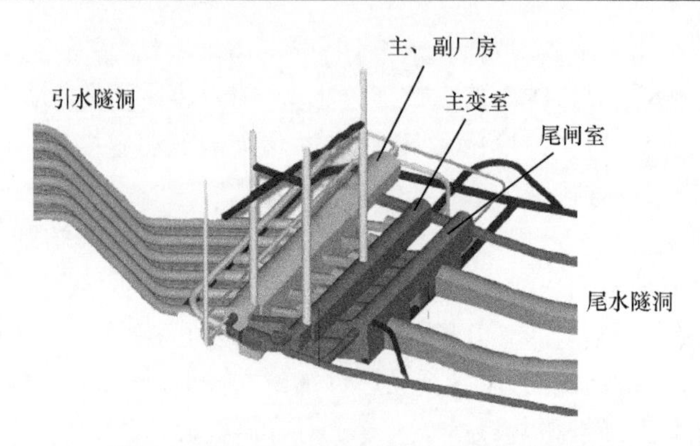

图 8.1 瀑布沟水电站地下厂房系统布置图

地应力场，其中第一、第三主应力方向基本接近水平，第一主应力与主厂房纵轴线有 26.7°～36.7°的夹角，第一、第三主应力大小分别为 21.1～27.3MPa 和 10.2～12.3MPa；第二主应力方向接近垂直，其大小为 15.5～23.3MPa。由于地应力较高，局部岩体完整地段发现弱至中等强度岩爆问题，对围岩稳定不利。

瀑布沟水电站地下主厂房自上而下分九层开挖，主变室分三层开挖，尾闸室分六层开挖。为确保三大洞室开挖期间洞间岩体的安全稳定，主厂房、尾闸室领先开挖施工，主变室滞后 1～2 层跟进。主厂房和主变室的开挖程序如图 8.2 所示[12]。

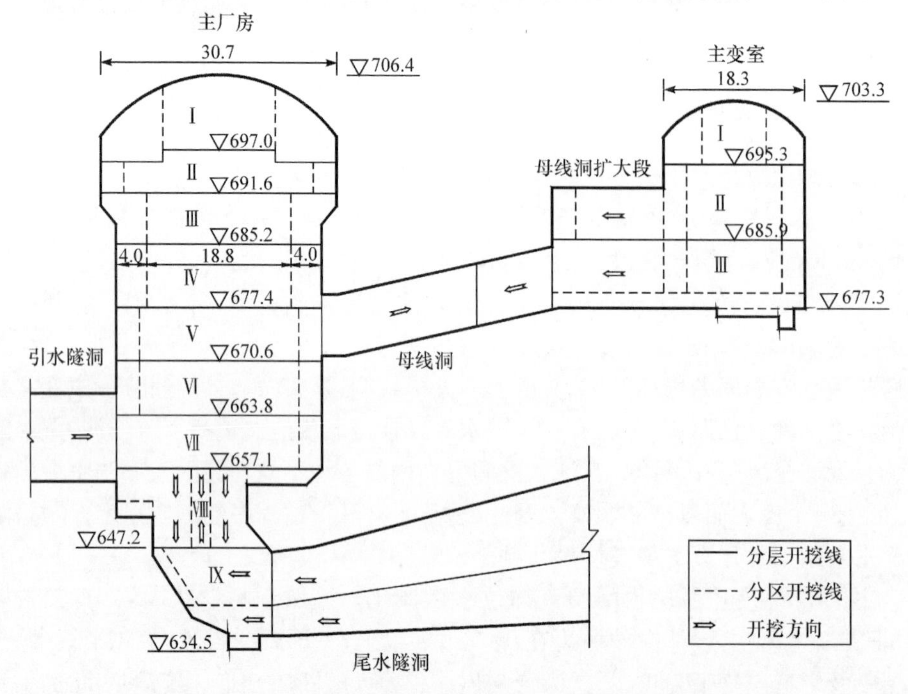

图 8.2 瀑布沟水电站地下主厂房和主变室开挖程序(单位：m)[12]

第Ⅰ层：为顶拱层开挖，采取中导洞超前 20～30m、两侧扩挖跟进的方式分两区进行开挖，平面上呈“品”字形推进。顶拱轮廓开挖质量要求高，采用轮廓光面爆破方式。

第Ⅱ层：分两区进行开挖，先中部抽槽开挖，宽 24.7m；接着进行两侧边墙保护层开挖，开挖高度为 3.9m，单侧宽 3.0m；保护层滞后中部抽槽约 20m 跟进开挖。

第Ⅲ层：为岩锚梁层。为减小爆破开挖对高边墙围岩的影响，同时保证岩锚梁岩层开挖的完整性，第Ⅲ层也分两区进行开挖。首先中部抽槽开挖，宽 18.8m；其次两侧预留保护层开挖，单侧宽 4.0～5.95m；保护层滞后中部抽槽约 20m 跟进开挖。下直墙所在面垂直光面爆破，岩台三角体斜墙面及上直墙面采用斜孔和垂直孔光面爆破。

第Ⅳ层：为减少爆破开挖动力扰动对高边墙围岩的影响，同时保证边墙及安装场底板的成型质量，第Ⅳ层分三区进行开挖。$Ⅳ_1$ 区为中部抽槽开挖，宽 18.8m；$Ⅳ_2$ 区为两侧边墙保护层开挖，单侧宽 4.0m；$Ⅳ_3$ 区为安装场底板保护层开挖，高 2.0m。$Ⅳ_2$ 区滞后 $Ⅳ_1$ 区约 20m 跟进开挖，$Ⅳ_3$ 区的开挖安排在安装场中部抽槽及厂房左边墙保护层开挖结束后适时进行。

第Ⅴ、第Ⅵ、第Ⅶ层的开挖高度分别为 6.7m、6.8m 和 6.7m，均采用先中部抽槽、后两侧保护层跟进的开挖程序，与第Ⅱ、第Ⅳ层的开挖程序类似。

第Ⅷ层：根据主机间的结构特点，为满足开挖施工的需要，同时保证水平建基面的成型质量，第Ⅷ层分三区进行开挖，分层高度为 9.9m。$Ⅷ_1$ 区为导井开挖，开挖尺寸为 2.5m×2.5m；$Ⅷ_2$ 区为机坑扩挖；$Ⅷ_3$ 区为水平建基面底板保护层开挖，高 1.6～2.0m。为保证机坑间岩柱的稳定，机坑采用分组间隔开挖，每个机坑先开挖导井（$Ⅷ_1$ 区），再扩挖（$Ⅷ_2$ 区），最后进行底板保护层（$Ⅷ_3$ 区）开挖。导井开挖采取正、反导井结合，正导井在第Ⅶ层开挖结束后进行，反导井在 $Ⅸ_1$ 层开挖结束后进行。

第Ⅸ层：根据主机间机坑的结构特点，并结合尾水管及连接洞施工程序，同时保证边墙的成型质量，第Ⅸ层分三区进行开挖。$Ⅸ_1$ 区利用尾水管及连接洞Ⅰ层开挖时的通道进行施工，开挖高度为 7.2m；$Ⅸ_2$ 区利用尾水管及连接洞Ⅱ层开挖时的通道进行施工，开挖高度为 3.8m；$Ⅸ_3$ 区为边墙保护层及厂房排水管廊道开挖，排水管廊道开挖尺寸为 4m×3.85m，边墙保护层宽 1.5m。为保证机坑间岩柱的稳定，$Ⅸ_1$ 层、$Ⅸ_2$ 层开挖均采取间隔分组开挖，设计轮廓采用光面爆破。

2. 龙滩水电站

龙滩水电站地下洞群规模巨大，地质条件复杂，其主要地下建筑物包括 9 条引水隧洞、主厂房、主变室、9 条母线洞、3 个调压井、尾水隧洞、进厂交通洞和其他辅助洞室。其中，主厂房长 398.19m、宽 30.17m、高 77.13m，石方开挖量为

636379m^3；主变室长 408.18m、宽 19.18m、高 34.16m，石方开挖量为 181555m^3；尾水调压井（含井间连接洞）长 451.32m、宽 25.16m、高 84.12m，石方开挖量为 503097m^3。三大洞室平行布置，主厂房与主变室相距 41.18m，有 12 条母线洞、连接洞、交通洞相连；主变室与调压井相距 26.16m，有 9 条连接洞相连。包括引水隧洞、尾水隧洞、通风洞、排风竖井、排水洞、施工支洞等在内的共 113 条洞室纵横相贯，形成一个庞大而复杂的地下洞群。

厂房区域岩体主要为中厚层的砂岩、粉砂岩和薄层泥板岩，洞室开挖时，交替出露，软硬不均；而且地下洞群相互纵横交错，立体交叉口多，洞室与洞室之间的岩柱较薄，主厂房、主变室、尾水调压室开挖断面大，边墙高；而且母线洞、主变室至副厂房的联系洞、引水下平洞及紧急出口等都必须在高边墙上开洞口，高边墙稳定问题突出。

厂房开挖采用"立面多层次，平面多工序"的平行交叉作业，自上而下分九层进行施工，如图 8.3 所示[5]。在第Ⅰ、第Ⅱ层施工的同时，从主变室进行联系洞的施工，为第Ⅲ层开挖创造条件；在第Ⅱ、第Ⅲ层施工的同时，从引水下平洞进入厂房第Ⅴ层进行开挖，为第Ⅳ、第Ⅴ层开挖创造条件；第Ⅴ层开挖的同时从尾水扩散段进入厂房，为第Ⅶ、第Ⅷ、第Ⅸ层开挖创造条件[11,13]。各层的开挖程序如下：

第Ⅰ层：顶拱层开挖分两区进行，开挖高度分别为 8.9m（中部）和 9.79m（两侧）。与瀑布沟水电站主厂房第Ⅰ层开挖程序不同的是，该主厂房第Ⅰ层开挖采用两侧导洞（宽 8.0m）超前、中间扩挖（宽 14.7m）跟进的方法。

第Ⅱ层：开挖高度为 11.3m（中部）和 9.2m（两侧）。采用中部梯段拉槽（宽 18.9m）开挖超前、两边预留保护层（5m）水平扩挖跟进的开挖方式，为保证高边墙开挖轮廓，开挖前均对上下游边墙进行预裂。岩锚梁岩台开挖采用造浅孔、加密规格孔、光面爆破，短进尺多循环的方式进行。

第Ⅲ层：分别从进厂交通洞和联系洞两工作面同时进行，开挖高度为 10.5m。采用潜孔钻中部梯段拉槽（宽 16.9m）开挖超前、两边（宽 6.0m）梯段扩挖跟进的开挖方式，岩锚梁施工前先对上下游边墙进行预裂。

第Ⅳ层：开挖高度为 9.2m，利用进厂交通洞、联系洞以及第Ⅴ层已形成的引水下平洞提前进入厂房的通道（先将引水下平洞洞口上方爆通），形成多个开挖工作面同时进行施工。采用边墙提前预裂、潜孔钻梯段爆破的开挖程序。

第Ⅴ层：层高 10.0m，在厂房第Ⅱ、第Ⅲ层施工时，充分利用引水下平洞先形成的有利条件，从引水下平洞进入厂房。第Ⅴ层开挖时先对上下游边墙进行预裂，然后利用引水下平洞提前进入厂房所开挖出的掌子面，用潜孔钻分别从 3#、6#、9#引水下平洞洞口以辐射状进行梯段钻爆开挖。

第Ⅵ层：开挖高度为 6.5m，从引水下平洞（3#、6#、9#）以 10%的坡降至第Ⅵ层底部进入，开挖前先对上游边墙进行预裂，而后采用潜孔钻沿通道呈辐射状梯段

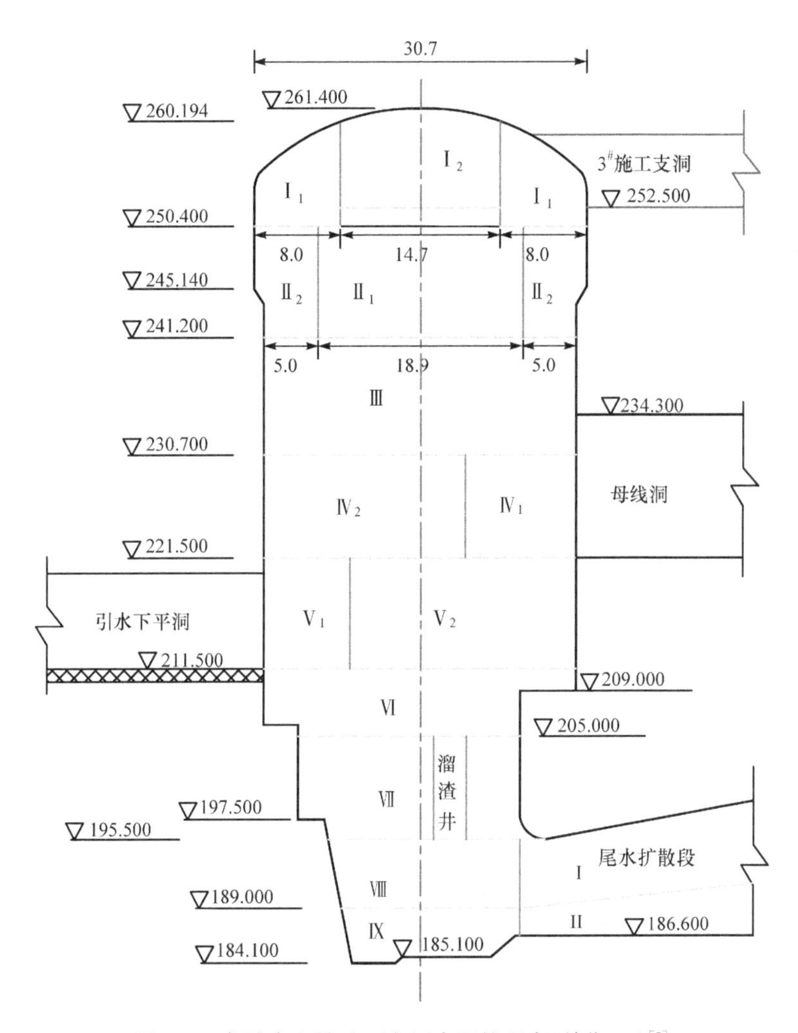

图8.3 龙滩水电站地下主厂房开挖程序(单位:m)[5]

爆破,斜坡道相互交替开挖,最后退挖。

第Ⅶ层:层高9.5m,开挖从1#机坑往9#机坑后退施工,各基坑开挖分两步进行,先用潜孔钻在基坑内一次爆通出一溜碴井(2.0m×2.0m),然后沿导井分段进行扩挖(潜孔钻打孔,一次爆通),周边光爆。第Ⅶ层施工前利用尾水隧洞已形成的工作面,先施工厂房第Ⅷ、第Ⅸ层中部,为第Ⅶ层开挖施工形成出碴通道。

第Ⅷ、第Ⅸ层层高分别定为6.5m和4.9m,分别从尾水扩散段上层开挖工作面和下层开挖工作面水平进入,液压台车钻孔爆破,基坑四周预留保护层手风钻自上而下开挖,周边光爆。

8.1.2 大型地下厂房开挖程序比较与分析

大型地下厂房顶拱层的开挖一般采用水平浅孔爆破的方式，其钻孔直径一般为42～50mm，孔深3.0～3.5m，爆破钻孔通常采用多臂台车；对于顶拱层以下各层的开挖，为加快施工进度，一般采用孔径为70～90mm、台阶高度为8～10m的深孔梯段爆破。

对于地下厂房顶拱层的开挖，在开挖程序上，龙滩水电站采用两侧导洞超前、中部预留岩柱的方案(见图8.4(a))，而其他工程顶拱层的开挖全都采用中导洞超前、两侧扩挖跟进的开挖程序(见图8.4(b))；在顶拱轮廓上，所有工程均采用光面爆破。

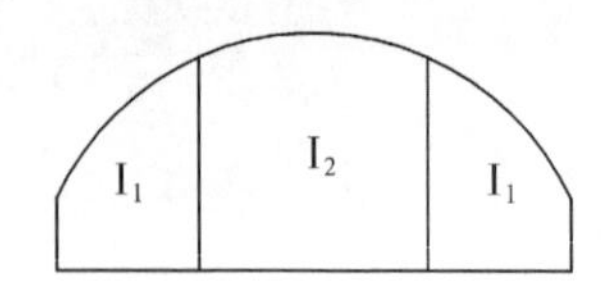

(a) 两侧导洞超前、中部预留岩柱

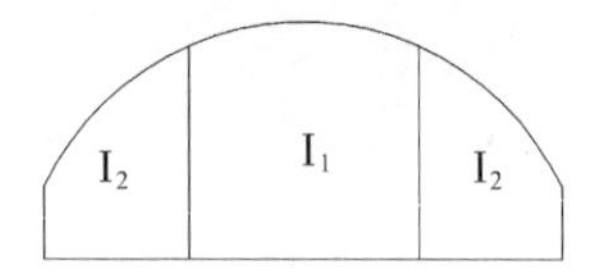

(b) 中导洞超前、两侧扩挖跟进

图8.4 地下厂房顶拱层开挖程序

对于所有电站地下厂房的岩锚梁层开挖(见图8.5)，均采取预留保护层(图8.5中的*AGFB*)的开挖方式，而且岩台轮廓(图8.5中的*CD*和*DE*)均采用光面爆破方式。预留保护层*AGFB*的开挖，大多数工程采用先在保护层外侧*AG*施工预裂爆破、中部抽槽爆破，再在保护层内侧*BEF*预裂的施工程序；仅有二滩水电站和瀑布沟水电站采用先中部抽槽开挖，再在保护层外侧轮廓*AG*处实施光面爆破、保护层扩挖及其内侧*BEF*光面爆破的开挖程序。

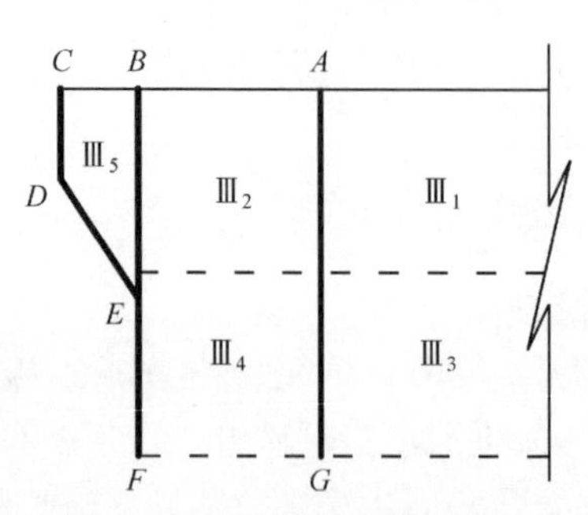

图8.5 岩锚梁层的开挖程序

地下厂房高边墙层开挖的两种主要程序为：①*AA*(轮廓预裂爆破)→$Ⅳ_1$(中部抽槽)→$Ⅳ_2$(扩挖)→$Ⅳ_3$(缓冲爆破)；②$Ⅳ_1$(中部抽槽)→$Ⅳ_2$(扩挖)→$Ⅳ_3$(保护层松动爆破)→*AA*(轮廓光面爆破)，如图8.6所示。

对上述两种传统的预裂和光面爆破开挖程序进行改进，核心是将轮廓保护层或缓冲爆破层外侧作为施工期的“临时轮廓”，在该“临时轮廓”处实施施工预裂或

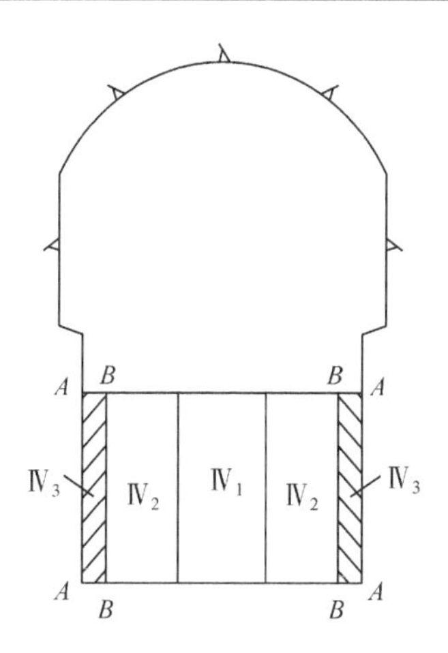

图 8.6 地下厂房高边墙层开挖程序

光爆，从而保证保护层或缓冲层临时开挖轮廓的成型和岩体的完整性与稳定性，为后续保护层或缓冲层的钻爆施工创造规整的工作面，同时实现高地应力瞬态卸荷对高边墙或岩锚梁的影响控制。这样可演化出以下 5 种新的开挖程序，即③*BB*（保护层施工预裂）→$Ⅳ_1$（中部抽槽）→*AA*（轮廓预裂爆破）→$Ⅳ_2$（扩挖）→$Ⅳ_3$（缓冲爆破）；④$Ⅳ_1$（中部抽槽）→$Ⅳ_2$（扩挖）→*BB*（保护层施工光面爆破）→$Ⅳ_3$（保护层松动爆破）→*AA*（轮廓光面爆破）；⑤*BB*（保护层施工预裂）→$Ⅳ_1$（中部抽槽）→$Ⅳ_2$（扩挖）→$Ⅳ_3$（缓冲爆破）→*AA*（轮廓光面爆破）；⑥$Ⅳ_1$（中部抽槽）→*BB*（保护层施工预裂爆破）→$Ⅳ_2$（扩挖）→$Ⅳ_3$（保护层松动爆破）→*AA*（轮廓光面爆破）；⑦$Ⅳ_1$（中部抽槽）→*BB*（保护层施工预裂爆破）→$Ⅳ_2$（扩挖）→*AA*（轮廓预裂爆破）→$Ⅳ_3$（保护层松动爆破）。其中，开挖程序③是①的改进，④是②的改进，⑤、⑥、⑦则是①和②的不同组合。

采用开挖程序③的工程有龙滩水电站、拉西瓦水电站、小湾水电站和溪洛渡水电站地下厂房；在总体上采用开挖程序②的瀑布沟水电站，在岩锚梁层及岩体结构面发育部位则采用了开挖程序④；采用开挖程序⑤的工程主要是三峡工程第Ⅳ层及以下各层、锦屏一级水电站和锦屏二级水电站。部分国内已建大型地下厂房的岩性、地应力水平以及实际采用的开挖程序与轮廓爆破方式如表 8.2 所示[14]。

表 8.2 部分大型地下厂房洞群开挖程序统计[14]

工程名称	岩性	垂直厂房轴线远场应力/MPa	开挖程序		
			顶拱层	高边墙	岩锚梁层
二滩水电站	正长岩、辉长岩、变质玄武岩	15.01	中导洞超前、两侧扩挖跟进	先中部抽槽，再扩挖，最后轮廓光面爆破	预留保护层、岩台光面爆破

续表

工程名称	岩性	垂直厂房轴线远场应力/MPa	开挖程序		
			顶拱层	高边墙	岩锚梁层
龙滩水电站	砂岩、泥板岩互层	5.25	两侧导洞超前、中部预留岩柱	先施工预裂、中部抽槽，再轮廓预裂、扩挖，最后保护层松动爆破	预留保护层、岩台光面爆破
水布垭水电站	灰岩	2.55	中导洞超前、两侧扩挖跟进	先保护层施工预裂、中部抽槽，再扩挖，最后(轮廓光面爆破	预留保护层、岩台光面爆破
小湾水电站	黑云花岗片麻岩	14.92	中导洞超前、两侧扩挖跟进	前期：先施工预裂、中部抽槽，再轮廓预裂、扩挖，最后保护层松动爆破； 后期：先中部抽槽、保护层施工预裂，再扩挖，最后轮廓光面爆破	预留保护层、岩台光面爆破
瀑布沟水电站	中粗粒花岗岩	13.50	中导洞超前、两侧扩挖跟进	前期：先中部抽槽，再扩挖，最后轮廓光面爆破； 后期：先中部抽槽，后扩挖，再施工光面爆破，最后保护层松动爆破和轮廓光面爆破	预留保护层、岩台光面爆破
溪洛渡水电站	斑状玄武岩和含斑玄武岩	10.00	中导洞超前、两侧扩挖跟进	先施工预裂、中部抽槽，再轮廓预裂、扩挖，最后保护层松动爆破	预留保护层、岩台光面爆破
拉西瓦水电站	块状结构，中粗粒花岗岩	9.68	中导洞超前、两侧扩挖跟进	先施工预裂、中部抽槽，再轮廓预裂、扩挖，最后保护层松动爆破	预留保护层、岩台光面爆破
三峡水电站	闪云斜长花岗岩和闪长岩	5.05	中导洞超前、两侧扩挖跟进	第Ⅲ层：先中部抽槽，再扩挖，最后轮廓光面爆破； 第Ⅳ层及以下：先保护层施工预裂、中部抽槽，再扩挖，最后轮廓光面爆破	预留保护层、岩台光面爆破
向家坝水电站	中细砂岩	6.73	中导洞超前、两侧扩挖跟进	先轮廓预裂爆破，后中部抽槽，再扩挖	预留保护层、岩台光面爆破

续表

工程名称	岩性	垂直厂房轴线远场应力/MPa	开挖程序		
			顶拱层	高边墙	岩锚梁层
锦屏一级水电站	薄到中厚层大理岩夹绿片岩	20～35.7	中导洞超前、两侧扩挖跟进	先保护层施工预裂、中部抽槽，再扩挖，最后轮廓光面爆破	预留保护层、岩台光面爆破
锦屏二级水电站	中厚层大理岩，绿砂岩	12～24	中导洞超前、两侧扩挖跟进	先保护层施工预裂、中部抽槽，再扩挖，最后轮廓光面爆破	预留保护层、岩台光面爆破

8.1.3　深埋地下厂房开挖轮廓爆破方式比选

从前面的不同开挖程序分析可以看出，上述各种开挖程序的差异实质在于轮廓爆破方式和实施时机的不同。

岩体开挖爆破对保留岩体可能产生两方面的损伤：轮廓面处的光面或预裂爆破本身对保留岩体产生的动力损伤以及开挖区内的爆炸荷载和地应力瞬态卸荷诱发的振动对保留岩体的动力损伤。预裂爆破是在主爆孔和缓冲孔前起爆，在形成一定宽度和延伸范围的裂缝的前提下再进行主开挖区内的爆破作业，能较好地屏蔽主体开挖爆破扰动对保留岩体产生损伤。但由于预裂爆破在半无限岩体或强侧向约束条件下进行，相对光面爆破而言，其预裂成缝过程需克服更大的垂直于缝面的岩体应力，需要有更高的爆炸气体压力作用，从而不可避免地对保留岩体产生更大的损伤。光面爆破则刚好与预裂爆破相反，由于在小抵抗线条件下进行，具有爆破本身对保留岩体损伤小的优点，但有无法屏蔽主体开挖区内的爆炸荷载和地应力瞬态卸荷对承载岩体损伤的缺点。

合理的开挖方式应能充分发挥两种轮廓爆破方式的优点而避开各自缺点：既能控制轮廓爆破本身对保留岩体的损伤，又可降低主体开挖区的爆破和瞬态卸荷动力扰动对保留岩体的影响。因此，采用预裂爆破时要注意预裂孔起爆对围岩的损伤；对于光面爆破，则应控制主爆区爆破对保留岩体的影响。针对具体工程，应根据岩体应力水平和断裂特性参数，合理选择开挖程序、轮廓爆破方式及具体的爆破参数[15]。

1. 轮廓爆破成缝机理

在开挖程序和轮廓爆破方式选择过程中，一个重要的技术问题是预裂爆破与光面爆破的成缝难易程度及其对保留岩体的损伤与破坏评价。

预裂爆破和光面爆破的成缝机理相近，其断裂过程包含爆炸应力波的作用和爆炸气体的准静态压力作用两个阶段。爆炸应力波首先在孔壁形成一些初始的径向和环向裂纹,孔内爆生气体因膨胀而挤入孔壁的初始径向裂纹,产生的“气刃效应”作用使裂纹进一步扩展,直至裂缝在两炮孔间贯穿。

开挖中要形成预裂纹,需满足两个条件:①在爆生气体压力的作用下,沿炮孔连线方向发展的裂缝的尖端应力强度因子超过岩体的断裂韧度,裂缝能够稳定传播,直至贯通;②炮孔内的爆生气体压力要小于岩石的动态抗压强度,这样才能保证在形成裂纹的同时,炮孔周围的岩体不被压碎。

裂纹稳定传播的条件可描述为

$$K_{\mathrm{I}}(t)>K_{\mathrm{Id}} \tag{8.1}$$

式中,$K_{\mathrm{I}}(t)$为预裂缝裂纹尖端应力强度因子;K_{Id}为岩石的动态断裂韧度。

在 Nilson 等[16]的工作基础上,卢文波和陶振宇[17]曾建立了预裂爆破裂纹扩展模型和相应的裂纹尖端应力强度因子的计算方法。考虑相邻炮孔爆炸荷载和岩体地应力的联合作用,改进后的裂纹扩展模型如图 8.7 所示。图中 $W(x,t)$为 t 时刻裂纹的张开位移;$L(t)$为 t 时刻爆生气体驱动的裂纹总长度;$L(t)$为 t 时刻爆生气体在裂纹中贯入的长度;L_0 为应力波作用下产生的径向裂纹的初始长度,计算中取为 $3R$,R 为炮孔半径;a 为炮孔间距;$p(t)$为炮孔中的气体压强;$p(x,t)$为沿裂纹方向分布的爆炸气体压强;σ 为垂直于裂纹面的岩体地应力。

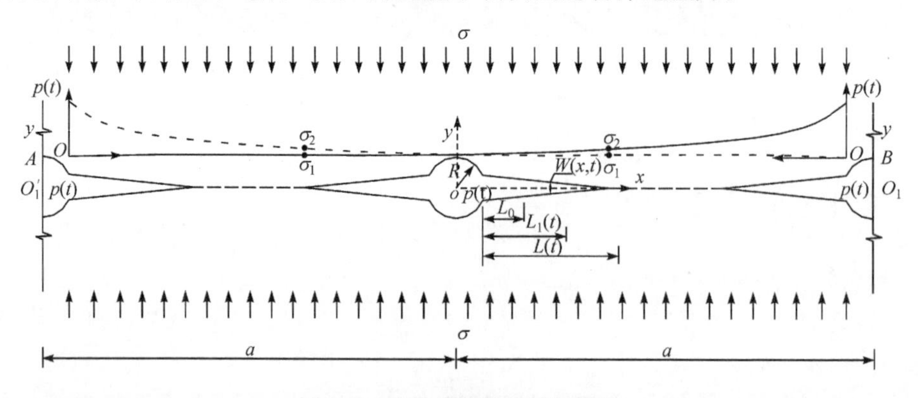

图 8.7　改进后的裂纹扩展模型

考虑邻孔炸药爆炸时产生爆生气体的影响,作为近似处理,仅考虑相邻两炮孔的影响。σ_1 和 σ_2 可由弹性力学的圆形压力隧道受内压作用下的解析解得到

$$\begin{cases}\sigma_1=p(t)\left(\dfrac{R}{a+L(t)+R}\right)^2\\[2ex]\sigma_2=p(t)\left(\dfrac{R}{a-L(t)-R}\right)^2\end{cases} \tag{8.2}$$

作用在裂缝面上的实际闭合应力 σ' 为

$$\sigma'=\sigma-\sigma_1-\sigma_2 \tag{8.3}$$

此模型下的裂纹尖端应力强度因子为

$$K_{\mathrm{I}}(t)=2\left(\frac{L(t)+R}{\pi}\right)^{0.5}\int_{0}^{L_1(t)+R}\frac{p(x,t)-\sigma'}{[(L(t)+R)^2-x^2]^{0.5}}\mathrm{d}x \tag{8.4}$$

式中，裂纹扩展总长度 $L(t)=\int_0^t c_{\mathrm{f}}(t)\mathrm{d}t$，爆生气体贯入长度 $L_1(t)=\int_0^t v_{\mathrm{e}}(t)\mathrm{d}t$，其中 $c_{\mathrm{f}}(t)$、$v_{\mathrm{e}}(t)$ 分别为裂纹尖端的扩展速度和裂纹中前端气体的流动速度。裂纹的稳定扩展速度 $c_{\mathrm{f}}(t)$ 可取为 $0.38c_{\mathrm{P}}$，c_{P} 为岩石介质的纵波波速。

裂纹的张开位移为

$$W(x,t)=\frac{4(1-\mu)}{\pi G}\int_{x}^{L(t)+R}\left[\int_{0}^{\xi}\frac{P(\zeta,t)-\sigma'}{(\xi^2-\zeta^2)^{0.5}}\mathrm{d}\zeta\right]\frac{\xi}{(\xi^2-x^2)^{0.5}}\mathrm{d}\xi \tag{8.5}$$

式中，μ 为岩体的泊松比；G 为岩体的剪切模量；ξ 为裂纹扩展的瞬间长度；ζ 为该瞬间长度的微段长度。

假设爆生气体压强沿裂纹长度方向近似呈均匀分布，且等于炮孔压力 $p(t)$，裂纹中前端爆生气体的流动速度 $V_{\mathrm{e}}(t)$ 可根据爆生气体在裂缝内的一维非定常流动计算而得到。

炮孔中爆生气体的压力可由多方气体状态方程得到

$$p(t)(V(t))^{\gamma}=\mathrm{const} \tag{8.6}$$

式中，$V(t)$ 为爆生气体的总体积；γ 为等熵指数，当 $p(t)\geqslant p_{\mathrm{k}}$ 时，γ 近似取为 3.0，当 $p(t)<p_{\mathrm{k}}$ 时，$\gamma=\nu=1.4$，p_{k} 为炸药的临界压力，可取为 100MPa。

炮孔内爆生气体的初始孔内平均压强 p_0 为

$$p_0=\left[\frac{\rho_{\mathrm{e}}D^2}{2(1+\gamma)}\right]^{\frac{\nu}{\gamma}}p_{\mathrm{k}}^{\frac{\gamma-\nu}{\gamma}}\left(\frac{d_{\mathrm{e}}}{d_{\mathrm{b}}}\right)^{2\nu} \tag{8.7}$$

式中，ρ_{e} 为炸药密度；D 为炸药的爆轰速度；d_{e} 为炸药的直径；d_{b} 为炮孔的直径。

由式(8.5)～式(8.7)可逐步计算裂缝内爆生气体压力的衰减过程和裂纹扩展过程。

同时，为防止预裂爆破本身对孔壁附近保留岩体产生过大损伤，需要保证预裂爆破过程内其底部装药加强段的炮孔壁爆炸冲击波压力低于孔壁岩体的动态抗压强度，即

$$kp_0<\sigma_{\mathrm{cd}} \tag{8.8}$$

式中，k 为底部装药加强段的爆炸冲击波增大系数，近似取为 3～4；σ_{cd} 为岩石的动态抗压强度。

在给定岩性和地应力水平条件下，轮廓爆破的主要参数有钻孔直径、钻孔间距和线装药密度。下面通过对裂缝成缝条件进行分析，建立线装药密度及炮孔间距与缝面地应力的关系。

参考地下厂房拉槽预裂通常使用的炮孔直径，计算中设定炮孔直径为 70mm；

轮廓爆破炮孔间距 a 一般为 7～12 倍的炮孔直径，计算中炮孔间距分别取为 0.5m、0.7m 和 0.85m；岩石的断裂韧度 K_{Id} 分别为 0.8MPa·$m^{1/2}$、1.2MPa·$m^{1/2}$、1.6MPa·$m^{1/2}$ 和 2.0MPa·$m^{1/2}$，由式(8.1)～式(8.7)计算得到的轮廓爆破线装药密度 q 和缝面应力 σ 的关系如图 8.8 所示。

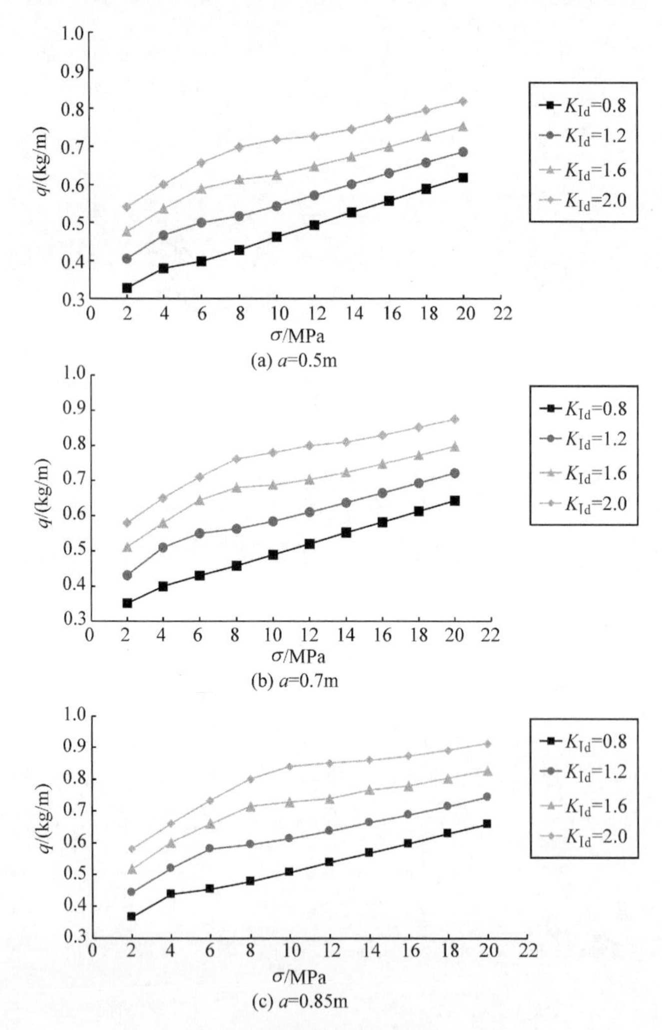

(a) a=0.5m

(b) a=0.7m

(c) a=0.85m

图 8.8　线装药密度与岩体缝面应力关系

从图中可以看出，影响轮廓爆破成缝难易程度的主要因素为岩石的断裂韧度、作用在缝面上的岩体应力以及炮孔间距和线装药密度等爆破参数。

2. 深埋洞室轮廓面开挖程序与爆破方式优选

由前面的分析可知，当岩性和炮孔间距一定时，地应力水平越高，岩体炮孔间成缝越难；当岩体缝面应力、断裂韧度一定时，若炮孔间距变大，保证岩石成裂的线装药密度需相应提高；当岩体缝面应力和孔距一定时，随着岩石断裂韧度的提高，保证岩石成裂的线装药密度需相应提高。对深埋洞室开挖程序和轮廓爆破方式的选择，由于岩体地应力高，其核心技术问题是确保轮廓爆破的成缝并控制其对保留岩体的损伤。

利用有限元软件ANSYS，分以下三种计算模型分析开挖轮廓上的二次应力：预留3m保护层的光面爆破、半无限条件下的预裂爆破和中部8m宽拉槽形成侧向临空面的预裂爆破，如图8.9所示。

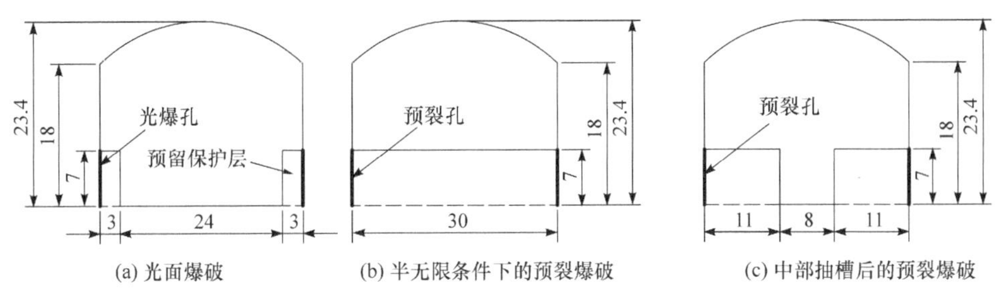

(a) 光面爆破　(b) 半无限条件下的预裂爆破　(c) 中部抽槽后的预裂爆破

图8.9　厂房高边墙开挖计算模型(单位:m)

图8.10是光面和预裂爆破的有限元计算模型，采用线弹性材料，采用Plane42单元。计算参数为：远场岩体水平向地应力为$\sigma_h=30$MPa，竖直向地应力为$\sigma_v=20$MPa，岩体密度$\rho=2700$kg/m^3，弹性模型$E=47.2$GPa，泊松比$\mu=0.23$。

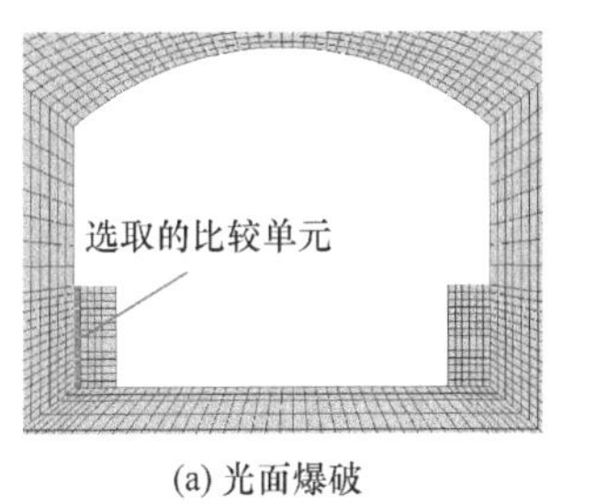

(a) 光面爆破

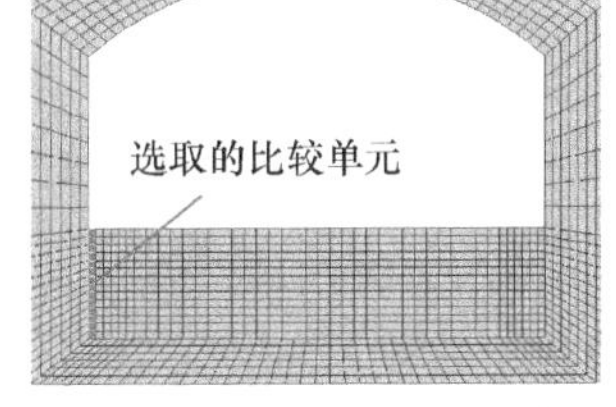

(b) 半无限条件下的预裂爆破

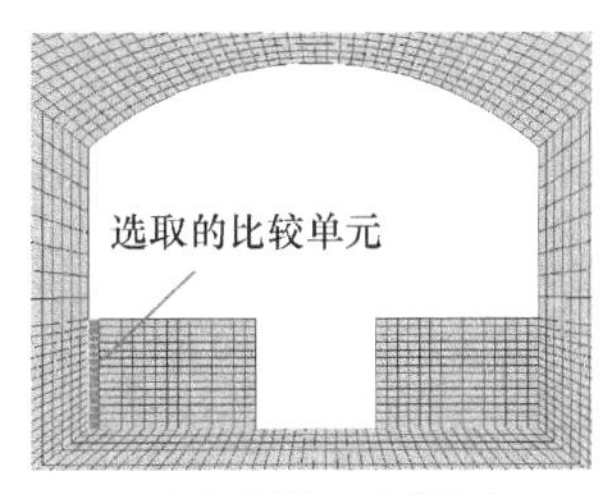

(c) 中部抽槽后预裂爆破

图8.10　厂房高边墙轮廓爆破计算模型(单位:m)

计算结果表明，光面爆破条件下缝面平均水平向应力为13MPa，比远场岩体应力降低了56.7%；半无限条件下预裂爆破的缝面平均水平向应力为38.9MPa，比远场岩体应力增大了26.3%；先中部抽槽后预裂爆破的缝面平均水平向应力为25.8MPa，比远场岩体应力降低了14%。

根据上述计算结果推算，当垂直厂房轴线的水平向地应力水平达到10～12MPa时，由于开挖造成应力重分布，对半无限条件下的预裂爆破，其缝面压力达到12～14MPa，甚至更高。假设一般岩石的断裂韧度为0.8～2.0MPa·m$^{1/2}$，由

图 8.8 可知，当炮孔间距为 7 倍孔径时，预裂爆破的线装药密度需达到 0.45～0.72kg/m 才能确保成缝；而当炮孔间距为 10～12 倍孔径时，预裂爆破的线装药密度需达到 0.72～0.85kg/m 才能形成贯穿裂缝，根据式(8.7)和式(8.8)推算，此时炮孔内的爆生气体压力将达到 120～150MPa，甚至更高。此值已超过岩体的动抗压强度，必然对保留岩体产生动力损伤。

通过前面的分析与讨论，可得到以下认识或建议：

(1) 由于垂直于裂缝缝面岩体应力的约束作用，预裂爆破比光面爆破更难成缝。当垂直于厂房轴线的远场岩体应力小于 10MPa 时，传统预裂爆破可取得理想效果；当垂直于厂房轴线的远场岩体应力达到 10～12MPa(或更大)时，传统预裂爆破的成缝效果无法得到保证。中部抽槽在先的开挖程序，可有效释放岩体的侧向应力，为后续预裂爆破创造有利条件。

(2) 当垂直于厂房轴线的远场岩体应力小于 10MPa 时，可采用先轮廓预裂爆破、后中部抽槽、再扩挖的开挖程序。在需要严格控制爆破振动的条件下，优先采用先预裂、再开挖的程序。

(3) 当垂直于厂房轴线的远场岩体应力达到 10～12MPa 时，宜采用先中部抽槽、后预裂或光面爆破的开挖程序；在需要严格控制爆破振动的条件下，优先采用先中部抽槽、后预裂的开挖程序。

对比表 8.2 的工程统计可知，对于垂直于厂房轴线的远场岩体应力小于 10MPa 的工程，均采用了预裂爆破或施工预裂的爆破方式，并且取得了良好的预裂成缝效果，这些实践经验符合上述理论分析结果。

岩体远场应力达到 10～12MPa(或更大)的工程包括二滩水电站、瀑布沟水电站、小湾水电站、锦屏一级水电站和锦屏二级水电站，前面的理论分析结果表明，在这样高地应力的强侧向约束下，无法保证常规预裂爆破的有效成缝。

事实上，在二滩水电站和瀑布沟水电站地下厂房开挖的现场试验中，研究过预裂爆破的轮廓爆破方案，但即使在采用较大线装药密度条件下，也无法取得良好的预裂成缝效果，最终采用了先中部抽槽、后预留保护层和轮廓光面爆破的开挖程序。

而对小湾水电站、锦屏一级水电站和锦屏二级水电站，为了控制爆破振动和开挖卸荷作用对高边墙和岩锚梁的不利影响，在其拉槽爆破施工前，均在保护层外侧实施了预裂爆破。实施中，施工预裂与中部抽槽爆破开挖在同一起爆网路起爆，仅在起爆时间上超前。需要指出的是，为克服超强的岩体应力侧向约束作用，这些工程施工预裂爆破的线装药密度比正常值增大了 20%～30%，但这些工程的施工预裂成缝效果并不理想。因此，在小湾水电站地下厂房开挖中，实际采用了先中部抽槽、后实施保护层施工预裂爆破的开挖程序，取得了良好的开挖效果。

在建的白鹤滩水电站总装机容量 16000MW，左右岸地下厂房各布置 8 台机组。厂房区地层岩性主要为斜斑玄武岩、杏仁状玄武岩、角砾熔岩、隐晶质玄武岩，局部发育柱状节理玄武岩。地应力以构造应力为主，水平应力大于垂直应力。左岸厂房第一主应力与地下厂房洞室轴线夹角为50°～70°，倾角为5°～13°，大小为19～23MPa；第二主应力大小为13～16MPa；第三主应力方向接近垂直，大小相当于上覆岩体自重应力，为8.2～12.2MPa。右岸厂房区第一主应力与地下厂房洞室轴线夹角为10°～30°，倾角为2°～11°，大小为22～26MPa；第二主应力大小为14～18MPa，方向与地下厂房洞室轴线接近垂直；第三主应力方向接近垂直，大小相当于上覆岩体自重应力，一般为13～16MPa[18]。左右岸地下厂房的第Ⅱ和第Ⅲ层开挖，采用中间抽槽、两侧预留保护层的开挖方式，获得了满意的开挖效果。但为了降低和控制第Ⅳ层开挖爆破振动对岩锚梁层高边墙及新浇混凝土的影响，第Ⅳ层开挖在中部抽槽前，先在轮廓上进行了预裂爆破。由前面的分析可推断，在此高侧向地应力的约束下，轮廓上采用预裂爆破无法保证成缝。从第Ⅳ层开挖现场揭露的边墙成型效果看，轮廓表面凹凸不平，半孔不明显，验证了前面的分析结论。

8.2　深部岩体开挖瞬态卸荷激发振动控制

通过第4章的分析和讨论，我们已经认识到：深部岩体爆破开挖产生的围岩振动由爆炸荷载和开挖面上地应力瞬态卸荷共同作用引起；地应力瞬态卸荷激发的峰值振动速度与地应力大小成正比，随着地应力水平的提高，在爆源中远区，地应力瞬态卸荷激发的振动将超越爆炸荷载产生的振动，成为控制围岩振动响应的主要因素。

因此，在深部岩体开挖过程中，除了重视传统爆破振动影响，不能忽视开挖瞬态卸荷激发振动的控制。

8.2.1　爆破振动和开挖瞬态卸荷激发振动的预测

爆破振动质点峰值振动速度的衰减公式为

$$\mathrm{PPV}=k\left(\frac{Q_n}{R}\right)^{\alpha} \tag{8.9}$$

式中，PPV为质点峰值振动速度，cm/s；Q为最大单响药量，kg；R为爆心距，m；k和α为与场地、装药等有关的参数。在中国和俄罗斯，n取1/3，物理意义上是针对球形药包，对应洞室爆破；而在美国和欧盟等西方国家，n取1/2，物理意义上是针对柱状药包，对应钻孔爆破。需要指出的是，当爆心距大于一定值时，n取1/2或1/3所得到的质点峰值振动速度值相差不大。由式(8.9)可知，在给定岩性和场地参数条件下，影响爆破振动速度的主要因素为单响药量和爆心距。

尽管式(8.9)形式简单，便于运用，而且在爆源中远区具有较高精度，但该式不能直接反映诸如炸药种类、装药结构、钻孔孔径及岩性参数等因素对振动速度的影响。针对钻孔爆破，Lu 和 Hustrulid[19] 基于均匀、各向同性及线弹性岩体条件，根据柱面波理论、子波理论以及短柱状药包激发应力波场的 Heelan 解，推导了适合爆源近中区的爆破振动质点峰值振动速度衰减公式（见式(8.10)），并采用室内外试验资料和数值模拟验证了该公式的有效性。

$$\mathrm{PPV}=k\frac{P_0}{\rho c_{\mathrm{P}}}\left(\frac{b}{R}\right)^{\alpha} \tag{8.10}$$

式中，P_0 为炮孔内爆生气体的初始压力；ρ 为岩体密度；c_{P}为岩体纵波速度；b 为炮孔半径；其他符号意义同前。对于实际深部岩体钻爆开挖，按照 2.3 节的讨论，此处 P_0 应该理解为开挖边界上的等效爆炸荷载，b 应该为开挖岩体的等效半径。

由 4.4 节的推导可知，静水地应力场条件下，圆形隧洞开挖时地应力瞬态卸荷激发振动的衰减规律式(4.24)可简化为

$$\mathrm{PPV}=K\frac{P_{\mathrm{u0}}}{\rho c_{\mathrm{P}}}\left(\frac{a}{R}\right)^{\alpha} \tag{8.11}$$

式中，P_{u0}为开挖面上的地应力；K 为与地质、爆区场地条件、开挖面尺寸和卸荷持续时间有关的系数；a 为开挖面半径；R 为爆心距；α 为衰减指数。

比较式(8.10)和式(8.11)可以发现，在静水地应力条件下的深埋洞室岩体开挖中，爆破振动和开挖瞬态卸荷激发振动的相对大小取决于开挖轮廓上的等效爆炸荷载和开挖荷载。

对于非静水地应力场、不规则开挖边界条件，开挖面上地应力瞬态卸荷激发的质点峰值振动速度由式(4.42)预测，即

$$\mathrm{PPV}=K\left(\frac{E_{\mathrm{s}}}{\rho V}\right)^{1/2}\left(\frac{V^{1/3}}{r}\right)^{\alpha}$$

8.2.2 深埋隧洞开挖瞬态卸荷激发振动控制

为了克服围岩的夹制作用、改善岩石破碎条件、控制隧洞开挖轮廓以及提高掘进效率，隧洞钻爆开挖时，按作用原理、布置方式及有关参数的不同，开挖断面上布置的炮孔往往分为掏槽孔、崩落孔和周边孔三类。这三类炮孔通过毫秒延迟网络实现毫秒延迟间隔的顺序起爆，先起爆的炮孔为后起爆的炮孔创造自由面，减小岩石的夹制作用。

图 8.11 为圆形隧洞和城门洞形隧洞开挖典型的炮孔布置与起爆顺序，MS1～MS15 表示毫秒延迟雷管段别。本节从掏槽方式选择、孔网参数设计、起爆网路设计三个方面讨论深埋隧洞开挖瞬态卸荷激发振动的控制措施。

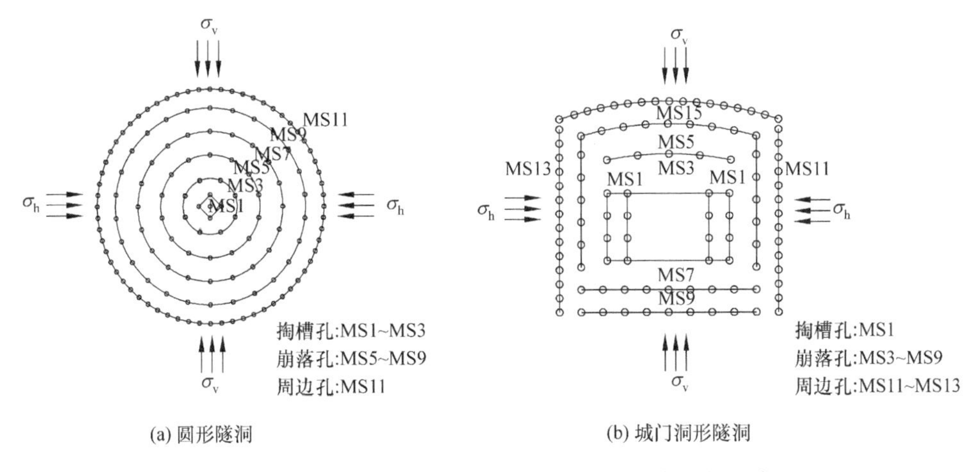

(a) 圆形隧洞　　(b) 城门洞形隧洞

图 8.11　深埋隧洞爆破开挖典型的炮孔布置与起爆顺序

1. 隧洞钻爆开挖掏槽方式的优选

掏槽孔通常布置在开挖断面的中下部，是整个断面炮孔中首先起爆的炮孔。掏槽孔先在开挖掌子面（只有这一个自由面）上炸出一个槽腔，为后续炮孔的爆破创造新的自由面，因此，掏槽孔的爆破效果是影响隧洞开挖循环进尺的关键。由于其密集的布孔与装药，加之岩体的夹制作用，掏槽孔爆破产生的振动往往是整个断面开挖中最大的。按布孔形式，一般可分为楔形掏槽和直孔掏槽。楔形掏槽的钻孔方向与开挖断面斜交，直孔掏槽的钻孔方向则与开挖断面正交，如图 8.12 所示。

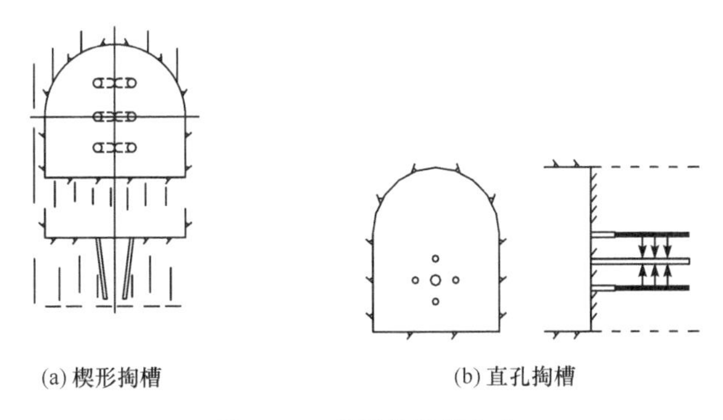

(a) 楔形掏槽　　(b) 直孔掏槽

图 8.12　常用的掏槽方式

楔形掏槽由 2～4 对对称的、相向倾斜的掏槽炮孔组成，掏槽孔的孔底夹角一般在 60°左右，爆破后能形成楔形掏槽。楔形掏槽有单级楔形掏槽和多级复式楔形掏槽之分，开挖循环进尺较大时一般采用多级复式楔形掏槽，如二级复式楔形掏槽、三级复式楔形掏槽，甚至多级复式楔形掏槽，如图 8.13 所示。楔形掏槽具有所

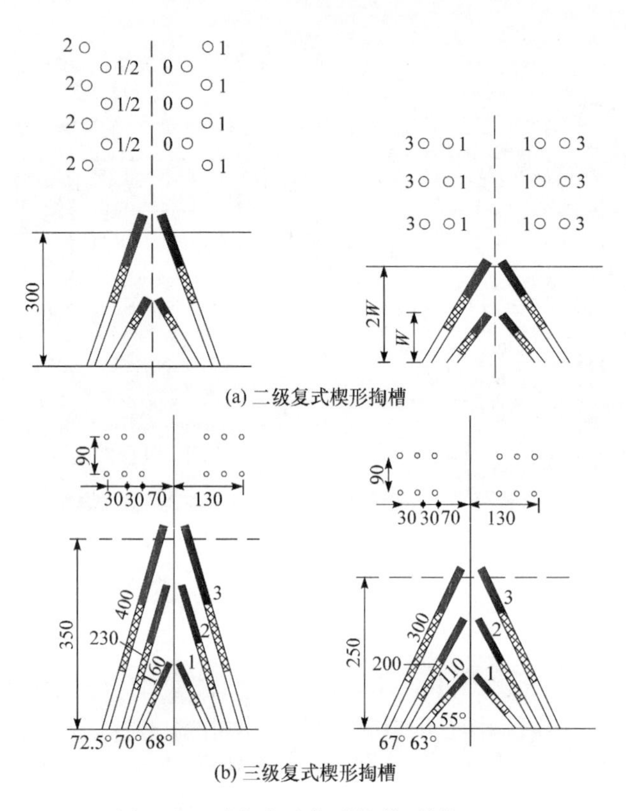

(a) 二级复式楔形掏槽

(b) 三级复式楔形掏槽

图 8.13　多级复式楔形掏槽(单位:cm)

需掏槽炮孔较少、掏槽体积大、容易将爆渣抛出、炸药耗量低等优点,但有效掏槽深度受开挖断面尺寸、岩层硬度和钻孔倾斜角度的影响较大,难以提高每一循环的实际进尺。

采用多级复式楔形掏槽时,各级掏槽孔之间毫秒延迟爆破(延迟 50ms 为宜),槽腔内的开挖岩体逐级逐层破碎、抛掷,从而减小了一次破碎、抛掷岩体的体积和应变能。由式(8.12)可知,槽腔内开挖岩体应变能的逐步释放有利于减小开挖瞬态卸荷引起的围岩振动。因此,相比单级楔形掏槽,多级复式楔形掏槽方式在控制岩体开挖瞬态卸荷激发的振动方面,效果更好。

深埋隧洞爆破开挖实测的围岩振动速度也说明了这一点。瀑布沟水电站 2 条平行布置的尾水隧洞采用钻爆法分三层开挖,上层采用中导洞超前、两侧扩挖跟进的方式。中导洞开挖断面为 8.0m×9.4m(宽×高),掌子面上由里向外依次布置掏槽孔、崩落孔和周边孔,采用塑料导爆毫秒延迟雷管起爆,雷管跳段使用,如图 8.14(a)所示。炮孔直径 42mm,掏槽孔和崩落孔采用 Φ32mm 药卷连续装药,周边孔采用 Φ25mm 药卷不连续装药。掏槽采用三级复式楔形掏槽的方式,掏槽孔的孔底夹角为 55°~67°,如图 8.14(b)所示。

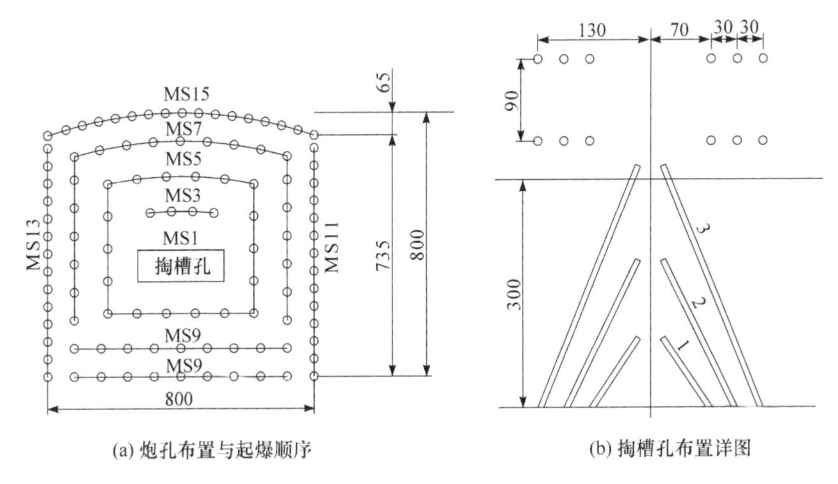

(a) 炮孔布置与起爆顺序　　(b) 掏槽孔布置详图

图 8.14　瀑布沟水电站尾水隧洞上层中导洞开挖爆破设计图(单位:cm)

工程区域的地应力场是一个以构造应力为主的中等偏高地应力场,最大主应力超过 20MPa,钻爆开挖过程中地应力瞬态卸荷引起的围岩振动效应显著,数值模拟结果表明,掏槽孔爆破时地应力瞬态卸荷引起的围岩振动峰值可达总体振动峰值的 50%以上[20~22]。图 8.15 给出了 1# 尾水隧洞上层中导洞开挖某次爆破时,在与爆区正对的邻洞测点(爆心距 65m)所监测到的振动时程曲线。可以看出,整个中导洞断面开挖过程中,各段的振动速度大小分布较为均匀,掏槽孔爆破产生的振动并未显著地高于其他类型炮孔爆破产生的振动,三级复式楔形掏槽方式的振动控制效果较好。

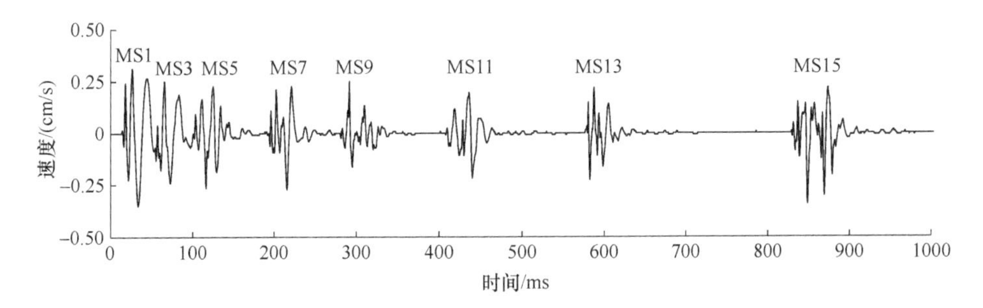

图 8.15　瀑布沟水电站尾水隧洞上层中导洞爆破开挖典型的围岩振动时程曲线

直孔掏槽由若干个垂直于开挖掌子面、彼此距离很近的炮孔组成,有时其中含有一个或几个不装药的空孔。由于直孔掏槽的炮孔深度不受开挖断面尺寸的限制,比斜孔掏槽可以获得更深的槽腔,可提高单循环的开挖进尺;同时,在钻直孔时多台凿岩机可同时作业且相互干扰小,有利于提高钻机效率。因此,直孔掏槽爆破已成为当前广泛采用的掏槽方式。

直孔掏槽又分为小直径中空直孔掏槽和大直径中空直孔掏槽，如图 8.16 和图 8.17所示。小直径中空直孔掏槽的空孔直径与装药孔直径相同，大直径中空直孔掏槽是充分利用大直径(75～100mm)空孔作为装药孔爆破的辅助自由面和岩体破碎的膨胀空间，爆破后形成桶装槽腔。中心空孔的存在引起爆炸压应力波在空孔孔壁反射拉应力波，增大了岩石中拉应力的作用强度，致使槽腔内的岩石破裂、破碎更加充分；同时空孔为破碎后的岩块提供了运动导向和更加富裕的膨胀移动空间，有利于岩石破碎。空孔直径越大，岩石破碎越充分，掏槽效果越好。因此，空孔直径宜大不宜小。但钻孔直径受现场钻孔设备和钻孔水平的限制，可采用数个小直径空孔代替一个大直径空孔，也能获得较好的掏槽效果，如图 8.16(b)所示的五梅花小直径中空直孔掏槽。

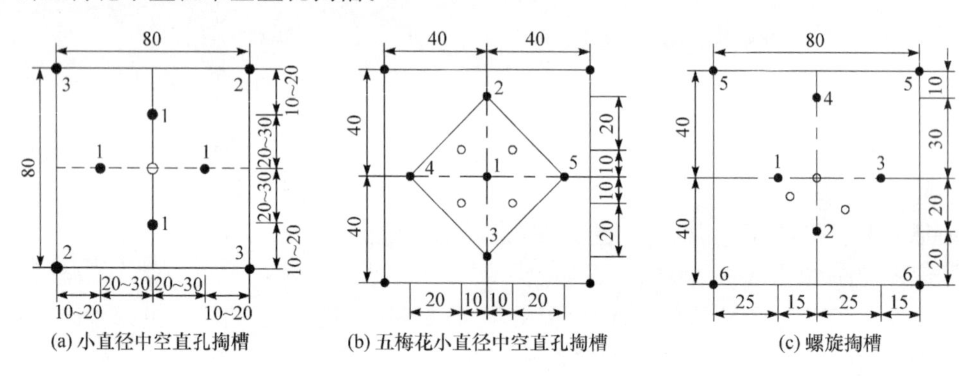

图 8.16 小直径空孔直孔掏槽布置形式(单位：cm)

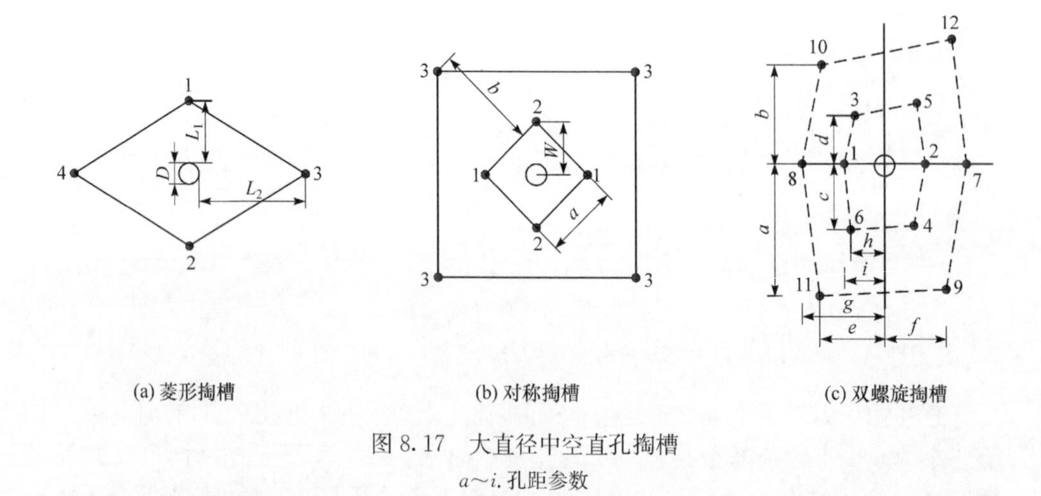

图 8.17 大直径中空直孔掏槽

a～i. 孔距参数

螺旋掏槽如图 8.16(c)所示，其特点是各装药孔至中心空孔的距离依次递增，其装药孔连线呈螺旋状，并按螺旋线顺序毫秒延迟起爆，这种方法能够充分利用临空面,提高掏槽效果。后来,又发展了按螺旋装药孔成对布置,至空孔距离逐渐加大的双螺旋掏槽(见图8.17(c))。许多工程实践表明,双螺旋掏槽由于掏槽效果好,对提高炮孔利用率及洞室循环掘进的有效进尺具有明显效果。直孔掏槽适用于各种岩层的隧洞爆破开挖,一般来说,所需的炮孔数量及装药消耗量更多,而且对钻孔的位置与方向要求更精确。

图8.16(a)所示的小直径中空直孔掏槽中的第一段4个炮孔同时起爆,单响药量较大,爆炸荷载引起的围岩振动相对较大;同时,1个小直径空孔给装药孔爆破提供的自由面和膨胀空间有限,槽腔内的岩体破碎不够充分,消耗的爆炸能较少,更多的爆炸能量以地震波的形式向外传播引起围岩振动。此外,相比各个掏槽孔逐个起爆的情况,4个掏槽孔同时起爆时,相邻炮孔间爆生裂缝贯穿所需的时间更短,槽腔腔壁上的地应力释放更快,由此导致地应力瞬态卸荷引起的振动强度更大。因此,各个掏槽孔逐个起爆的五梅花小直径中空直孔掏槽和螺旋掏槽更有利于控制地应力瞬态卸荷引起的围岩振动。

大直径中空直孔掏槽的基本类型有菱形掏槽、对称掏槽和双螺旋掏槽,如图8.17所示。对称掏槽的第一段和第二段2个装药孔同时起爆、第三段4个装药孔同时起爆,相比菱形掏槽4个装药孔依次起爆的情况,其爆生裂缝贯穿时间短、卸荷速率快,地应力瞬态卸荷引起的振动速度更大。菱形掏槽常用的炮孔布置尺寸为$L_1=1D\sim1.5D$、$L_2=1.5D\sim1.8D$,而对称掏槽常用的炮孔布置尺寸为$W=1.2D$、$b=0.7a$,对称掏槽第三段爆破对应的开挖面尺寸较大。由第4章的讨论可知,开挖面尺寸是影响地应力瞬态卸荷激发振动较为强烈的因素,因此,对称掏槽第三段爆破时地应力瞬态卸荷激发的振动速度较大。双螺旋掏槽各掏槽孔逐个起爆,与菱形掏槽情况类似。所以,大直径中空直孔菱形掏槽和双螺旋掏槽在瞬态卸荷激发围岩振动控制方面,效果相对较好,而对称掏槽的控制效果相对较差。

对于图8.16(a)中的小直径中空直孔掏槽第一段,取装药孔距中心空孔的距离为30cm,假定掏槽孔深3.0m,炮孔直径42mm,采用密度$\rho_e=1000\text{kg/m}^3$、爆轰波速$D_e=3600\text{m/s}$的乳化炸药耦合装药。采用第4章中爆炸荷载与瞬态卸荷激发围岩振动的平面应变计算模型及相关计算方法,可得到小直径中空直孔掏槽第一段爆破时爆炸荷载激发围岩径向振动的PPV,以及不同静水地应力水平(如σ_v=10MPa、20MPa、40MPa、80MPa)下开挖面上地应力瞬态卸荷激发围岩径向振动的PPV,如图8.18所示。可以看出,在地应力水平相对较低时(20MPa以下),围岩振动主要由爆炸荷载引起,此时围岩振动控制主要从减小爆炸荷载动力效应入手,如减小掏槽爆破的单响药量。随着地应力水平的提高,加之地应力瞬态卸荷引起的振动频率相对较低、振动速度衰减较慢,当地应力达到40MPa时,在15m距离外,地应力瞬态卸荷引起的振动超过爆炸荷载,是围岩振动的主要作用因素。若地应力水平再进一步提高,则开挖面上地应力瞬态卸荷激发的振动逐渐在整个围

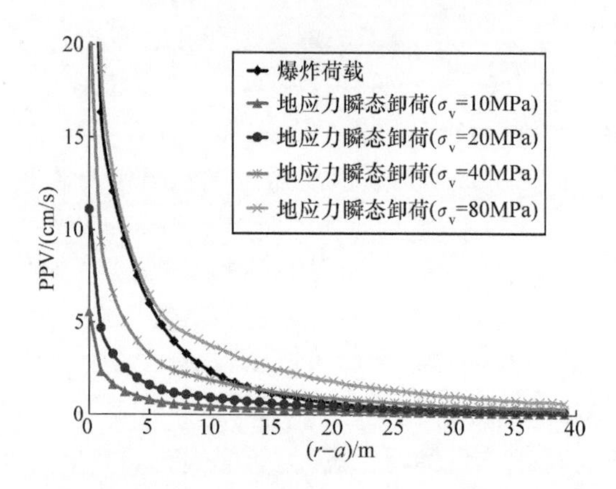

图 8.18　不同地应力水平下爆炸荷载与瞬态卸荷激发的径向 PPV 比较

岩中占主导地位。此时的围岩振动控制主要从减小瞬态卸荷动力效应入手，如通过逐个起爆掏槽孔或采用多级复式楔形掏槽的形式来降低卸荷速率、减小开挖面半径，从而达到控制瞬态卸荷激发振动的目的。

2. 孔网参数的优化

孔网参数优化是指通过设计合理的炮孔布置几何参数(包括排距、孔距、孔深等)来达到降低岩体开挖瞬态卸荷激发振动的目的[23]。

开挖面上的初始地应力大小是影响岩体开挖瞬态卸荷激发围岩振动最为直接的因素。对于静水地应力场($\sigma_h=\sigma_v=p_0$)中的圆形隧洞全断面毫秒延迟爆破开挖(见图 8.11(a))，在平面应变假设条件下，各段炮孔爆破所形成的开挖面上的初始地应力(开挖荷载)可采用受压条件下外径为无穷大的厚壁圆筒弹性应力公式计算：

$$P_{u0i}=\left(1-\frac{a_{i-1}^2}{a_i^2}\right)p_0 \tag{8.12}$$

式中，P_{u0i}为与毫秒延迟起爆顺序第 i 段对应的分步开挖荷载；a_{i-1}和 a_i分别为第 $i-1$和 i 段炮孔爆破所形成的临时空腔半径；p_0为远场均匀初始地应力。

式(8.13)可以改写为

$$P_{u0i}=\left(\frac{2B_i}{a_i}-\frac{B_i^2}{a_i^2}\right)p_0 \tag{8.13}$$

式中，$B_i=a_i-a_{i-1}$，表示第 i 和第 $i-1$ 段炮孔之间的排距。

将式(8.13)代入式(8.11)，可得各段开挖荷载瞬态卸荷所激发的围岩质点峰值振动速度：

$$\mathrm{PPV}_i=K\left(\frac{2B_i}{a_i}-\frac{B_i^2}{a_i^2}\right)\frac{p_0}{\rho c_{\mathrm{P}}}\left(\frac{a_i}{R}\right)^{\alpha_i} \tag{8.14}$$

由式(8.14)可知，地应力瞬态卸荷激发的围岩质点峰值振动速度与炮孔排距 B 相关。以图 8.11(a)中崩落孔 MS7 段爆破为例，远场地应力 $\sigma_v=20\text{MPa}$、开挖面半径 $a=3.2\text{m}$，假定振动速度衰减指数 α 与炮孔排距 B 无关，不同炮孔排距时($B=0.5\text{m}$、1.0m、1.5m)地应力瞬态卸荷激发的围岩质点峰值振动速度变化规律如图 8.19 所示。当炮孔排距从 1.5m 减小到 0.5m 时，$R/a=4$ 处的质点峰值振动速度由 15.6cm/s 降低到 6.3cm/s，减小了 60%。

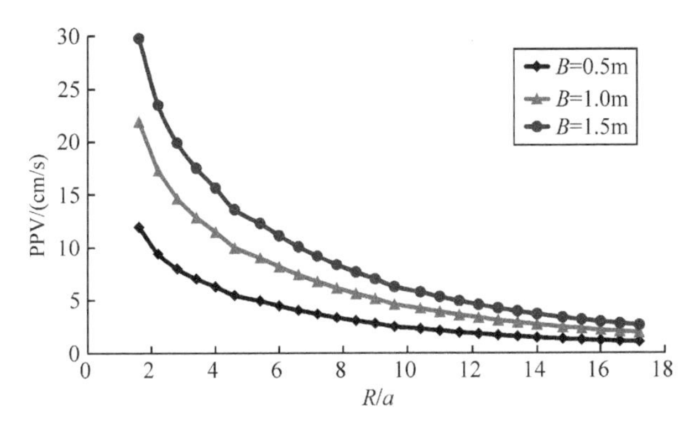

图 8.19　不同排距时地应力瞬态卸荷激发的围岩峰值振动速度变化规律

令

$$M=\frac{2B_i}{a_i}-\frac{B_i^2}{a_i^2} \tag{8.15}$$

开挖面半径 $a=3.2\text{m}$ 保持不变，在地下隧洞全断面爆破开挖常见的炮孔排距范围内($B=0.5\sim1.5\text{m}$)，参数 M 随炮孔排距 B 的变化关系如图 8.20 所示。可以看出，在 $B=0.5\sim1.5\text{m}$ 范围内，M 与 B 基本呈线性变化关系，即开挖面上地应力瞬态卸荷引起的振动峰值随炮孔排距的减小而线性降低。

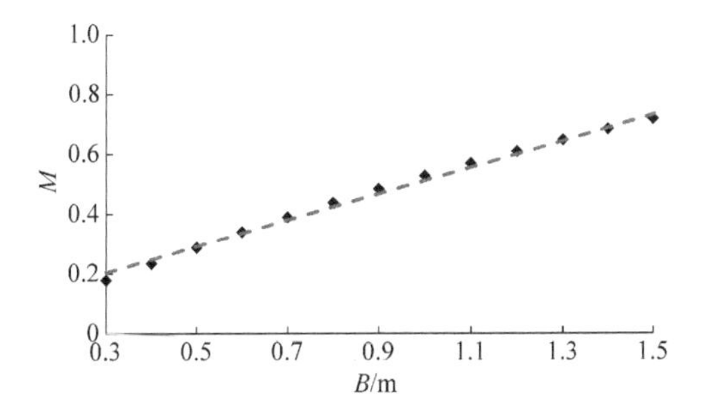

图 8.20　参数 M 与炮孔排距 B 的变化关系

从图 8.19 和图 8.20 可以看出，对于深埋隧洞全断面毫秒延迟爆破开挖，当开挖面半径一定时，减小炮孔排距会引起开挖面上的初始地应力降低，致使地应力瞬态卸荷引起的振动速度显著下降。因此,小排距钻孔爆破能有效降低岩体开挖瞬态卸荷激发的振动。

岩体开挖瞬态卸荷激发围岩振动的强度也与卸荷持续时间密切相关,卸荷持续时间越长,振动速度越小。而卸荷持续时间近似等于相邻炮孔间爆生裂纹贯通所需的时间,可采用式(2.1)进行估算,即

$$t_{du}=\frac{\sqrt{\left(\frac{1}{2}S\right)^2+L^2}}{c_f} \tag{8.16}$$

式中,t_{du}为瞬态卸荷持续时间;S 为相邻炮孔的间距;L 为炮孔长度;c_f为裂纹传播的平均速度。

瞬态卸荷持续时间随炮孔间距的增加而增大,因此,在满足岩体爆破破碎的前提下,可尽量选取较大的炮孔间距来延长卸荷持续时间,从而降低瞬态卸荷引起的围岩振动。对于深埋隧洞全断面爆破开挖,一般采用孔间距 $S=0.5\sim1.5$m、孔深 $L=1.5\sim5$m 的浅孔爆破。由于炮孔间距一般小于炮孔孔深,因此,增大孔深更能显著地延长卸荷持续时间。但需要注意的是,增大孔深也就意味着增大了开挖岩体的体积和应变能,由式(8.12)可知,由此会导致瞬态卸荷激发的振动速度增大。因此,要在平衡瞬态卸荷持续时间与开挖岩体应变能之间选择最优的炮孔孔深,使瞬态卸荷引起的振动速度最小。实际孔网参数设计过程中,可根据爆破现场的地应力水平,通过建立三维数值模型计算分析得到最优的炮孔孔深。

此外,开挖面尺寸也是影响岩体开挖瞬态卸荷激发振动较为强烈的因素,开挖面越小,瞬态卸荷产生的振动速度越小,且振动频率越高、振动速度随距离衰减越快。因此,高地应力条件下的隧洞钻爆开挖宜采用分部开挖的方式来减小开挖面尺寸,且在炮孔布置时宜尽量采用小排距、大孔距的孔网参数来降低开挖面上的地应力和卸荷速率,从而控制岩体开挖瞬态卸荷引起的围岩振动。

3. 起爆网路的优化

从第 4 章的计算分析可知,对于既定的岩体介质,开挖面上地应力(或应变能)水平越高、卸荷速率越快、开挖面越大,岩体开挖瞬态卸荷激发的振动越强烈。深埋隧洞开挖掌子面上的各类、各圈炮孔通过毫秒延迟起爆网路顺序起爆。因此,可以通过合理的起爆网路设计来降低地应力(或应变能)的释放规模和强度,减小开挖面尺寸,从而达到控制岩体开挖瞬态卸荷激发振动的目的。

对于深埋圆形隧洞全断面钻爆开挖,常规的起爆网路如图 8.11(a)所示:掏槽孔(MS1 和 MS3 段)、崩落孔(MS5~MS9 段)和周边孔(MS11 段)按毫秒延迟间隔顺序由里向外依次起爆,且各圈炮孔均一段起爆。随着各圈炮孔由里向外起爆,炮孔数目、单响药量、开挖面尺寸也随之增大,由此导致爆炸荷载和岩体开挖瞬态

卸荷激发的振动都相应增大。因此，在同一圈内（特别是对于外圈的崩落孔和周边孔）可以采用分段起爆的方式，如图 8.21 所示（图中数字表示起爆顺序，下同），以减小一段起爆时的单响药量和开挖面尺寸，同时降低爆炸荷载和岩体开挖瞬态卸荷激发的振动。

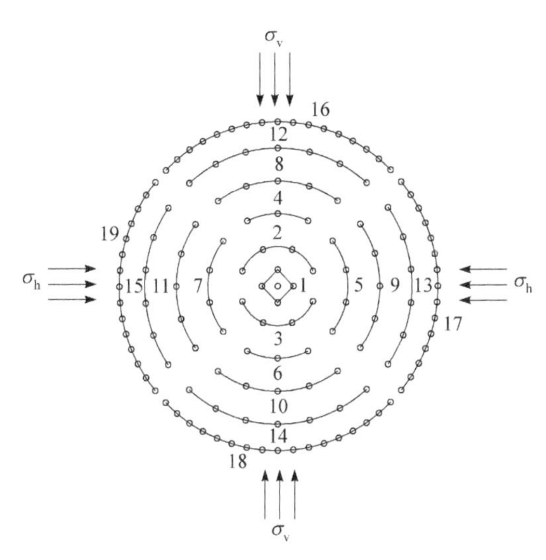

图 8.21　同一圈内炮孔分段起爆的优化网路

深埋隧洞开挖，因原岩应力非均匀分布，以及开挖卸荷引起的围岩应力重分布，开挖掌子面上的地应力、应变能密度往往是不均匀分布的。在掏槽孔爆破形成槽腔前，掌子面上最大主应力方向上的应力释放最为强烈。根据高应力硬岩在小扰动后易于自裂、好凿好爆及破碎效果好的特点[24]，掏槽孔爆破时若先起爆最大主应力方向上的炮孔，则有利于岩体自裂、破碎，以达到较好的掏槽效果；同时，槽腔内的岩体充分破碎消耗更多的岩体应变能，致使剩余的应变能释放所产生的围岩振动相对较小。

掏槽孔爆破形成槽腔后，应力重分布引起最小主应力方向附近出现应力集中，在最小主应力方向上开挖岩体应变能密度最大，在最大主应力方向上开挖岩体应变能密度最小，如图 8.22(a)所示。若先爆破应变能密度较低部位的岩体，由于应力、应变能调整，相当于提前释放了应力集中部位岩体的部分应变能，降低了后续爆破的、应变能密度较高部位的岩体所释放的能量。这样，在同一圈内各段爆破时岩体应变能能够比较均匀地释放，从而控制了应变能的释放强度，降低了应变能瞬态释放所激发的围岩振动。从控制应变能瞬态释放强度这一角度出发，崩落孔和周边孔爆破宜按照应变能密度的极值分布位置分段起爆，各段炮孔个数大致相等；且各圈内的炮孔按照岩体应变能密度由低到高的顺序起爆，先爆破最大主应力方向上的岩体，后爆破最小主应力方向上的岩体，如图 8.22(b)所示[25]。

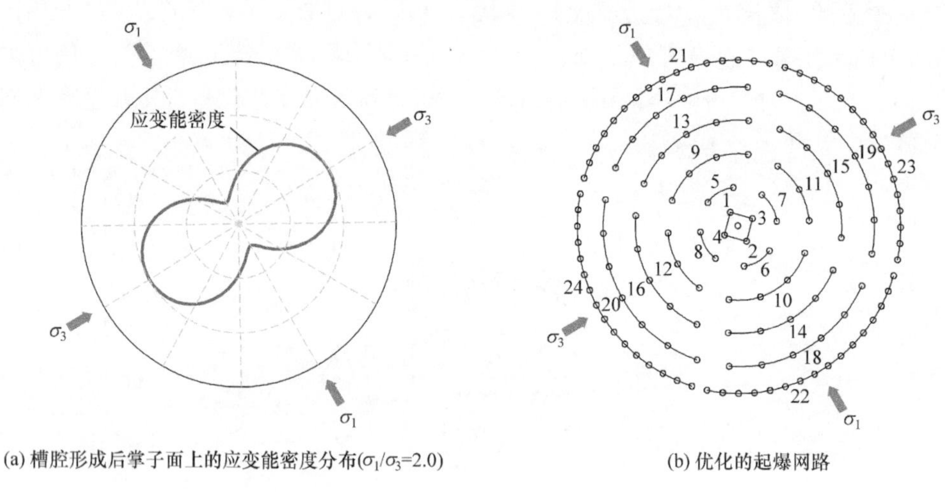

(a) 槽腔形成后掌子面上的应变能密度分布(σ_1/σ_3=2.0)　　(b) 优化的起爆网路

图 8.22　基于开挖掌子面上应变能密度分布的起爆网路优化方法[25]

该方法仅通过改变炮孔起爆网路来控制应变能的释放强度，操作简单易行。实施的关键在于确定掌子面上的主应力方向，进而确定掌子面上的应变能密度分布。高地应力条件下常规的地应力测量方法存在钻孔变形严重、岩心破裂等问题，致使测量成功率较低，且测试周期较长、测试费用高，无法满足地应力快速测量的需求。大量数值计算及现场试验研究表明，地应力的存在会影响炮孔周围爆生裂纹的传播，爆破产生的裂纹首先呈辐射状从炮孔壁向外传播，而后逐渐平行于最大主应力方向向外扩展[26]；炮孔周围的开裂区呈椭圆形分布，在平行于最大主应力方向上裂纹分布密集且较长[27]，如图 8.23 所示。因此，可以通过在掌子面上进行单孔爆破，根据炮孔周围裂纹分布来大致判断掌子面上主应力的方向，裂纹扩展的主方向即为最大主应力方向。

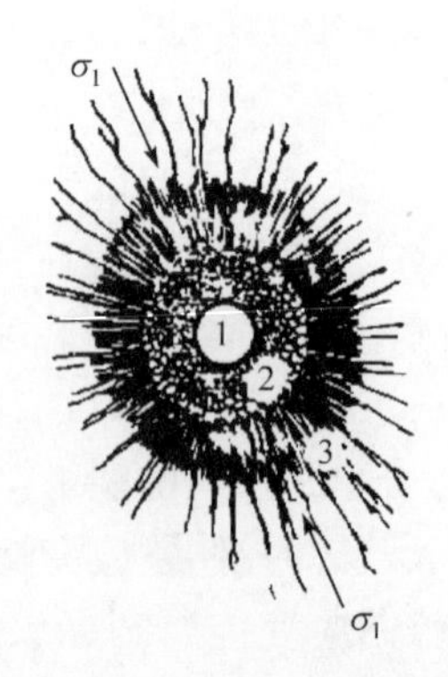

图 8.23　地应力约束下炮孔周围裂纹分布示意图[27]

1. 炮孔；2. 粉碎区；3. 开裂区

以图 8.11(a)中崩落孔 MS7 段爆破时岩体开挖瞬态卸荷激发的质点径向振动为例，分析优化起爆网路方法在控制岩体开挖瞬态卸荷激发振动方面的效果，计算中取 $\sigma_3=20\mathrm{MPa}$、$\sigma_1/\sigma_3=2.0$。在优化爆破方法中，该圈炮孔分四段起爆。考虑到掌子面最小主应力方向上的岩体应变能密度集中，因此，在计算优化爆破方法对围岩的动力扰动时，仅计算该部位的岩体(图 8.22(b)中起爆顺序为 15 的开挖岩体)开挖瞬态卸荷引起的围岩振动速度。优化前后，位于最小主应力方向上的质点径向峰值振动速度如图 8.24 所示。可以看出，采用基于应变能释放控制的优化起爆网路后，岩体开挖瞬态卸荷引起的围岩振动明显降低，在隧洞洞壁($r-R=0$)附近，质点峰值振动速度降低了近 50%。若同时考虑爆炸荷载引起的振动，优化的起爆网路在控制应变能释放的同时也减小了单响药量，控制效果将更加明显。

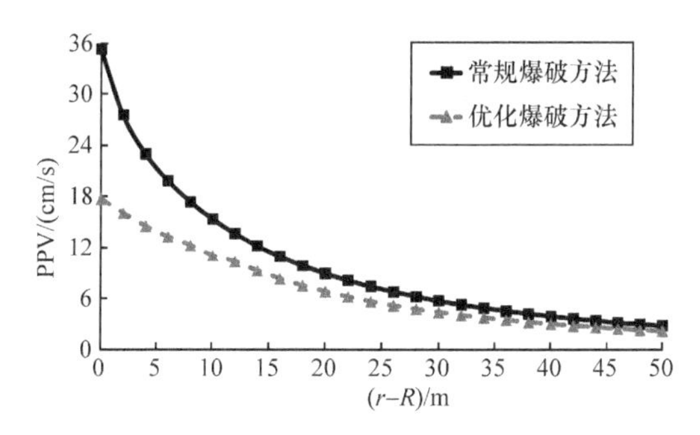

图 8.24　起爆网路优化前后岩体开挖瞬态卸荷激发的 PPV 对比

地应力实测资料表明，竖直向地应力在多数情况下为最小主应力，水平向地应力普遍大于竖直向地应力。根据以上分析，对于深埋水平隧洞钻爆开挖，为控制岩体开挖瞬态卸荷激发的围岩振动，同时保证掏槽效果，宜先起爆两侧边墙的炮孔，后起爆顶拱和底板部位的炮孔，如图 8.25 所示。

在水电、交通工程建设过程中，经常出现两条平行隧洞并行开挖或者在既有隧洞附近新开挖一条隧洞的情况。由于隧洞布置方向的限制或工程需要，有时两条隧洞间距较小，施工隧洞的爆破开挖产生的地震波有可能会引起邻近既有隧洞围岩的损伤破坏，从而影响既有隧洞围岩的稳定。相关数值模拟和实测资料表明，施工隧洞爆破时，邻洞周边上的振动速度分布以水平向振动为主，竖直向振动速度相对较小，且尤以隧洞迎爆侧的水平向振动速度最大[28]。为控制岩体开挖瞬态卸荷激发的水平向振动对邻洞的影响，同一圈内的崩落孔、周边孔宜采用的分段方式和起爆顺序是先起爆顶拱和底板部位的炮孔，再起爆远离邻洞边墙侧的炮孔，最后起爆靠近邻洞边墙侧的炮孔，如图 8.26 所示，图中①～④为开挖顺序。从而逐步降低靠近邻洞的开挖岩体的应变能，减小瞬态卸荷引起的水平振动。

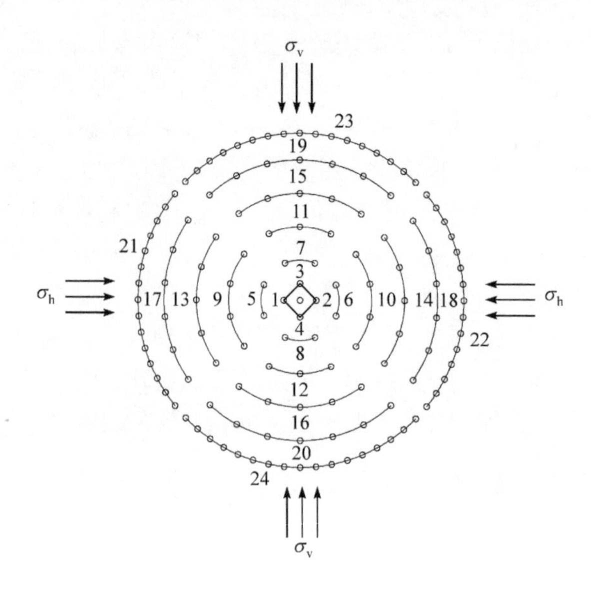

图 8.25　水平向地应力大于竖直向地应力情况下的起爆网路

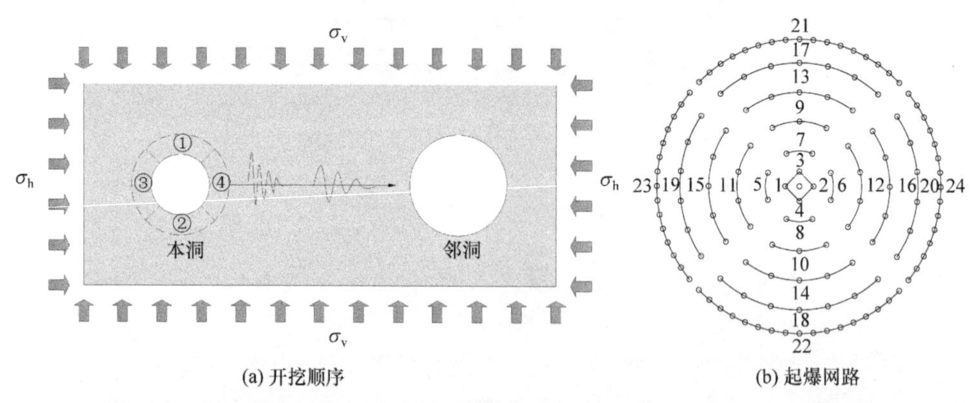

图 8.26　考虑瞬态卸荷激发的水平向振动对邻洞影响的开挖顺序与起爆网路

8.2.3　深埋地下厂房开挖瞬态卸荷激发振动控制

深埋隧洞开挖瞬态卸荷激发振动控制的方法与措施，同样适用于深埋地下厂房。只是大型地下厂房的规模远比隧洞大，而且地下厂房由于其结构和空间布置方面的特殊性，其开挖瞬态卸荷激发振动控制也有不同于深埋隧洞的地方。

1. 合理的深埋地下厂房开挖程序和爆破方式

由 8.1 节的介绍可知，大型水电站地下厂房采用垂直分层钻爆方案，分层的高度一般为 8～10m，开挖顺序一般都是从上往下，顶拱开挖采用水平浅孔钻孔爆破开挖，下层则采用潜孔钻钻孔、垂直台阶梯段爆破；水平方向则可能存在多工作面相向或背向同时开挖，多工序交替同步进行。

在顶拱层开挖中，顶拱围岩的稳定与变形控制是安全施工的核心。由于顶拱层一般采用中导洞超前、两侧扩挖跟进的水平浅孔钻孔爆破分部开挖方法，其开挖程序和爆破方式与大断面隧洞类似，因此前面介绍的有关深埋隧洞开挖瞬态卸荷激发振动控制方法与措施完全适用于顶拱层开挖。

地下厂房第Ⅱ层及以下各层的开挖中，由于顶拱层的支护已经完成，此时岩体爆破开挖过程需要严格控制振动对高边墙、岩锚梁新浇筑混凝土和主变室高边墙等的影响。

由8.1节的讨论可知，对深埋地下厂房，由于高地应力的赋存环境，其合理的开挖程序有两种方案：一是先中部抽槽，再轮廓预裂，最后扩挖，如图8.27(a)所示；二是先中部抽槽，接着扩挖，再保护层的松动爆破，最后轮廓光面爆破，如图8.27(b)所示。

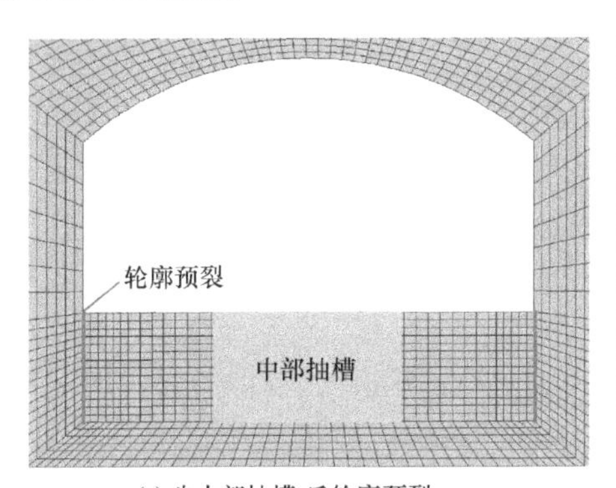

(a) 先中部抽槽，后轮廓预裂

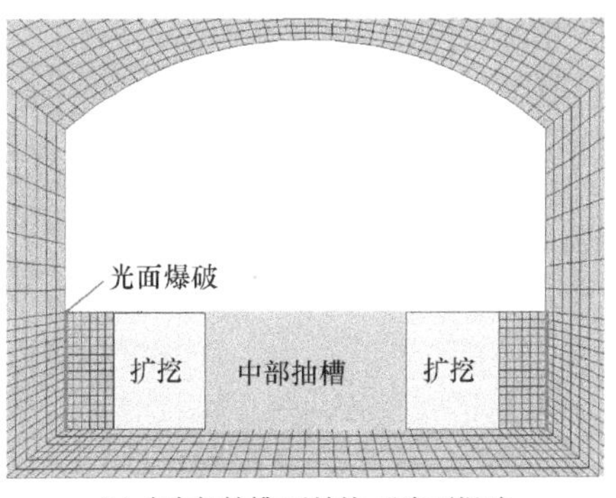

(b) 先中部抽槽，再扩挖，后光面爆破

图8.27　深埋地下厂房的典型爆破开挖程序

对先中部抽槽、再扩挖、最后光面爆破的开挖方案，尽管可以使岩体积累的应变能分次逐步卸荷，在开挖轮廓可以获得较好的开挖成型效果，其最大的缺点是不能屏蔽岩体开挖过程产生的爆破振动和瞬态卸荷激发振动对高边墙的影响。

对先中部抽槽、后轮廓预裂的开挖方案，尽管预裂爆破可以较好地屏蔽这些主体开挖振动对高边墙的影响。但在高地应力条件下，该预裂爆破是在中部抽槽后实施，无法屏蔽抽槽爆破引起的爆破振动和瞬态卸荷激发的振动。工程实践经验和理论分析告诉我们，在地下厂房开挖中，由于临空面的影响，拉槽爆破引起的振动要远大于扩挖爆破[29,30]。

为了控制拉槽爆破引起的振动对高变墙和岩锚梁等的不利影响，在锦屏二级水电站和白鹤滩水电站地下厂房开挖中，均使用了施工预裂技术，如图8.28所示。在高地应力条件下，为克服超强的岩体应力侧向约束作用，这些工程施工预裂爆破的线装药密度比正常值增大了 20%～30%甚至 50%以上，形成了一个凹凸不平的破裂面(见图 8.29)，更确切地说，是一个连续的破碎带。此类预裂爆破实质上已经不是传统意义上的预裂爆破，其作用更接近通常所说的卸压爆破。通过该施工预裂(卸压爆破)形成的破碎带的屏蔽作用，可以有效降低抽槽爆破对高边墙的振动影响。

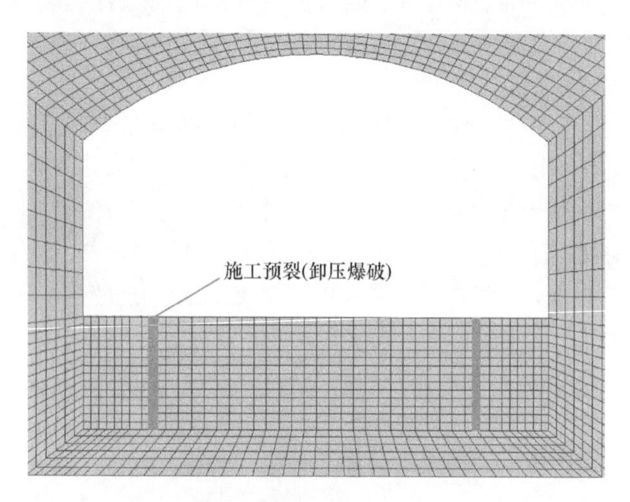

图 8.28　先施工预裂(卸压爆破)、后抽槽、再扩挖的开挖程序

图 8.29　高应力条件下白鹤滩水电站左岸地下厂房边墙预裂效果

2. 优化爆破参数和起爆网路

随着一次开挖规模和爆破范围的增大，开挖面上二次应力瞬态卸荷引起的围岩振动显著增加，分段爆破开挖边界和相应尺寸是影响岩体开挖瞬态卸荷动力效应的重要因素。下面仍以瀑布沟水电站地下厂房开挖为例，进一步说明减小开挖边界尺寸、控制卸荷规模和合理布置开挖推进方向在控制岩体开挖瞬态卸荷动力效应方面的重要作用。

由 4.3 节的讨论可知，瀑布沟水电站地下厂房地处中高地应力区，中部拉槽爆破时，在厂房水平横向，由于两侧岩体的夹制作用，该方向上开挖岩体的地应力较大；而在厂房纵轴向，由于开挖台阶自由面的存在，该方向上开挖岩体的地应力较小。图 4.29 所示的 6# 和 10# 这两个典型测点分别位于厂房纵轴向冲向和正对爆破侧向的邻近主变室边墙上。

通过第Ⅳ层中部抽槽爆破过程爆区岩体的二次应力分布可知，在爆破开始前，沿厂房纵轴向，前排炮孔和第二排炮孔间的法向地应力为 7.6MPa；在厂房横向，前排第一段炮孔在爆破侧向边界的法向应力为 37.8MPa（侧边界 1）和 16.6MPa（侧边界 2），如图 8.30(a)所示。当 MS1 段爆破后，沿厂房纵轴向，前排炮孔和第二排炮孔间的法向地应力为 8.6MPa；在厂房横向，前排第二段炮孔在爆破侧向边界的法向应力为 33.0MPa（侧边界 3）和 0MPa（侧边界 2），如图 8.30(b)所示。上述应力值为爆破边界单元上的平均应力，由于侧边界 1 和侧边界 3 处于几何空间的突变部位（90°转角），该部位局部应力集中导致侧向边界上的平均应力较大。

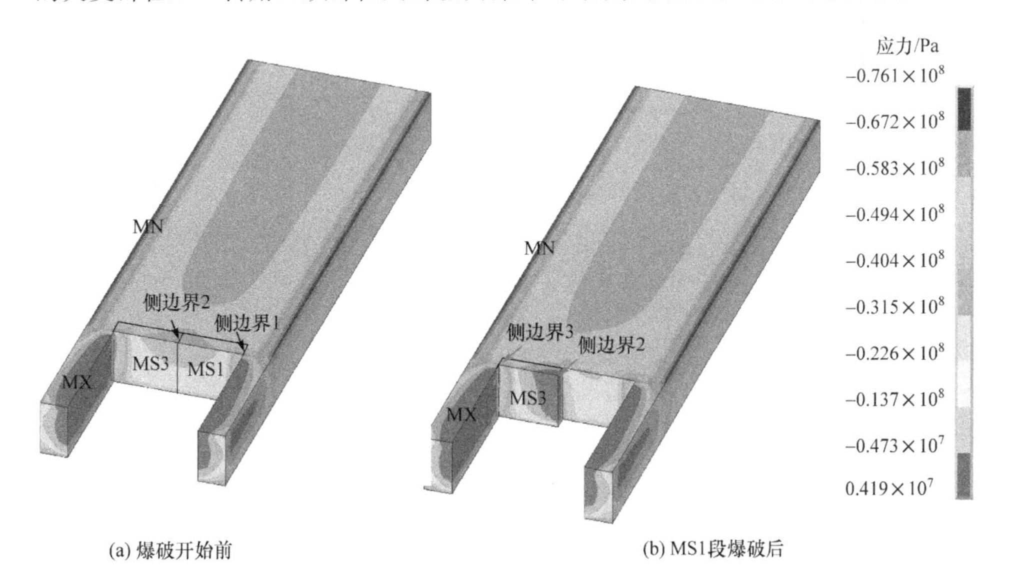

图 8.30　爆破过程爆区岩体的二次应力分布

根据采用的爆破孔网参数和炸药类型，按照式(2.12)和式(2.45)，可以确定在每一排的相邻两段爆破时，爆破开挖边界上的等效爆炸荷载约为16MPa。由表4.11和表4.12的实测和计算结果可知，在厂房轴向，爆破振动大于开瞬态卸荷激发振动；而在垂直厂房轴线方向，瞬态卸荷激发振动总体大于爆破振动。可见，在瀑布沟水电站地下厂房的应力状态下，其高边墙和岩锚梁的振动控制必须兼顾开挖瞬态卸荷激发振动的控制。

当地下厂房的应力继续增大，如厂房轴向的地应力达到30～40MPa、顺水流方向的地应力达到20～30MPa后，可以推断，无论沿厂房轴向还是顺水流方向，激发振动均会成为岩体振动的主体。此条件下，可采取以下措施来控制高边墙和围岩体的振动：

(1) 最大单响药量的控制。工程实践中，在给定孔网参数条件下，爆破振动控制的主要措施是控制最大单响药量(实际是一段的爆破规模)。考虑到瞬态卸荷激发振动的幅值主要与爆破边界上的二次分布应力和边界尺寸相关，一次爆破规模和开挖尺寸越大，爆破开挖边界上的分布应力越高，激发振动越大。因此，控制最大单响药量的措施对降低开挖卸荷激发的振动同样有效。针对图4.29所示的起爆网路，可调整为每排三段、每段3孔，如图8.31所示，图中数字1、2、3、…表示起爆顺序。

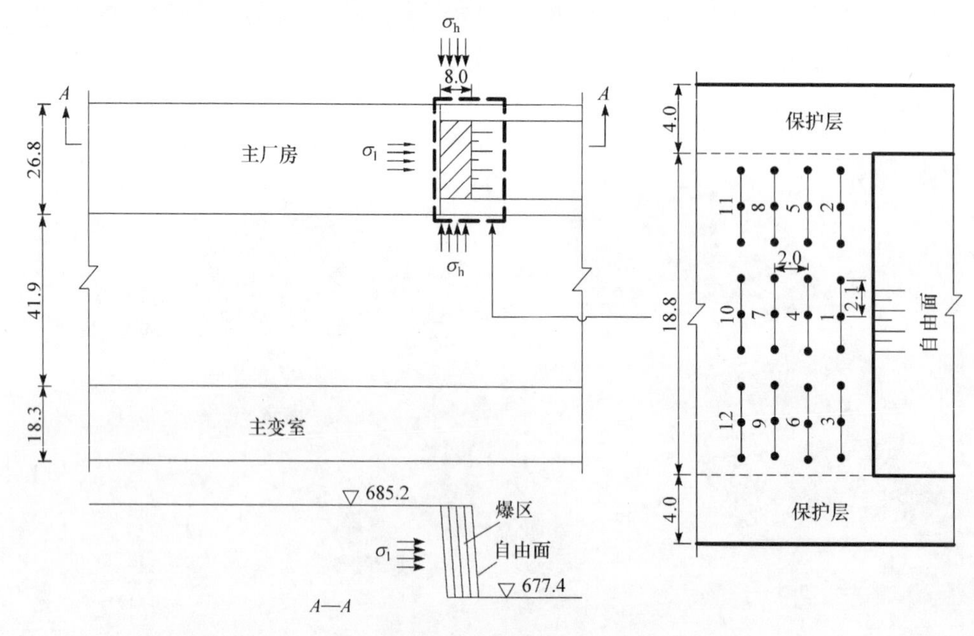

图8.31　优化后的爆破孔网参数和起爆网路(单位：m)

(2) 起爆顺序的选择。地下厂房岩锚梁、高边墙和邻近的已开挖主变室均处于爆破推进方向的侧向，这些部位振动控制的核心是瞬态卸荷激发振动的控制。除了前面所提的最大单响药量控制，另外一个有效的措施是同一排炮孔中首段起爆位置的选择。先起爆中间、应力较低部位的炮孔，形成的侧向临空面提前释放了两侧(靠近保护层)应力集中部位岩体的部分应力，降低了后续两段爆破时侧向边界(1和3)上的应力释放强度，更有利于卸荷振动控制。

(3) 孔网参数调整。若采用前面两种爆破措施后仍无法达到岩体振动控制目的，则需要调整孔网参数：由于孔距和排距均与炮孔直径成正比，因此将90mm的孔径变为76mm，可以相应减小孔距、排距和对应的台阶高度，有利于激发振动的控制。

8.3　深埋地下洞室开挖瞬态卸荷引起的围岩损伤控制

由第6章的讨论可知，深部岩体爆破开挖过程中的围岩损伤由重分布的静态二次应力、爆炸荷载以及开挖面上应力瞬态卸荷产生的附加动应力共同作用引起。爆炸荷载和地应力瞬态卸荷附加动应力增加了围岩损伤范围，加剧了岩体损伤程度。因此，深埋洞室开挖过程的围岩损伤控制，要同时控制爆破损伤和瞬态卸荷引起的围岩损伤。

对于非深埋地下洞室开挖过程的爆破损伤控制，工程实践中通常采取周边光面爆破、控制爆破单响药量和优化爆破参数与起爆网路等措施来实现。而对于深埋地下洞室，由于涉及爆炸荷载和地应力瞬态卸荷的耦合作用，需要通过爆破优化设计，调控爆破开挖过程的围岩动应力场，从而实现围岩损伤控制。

8.3.1　深埋隧洞开挖过程的围岩应力动态演化规律

仍以2.2.1节所介绍的圆形隧洞开挖为例进行分析。隧洞半径$R=5$m，采用全断面毫秒延迟爆破技术，如图2.11所示。在开挖掌子面上由里向外依次布置了掏槽孔、崩落孔、缓冲孔和光面爆破孔，分别采用段别为MS1、MS3、MS5、MS7、MS9和MS11的毫秒延迟雷管依次起爆。炮孔直径42mm，孔深3.0m，乳化炸药密度为1000kg/m^3、爆轰波速为3600m/s，采用孔底起爆的方式，具体钻孔布置及装药参数如表2.3所示。爆区竖直向地应力为σ_v，水平向地应力为σ_h。为简化分析，仅分析静水压力条件，并将岩体视为理想的弹性材料，岩体密度$\rho=2700$kg/m^3、弹性模量$E=50$GPa、泊松比$\mu=0.23$。

按照第2章所介绍的方法和步骤，在静水压力条件下，当远场地应力不变时，可由厚壁圆筒弹性应力计算公式得出各段爆破时开挖边界上的初始应力，开挖边界上的等效爆炸荷载峰值可由式(2.38)和式(2.45)计算得到，计算结果如表8.3所示。

表 8.3　圆形隧洞爆破设计参数

爆破顺序	各段开挖半径 a_n/m	炮孔壁爆炸荷载峰值 P_{b0}/MPa	开挖面等效爆炸荷载峰值 P_b/MPa	开挖边界初始应力 P_n(n=Ⅰ～Ⅵ)/MPa	
				P_0=20MPa	P_0=40MPa
Ⅰ(MS1)	0.7	1445.0	68.1	20.00	40.00
Ⅱ(MS3)	1.2	282.7	12.6	13.19	26.40
Ⅲ(MS5)	2.2	282.7	12.0	14.05	28.10
Ⅳ(MS7)	3.2	282.7	11.8	10.55	21.10
Ⅴ(MS9)	4.2	141.1	5.8	8.39	16.78
Ⅵ(MS11)	5.0	43.6	3.7	5.89	11.78

从表 8.3 可以看出，除掏槽爆破段的开挖外，当远场地应力为 20.0MPa 时，各段在开挖边界上的等效爆炸荷载基本小于初始地应力卸载值；当远场地应力增大至 40MPa 后，各段开挖边界上的初始地应力都远远超过了等效爆炸荷载。

由于毫秒延迟起爆网路各段的爆破边界到隧洞开挖边界的距离不同，因此，为了更直观地比较不同毫秒延迟段的反复扰动损伤效应，先分析各毫秒延迟段爆炸荷载及地应力瞬态卸荷在隧洞最终开挖边界上的动应力演化规律。

在仅考虑爆炸荷载条件下，各段爆破在隧洞开挖边界上激发的动应力时程曲线如图 8.32 所示[31]，动应力以受压为正、受拉为负。各段爆炸荷载产生的动应力均表现为先增加后减小的趋势，即首先产生一个压应力状态，然后由压应力迅速转化为拉应力。

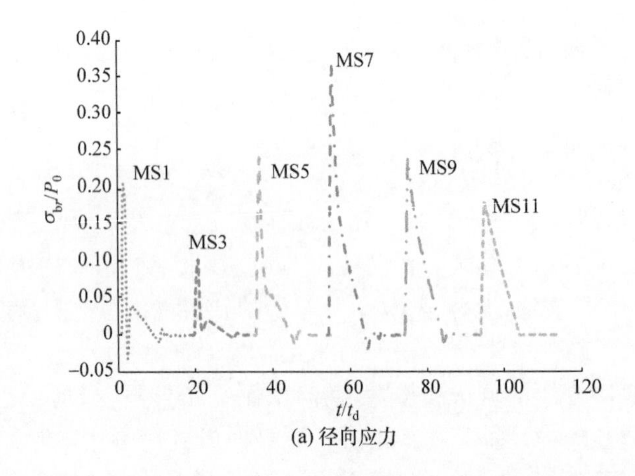

(a) 径向应力

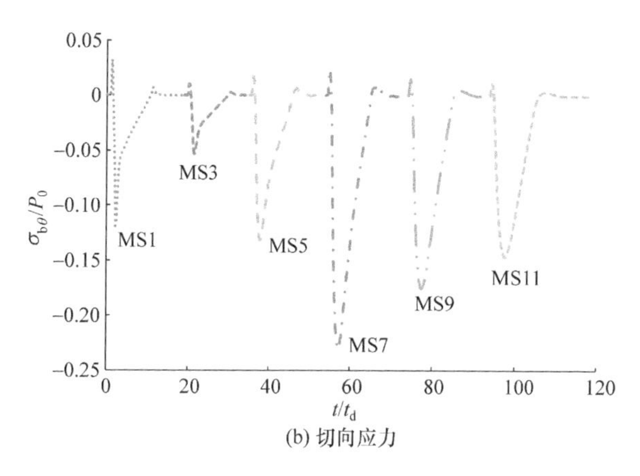

(b) 切向应力

图 8.32　爆炸荷载在隧洞开挖边界上激发的动应力时程曲线[31]

径向应力主要表现为压应力，切向应力主要表现为拉应力，两者共同作用造成围岩张拉破坏或张剪破坏。尤其是 MS7 段爆破时爆炸荷载产生的径向应力和切向应力均达到峰值，因此该段爆破对围岩的损伤也最为严重。

深部岩体爆破开挖过程中，围岩首先受到爆炸荷载的作用，紧接着受到开挖面上的地应力瞬态卸荷的影响，并最终稳定于重分布的二次应力状态。

图 8.33 给出了各段开挖面上的地应力瞬态卸荷在隧洞开挖边界上激发的动应力时程曲线。径向应力表现为先减小后增加的趋势，切向应力表现为先增加后减小的趋势，并最终稳定于重分布二次应力状态。同时可以看出，各段的动态卸载扰动效应受初始地应力值和开挖半径共同影响，两者决定了动态卸载扰动效应的大小，如 MS7 段和 MS9 段动态卸载扰动效应较为显著。

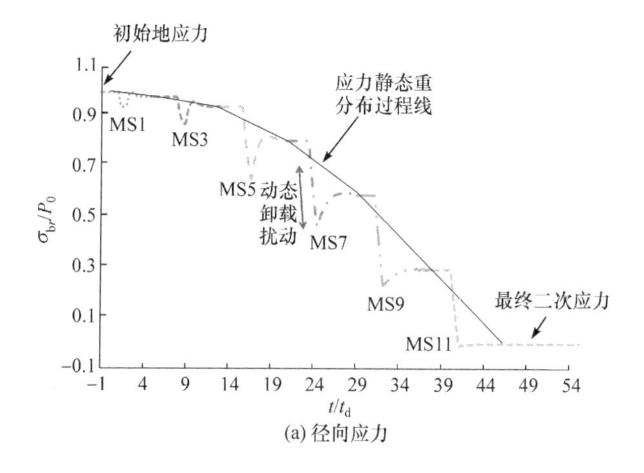

(a) 径向应力

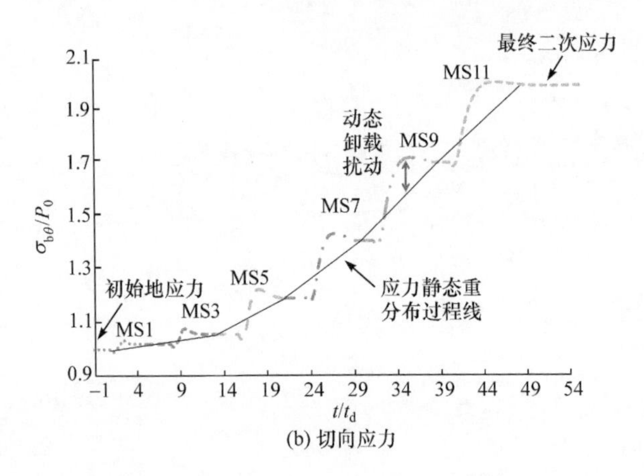

(b) 切向应力

图 8.33　岩体开挖瞬态卸荷在隧洞开挖边界上激发的动应力时程曲线[31]

地应力瞬态卸荷在隧洞开挖边界上引起的偏应力时程曲线如图 8.34 所示。可以看出，各段地应力卸载引起的动态偏应力峰值相对于准静态偏应力值均有一定的增加，其增量值有随着开挖半径的增加和地应力的减小而不断降低的趋势。在高地应力条件下，各段偏应力的增加使岩体中的裂缝更容易形成和扩展，Barclay 等[32]的研究结果也证实了这一点。

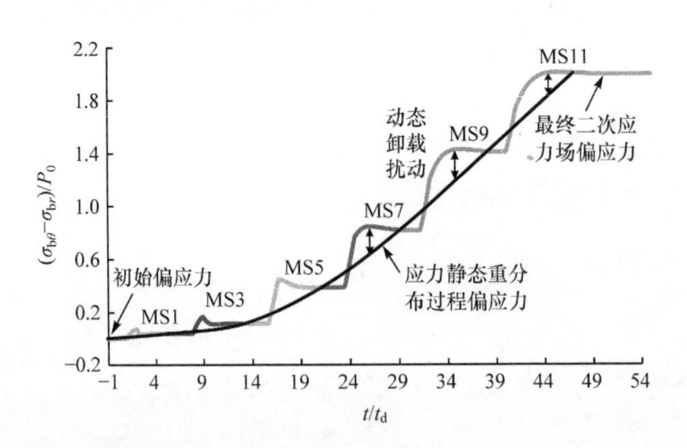

图 8.34　岩体开挖瞬态卸荷在隧洞开挖边界上激发的偏应力时程曲线

为了更好地比较各段爆破开挖的动态扰动效应，在隧洞开挖边界上，定义 $\zeta=|\sigma_d-\sigma_s|/P_0$ 为动态扰动率，σ_d 为各段地应力瞬态卸荷峰值，σ_s 为地应力静态卸载稳定值，计算结果如表 8.4 所示。

表 8.4　初始应力为 20MPa 时隧洞开挖边界地应力卸载动态扰动

爆破延时雷管	各段爆破开挖半径 a_n/m	地应力动态卸载				爆炸荷载	
		径向动应力峰值相对值	径向扰动率/%	切向动应力峰值相对值	切向扰动率/%	径向应力峰值相对值	切向应力峰值相对值
Ⅰ(MS1)	0.7	0.94	4.2	1.03	1.5	0.21	−0.12
Ⅱ(MS3)	1.2	0.87	6.9	1.08	1.9	0.10	−0.05
Ⅲ(MS5)	2.2	0.66	14.9	1.23	3.4	0.24	−0.13
Ⅳ(MS7)	3.2	0.47	13.0	1.44	2.1	0.37	−0.23
Ⅴ(MS9)	4.2	0.23	6.0	1.72	1.5	0.24	−0.18
Ⅵ(MS11)	5.0	−0.01	0.9	2.01	1.0	0.18	−0.15

从表 8.4 中可以发现，不同爆破段的地应力卸载对径向应力的扰动比较明显，而对切向应力的扰动影响不大。各段爆炸荷载和地应力卸载对隧洞的最终损伤区均有贡献，且瞬态卸荷效应不仅与地应力卸载值大小有关，还与卸载半径的大小关系密切。

结合图 8.32 发现，在各段爆破开挖的过程中，掏槽爆破时的爆炸荷载首先会对保留岩体造成一定的损伤，尤其是沿切向方向爆炸荷载产生的动应力主要表现为拉应力，对围岩形成张拉破坏，紧接着地应力的瞬态卸荷作用将会加剧岩体的破坏。特别是 MS7 段爆破时，在隧洞开挖边界径向和切向爆炸荷载动应力均达到最大值，且地应力动态卸载扰动也较大，增加了 MS7 段爆破的累积损伤效应。MS9 段和 MS11 段爆破时爆炸荷载产生的动应力迅速减小，地应力卸载扰动也较小，但其累积效应会增大围岩的损伤效应。

各段爆炸荷载与地应力瞬态卸荷在隧洞开挖边界上激发的动应力峰值如图 8.35所示。从图中可以看出，在 20MPa 的应力水平下，准静态卸荷引起的应力在径向上大于动态卸荷产生的应力，在切向上小于动态卸荷产生的应力；除 MS11 段爆破外，各毫秒延迟段爆炸荷载在隧洞开挖边界上引起的动应力峰值均小于地应力瞬态卸荷动应力峰值(但爆炸荷载切向为拉应力)。可见，随着地应力水平的增加，应力的重分布(包括动态和静态)将成为隧洞开挖损伤区的主要因素。

静水压力条件下的地应力瞬态卸荷，在隧洞径向和切向均无拉应力产生，而等效爆炸荷载在隧洞开挖边界产生了明显的拉应力。因此，爆炸荷载对围岩的损伤机制主要为张拉破坏或张剪破坏，地应力瞬态卸荷的破坏机制为压剪破坏。考虑到岩体和开挖区域中含有软弱夹层及微裂隙，地应力瞬态卸荷对围岩的作用也可能造成张剪破坏[32]。

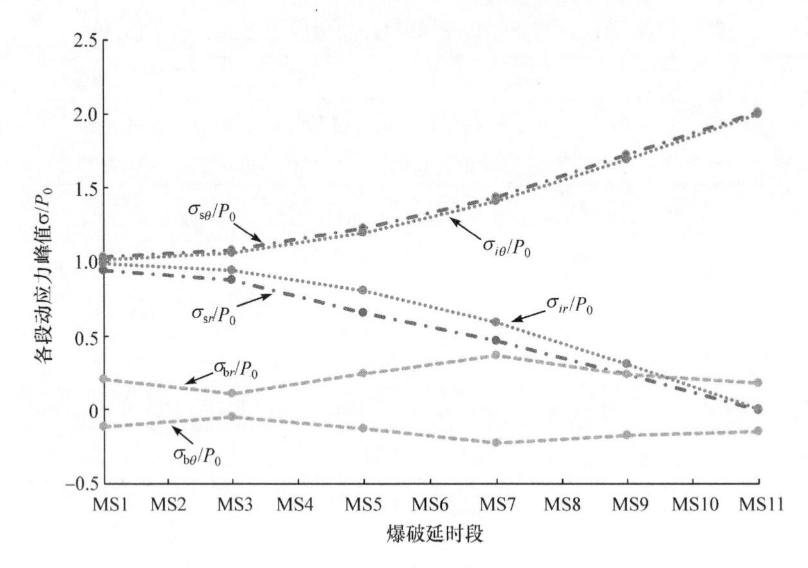

图 8.35　各段爆炸荷载与地应力瞬态卸荷在隧洞开挖边界上产生的动应力峰值

σ_{br}/P_0、$\sigma_{b\theta}/P_0$. 各段等效爆炸荷载动应力峰值；σ_{sr}/P_0、$\sigma_{s\theta}/P_0$. $P_0=20$MPa 时各段瞬态卸载动应力峰值；$\sigma_{i\theta}/P_0$、σ_{ir}/P_0. 地应力准静态卸载动应力峰值

8.3.2　全断面钻爆开挖过程的围岩损伤演化规律

由于岩体中含有大量的微裂隙、裂隙及软弱夹层等，在裂隙周围，尤其是裂隙的尖端将会出现应力集中的现象，从而引起裂隙的扩张并导致岩体的破碎屈服，因此需要选择一个合适的损伤判据来判定岩体是否达到屈服状态。

忽略裂缝之间的摩擦力，并假设裂缝从最大拉应力处开始扩张，采用 Griffith 强度准则判定岩体的损伤范围。二维应力状态下的裂纹扩张计算公式为

$$\begin{cases}(\sigma_1^2-\sigma_3^2)-8\sigma_t(\sigma_1+\sigma_3)=0, & \sigma_1+3\sigma_3\geqslant 0\\ \sigma_3=-\sigma_t, & \sigma_1+3\sigma_3<0\end{cases} \tag{8.17}$$

式中，σ_1、σ_3 分别为第一主应力和第三主应力；σ_t 为岩石的抗拉强度，拉应力为正，压应力为负。

爆炸荷载和地应力瞬态卸荷产生的动应力随着距离的增加而不断减小，当应力衰减至岩体损伤阈值时，此时的深度即为岩体的损伤深度，据此可估算出各段爆破开挖损伤深度，如表 8.5 所示。

表 8.5　各段爆破开挖造成的损伤深度

爆破延时段	各段开挖半径 a_n /m	爆炸荷载引起的损伤深度 /m	地应力瞬态卸荷引起的损伤深度/m	
			P_0=20MPa	P_0=40MPa
Ⅰ(MS1)	0.7	1.65	0.31	0.69
Ⅱ(MS3)	1.2	0.63	0.49	1.04
Ⅲ(MS5)	2.2	1.41	1.54	3.19
Ⅳ(MS7)	3.2	2.24	2.21	4.43
Ⅴ(MS9)	4.2	1.75	2.49	4.75
Ⅵ(MS11)	5.0	1.48	1.68	3.15

从表 8.5 中可以看出，对任一段爆破，爆炸荷载和地应力卸载均可在隧洞开挖边界附近造成一定的损伤，而 MS7 段和 MS9 段爆破对隧洞的最终开挖损伤区影响最大。另外，反复爆破作用将会不断增加隧洞保留岩体的最终损伤，增大岩体损伤区的破碎程度，杨建华等[33]的数值模拟结果同样证明了这一点。

当远场地应力为 20MPa 时，除掏槽爆破外，其他各段爆炸荷载引起的损伤深度与地应力瞬态卸荷引起的损伤深度差别不大，而当远场地应力增加至 40MPa 时，地应力瞬态卸荷造成的损伤深度明显大于爆炸荷载，地应力水平成为岩体开挖瞬态卸荷激发围岩损伤的决定性因素。

为了获得较好的掏槽效果，为后续各段爆破创造新的临空面，掏槽孔爆破采用耦合装药结构，因而该段爆破时爆炸荷载值和地应力瞬态卸荷引起的动应力值均最大。但由于掏槽爆破区域较小，距离隧洞设计开挖边界较远，对最终开挖损伤区的贡献有限。随着后续各毫秒延迟段的爆破边界半径不断增大，虽然装药结构的改变和炮孔排距的增大使爆炸荷载峰值及地应力卸载初值减小，但荷载作用面扩大，反复爆破作用下围岩的损伤程度有明显的增长过程，累积损伤效应较为显著。

需要指出的是，上面仅通过 Griffith 强度准则估算了各段爆破时的围岩损伤深度，由于裂缝扩张速度与动态应力值、应力持续时间密切相关，且已损伤区部分对后续各段爆破裂缝的扩展有很大的影响，更为精确的累积损伤深度需借助于数值模拟的手段来实现。

8.3.3　基于地应力瞬态卸荷围岩损伤控制的爆破设计优化

由前面的研究可知，在各段开挖边界上，等效爆炸荷载造成的切向拉应力将会导致岩体形成沿径向的破碎区域并引起岩体中裂缝的扩展，围岩破坏类型主要是张拉破坏或张剪破坏。在地应力卸载条件下，岩体在地应力重分布过程中受单轴或双轴压力作用，地应力瞬态卸荷的破坏机制主要是压剪破坏。

另外，各段开挖爆炸荷载和地应力瞬态卸荷对最终的开挖损伤区均有贡献，体现了反复扰动的损伤效应，且尤以最后三段的影响最大，各段开挖对最终损伤程度的影响不仅与荷载值的大小有关，还与各段的开挖半径(实际是每段对应的崩落厚度，即抵抗线)密切相关。

在高地应力条件下，控制围岩损伤范围的主要因素为 MS7、MS9 和 MS11 段爆破对应的开挖边界上的二次应力幅值。为了保证隧洞轮廓的开挖成型效果，周边光面爆破 MS11 段的孔网参数和装药量优化余地不大。因此，控制地应力瞬态卸荷引起的围岩损伤，核心是进行 MS7 和 MS9 段炮孔的孔网参数及起爆网路优化。

由式(8.14)可知，不同段别对应的开挖荷载值主要与崩落厚度相关，一次崩落的厚度越大，开挖荷载越大，地应力瞬态卸荷引起的围岩损伤范围越大。因此，对应 MS7 和 MS9 段，其爆破参数优化的方向是降低一次崩落的厚度，即减小 MS5～MS11 段各圈炮孔间的间距，如图 8.36 所示。

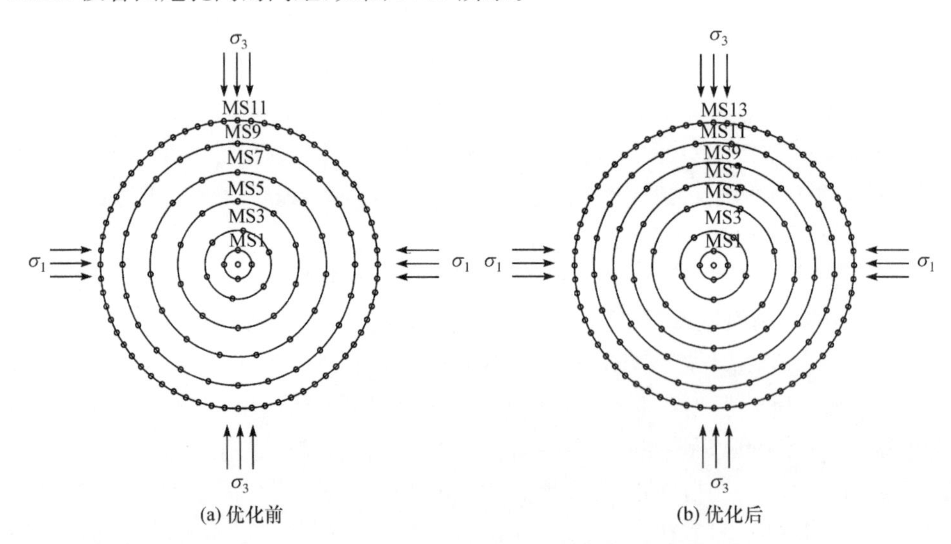

图 8.36 基于瞬态卸荷围岩损伤控制的圆形隧洞爆破网路优化

考虑到对于给定岩性和临空面条件的围岩，在相同的爆破破碎效果条件下，其单位耗药量 q 基本保持为常数。此时可通过加大炮孔间距的方式，保持单耗的不变。

$$q=\frac{Q_s}{a_iB_il}=\text{const} \tag{8.18}$$

式中，a_i、B_i、l 分别为 i 段炮孔的间距、相邻圈炮孔的间距和单位洞段长度；Q_s 为单孔药量。

可见，上述爆破孔网参数优化的技术要点是：①采取小崩落厚度和宽孔距的布孔方式；②优化前后掌子面上的炮孔总数不变。

8.4　基于开挖瞬态卸荷控制的施工期岩爆主动防治

岩爆是深埋地下工程开挖过程中常遇到的工程地质问题之一，是一种人类活动诱发的围岩动力破坏现象，其表现形式有岩石弹射、大量岩石坍塌或矿震等[34]。在二滩水电站、瀑布沟水电站、锦屏二级水电站、白鹤滩水电站和拉西瓦水电站等地下厂房或引水隧洞等工程中均有岩爆灾害发生。本节依托瀑布沟水电站、二滩水电站、锦屏二级水电站等工程深埋隧洞开挖实践，提出基于深部岩体爆破开挖过程中地应力瞬态卸荷效应控制的岩爆主动防治措施。

8.4.1　基于应力解除的岩爆主动防治

岩爆的动力学机理强调了动力扰动和岩体开挖瞬态卸荷对岩爆发生的重要影响，而开挖卸荷的状态对岩爆发生具有重要意义。根据前面的分析和计算，可以对爆破开挖过程中的动力扰动形成如下认识：①深部岩体爆破开挖过程中岩体开挖瞬态卸荷将在围岩中激起动态卸载应力波，使围岩的物理力学性质进一步弱化；②高地应力条件下，爆破开挖过程所激起的动力扰动由爆炸荷载和岩体开挖瞬态卸荷组成；③爆炸荷载和岩体开挖瞬态卸荷所引起的围岩动力扰动除了与其相应的激发荷载有关，还与开挖面的大小有关，荷载越大、开挖面越大，所引起的动力扰动就越强烈。

针对高地应力岩体开挖过程中动力扰动的构成及特点，可以通过对动力扰动的控制来达到对岩爆进行主动防治的目的，其中被实践证明了的有效手段之一，就是基于瞬态卸荷效应的应力动态解除方法。

1. 应力动态解除方案

隧洞开挖后的二次应力场受到初始应力场和隧道开挖断面形状的控制。一般来说，一旦隧洞横、纵断面设计方案确定以后，不同洞段的围岩初始应力场也就确定了。应力解除法就是在施工中，一边释放应力，一边掘进，使岩体原始应力提前释放，使之不发生岩爆或削弱岩爆强度，应力释放只是起调整围岩应力的作用，而不是消除应力。应力解除法主要有超前孔解除法和已开挖围岩的纵向切槽法。

应力解除爆破是一种围岩弱化方法，通过超前钻孔和适量装药对围岩结构进行改造，使设计部位的小部分岩体的刚度(变形模量等)降低，使钻孔及爆破影响范围内的岩体变为较弱的传力介质，变形加大，使局部围岩内的能量分布状态得到调整，应力集中程度得到改善，集中区向深部转移，从而达到防治岩爆的目的。应力解除爆破法于20世纪50年代在南非的威特沃特斯兰德(Witwatersrand)金矿中首次采用并获得广泛应用，国内较早的是从天生桥引水隧洞开挖开始研究应力解除爆破技术[35]。

传统的应力解除爆破法仅仅着眼于使用炸药的爆破能量来对目标区域(即隧洞开挖后的围岩应力集中区)的岩体进行损伤或松动,忽略了对围岩本身所储存的应变能的利用。事实上,深部岩体所储存的应变能十分巨大,如果能够在特定的条件下使其伴随爆破瞬态过程而高速释放,可爆发出惊人的破坏力。岩体本身储存的能量可使地下巨型爆炸导致岩体破坏范围增加一倍。

基于应变能瞬态释放的应力解除爆破方法,主要是根据隧洞横断面形状和工程区域初始地应力的方位和大小来进行应力解除爆破孔的布置和设计起爆网路,在利用爆炸荷载损伤围岩的同时,充分利用深部岩体本身储存的应变能来进一步损伤围岩,以期在相同耗药量的前提下,产生范围尽可能大的弧形爆破松动区域,增大围岩的单位体积能量释放量,从而达到防治岩爆的最佳效果。

具体实施过程:首先,根据地质勘探资料或待开挖隧洞横断面上高应力破坏区的位置获得待开挖隧洞掌子面的大主应力和小主应力方向。图 8.37 给出了城门洞形隧洞横断面上主应力方向的判断示意图。然后,在待开挖隧洞掌子面上布置至少 3 排应力解除爆破孔,应力解除爆破孔的排数根据待开挖隧洞横断面的大小和已发生岩爆的等级确定,每排应力解除爆破孔的连线与掌子面的大主应力方向垂直或呈 60°～90°夹角;每排应力解除爆破孔中位于两端的各 1～2 个爆破孔均向隧洞开挖轮廓线外倾斜,当该排应力解除爆破孔数不大于 4 时,其最外端的两个爆破孔均向隧洞开挖轮廓线外倾斜 25°～40°;当该排应力解除爆破孔数大于 4 时,其最外端的两个爆破孔均向隧洞开挖轮廓线外倾斜 25°～40°,次外端的两个爆破孔均向隧洞开挖轮廓线外倾斜 10°～15°,如图 8.38 所示[36]。最后,将炸药装入应力解除爆破孔底;采用毫秒延迟起爆方法按排顺次起爆应力解除爆破孔。起爆时,由于炮孔连线与大主应力方向垂直,大主应力方向地应力瞬态卸荷,应变能高速释放对目标区域岩体进行损伤或松动,达到围岩应力集中区应力解除的目的。

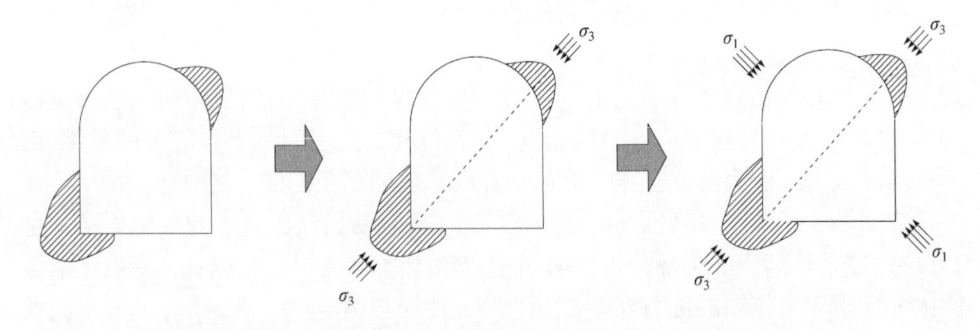

图 8.37　城门洞形隧洞横断面上主应力方向的判断示意图

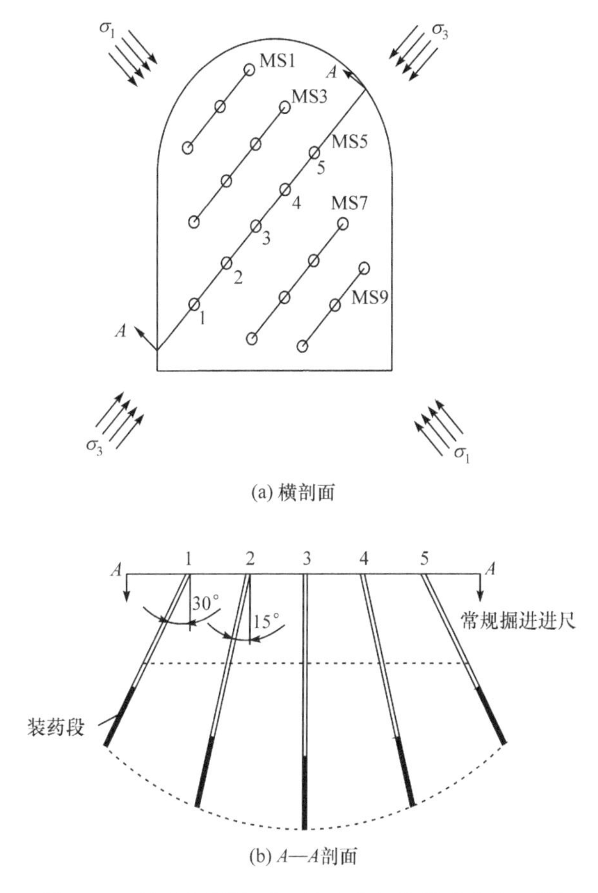

图 8.38　城门洞形掌子面的应力解除爆破孔布置[36]

秦岭隧道应力解除采用的方法是:在前一茬炮眼的周边(底板除外)超前钻设垂直距离约为 3.5m 的 12 个空眼,每个孔内放 2# 岩石乳化炸药 0.5～1 卷,在主体炮未爆之前,先行爆破。这样可以在围岩中形成一个弱破碎带,使原始应力得以提前释放。轴向切槽法的主要目的是解除隧道开挖在轮廓面附近形成的高量级切向应力。具体做法是采用填满可压缩材料的应力解除槽沟或数排钻孔组成的可压缩区来部分解除岩体应力。

2. 锦屏二级水电站辅助洞应用实例

锦屏二级水电站辅助洞钻爆开挖过程中遭遇了不同等级岩爆灾害,在强烈岩爆段和极强岩爆段施工过程中广泛采用了超前孔应力解除法,通过应力解除爆破预裂掌子面来减弱或解除掌子面前方集中的高能量[37]。锦屏二级水电站辅助洞的应力解除爆破采用了表 8.6 中所列的两种设计方案。

表 8.6　锦屏二级水电站辅助洞应力解除爆破设计

应力解除爆破方案	解除孔布置	装药
9 孔方案	三排三列均匀布置在掌子面，其中最上排孔距离顶拱 1m，以 15°仰角布置，最上排的两侧孔同时均以 10°的角度分别向两侧边墙倾斜，中间一排孔距离上排孔 2m，下排孔距离中排孔 2.25m，这两排孔均优先考虑为水平与洞轴平行布置。具体如图 8.39(a)所示	爆破孔深 4m(一般为循环开挖深度的 2 倍以上)，底部 1.4m 装 7 卷 Φ32mm 药卷，其余段用黏土封堵，以保证密实为原则，爆破应力释放孔先于掌子面其他孔起爆，单孔装药量 1.4kg
14 孔方案	顶排孔开孔于顶拱下 1m 处，15°仰角布置，其中两侧孔同时以 25°角偏向外侧；两侧孔距离中间两相邻孔 1m，开挖边界上孔口位于对应顶排侧孔下 0.5m 处，12°仰角和 25°角偏向外侧布置；第二排孔位于第一排 1.8m 以下，全部 15°仰角布置，底排孔距第二排 2m，与第二排孔平行布置。具体如图 8.39(b)所示	边墙孔 4.0m 深，底部 1.4m 装 32mm 药卷，单孔装药 1.4kg；掌子面孔深 4.8m，全程装药，单孔装药 4.8kg；爆破应力释放孔先于掌子面其他孔起爆，开挖进尺为 2m

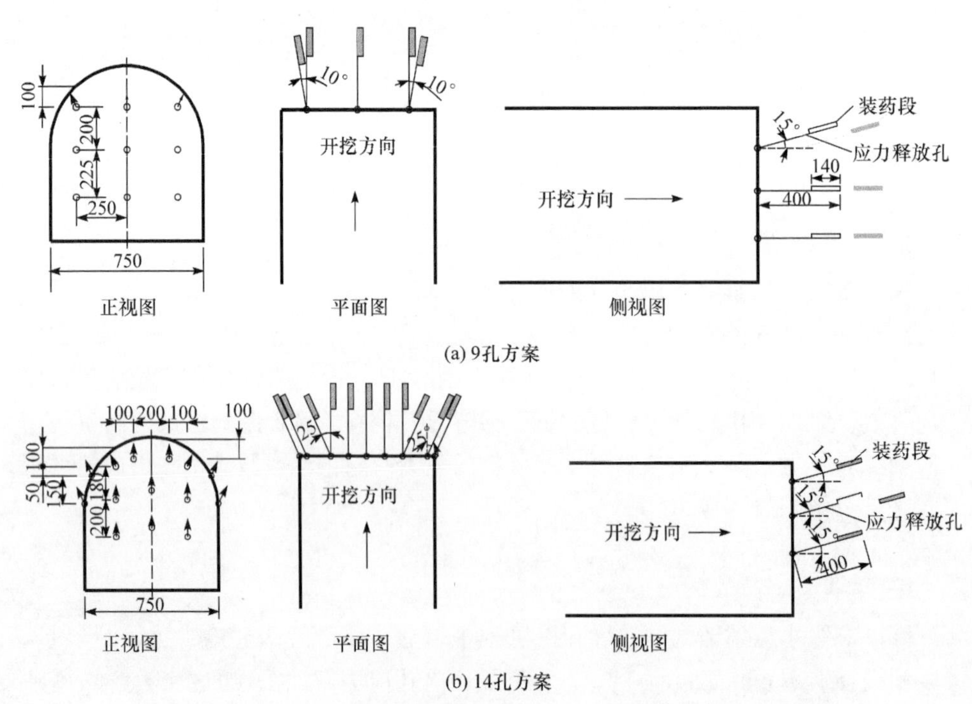

图 8.39　锦屏二级水电站辅助洞中两种应力解除爆破设计(单位：cm)[37]

应力解除爆破所形成的破碎带宽度[34]，可采用式(8.19)进行估算：

$$\begin{cases}\delta=2R\\ R=k_n\sqrt[3]{Q}\end{cases} \tag{8.19}$$

式中，R 为破碎半径，m；k_n 为系数，其值为 0.57～1.4，坚硬岩石 $k_n=0.57$；Q 为标准炸药量，kg。

辅助洞岩爆应力解除设计方案中，9 孔方案的单孔装药量为 1.4kg，14 孔方案中周边孔及侧孔的装药量也为 1.4kg，而中间孔装药量为 4.8kg，则根据式(8.19)，9 孔方案的单孔破碎带宽度为 1.27m，14 孔方案的周边孔破碎宽度为 1.27m，中间孔破碎宽度为 1.92m。

由表 8.6 可知，锦屏二级水电站辅助洞应力解除爆破 9 孔方案中，解除孔的孔距均在 2m 以上，另外边孔还以 10°的角度向外倾斜，因此，这 9 个解除孔所形成的裂隙区没有互相贯通，因而解除效果较差；14 孔方案中，周边孔的布置较密，间距在 1m 左右，中间孔虽间距较大(1.8～2.0m)，但其装药量相应较大，破碎带宽度可达 1.92m，因此，14 孔方案中各孔的裂隙区连成一片，大大改善了应力解除效果。

上述两个应力解除爆破方案在锦屏二级水电站辅助洞共进行了 3 次试验，其中辅助洞 A 洞一次，B 洞两次。首先在辅助洞 A 洞掌子面采用 9 孔超前应力解除爆破方案进行了试验，每循环开挖进尺控制在 1.8～2.0m，通过应用该方法，岩爆明显减弱，并顺利通过 AK6＋800～AK7＋000 段岩爆区。B 洞从 BK6＋757 开始进行超前应力解除爆破试验，由于该洞段属于强岩爆区，采用 9 孔超前应力解除爆破方案后，与前段极强岩爆相比，岩爆的程度明显减弱，但仍未达到预期效果，应力解除爆破甚至还诱发了一次强烈岩爆。其后，在 BK6＋759～BK6＋767 段实施 14 孔超前应力解除爆破方案，循环进尺控制在 1.5m。超前应力解除爆破后向前掘进，没有发生岩爆现象。与 9 孔方案相比，14 孔方案的应力解除区域更大，除了对掌子面前方增加装药以加强破碎程度、增大破碎范围，更加重视对顶拱及两侧墙部位的预裂处理，因此 14 孔方案的应力解除效果更好[36]。

8.4.2　基于爆破扰动控制的岩爆主动防治

1. 能量释放率控制

岩爆控制的核心是控制围岩的能量释放过程，而围岩能量的释放过程采用能量释放率(energy release rate，ERR)来进行衡量。ERR 定义为隧洞爆破开挖过程中当前开挖进尺被爆岩体和围岩释放的应变能与该进尺所开挖的岩体体积的比值，该值与深埋隧洞岩爆及高应力动力破坏之间存在良好的相关性。ERR 值越大，岩爆的风险越高。绝大多数岩爆都发生在掌子面附近一定范围内，岩爆高峰区段随着掌子面的前进而被向前拖动，但和掌子面的间距一般保持不变。掌子面和高峰区段以外也有岩爆发生，但是发生的概率相对很小。天生桥引水隧洞岩爆主要发生在距离掌子面5～10m的区段；太平驿电站岩爆主要发生在距离掌子面2～30m的区段，二滩水电站左导流洞岩爆一般发生在距离掌子面2～10m的区段。这些工程实录足以表明爆破对岩爆发生的控制作用[36]。

工程实践表明，采用“短进尺、弱爆破”施工控制技术可以有效控制岩爆。这是因为控制掘进爆破进尺，一方面可以降低爆炸荷载对围岩的扰动，另一方面可以控制伴随爆破过程而发生的地应力高速调整和能量高速释放所诱发的围岩动力效应，因此采用“短进尺、弱爆破”可以有效地控制开挖扰动强度。秦岭隧道Ⅱ线进口端施工初期，为加快工程进度，采用了大循环、深炮眼的施工方案，结果是不仅掘进效率低，而且岩爆严重。后来，将炮眼深度调整为4.5m，并调整了炮眼的起爆顺序，岩爆明显减弱。

同样，在锦屏二级水电站辅助洞开挖岩爆控制实践过程中，在强烈岩爆洞段严格控制爆破进尺在2m以内，大大降低了围岩能量释放率，对控制强烈岩爆和极强岩爆发生的频率和等级起到了积极作用。同时，为指导施工，通过FLAC3D，采用1700m埋深条件下的地应力场，计算锦屏二级水电站引水隧洞盐塘组Ⅲ类围岩在不同爆破开挖进尺条件下围岩的能量释放率，如图8.40所示[38]。

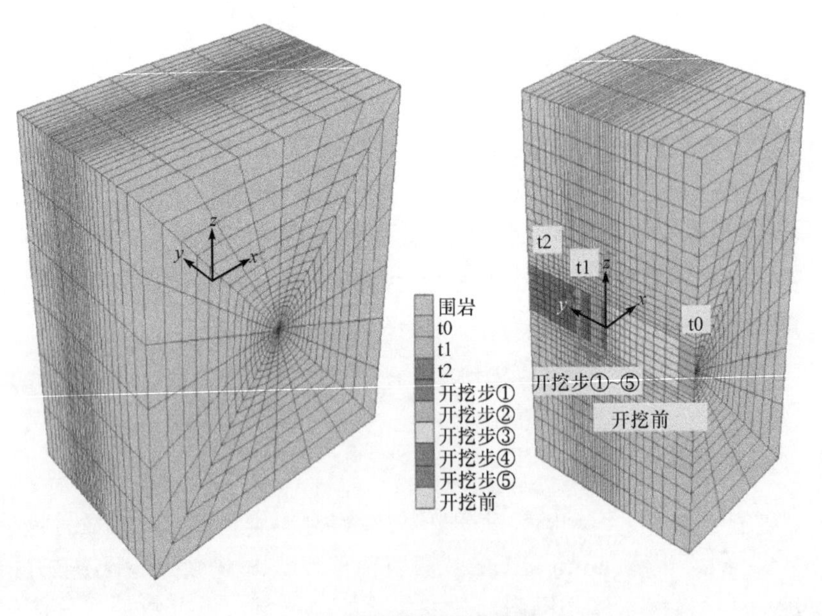

(a) 能量释放数值计算模型

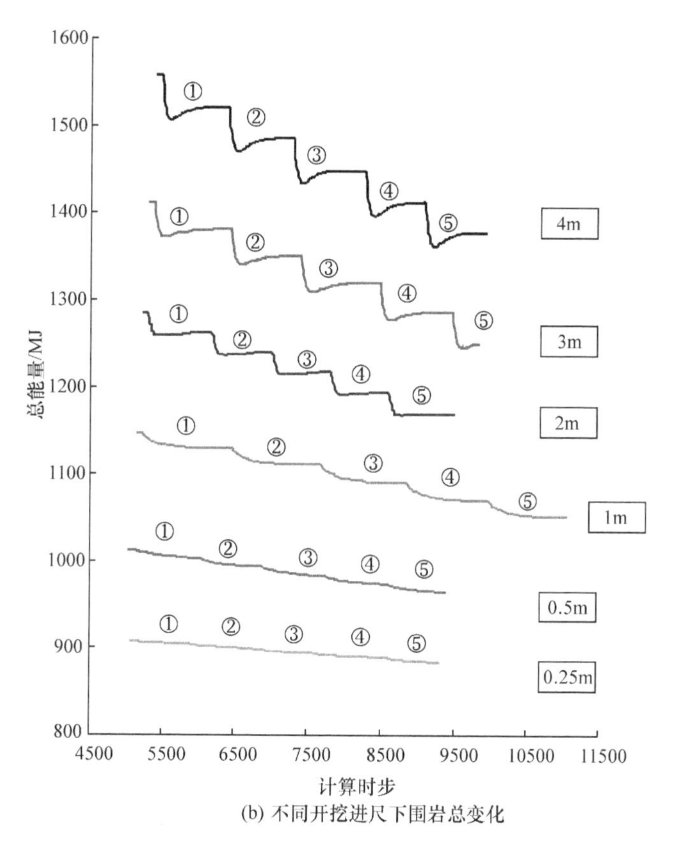

(b) 不同开挖进尺下围岩总变化

图 8.40　不同开挖进尺下的能量释放率计算模型及结果[38]

图中①、②、③、④、⑤为每种进尺的 5 个开挖步，方框中的数字为相应的开挖进尺

如图 8.40 所示，开挖过程中总能量的变化曲线清楚地表达了各个开挖步所导致的能量释放过程，开挖进尺越大，能量释放越明显。且随着开挖进尺的减小，开挖过程对能量释放的影响越来越小，围岩中能量的释放过程越来越平稳，且释放的速率越来越小；当开挖进尺较大(≥3m)时，岩体中的能量释放呈现明显的动态效应，先急剧减小，然后再回弹，最后到达平稳状态；当开挖进尺小于 2m 时，各开挖时步的影响已经不那么明显，能量的释放变成一个平稳的静态过程。

因此，通过采用控制开挖进尺多步开挖的小爆破方式在控制开挖扰动方面具有双重意义，一方面降低了单响药量，直接减弱了爆炸冲击波对围岩的效应；另一方面，通过减小初始应力卸载面间接地降低了开挖荷载瞬态卸荷对围岩的扰动。实践证明，在岩爆频发段采用小爆破的开挖方式是一种切实有效的岩爆防治和减弱措施。

爆破开挖动力扰动除了与荷载的大小有关，还与荷载作用面的大小有关。采用小爆破的方式可以减小爆破扰动，采用合理的开挖程序、炮孔布置和联网方式则可以减小初始地应力的动态卸载效应。二滩水电站地下厂房开挖过程中出现的两次大范围围岩变形突变并伴随剧烈岩爆事件清晰展示了高地应力条件下岩体开挖瞬态卸荷的动力效应[16,17]。瀑布沟水电站地下厂房底板与尾水连接洞贯通时，采取了分层贯通的方式，同时对于每一分层尽量分多段起爆，这样就极大地减小了贯通时的地应力卸载面，同时减小了爆炸荷载扰动和地应力瞬态卸荷扰动，从而从主动控制的角度保证了开挖安全[39]。

在传统的“短进尺、弱爆破”的爆破开挖扰动控制思想的基础上，根据初始应力场或已开挖洞段形成的二次应力场的方位和大小，对掌子面上的炮孔进行起爆联网，保持掏槽孔的起爆联网，优化崩落孔、缓冲孔和光面爆破孔的起爆联网，具体优化为：减少各毫秒延迟段中联入最大主地应力方向的炮孔数，同时增加各毫秒延迟段中联入最小主地应力方向的炮孔数，各毫秒延迟段中联入最大、最小主地应力方向的炮孔指该毫秒延迟段中炮孔连线与各自主地应力方向夹角为60°～90°的炮孔。在不减少炮孔数目、不改变装药结构的同时，仅通过优化起爆联网来减小单段爆破所导致的岩体应变能释放量，有效地减小过大的开挖动力扰动导致岩爆发生的可能性，从而实现有效的岩爆控制效果。控制爆破开挖扰动的同时控制深部岩体应变能的释放过程，最终高效地实现深部岩体爆破开挖扰动控制。

2. 提高光面爆破效果

实践证明，若超欠挖严重就会造成应力的局部集中，会大大提高岩爆发生的概率，因此控制开挖面成型质量对防治岩爆具有重要意义。实施光面或预裂爆破、控制周边轮廓平整圆顺，是避免应力集中、减轻岩爆发生程度最为有效的方法。锦屏二级水电站辅助洞开挖岩爆控制实践过程中，广泛采用了控制爆破技术，通过改善洞室周边轮廓形状、调整钻孔作业顺序、严格控制爆破进尺和改变布孔方式，对控制强烈岩爆和极强岩爆发生的频率和等级起到了积极作用[40～42]。

锦屏二级水电站辅助洞极强岩爆段（Ⅱ、Ⅲ类围岩）的光面爆破参数如表8.7所示[42]。为了保证光面爆破的效果，提高半孔率，可进行加密钻孔，间隔一个孔进行装药，加密后周边孔间距为30～35cm。考虑到全断面一次性钻孔对掌子面围岩扰动较大，易诱发岩爆，故钻孔作业分两步进行：先进行上半部钻孔，空孔能有效释放拱部部分应力，以降低岩爆出现的概率，减少下半部钻孔作业时对人和设备的威胁，再进行下半部钻孔。强岩爆洞段严格控制爆破掘进的进尺，炮孔孔深度不得大于2m，同时，严格控制装药量，并控制好同段起爆的炮孔数，有利于降低爆破对围岩的扰动，以最大限度地保证围岩结构的完整性。

表 8.7　光面爆破参数

爆破技术	围岩类别	炮孔直径/mm	炮孔间距/cm	抵抗线/cm	线装药密度/(g/m)	装药直径/mm
光面爆破	中硬岩	40～50	55～65	60～80	300～400	20～25

2008 年 5 月 30 日，辅助洞 A 洞 AK9＋665～673 洞段右侧边墙发生极强岩爆，如图 8.41(a)所示[37]。此后该洞段用上述控制爆破设计和爆破进尺，开挖完成后掌子面采用挂钢筋网，4m 长水胀式锚杆，并喷 10cm 厚 CF30 钢纤维混凝土对其封闭。7 月 6 日，A 洞 AK9＋685～690 洞段右侧边墙发生极强岩爆，具体情况如图 8.41(b)所示[37]。这两次极强岩爆发生时间相隔约 40 天，岩爆的频次和等级均有所下降。除了采用控制爆破技术，开挖后立即对围岩进行强支护，提高围岩的抗冲击能力，也是锦屏二级水电站辅助洞岩爆倾向性最强的洞段得以顺利通过的有力保证。

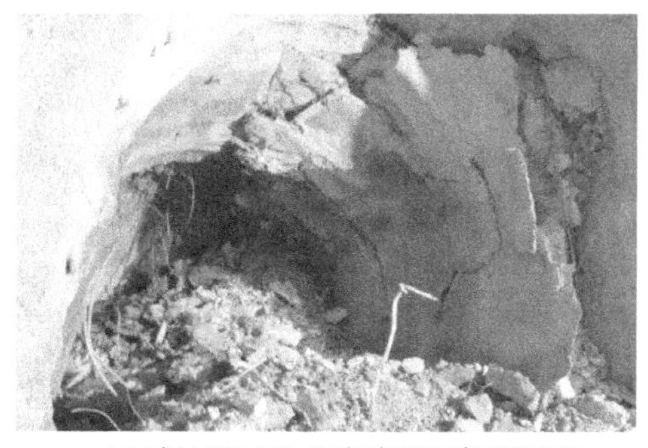

(a) A洞AK9+665~673洞段(2008年5月30日)

(b) A洞AK9+685~690洞段(2008年7月6日)

图 8.41　锦屏二级水电站辅助洞极强岩爆[37]

8.5　小　　结

本章着重以瀑布沟水电站和锦屏二级水电站地下厂房洞群开挖施工程序为例，分析并提出了深埋大型洞室爆破开挖地应力瞬态卸荷动力效应的控制方法和技术措施，有如下结论或建议：

(1) 对深埋地下厂房，当垂直于厂房轴线的远场岩体应力小于 10MPa 时，可采用先轮廓预裂爆破、后中部抽槽、再扩挖的开挖方案。当垂直于厂房轴线的远场岩体应力为 10～12MPa 甚至更高时，宜采用先中部抽槽、后预裂或光面爆破的开挖程序；在需要严格控制爆破振动的条件下，优先采用先施工预裂(实质是超前卸压爆破)、再中部抽槽、后扩挖的开挖程序。

(2) 在深部岩体开挖过程中，除了重视传统爆破振动影响，也不能忽视开挖瞬态卸荷激发振动的控制。可通过控制一次开挖爆破规模、合理选择开挖程序和爆破方式、优化孔网参数和起爆网路等方面控制开挖瞬态卸荷激发振动。

(3) 深部岩体爆破开挖过程中的爆炸荷载和地应力瞬态卸荷附加动应力增加了围岩损伤范围,加剧了岩体损伤程度。深埋洞室开挖过程的围岩损伤控制,要同时控制爆破损伤和瞬态卸荷引起的围岩损伤。采取周边光面爆破、控制爆破单响药量和优化爆破参数与起爆网路等措施来实现爆破损伤控制;对围岩开挖卸瞬态荷损伤控制,宜通过爆破孔网参数设计和合理选择起爆位置和爆破顺序等,通过调控爆破开挖过程的围岩动应力场来实现。

(4) 爆破过程中的动力扰动是高地应力条件下地下厂房开挖过程中岩爆发生的重要触发机制,而开挖卸荷同时对岩爆发生具有重要影响,地应力瞬态卸荷扰动是开挖动力扰动的重要组成部分,因此减小地应力瞬态卸荷效应是控制和减小施工期岩爆发生的重要手段。

参考文献

[1] 钱七虎. 深部地下空间开发中的关键科学问题//钱七虎院士论文选集. 北京:科学出版社, 2007:20.

[2] 卢文波,周创兵,陈明,等. 开挖卸荷的瞬态特性研究. 岩石力学与工程学报,2008,27(11):2184−2192.

[3] 冯夏庭,陈炳瑞,张传庆,等. 岩爆孕育过程的机制、预警与动态调控. 北京:科学出版社,2013.

[4] 李正刚. 二滩水电站地下厂房系统洞室围岩变形研究. 四川水力发电,2004,23(1):43−47.

[5] 郑平,张学彬. 龙滩水电站地下主厂房的开挖与支护. 四川水力发电,2006,25(1):87−90.

[6] 曾治安. 东风水电站地下厂房开挖及喷锚支护. 水力发电,1992,(5):52−55.

[7] Read R S. 20 years of excavation response studies at AECL's Underground Research Laboratory. International Journal of Rock Mechanics and Mining Sciences, 2004, 41(8): 1251−1275.

[8] 卢文波,杨建华,陈明,等. 深埋隧洞岩体开挖瞬态卸荷机制及等效数值模拟. 岩石力学与工程学报,2011,30(6):1090−1096.

[9] Yang J H, Lu W B, Chen M, et al. Microseism induced by transient release of in situ stress during deep rock mass excavation by blasting. Rock Mechanics and Rock Engineering, 2013, 46(4):859−875.

[10] Lu W B, Yang J H, Yan P, et al. Dynamic response of rock mass induced by the transient release of in-situ stress. International Journal of Rock Mechanics and Mining Sciences, 2012, 53(9):129−141.

[11] 张正宇,张文煊,吴新霞. 现代水利水电工程爆破. 北京:中国水利水电出版社,2003.

[12] 苏鹏云. 瀑布沟地下厂房优化设计和洞室群围岩稳定数值模拟分析[硕士学位论文]. 武

汉:武汉大学,2004.

[13] 张文煊,卢文波. 龙滩水电站地下厂房开挖爆破损伤范围评价. 工程爆破,2008,14(2):1—7.

[14] 卢文波,耿祥,陈明,等. 深埋地下厂房开挖程序及轮廓爆破方式比选研究. 岩石力学与工程学报,2011,30(8):1531—1539.

[15] Lu W B,Chen M,Geng X,et al. A study of excavation sequence and contour blasting method for underground powerhouses of hydropower stations. Tunnelling and Underground Space Technology,2012,29(1):31—39.

[16] Nilson R H,Proffer W J,Duff R E. Modelling of gas-driven fracture induced by propellant combustion within a borehole. International Journal of Rock Mechanics and Mining Sciences & Geomechanics Abstracts,1985,22(1):3—19.

[17] 卢文波,陶振宇. 爆生气体驱动的裂纹扩展速度研究. 爆破与冲击,1994,14(3):264—268.

[18] 中国电建华东勘测设计研究院有限公司. 金沙江白鹤滩水电站地下厂房第Ⅲ层围岩稳定总结报告,2016.

[19] Lu W B,Hustrulid W. The Lu-Hustrulid approach for calculating the peak particle velocity caused by blasting//Proceedings of the EFEE 2nd World Conference on Explosives and Blasting Technique,Prague,2003:486—488.

[20] 严鹏,卢文波,李洪涛,等. 地应力对爆破过程中围岩振动能量分布的影响. 爆炸与冲击,2009,29(2):182—187.

[21] 严鹏,赵振国,卢文波,等. 深部岩体地应力瞬态卸荷诱发振动效应的影响因素. 岩土力学,2016,37(2):545—553.

[22] 卢文波,杨建华,陈明,等. 深埋隧洞岩体开挖瞬态卸荷机制及等效数值模拟. 岩石力学与工程学报,2011,30(6):1089—1096.

[23] 赵振国,严鹏,卢文波,等. 地应力瞬态卸荷诱发振动的能量分布特性. 岩石力学与工程学报,2016,35(1):32—39.

[24] 卢文波,陈明,严鹏,等. 高地应力条件下隧洞开挖诱发围岩振动特征研究. 岩石力学与工程学报,2007,26(s1):3329—3334.

[25] 李夕兵,姚金蕊,宫凤强. 硬岩金属矿山深部开采中的动力学问题. 中国有色金属学报,2011,21(10):2551—2563.

[26] 杨建华,卢文波,严鹏,等. 基于瞬态卸荷动力效应控制的岩爆防治方法研究. 岩土工程学报,2016,38(1):68—75.

[27] Hoek E,Brown E T. Underground Excavations in Rock. London:Institute of Mining and Metallurg,1980.

[28] 易长平,卢文波. 开挖爆破对邻近隧洞的震动影响研究. 工程爆破,2004,10(1):1—5.

[29] 冷振东,卢文波,胡浩然,等. 爆生自由面对边坡微差爆破诱发振动峰值的影响. 岩石力学与工程学报,2016,35(9):1815—1823.

[30] Yang J H,Lu W B,Jiang Q H,et al. Frequency comparison of blast-induced vibration per

delay for the full-face millisecond delay blasting in underground opening excavation. Tunnelling and Underground Space Technology, 2016, 51: 189－201.

[31] 何琪,严鹏,卢文波,等. 微差段间重复扰动导致深埋隧洞围岩损伤机制. 岩石力学与工程学报,2016,35(7):1386－1396.

[32] Barclay D W, Moodie T B, Haddow J B. Analysis of unloading waves from suddenly punched hole in an axially loaded elastic plate. Wave Motion, 1981, 3(1): 105－113.

[33] 杨建华,卢文波,胡英国,等. 隧洞开挖重复爆炸荷载作用下围岩累积损伤特性. 岩土力学,2014,35(2):511－518.

[34] 陶振宇. 若干电站地下工程建设中的岩爆问题. 水力发电,1988,(7):40－45.

[35] Cook N G W, Hoek E, Pretoriu J P G, et al. Rock mechanics applied to study of rockbursts. Journal of the South African Institute of Mining and Metallurgy, 1966, 66(10): 435－528.

[36] 严鹏. 锦屏深埋隧洞开挖损伤区特性及岩爆总结研究. 上海:中国水电顾问集团华东勘测设计研究院博士后研究工作报告,2010.

[37] Yan P, Zhao Z G, Lu W B, et al. Mitigation of rock-burst events by blasting techniques during deep-tunnel excavation. Engineering Geology, 2015, 188: 126－136.

[38] Yan P, Lu W B, Chen M, et al. Energy release of surrounding rocks of tunnels with two excavation methods. Journal of Rock Mechanics and Geotechnical Engineering, 2012, 4(2): 160－167.

[39] 严鹏. 岩体开挖动态卸载诱发振动机理研究[博士学位论文]. 武汉:武汉大学,2008.

[40] 973 计划(2010CB732000)项目办公室. 深部重大工程灾害的孕育演化机制与动态调控理论研究进展. 中国基础科学,2014,(4):11－21.

[41] 吴世勇,王鸽. 锦屏二级水电站深埋长隧洞群的建设和工程中的挑战性问题. 岩石力学与工程学报,2010,29(11):2161－2171.

[42] 赵志发. 锦屏二级水电站东端引水隧洞高地应力洞段光面爆破技术. 铁道建筑技术,2009,(11):89－91.

索　引